国家"双高计划"水利水电建筑工程高水平专业群立体化教材

建设工程安全技术与管理

主　编　吕桂军　温国利
主　审　梁建林

中国水利水电出版社
www.waterpub.com.cn
·北京·

内 容 提 要

　　本教材是职业教育国家在线精品课程《建设工程安全技术与管理》配套教材。本教材根据教育部"国家示范性高等职业院校建设计划"水利水电建筑工程重点建设专业及专业群人才培养方案要求，按照建设工程安全技术与管理课程标准编写完成的。教材引用了国家、行业的最新标准、规范，适当反映了近年来国内外安全生产相关理论、制度、管理体系及安全技术等。全书共分 9 章，主要介绍了建设工程安全管理概述、建设工程安全生产管理制度、建筑施工安全技术、施工现场管理与文明施工、危险源的辨识与风险评价、安全事故处理及应急救援、安全评价与安全生产统计分析、消防安全管理、施工现场临时用电安全管理。

　　本教材可作为高等职业技术学院和高等专科学校水利、建筑、土木工程类专业教材，也可供成人专科同类专业教学使用，还可供以上专业安全管理类人员学习参考。

图书在版编目（ＣＩＰ）数据

　建设工程安全技术与管理 ／ 吕桂军，温国利主编
. -- 北京 ：中国水利水电出版社，2023.7
　国家"双高计划"水利水电建筑工程高水平专业群立
体化教材
　ISBN 978-7-5226-1476-2

　Ⅰ．①建… Ⅱ．①吕… ②温… Ⅲ．①建筑工程－安
全管理－教材 Ⅳ．①TU714

中国国家版本馆CIP数据核字(2023)第064756号

书　　　名	国家"双高计划"水利水电建筑工程高水平专业群立体化教材 **建设工程安全技术与管理** JIANSHE GONGCHENG ANQUAN JISHU YU GUANLI
作　　　者	主编　吕桂军　温国利 主审　梁建林
出 版 发 行	中国水利水电出版社 （北京市海淀区玉渊潭南路 1 号 D 座　100038） 网址：www. waterpub. com. cn E - mail：sales@mwr. gov. cn 电话：（010）68545888（营销中心）
经　　　售	北京科水图书销售有限公司 电话：（010）68545874、63202643 全国各地新华书店和相关出版物销售网点
排　　　版	中国水利水电出版社微机排版中心
印　　　刷	清淞永业（天津）印刷有限公司
规　　　格	184mm×260mm　16 开本　21.25 印张　518 千字
版　　　次	2023 年 7 月第 1 版　2023 年 7 月第 1 次印刷
印　　　数	0001—1000 册
定　　　价	**69.00 元**

前言

本书是贯彻落实《国家中长期教育改革和发展规划纲要（2010—2020年)》《国务院关于加快发展现代职业教育的决定》（国发〔2014〕19号)、《现代职业教育体系建设规划（2014—2020年)》（教发〔2014〕6号）等文件精神，在全国水利职业教育教学指导委员会指导下组织编写完成的。本书教材以学生能力培养为主线、以实际工程案例为载体，编写体现了思政性、科学性、实用性、实践性、针对性、创新性的特点，是一套理论联系实际、教学面向生产的高职高专教育精品教材。

当前我国正处在工业化、城镇化持续推进过程中，生产经营规模不断扩大，传统和新型生产经营方式并存，各类事故隐患和安全风险交织叠加，安全生产基础薄弱、监管体制机制和法律制度不完善、企业主体责任落实不力等问题依然突出，生产安全事故易发多发，尤其是重特大安全事故频发势头尚未得到有效遏制，一些事故发生呈现由高危行业领域向其他行业领域蔓延的趋势，直接危及生产安全和公共安全。

党的十八大以来，党中央、国务院空前重视安全生产工作。2016年12月9日，中共中央、国务院以中发〔2016〕32号文件正式印发了《关于推进安全生产领域改革发展的意见》，并于12月18日向社会公开发布。以党中央、国务院名义印发安全生产方面的文件在历史上还是第一次，充分体现了以习近平同志为核心的党中央对安全生产工作的极大重视，也标志着我国安全生产事业进入一个新的发展时期。党的二十大报告指出：提高公共安全治理水平。坚持安全第一、预防为主，建立大安全大应急框架，完善公共安全体系，推动公共安全治理模式向事前预防转型。推进安全生产风险专项整治，加强重点行业、重点领域安全监管。

2022年4月6日，国务院安全生产委员会正式印发了《"十四五"国家安全生产规划》（简称《规划》)。《规划》指出，"十四五"时期是我国在全面建成小康社会、实现第一个百年奋斗目标之后，乘势而上开启全面建设社会主义现代化国家新征程、向第二个百年奋斗目标进军的第一个五年。立足新发展阶段，党中央、国务院对安全生产工作提出更高要求，强调坚持人民至上、生命至上，统筹好发展和安全两件大事，着力构建新发展格局，实现更高质量、更有效率、更加公平、更可持续、更为安全的发展，为做好新时期安全生产工作指明了方向。

安全教育和科学研究对于安全生产工作的全面开展起着举足轻重的作用，它们是构建安全科学大厦的重要支柱，是培养安全人才，保障安全生产的根本途径和方法。面对全国各级党委政府、企事业单位对安全工作空前重视的新局面，我们安全专业的各位同仁紧跟时代发展步伐，抓住安全教育和科学研究发展的重要机遇，怀着我国安全事业即将迎来大发展的激动心情，以传播安全意识，普及安全知识，尽早实现我国安全生产"十四五"规划提出的各类目标为己任，尽心编写了这本普适于建设工程各专业，侧重于水利工程的《建设工程安全技术与管理》教材，以便为我国工程建设工作培养更多的安全管理应用型人才。该教材适用于大学、高职高专等在校学生使用，也可以作为安全管理相关岗位职工的学习及参考用书。

本书由黄河水利职业技术学院承担主要编写工作，编写人员及分工如下：吕桂军编写第1章、附录1~6；袁巧丽编写第2章、附录7~11；温馨（郑州市建筑设计院）编写第3章第3.1~3.4节；温国利编写第3章第3.5~3.6节；李建编写第4章；侯黎黎编写第5章、第7章；许晓瑞编写第6章；张敏编写第8章；刘冉冉编写第9章。本书由吕桂军、温国利担任主编，吕桂军负责全书统稿；由袁巧丽、温馨、张敏、侯黎黎担任副主编；由梁建林教授担任主审。

本书在编写过程中得到了中国水利水电第八工程局有限公司龙月林等多位行业专家的热情帮助与指导，在此一并表示感谢！本书在编写中引用了大量的规范、教材、专业文献和资料，恕未在书中一一注明。在此，对有关文献作者表示诚挚的谢意！由于本次编写时间仓促，书中难免存在错误和不足之处，敬请广大读者批评指正。

编者

2023 年 1 月

课件　　课程概述视频

"行水云课"数字教材使用说明

"行水云课"水利职业教育服务平台是中国水利水电出版社立足水电、整合行业优质资源全力打造的"内容"＋"平台"的一体化数字教学产品。平台包含高等教育、职业教育、职工教育、专题培训、行水讲堂五大版块，旨在提供一套与传统教学紧密衔接、可扩展、智能化的学习教育解决方案。

本套教材是整合传统纸质教材内容和富媒体数字资源的新型教材，它将大量图片、音频、视频、3D 动画等教学素材与纸质教材内容相结合，用以辅助教学。读者可通过扫描纸质教材二维码查看与纸质内容相对应的知识点多媒体资源，完整数字教材及其配套数字资源可通过移动终端 APP、"行水云课"微信公众号或中国水利水电出版社"行水云课"平台查看。

多媒体知识点索引

资　源　名　称	资源类型	页码
3.2　练习题	文本	80
3.3.1　模板的作用与类型	视频	85
3.3.2　脚手架的作用与基本要求	视频	96
3.3　练习题	文本	96
3.4.1　高处作业的概念与分级	视频	97
3.4.2　高处作业安全的基本要求	视频	99
3.4.3　安全生产三宝的使用要求	视频	104
3.4　练习题	文本	104
3.5.1　起重机械的工作特点及一般安全规定	视频	106
3.5.2　起重吊装典型案例分析	视频	123
3.5　练习题	文本	123
3.6　练习题	文本	126
4.1.1　施工现场的平面布置与划分	视频	129
4.1　练习题	文本	129
4.2.1　施工现场场容管理	视频	135
4.2　练习题	文本	135
4.3.1　施工临时设施	视频	139
4.3　练习题	文本	139
4.4.1　施工现场绿色施工	视频	144
4.4　练习题	文本	144
4.5.1　施工现场的卫生和防疫	视频	145
4.5　练习题	文本	145
4.6.1　职业病的防范	视频	148
4.6　练习题	文本	149
4.7.1　施工现场文明施工	视频	152
4.7　练习题	文本	152
4.8.1　水利工程文明工地创建	视频	154
4.8　练习题	文本	154
5.1.1　危险源的概念及其产生	视频	160
5.1　练习题	文本	160
5.2.1　危险源的分类	视频	164
5.2.2　危险源的辨识方法与程序	视频	164
5.2.3　常见施工生产危险源	视频	164
5.2　练习题	文本	165
5.3　练习题	文本	168

资 源 名 称	资源类型	页码
5.4 练习题	文本	170
5.5.1 水利水电工程施工重大危险源的辨识	视频	171
5.5 练习题	文本	172
6.1.1 建设工程生产安全事故	视频	179
6.1 练习题	文本	179
6.2.1 建设工程生产安全事故的调查与处理	视频	184
6.2 练习题	文本	185
6.3.1 生产安全事故应急预案	视频	199
6.3 练习题	文本	201
6.4.1 水利生产安全事故应急预案	视频	203
6.4 练习题	文本	204
7.1.1 安全评价的内容及程序	视频	207
7.1.2 安全评价的依据及原理	视频	208
7.1.3 安全评价的方法	视频	209
7.1.4 安全评价方法选择	视频	210
7.1 练习题	文本	211
7.2 练习题	文本	213
7.3.1 职业卫生统计基础	视频	218
7.3.2 事故统计	视频	223
7.3 练习题	文本	223
8.1.1 消防安全知识及管理要素	视频	230
8.1 练习题	文本	231
8.2.1 施工现场的火灾危险	视频	234
8.2 练习题	文本	235
8.3.1 施工现场总平面布置	视频	237
8.3 练习题	文本	237
8.4.1 施工现场内建筑的防火要求	视频	243
8.4 练习题	文本	243
8.5.1 施工现场临时消防设施设置	视频	250
8.5 练习题	文本	250
8.6.1 施工现场的消防安全管理要求	视频	255
8.6 练习题	文本	255
8.7.1 常用消防器具的使用方法	视频	257
8.7.2 防火门及防火卷帘门的联动控制的设置	视频	258
8.7 练习题	文本	259

目录

第1章 建设工程安全管理概述

【学习目标】 掌握安全相关的基本概念，现代安全管理的基本原理，事故预防的基本原则，建设工程各方责任主体的安全责任；熟悉安全生产基本方针，安全生产"十四五"规划的具体目标；了解我国安全生产工作的发展历程及我国安全生产监督管理部门组织架构。

【知识点】 安全相关的基本概念；安全管理的基本原理；事故预防的基本原则；建设工程各方责任主体的安全责任；安全生产"十四五"规划的具体目标。

【技能】 根据建设工程各方责任主体的安全责任划分，能初步进行安全工作的安排、检查和监督工作。

安全生产关系人民群众的生命财产安全，关系社会稳定和经济发展的大局。当前我国正处在工业化、城镇化持续推进过程中，生产经营规模不断扩大，传统和新型生产经营方式并存，各类事故隐患和安全风险交织叠加，安全生产基础薄弱、企业主体责任落实不力等问题依然突出，生产安全事故易发多发，尤其是重特大安全事故频发势头尚未得到有效遏制，一些事故发生呈现由高危行业领域向其他行业领域蔓延的趋势，直接危及生产安全和公共安全。因此，做好安全生产工作，对于保障员工和生产物资在生产过程中的安全与健康、促进企业生产经营良性发展具有非常重要的意义。

工程建设的特点表现为人员众多、各工种交叉作业、机械施工与手工操作并进、高处作业、露天作业、地下作业频繁、工程条件复杂、影响因素多、劳动条件差等。这些因素对参与建设的人、物及周边环境都造成了潜在的安全威胁。建设工程安全管理是指工程项目在施工过程中，对可能存在的固有的或潜在的危险进行识别，并为消除这些危险所采用的各种方法、手段和行动的总称。通过安全管理，消除或减少不利因素，以达到减少一般事故、杜绝伤亡事故的目的，从而保证安全管理目标的实现。

1.1 安全与安全管理相关概念

1.1.1 安全的相关概念

1.1.1.1 安全

无危则安，无损则全。安全即没有危险、不出现事故，是指人的身体健康不受伤害、财产不受损失、保持完整无损的状态。按照系统安全工程的认识论，安全是相对的，人们通常所指的安全是在人类生产过程中，将系统的运行状态对人类的生命、财产、环境可能产生的损害控制在人类能接受水平以下的状态。

1.1.1.2 安全生产

安全生产是指在劳动生产过程中，通过努力改善劳动条件、克服不安全因素来防止伤亡事故的发生，使劳动生产在保障劳动者安全健康和国家财产及人民生命财产不受损失的前提下顺利进行。

狭义的安全生产是指生产过程处于避免人身伤害、物的损坏及其他不可接受的损害风险（危险）的状态。不可接受的损害风险（危险）通常是指超出了法律、法规和规章的要求，超出了安全生产的方针、目标和企业的其他要求，超出了人们普遍接受的要求。

广义的安全生产除直接对生产过程的控制外，还应包括劳动保护和职业卫生健康。安全与否是以相对危险的接受程度来判定的，是一个相对的概念。世上没有绝对的安全，任何事物都存在不安全因素，即都具有一定的危险性。当危险降低到人们普遍接受的程度时，就认为是安全的。

1.1.2 安全管理的相关概念

1.1.2.1 安全管理

安全管理是管理科学的一个重要分支，它是为实现安全目标而进行的有关决策、计划、组织和控制等方面的活动；主要运用现代安全管理原理、方法和手段，分析和研究各种不安全因素，从技术上、组织上和管理上采取有力的措施，解决和消除各种不安全因素，防止事故的发生。

1.1.2.2 安全生产管理

安全生产管理是指经营管理者对安全生产工作进行的计划、组织、指挥、协调、控制和改进的一系列活动，目的是保证生产经营活动的人身安全、财产安全，促进生产的发展，并促进社会的稳定。

计划：就是对每年的安全工作做出规划和安排。针对每年的安全教育、检查、措施、安全评价及整改等安全活动作出部署方案，以确保企业生产活动的顺利进行。

组织：按照计划方案按级落实，以保证安全计划任务、控制目标的预期完成。

指挥：在组织落实各项安全活动后，对横向职能部门及其工段、班组进行指导，出主意、想办法，以求安全生产计划的顺利完成。

协调：为实现整体安全计划和目标，做好上级参谋，对横向部门加强协调，争取领导对安全工作的支持，同时要争取各职能部门的密切合作。

控制：以安全计划和目标为依据，同时建立各种考核标准，对各部门、班组进行经常性的检查监督。对于出色完成任务的，给予精神和物质鼓励；对于未完成目标任务的，给予惩处，以达到有效管理的目的。

改进：在进行下一轮的安全工作规划和安排时，分析上一轮安全工作的成败得失，总结经验，吸取教训，在今后的安全工作计划中得到体现。

1.1.3 安全生产基本方针

安全生产是关系人民群众生命财产安全的大事，是经济社会协调健康发展的标志，是党和政府对人民利益高度负责的要求。

2021 年 6 月 10 日第三次修订，2021 年 9 月 1 日起施行的《中华人民共和国安全生产法》指出：安全生产工作坚持中国共产党的领导。安全生产工作应当以人为本，坚持人民至上、生命至上，把保护人民生命安全摆在首位，树牢安全发展理念，坚持安全第一、预防为主、综合治理的方针，从源头上防范化解重大安全风险。安全生产工作实行管行业必须管安全、管业务必须管安全、管生产经营必须管安全，强化和落实生产经营单位的主体责任，建立生产经营单位负责、职工参与、政府监管、行业自律和社会监督的机制。

为了确保安全生产方针的落实，《中华人民共和国安全生产法》第二章生产经营单位的安全生产保障从法律上规定了对生产经营单位的基本要求和措施，主要包括以下内容：

（1）生产经营单位应当具备本法和有关法律、行政法规和国家标准或者行业标准规定的安全生产条件；不具备安全生产条件的，不得从事生产经营活动。

（2）生产经营单位的主要负责人对本单位安全生产工作负有下列职责：

1）建立健全并落实本单位全员安全生产责任制，加强安全生产标准化建设；

2）组织制定并实施本单位安全生产规章制度和操作规程；

3）组织制定并实施本单位安全生产教育和培训计划；

4）保证本单位安全生产投入的有效实施；

5）组织建立并落实安全风险分级管控和隐患排查治理双重预防工作机制，督促、检查本单位的安全生产工作，及时消除生产安全事故隐患；

6）组织制定并实施本单位的生产安全事故应急救援预案；

7）及时、如实报告生产安全事故。

（3）生产经营单位的全员安全生产责任制应当明确各岗位的责任人员、责任范围和考核标准等内容。生产经营单位应当建立相应的机制，加强对全员安全生产责任制落实情况的监督考核，保证全员安全生产责任制的落实。

（4）生产经营单位应当具备的安全生产条件所必需的资金投入，由生产经营单位的决策机构、主要负责人或者个人经营的投资人予以保证，并对由于安全生产所必需的资金投入不足导致的后果承担责任。有关生产经营单位应当按照规定提取和使用安全生产费用，专门用于改善安全生产条件。安全生产费用在成本中据实列支。安全生产费用提取、使用和监督管理的具体办法由国务院财政部门会同国务院应急管理部门征求国务院有关部门意见后制定。

（5）矿山、金属冶炼、建筑施工、运输单位和危险物品的生产、经营、储存、装卸单位，应当设置安全生产管理机构或者配备专职安全生产管理人员。上述规定以外的其他生产经营单位，从业人员超过一百人的，应当设置安全生产管理机构或者配备专职安全生产管理人员；从业人员在一百人以下的，应当配备专职或者兼职的安全生产管理人员。

（6）生产经营单位的安全生产管理机构以及安全生产管理人员履行下列职责：

1）组织或者参与拟订本单位安全生产规章制度、操作规程和生产安全事故应急救援预案；

2）组织或者参与本单位安全生产教育和培训，如实记录安全生产教育和培训情况；

3）组织开展危险源辨识和评估，督促落实本单位重大危险源的安全管理措施；

4）组织或者参与本单位应急救援演练；

5）检查本单位的安全生产状况，及时排查生产安全事故隐患，提出改进安全生产管理的建议；

6）制止和纠正违章指挥、强令冒险作业、违反操作规程的行为；

　　7）督促落实本单位安全生产整改措施。

　　生产经营单位可以设置专职安全生产分管负责人，协助本单位主要负责人履行安全生产管理职责。

　　(7) 生产经营单位的主要负责人和安全生产管理人员必须具备与本单位所从事的生产经营活动相应的安全生产知识和管理能力。

　　(8) 生产经营单位应当对从业人员进行安全生产教育和培训，保证从业人员具备必要的安全生产知识，熟悉有关的安全生产规章制度和安全操作规程，掌握本岗位的安全操作技能，了解事故应急处理措施，知悉自身在安全生产方面的权利和义务。未经安全生产教育和培训合格的从业人员，不得上岗作业。

　　生产经营单位使用被派遣劳动者的，应当将被派遣劳动者纳入本单位从业人员统一管理，对被派遣劳动者进行岗位安全操作规程和安全操作技能的教育和培训。劳务派遣单位应当对被派遣劳动者进行必要的安全生产教育和培训。

　　生产经营单位接收中等职业学校、高等学校学生实习的，应当对实习学生进行相应的安全生产教育和培训，提供必要的劳动防护用品。学校应当协助生产经营单位对实习学生进行安全生产教育和培训。

　　生产经营单位应当建立安全生产教育和培训档案，如实记录安全生产教育和培训的时间、内容、参加人员以及考核结果等情况。

　　(9) 生产经营单位的特种作业人员必须按照国家有关规定经专门的安全作业培训，取得相应资格，方可上岗作业。特种作业人员的范围由国务院应急管理部门会同国务院有关部门确定。

　　(10) 生产经营单位新建、改建、扩建工程项目（以下统称建设项目）的安全设施，必须与主体工程同时设计、同时施工、同时投入生产和使用。安全设施投资应当纳入建设项目概算。

　　(11) 生产经营单位应当在有较大危险因素的生产经营场所和有关设施、设备上，设置明显的安全警示标志。

　　(12) 国家对严重危及生产安全的工艺、设备实行淘汰制度，具体目录由国务院应急管理部门会同国务院有关部门制定并公布。法律、行政法规对目录的制定另有规定的，适用其规定。生产经营单位不得使用应当淘汰的危及生产安全的工艺、设备。

　　(13) 生产、经营、储存、使用危险物品的车间、商店、仓库不得与员工宿舍在同一座建筑物内，并应当与员工宿舍保持安全距离。生产经营场所和员工宿舍应当设有符合紧急疏散要求、标志明显、保持畅通的出口、疏散通道。禁止占用、锁闭、封堵生产经营场所或者员工宿舍的出口、疏散通道。

1.1.1　安全与安全管理相关概念

　　(14) 生产经营单位发生生产安全事故时，单位的主要负责人应当立即组织抢救，并不得在事故调查处理期间擅离职守。

　　(15) 生产经营单位必须依法参加工伤保险，为从业人员缴纳保险费。

1.1.4　现代安全管理的基本原理

　　安全生产管理随着安全科学技术和管理科学的发展而发展，系统安全工程原理和方法的出现使安全生产管理的内容、方法、原理都有了很大的拓展。

现代安全管理的意义和特点在于：变传统的纵向单因素安全管理为现代的横向综合安全管理；变传统的事故管理为现代的事件分析与隐患管理（变事后型为预防型）；变传统的被动的安全管理对象为现代的安全管理动力；变传统的静态安全管理为现代的动态安全管理；变过去企业只顾生产经济效益的安全辅助管理为现代的效益、环境、安全与卫生的综合效果的管理；变传统的被动、辅助、滞后的安全管理模式为现代的主动、本质、超前的安全管理模式。与企业安全管理有密切关系的两个基本原理：一是系统原理，二是人本原理。

1.1.4.1　系统原理

系统原理是现代管理学的一个基本原理。它是指人们在从事管理工作时，运用系统观点、理论和方法，对管理活动进行充分的系统分析，以达到管理的优化目标，即用系统论的观点、理论和方法来认识和处理管理中出现的问题。

所谓系统，是指由相互作用和相互依赖的若干部分组成的有机整体。任何管理对象都可以作为一个系统，系统可以分为若干个子系统，子系统又可以分为若干个要素，即系统是由要素组成的。按照系统的观点，管理系统具有六个特征，即集合性、相关性、目的性、整体性、层次性和适应性。

安全生产管理系统是生产管理的一个子系统，它包括各级安全管理人员、安全防护设备与设施、安全管理规章制度、安全生产操作规范和规程以及安全管理与事故信息等。安全贯穿生产活动的方方面面，安全生产管理是全过程、全方位、全天候和全员参与的管理。安全贯穿于企业各项基本活动之中，安全管理就是为了防止意外的劳动（人、财、物）耗费，保障企业系统经营目标的实现。

1.1.4.2　人本原理

在管理活动中必须把人的因素放在首位，体现以人为本的指导思想。以人为本有两层含义：一是所有管理活动都是以人为本体展开的。人既是管理的主体（管理者），又是管理的客体（被管理者），每个人都处在一定的管理层次上，离开人，就无所谓管理，因此人是管理活动的主要对象和重要资源。二是在安全管理活动中，作为管理对象的诸要素（物质、资金、时间、信息等）和管理系统各环节（组织机构、规章制度等），都需要人去掌管、运作、推动和实施，因此应该根据人的思想和行为规律，运用各种激励手段，充分

1.1.2　现代安全管理的基本原理

发挥人的积极性和创造性，挖掘人的内在潜力。搞好企业安全管理，避免工伤事故与职业病的发生，充分保护企业职工的安全与健康，是人本原理的直接体现。

1.1.5　事故致因理论

为了探索工程建设过程中伤亡事故的有效预防措施，首先必须深入了解和认识事故发生的原因。国外对事故致因理论的研究成果十分丰富，其研究领域属系统安全科学范畴，涉及自然科学、社会科学、人文科学等多个学科领域，应用系统论的观点和方法去研究系统的事故过程，分析事故致因和机制，研究事故的预防和控制策略、事故发生时的急救措施等。

1.1.3　事故致因理论产生的背景及发展

事故致因理论是系统安全科学的基石，也是分析我国工程建设过程中事故发生原因的

基础。事故发生有其自身的发展规律和特点，只有掌握事故发生的规律，才能保证生产系统处于安全状态。目前主要有以下几个事故致因理论。

1.1.5.1　单因素理论

单因素理论的基本观点认为，事故是由一两个因素引起的，因素是指人或环境（物）的某种特性，其代表性理论主要有事故频发倾向理论、心理动力理论和社会环境理论。

1. 事故频发倾向理论

1919 年，英国的格林伍德和伍兹把许多伤亡事故发生次数按照泊松分布、偏倚分布和非均等分布进行了统计分析，发现了一些工人由于存在精神或心理方面的因素，如果在生产操作过程中发生过一次事故，当再继续操作时，就有重复发生第二次、第三次事故的倾向。从这种现象出发，1939 年法默等人提出事故频发倾向概念。所谓事故频发倾向，是指个人容易发生事故的、稳定的、个人的内在倾向。而具有事故频发倾向的人称为事故频发者，他们的存在被认为是工业事故发生的原因。1964 年海顿等人进一步证明易出事故的个人事故频发倾向性是一种持久的、稳定的个性特征。关于事故频发者存在与否的争议持续了半个多世纪，其最大的弱点是过分强调了人的个性特征在事故中的影响，无视教育与培训在安全管理中的作用。近年来的许多研究结果已经证明，事故频发者并不存在，广泛的批评使这一理论受到排斥。

2. 心理动力理论

这个理论源于弗洛伊德的个性动力理论，认为工人受到伤害的主要原因是刺激。其假设是，事故本身是一种无意识的愿望或期望的结果，这种愿望或期望通过事故来象征性地得到满足。要避免事故，就要更改愿望满足的方式，或通过心理分析消除那些破坏性的愿望。这种理论因为无法证实某个特定的机会引起某个特定的事故而被认为是不可行的。

1.1.4　单因素理论

3. 社会环境理论

这一理论在 1957 年由科尔提出，又称"目标-灵活性-机警"理论，即一个人在其工作环境内可设置一个可达到的合理目标，并可具有选择、判断、决定等灵活性，而工作中的机警会避免事故，其基本观点是：一个有益的工作环境能增进安全，认为工人来自社会和环境的压力会分散注意力而导致事故，这种压力包括工作变更、更换领导、婚姻、死亡、生育、分离、疾病、噪声、照明不良、高温、过冷，以及时间紧迫、上下催促等。但科尔没有说明每个因素与事故发生的关系，也没有给机警下一个定义，使其理论价值大打折扣。

1.1.5　事故因果链理论

1.1.5.2　事故因果链理论

事故因果链理论的基本观点是事故由一连串因素以因果关系依次发生，就如链式反应的结果。该理论可用多米诺骨牌形象地描述事故及导致伤害的过程，其代表性理论有 Heinrich 事故因果连锁理论、FrankBird 管理失误连锁理论和"4M"理论等。

1. Heinrich 事故因果连锁理论

1931 年，美国的 Heinrich 在《工业事故的预防》一书中，论述了事故发生的因果连锁理论，又称多米诺骨牌原理。Heinrich 认为伤亡事故是由社会环境、人的失误、人的不安全行为或物的不安全状态、事故、伤害五个要素按顺序发展的结果。就像著名的多米诺骨牌一样，一旦第一张倒下，就会导致第二张、第三张直至第五张骨牌依次倒下，最终导致事故和相应的损失。Heinrich 同时指出，控制事故发生的可能性及减少伤害和损失的关键环节在于消除人的不安全行为或物的不安全状态，即抽去第三张骨牌就有可能避免第四和第五张骨牌的倒下。只要消除了人的不安全行为或物的不安全状态，伤亡事故就不会发生，由此造成的人身伤害和经济损失也就无从谈起。

Heinrich 事故因果连锁理论从产生伊始就被广泛应用于安全生产工作之中，被奉为安全生产的经典理论，对后来的安全生产产生了巨大而深远的影响。Heinrich 用事故因果连锁理论说明事故致因，虽然显得过于简单，且追究遗传因素等，反映了对工人的偏见，但其对事故发生因果等关系的描述方法和控制事故的关键在于打断事故因果连锁链中间一环的观点对于事故调查和预防是很有帮助的。施工现场要求每天工作开始前必须认真检查施工机具和施工材料，并且保证施工人员处于稳定的工作状态，正是这一理论在安全管理中的应用和体现。

2. FrankBird 管理失误连锁理论

Heinrich 事故因果连锁理论在学术界引起轰动，许多人对此理论进行改进研究，其中最成功的是 FrankBird 提出的管理失误连锁理论。此理论不是过分地追求遗传因素，而是强调安全管理是事故连锁反应的最重要因素，是可能引起伤害事故的重要原因。他认为，尽管人的不安全行为或物的不安全状态是导致事故的重要原因，必须认真追究，但不过是其背后原因的征兆，是一种表面现象。他认为事故的根本原因是管理失误。管理失误主要表现在对导致事故的根本原因控制不足，也可以说是对危险源控制不足。

3. "4M" 理论

"4M" 理论将事故连锁反应理论中的深层原因进一步分析，将其归纳为四大因素，即人的因素（心理、生理、职业等原因）、设备的因素（机械设备的缺陷、安全性不足、操作规程或标准不健全等）、作业的因素（作业信息不真实、作业方法不当、作业环境不良、操作不规范等）和管理的因素（管理组织不健全、安全规程、手册缺乏、安全管理计划不良、安全教育培训不足、人员配置不合理、不良的职业健康管理等）。

结合 Heinrich、FrankBird 以及 "4M" 理论的研究成果，可以将事故连锁反应表示为五个前后衔接并有因果关系的不同因素，按照逻辑关系可以将五个因素的事故连锁反应归纳为 "根本原因" →（产生）→深层原因→（引发）→直接原因→（导致）→事故→（造成）→伤害。其中，伤害指生命、健康、经济上的损失；事故指人员与危险物体或环境接触；直接原因指人的不安全行为或物的不安全状态；深层原因指人、设备及管理的不良因素；根本原因指安全管理的缺陷。

1.1.5.3　多重因素——流行病学理论

所谓流行病学，是一门研究流行病的传染源、传播途径及预防的科学。它的研究内容与范围包括研究传染病在人群中的分布，阐明传染病在特定时间、地点、条件下的流行规律，探讨病因与性质并估计患病的危险性，探索影响疾病流行的因素，拟订防疫措施等。

1949 年葛登提出事故致因的流行病学理论。该理论认为，工伤事故与流行病的发生相似，与人员、设施及环境条件有关，有一定分布规律，往往集中在一定时间、地点和条件下发生。葛登主张，可以用流行病学方法研究事故原因，以及研究当事人的特征（包括年龄、性别、生理、心理状况)、环境特征 (如工作的地理环境、社会状况、气候季节等)和媒介特征。他把"媒介"定义为促成事故的能量,即构成事故伤害的来源,如机械能、热能、电能和辐射能等。能量与流行病中的传播媒介 (病毒、细菌、毒物) 一样都是事故或疾病的瞬间原因。其区别在于,疾病的媒介总是有害的,而能量在大多数情况下是有益的,是输出效能的动力。仅当能量逆流外泄于人体的偶然情况下,才是事故发生的源点和媒介。

采用流行病学的研究方法时,事故的研究对象不只是个体,更重视由个体组成的群体,特别是"敏感"人群。研究目的是探索危险因素与环境及当事人 (人群) 之间相互作用,从复杂的多重因素关系中,揭示事故发生及分布的规律,进而研究防范事故的措施。

这种理论比前述几种事故致因理论更具理论上的先进性。它明确承认原因和因素间的关系特征,认为事故是由当事人群、环境与媒介等三类变量组中某些因素相互作用的结果,由此推动这三类因素的调查、统计与研究。该理论不足之处在于上述三类因素必须占有大量的内容,必须拥有足量的样本进行统计与评价,而在这些方面,该理论缺乏明确的指导。

1.1.5.4　系统理论

系统理论认为,研究事故原因须运用系统论、控制论和信息论的方法,探索人、机、环境之间的相互作用、反馈和调整,辨识事故将要发生时系统的状态特性,特别是与人的感觉、记忆、理解和行为响应等有关的过程特性,从而分清事故的主次原因,使预防事故更为有效。通常用模型 (图、符号或模拟法) 表达,通过模型结构能表达各因素之间的相互作用与关系。较具代表性的系统理论有轨迹交叉理论、人的失误模型及其扩展研究、P理论、能量意外释放理论、事故致因突变理论等。

1. 轨迹交叉理论

日本劳动省在分析大量事故形成过程的基础上,提出了轨迹交叉理论。该理论认为,事故的发生是人的运动轨迹与物的运动轨迹异常接触所致,是物直接接触于人,或是人暴露于有害环境之中。这两类异常接触表示了事故类型。人与物两个运动轨迹的交叉点 (异常接触点) 就是事故发生的时空。在此模型中,物的原因被表示为不安全状态。存在这种状态的物体叫起因物,直接接触于人施以伤害的物体叫施害物。人的原因被表示为不安全行为。人的不安全行为与物的不安全状态是造成事故的直接原因。多数情况下,在直接原因的背后,往往存在着企业经营者、管理监督者在安全管理上的缺陷,这是造成事故的本质原因。因为发生事故,问题必定是发生事故的人或有关人员不知道、不会做或不去做,而所有这些问题本应该可以通过培训或管理监督来解决。就事故而言,问题的关键在于为什么会产生不安全状态或不安全行为,最重要的是研究管理者能否在事故前采取预防措施。上述问题不解决,事故势必还会重演。

2. 人的失误模型及其扩展研究

J. 瑟利于 1969 年提出 S-O-R 模型,对于一个事故,瑟利模型考虑两组问题,每组问题共有三个心理学成分:对事件的感知 (刺激,S);对事件的理解 (认知,O);对事件的行为响应 (输出,R)。第一组关系到危险的构成,以及与此危险相关的感觉的认识和行为的响应。第二组关系到危险放出期间若不能避免危险，则将产生伤害或损失。

3. P 理论

P 理论是扰动理论的简称，扰动指外界影响的变化。人和机械（设备）有适应外界影响变化的能力，有响应外界影响变化做出调节的能力，使过程在动态平稳状态中稳定地进行。但这种能力是有限度的。当外界影响的变化超过了行为者（人、机）的这种适应调节能力限度，就会破坏动态平衡过程从而开始事故过程。这种把事故看作由扰动开始，相互关联的事件相继发生，直到伤害或损坏而结束的过程，就是 P 理论的观点。被称为扰动的外界影响的变化包括社会环境变化、自然环境变化、宏观经济和（或）微观经济的变化、时间的变化、空间的变化、技术的变化、劳动组织的变化、人员的变化和操作规程的变化等。

4. 能量意外释放理论

1961 年 Gibson 提出了"事故是一种不正常的或不希望的能量转移"的观点，各种形式的能量是构成伤害的直接原因。1966 年，美国运输部国家安全局局长 Haddon 引申了这个观点。Haddon 认为，各种不同形式的能量是工业生产的重要动力，而一旦产生逆流，与人体接触，就可能导致伤害。在一定条件下，某种形式的能量逆流于人体能否导致伤害，造成伤害事故，应取决于人碰触能量的大小、接触时间与频率、力的集中程度。由此，他提出预防能量转移的安全技术措施可用屏障树（防护体系）的理论加以阐明，并认为屏障设置越早，效果越好。例如，用栏杆、防火门等在人与能源间设置屏障；用安全帽、防护靴、防毒面具等在被保护对象上设置屏障；用耐火材料、提高人员的生理、心理素质等来提高承受能量的阈值。这些安全防护技术的成功运用，避免了大量伤害事故的发生。

5. 事故致因突变理论

一些学者研究系统安全时引入突变理论，从而建立事故致因的突变模型。目前，突变理论应用到系统安全中，主要是尖点突变模型。事故致因的突变模型认为事故的发生是由于人的因素（人的心理与生理状态、安全意识、安全教育、管理水平、应变能力、身体素质等）和物的因素（工作条件、机器故障、自动化程度、保护装置等）共同作用的结果。把人的因素 H 和物的因素 M 作为两个控制变量，把生产能力或系统功能 F 作为状态参数。事故致因的突变模型较以往的事故致因理论有所改进，主要表现在它能解释系统连续变化过程中系统状态出现的突然变化。有关文献对用这一模型来描述灾变时系统状态变化进行了论证和可行性分析。

1.1.6 事故预防原理及基本原则

1.1.6.1 事故预防原理的含义

《现代汉语词典》对"事故"的解释是：多指生产、工作上发生的意外损失或灾祸。安全管理工作应当以预防为主，即通过有效的管理和技术手段，防止人的不安全行为或物的不安全状态出现，从而使事故发生的概率降到最低，这就是预防原理。除自然灾害外，凡是由于人类自身的活动而造成的危害，总有其产生的因果关系，探索事故的原因，采取有效的对策，原则上讲就能够预防事故的发生。预防是事前的工作，因此正确性和有效性就十分重要。

1.1.6 流行病学理论及系统理论

事故预防包括两个方面：一是对重复性事故的预防，即对已发生事故的分析，寻求事故发生的原因及其相互关系，提出防范类似事故重复发生的措施，避免此类事故再次发生；二是对预计可能出现事故的预防，此类事故预防主要针对可能将要发生的事故进行预测，即要查出由哪些危险因素组合，并对可能导致什么类型的事故进行研究，模拟事故发生过程，提出消除危险因素的办法，避免事故发生。

1.1.6.2　事故预防的基本原则

1. 偶然损失原则

事故所产生的后果（人员伤亡、物质损失、健康损害等），以及后果的大小如何，都是随机的，是难以预测的。反复发生的同类事故，并不一定产生相同的后果，这就是事故损失的偶然性。根据事故损失的偶然性，可得到安全管理上的偶然损失原则：无论事故是否造成了损失，为了防止事故损失的发生，唯一的办法是防止事故再次发生。这个原则强调，在安全管理实践中，一定要重视各类事故，包括险肇事故，只有将险肇事故都控制住，才能真正防止事故损失的发生。

2. 因果关系原则

事故是许多因素互为因果连续发生的最终结果。一个因素是前一因素的结果，而又是后一因素的原因，环环相扣，导致事故的发生。事故的因果关系决定了事故发生的必然性，即事故因素及其因果关系的存在决定了事故或早或迟必然要发生。掌握事故的因果关系、砍断事故因素的环链，就消除了事故发生的必然性，就可能防止事故的发生。事故的必然性中包含着规律性。必然性来自因果关系，深入调查、了解事故因素的因果关系，就可以发现事故发生的客观规律，从而为防止事故发生提供依据。

应用数理统计方法，收集尽可能多的事故案例进行统计分析，就可以从总体上找出带有规律性的问题，为宏观安全决策奠定基础，为改进安全工作指明方向，从而做到预防为主，实现安全生产。从事故的因果关系中认识必然性，发现事故发生的规律性，变不安全条件为安全条件，把事故消灭在早期起因阶段，这就是因果关系原则。

3. "3E" 原则

造成人的不安全行为或物的不安全状态的主要原因可归结为四个方面：

(1) 技术的原因。包括作业环境不良（照明、温度、湿度、通风、噪声、振动等），物料堆放杂乱，作业空间狭小，设备工具有缺陷并缺乏保养，防护与报警装置的配备和维护存在技术缺陷等。

(2) 教育的原因。包括缺乏安全生产的知识和经验，作业技术、技能不熟练等。

(3) 身体和态度的原因。包括生理状态或健康状态不佳，如听力、视力不良，反应迟钝，疾病、醉酒、疲劳等生理机能障碍；急慢、反抗、不满等情绪，消极或亢奋的工作态度等。

(4) 管理的原因。包括企业主要领导人对安全不重视，人事配备不完善，操作规程不合适，安全规程缺乏或执行不力等。

针对这四个方面的原因，可以采取三种防止对策，即工程技术对策（Engineering）、教育对策（Education）和法制对策（Enforcement）。这就是 "3E" 原则。

根据事故预防的 "3E" 原则，目前普遍采用以下三种事故预防对策：①技术对策是运用工程技术手段消除生产设施设备的不安全因素、改善作业环境条件、完善防护与报警装置，实现生产条件的安全和卫生；②教育对策是提供各种层次的、各种形式和内容的教育和训练，使职工牢固树立"安全第一"的思想，掌握安全生产所必需的知识和技能；③法制对策是利用法律、规程、标准以及规章制度等必要的强制性手段约束人们的行为，从而达到消除不重视安全、违章作业等现象的目的。

在应用"3E"原则预防事故时，应该针对人的不安全行为或物的不安全状态的四种原因，综合地、灵活地运用这三种对策，不要片面强调其中某一个对策。技术手段和管理手段对预防事故来说并不是割裂的，而是相互促进的，预防事故既要采用基于自然科学的工程技术，也要采取社会人文、心理行为等管理手段；否则，事故预防的效果难以达到理想状态。

4．本质安全化原则

本质安全化原则来源于本质安全化理论。该原则的含义是指从一开始和从本质上实现了安全化，就可从根本上消除事故发生的可能性，从而达到预防事故发生的目的。本质安全化是安全管理预防原理的根本体现，也是安全管理的最高境界，实际上目前还很难做到，但是我们应该坚持这一原则。

【扫码测试】

1.1　练习题

1.2　建设工程安全生产管理格局

1.2.1　我国安全生产工作的发展历程

安全是人的基本需要，是社会文明进步的标志，也是生产企业健康发展的保障。安全生产的目的是使生产在保证劳动者安全健康和国家财产、人民生命财产安全的前提下顺利进行，从而实现经济的可持续发展。安全生产体现了"以人为本、关爱生命"的思想。加强安全生产工作对保证劳动者安全与健康、维护社会稳定、促进经济发展具有重要的意义。随着社会化大生产的不断发展，劳动者在生产经营活动中的地位不断提高，人的生命价值也越来越受到重视。关心和维护从业人员的人身安全权利，是实现安全生产的先决条件。

中华人民共和国成立之初，百废待兴，恢复经济是当时的首要任务。政府在经济基础十分薄弱的情况下，仍筹措资金用于改善人民的生活条件。随着第一个五年计划（1953—1957年）的实施，我国加快了经济建设的步伐，确立了一大批大中型工业项目。中华人民共和国成立初至"一五"期间，建筑业的伤亡事故较少。"二五"（1958—1962年）期间的头三年，建筑业呈迅猛发展态势，建筑业总产值每年都在200亿元以上，连续三年建筑业总产值占社会总产值的9％以上。但是由于社会因素的影响以及随之而来的自然灾害，我国经济形势逆转直下，经济开始滑坡，建筑业首当其冲。1962 年建筑业总产值跌至 90 亿元，仅占社会总产值的 4.5％。1963 年起，国家进入为期三年的经济调整时期。国家经济经过调整、巩固、充实、提高后逐渐发展，安全生产状况也随之改善，至 1965 年万人死亡率降到 1.65。1966—1970 年我们迎来了第三个五年计划，因特殊的社会因素影响，安全管理工作陷于停顿、倒退状态，劳动纪律松弛，劳动条件恶化，生产秩序陷入混乱之中，恶性事故不断发生，死亡 3 人以上的重大事故、10 人以至百人以上的特大事故不断发生，伤亡人数骤然增多，高峰时万人死亡率达到 7.53。"五五"（1976—1980 年）期间，1978 年 12 月 18—22 日，中国共产党第十一届中央委员会第三次全体会议在北京举行。十一届三中全会提出"把党的工作重点转移到经济建设上来"以后，我国建筑业以崭新的面貌跨入历史新时期。到"五五"末期的 1980 年，建筑业从业人数突破千万，达到 1044.1 万人。建筑业总产值达到 767 亿元，建筑业死亡率降为万分之 2.3，每 10 万 m^2 房屋建筑面积死亡率为万分之 0.81。

进入 20 世纪 80 年代，我国加快了改革开放的步伐，建筑业成为全国各行业改革的先行者，建筑业队伍人数和建筑规模也不断创历史新纪录，"七五"（1986—1990 年）期间第一年，建筑业总产值达到 2038 亿元，占社会总产值的 10.8％，达到一般先进国家建筑业的水平。我国各级建设行政主管部门也开始加大行业安全管理工作力度，至"七五"期末的 1990 年，死亡率降为万分之 1.5，每 10 万 m^2 房屋建筑面积死亡率降为万分之 0.4。

20 世纪 90 年代以来，国民经济高速发展，建设投资不断增长，带来了建筑行业和建筑市场的繁荣，全国各地城乡面貌发生了巨大变化。但是，建筑施工队伍的持续扩大也给建筑安全生产工作带来了很大难度，农民工成为建筑业施工一线的主力军，其安全防护意识薄弱和操作技能低下，而职业技能的培训却远远不够，重大伤亡事故一度出现来势迅猛的势头。20 世纪 90 年代初，国家加强了建筑安全立法工作探讨，并多次组织对发达国家建筑安全立法的考察工作。在中华人民共和国第八届全国人民代表大会第一次会议上有 32 位代表提议国家要尽快制定《建筑施工劳动保护法》。"九五"（1996—2000 年）期间的 1998 年 3 月 1 日，《中华人民共和国建筑法》开始实施，建筑安全生产管理被单独列为一章。我国的建筑安全生产管理从此走上了法制轨道。

我国为健全和完善企业安全生产方针政策及法律法规，从体制、机制、规划和投入等方面，采取了一系列重大举措加强企业安全生产。我国的安全立法进程大致经历了煤矿工业法制初步建设阶段和安全生产法制全面建设阶段。进入 21 世纪，我国的安全生产领域的立法进程步入了安全生产法制全面建设阶段，并确定了到 2010 年建立安全生产法律体系的目标。2002 年 6 月 29 日，第九届全国人民代表大会常务委员会第二十八次会议审议通过了《中华人民共和国安全生产法》，这标志着我国安全生产法制建设进入了新的发展阶段，对安全法制的建设具有里程碑的意义。《中华人民共和国安全生产法》是安全生产领域的基础法，是综合规范安全生产法律制度的法律，它适用于所有生产经营单位，是我国安全生产法律体系的核心。

2000 年，我国国家煤矿安全监察局与国家安全生产监督管理局成立；《煤矿安全监察条例》发布；全国职业安全卫生管理体系认证指导委员会成立。2001 年，国家安全生产监督管理局成立；第九届全国人大常务委员会第二十四次会议通过了《中华人民共和国职业病防治法》；国务院公布了《国务院关于特大安全事故行政责任追究的规定》。2002年，颁布实施了《中华人民共和国安全生产法》；国务院发布了《医疗事故处理条例》；党的十六大提出"高度重视安全生产，保护国家财产和人民的安全"的方针。2003年，国务院安全生产委员会办公室正式挂牌成立；国家经济贸易委员会管理的国家安全生产监督管理局更名为国家安全生产监督管理总局，同时变更为国务院直属机构升格为正部级。2004年，国家安全生产监督管理总局第一次以国务院的名义召开了全国安全生产工作会议；安全生产信息研究院等安全研究机构挂牌成立；《建设工程安全生产管理条例》正式颁布实施，这是我国真正意义上第一部针对建设工程安全生产的法规，它的颁布实施，对建设行业安全生产的促进作用是巨大的，使建设行业安全生产做到了有法可依，对建设安全管理人员有了明确的指导和规范。"十五"（2001—2005年）期末，2005年中国共产党第十六届中央委员会第五次全体会议通过的《中共中央关于制定国民经济和社会发展第十一个五年规划的建议》中指出坚持"安全第一、预防为主、综合治理"的方针，实现了安全生产方针的第二次飞跃；提出坚持"节约发展、清洁发展、安全发展，实现可持续发展"的思想。"十一五"（2006—2010年）期初，2006年《中共中央关于构建社会主义和谐社会若干重大问题的决定》中强调，构建和谐社会必须坚持"安全发展"的思想。经过努力，企业安全生产状况趋于稳定好转。以上一系列重要举措足以证明我国政府对安全生产工作的高度重视。

　　数据显示，"十一五"规划期间，2009年企业特重大事故起数和死亡人数同比分别下降50%和56.1%。工矿商贸企业安全生产状况持续改善；大部分地区企业安全生产状况好于2008年。另外，2009年与2002年相比，亿元GDP事故万人死亡率由1.33降到0.3以下，工矿商贸10万就业人员事故万人死亡率由4.05降到2.8以下，煤矿百万吨万人死亡率由4.94降到1.0以下。"十二五"（2011—2015年）规划期间，安全生产形势持续稳定好转，全面完成了安全生产"十二五"规划目标任务。全国生产安全事故总量连续5年下降，2015年各类事故起数和死亡人数较2010年分别下降22.5%和16.8%，其中重特大事故起数和死亡人数分别下降55.3%和46.6%。

　　我国企业是伴随着改革开放，特别是社会主义市场经济的发展而逐步发展起来的，经过多年的不懈努力，我国企业经历了由小到大、从弱到强的成长历程。当前，生产企业在我国的市场经济发展和社会生产、流通等方面发挥着举足轻重的作用。但是，也不可忽视市场经济发展本身存在的逐利性、盲目性、自发性缺陷，引发了企业安全生产事故的剧增。当前，我国正处在工业化、城镇化持续推进过程中，生产经营规模不断扩大，传统和新型生产经营方式并存，各类事故隐患和安全风险交织叠加，安全生产基础薄弱、监管体制机制和法律制度不完善、企业主体责任落实不力等问题依然突出，生产安全事故易发多发，尤其是重特大安全事故频发势头尚未得到有效遏制，一些事故发生呈现由高危行业领域向其他行业领域蔓延的趋势，直接危及生产安全和公共安全。加强企业安全生产事故的预防和整治，涉及群众的生命财产安全，事关企业的健康持续发展，关系到改革发展稳定的大局。

　　"十三五"（2016—2020年）期初，2016年12月9日，中共中央、国务院以中发〔2016〕32号文件正式印发了《关于推进安全生产领域改革发展的意见》，并于12月18日向社会公开发布。以党中央、国务院名义印发安全生产方面的文件，历史上还是第一次，充分体现了党中央对安全生产工作的极大重视，也标志着我国安全生产事业进入一个新的发展时期。《关于推进安全生产领域改革发展的意见》指出要坚持安全发展，坚守发展决不能以牺牲安全为代价这条不可逾越的红线，以防范遏制重特大生产安全事故为重点，坚持安全第一、预防为主、综合治理的方针，加强领导、改革创新，协调联动、齐抓共管，着力强化企业安全生产主体责任，着力堵塞监督管理漏洞，着力解决不遵守法律法规的问题，依靠严密的责任体系、严格的法治措施、有效的体制机制、有力的基础保障和完善的系统治理，切实增强安全防范治理能力，大力提升我国安全生产整体水平，确保人民群众安康幸福、共享改革发展和社会文明进步成果。"十三五"期间，在党中央、国务院的坚强领导和各地区、各有关部门的共同努力下，全国安全生产水平稳步提高，事故总量、较大事故、重特大事故持续下降。按可比口径计算，2020 年全国各类事故、较大事故和重特大事故起数比 2015 年分别下降 43.3％、36.1％和 57.9％，死亡人数分别下降 38.8％、37.3％和 65.9％。

"十四五"（2021—2025 年）期初，2022 年 4 月 6 日，国务院安全生产委员会正式印发了《"十四五"国家安全生产规划》。规划指出"十四五"时期是我国在全面建成小康社会、实现第一个百年奋斗目标之后，乘势而上开启全面建设社会主义现代化国家新征程、向第二个百年奋斗目标进军的第一个五年。立足新发展阶段，党中央、国务院对安全生产工作提出更高要求，强调坚持人民至上、生命至上，统筹好发展和安全两件大事，着力构建新发展格局，实现更高质量、更有效率、更加公平、更可持续、更为安全的发展，为做好新时期安全生产工作指明了方向。但同时也要看到，我国各类事故隐患和安全风险交织叠加、易发多发，安全生产正处于爬坡过坎、攻坚克难的关键时期。一是全国安全生产整体水平还不够高，安全发展基础依然薄弱。一些地方和企业安全发展理念树得不牢，安全生产法规标准执行不够严格。危险化学品、矿山等高危行业产业布局和结构调整优化还不到位，小、散、乱的问题尚未得到根本解决，机械化、自动化和信息化程度不够高，企业本质安全水平仍比较低。二是安全生产风险结构发生变化，新矛盾新问题相继涌现。工业化、城镇化持续发展，各类生产要素流动加快、安全风险更加集聚，事故的隐蔽性、突发性和耦合性明显增加，传统高危行业领域存量风险尚未得到有效化解，新工艺新材料新业态带来的增量风险呈现增多态势。新冠肺炎疫情转入常态化防控阶段，一些企业扩大生产、挽回损失的冲动强烈，容易出现忽视安全、盲目超产的情况，治理管控难度加大。三是安全生产治理能力还有短板，距离现实需要尚有差距。安全生产综合监管和行业监管职责需要进一步理顺，体制机制还需完善。安全生产监管监察执法干部和人才队伍建设滞后，发现问题、解决问题的能力不足。重大安全风险辨识及监测预警、重大事故应急处置和抢险救援等方面的短板突出。

1.2.1 我国安全生产工作的发展历程

"十四五"国家安全生产的规划目标是：到 2025 年，防范化解重大安全风险体制机制不断健全，重大安全风险防控能力大幅提升，安全生产形势趋稳向好，生产安全事故总量持续下降，危险化学品、矿山、消防、交通运输、建筑施工等重点领域重特大事故得到有效遏制，经济社会发展安全保障更加有力，人民群众安全感明显增强。到 2035 年，安全生产治理体系和治理能力现代化基本实现，安全生产保障能力显著增强，全民安全文明素质全面提升，人民群众安全感更加充实、更有保障、更可持续。《安全生产"十四五"规划》安全生产主要指标见表1.1。

表1.1 《安全生产"十四五"规划》安全生产主要指标

序号	指 标 内 容	预期值
1	生产安全事故死亡人数	下降15%
2	重特大生产安全事故起数	下降20%
3	单位国内生产总值生产安全事故死亡率	下降33%
4	工矿商贸就业人员十万人生产安全事故死亡率	下降20%
5	营运车辆万车死亡率	下降10%
6	煤矿百万吨死亡率	下降10%

注 降幅为2025年末较2020年末下降的幅度。

1.2.2 我国安全生产监督管理部门组织架构

安全生产工作应当以人为本，坚持安全发展，坚持安全第一、预防为主、综合治理的方针，强化和落实生产经营单位的主体责任，建立生产经营单位负责、职工参与、政府监管、行业自律和社会监督的机制。目前，我国安全生产监督管理的体制是综合监管与行业监管相结合、国家监察与地方监管相结合、政府监督与其他监督相结合的格局。2018年3月17日，中华人民共和国第十三届全国人民代表大会第一次会议表决通过了《国务院机构改革方案》，方案决定组建应急管理部，作为国务院组成部门。方案提出，将国家安全生产监督管理总局的职责，国务院办公厅的应急管理职责，公安部的消防管理职责，民政部的救灾职责，国土资源部的地质灾害防治、水利部的水旱灾害防治、农业部的草原防火、国家林业局的森林防火相关职责，中国地震局的震灾应急救援职责以及国家防汛抗旱总指挥部、国家减灾委员会、国务院抗震救灾指挥部、国家森林防火指挥部的职责整合，组建应急管理部。应急管理的事件大体分为四类：自然灾害、事故灾难、医疗救助和社会安全事件。

应急管理部的职责既包含了原国家安全生产监督管理总局的职责，同时收纳了许多新的职责，这其实是一种职责整合，既有利于及时有效地处理突发事件，又可以进行综合性防灾救灾，显著提高应对突发事件、维护公共安全的能力。

应急管理部主要职责包括：组织编制国家应急总体预案和规划，指导各地区各部门应对突发事件工作，推动应急预案体系建设和预案演练；建

1.2.2 我国安全生产监督管理部门架构

立灾情报告系统并统一发布灾情，统筹应急力量建设和物资储备并在救灾时统一调度，组织灾害救助体系建设，指导安全生产类、自然灾害类应急救援，承担国家应对特别重大灾害指挥部工作；指导火灾、水旱灾害、地质灾害等防治；负责安全生产综合监督管理和工矿商贸行业安全生产监督管理等。公安消防部队、武警森林部队转制后，与安全生产等应急救援队伍一并作为综合性常备应急骨干力量，由应急管理部管理，实行专门管理和政策保障，采取符合其自身特点的职务职级序列和管理办法，提高职业荣誉感，保持有生力量和战斗力。应急管理部要处理好防灾和救灾的关系，明确与相关部门和地方各自职责分工，建立协调配合机制。

我国安全生产监督管理体制组织结构如图 1.1 所示。

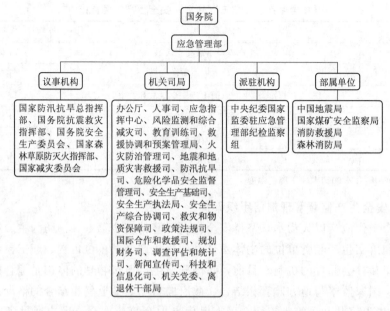

图 1.1 我国安全生产监督管理体制组织结构

【扫码测试】

1.2 练习题

1.3 水利工程建设各方责任主体的安全责任

1.3.1 水利工程建设项目法人的安全生产责任

1.3.1.1 水利工程建设项目法人安全生产的特殊要求

根据《中华人民共和国安全生产法》《建设工程安全生产管理条例》等法律、法规，结合水利工程的特点，2005 年 6 月 22 日水利部部长会议审议通过《水利工程建设安全生产管理规定》（水利部令第 26 号）（简称《安全生产管理规定》），自 2005 年 9 月 1 日起施行，根据 2014 年 8 月 19 日《水利部关于废止和修改部分规章的决定》第一次修正；根据 2017 年 12 月 22 日《水利部关于废止和修改部分规章的决定》第二次修正；根据 2019 年 5 月 10 日《水利部关于修改部分规章的决定》第三次修正。《安全生产管理规定》包括总则，项目法人的安全责任，勘察（测）、设计、建设监理及其他有关单位的安全责任，施工单位的安全责任，监督管理，生产安全事故的应急救援和调查处理，附则共七章 42 条。《安全生产管理规定》第四十条规定：违反本规定，需要实施行政处罚的，由水行政主管部门或者流域管理机构按照《建设工程安全生产管理条例》的规定执行。

根据《安全生产管理规定》，项目法人的安全生产特殊要求有：

（1）项目法人在对施工投标单位进行资格审查时，应当对投标单位的主要负责人、项目负责人以及专职安全生产管理人员是否经水行政主管部门安全生产考核合格进行审查。有关人员未经考核合格的，不得认定投标单位的投标资格。

（2）项目法人应当向施工单位提供施工现场及施工可能影响的毗邻区域内供水、排水、供电、供气、供热、通信、广播电视等地下管线资料，气象和水文观测资料，拟建工程可能影响的相邻建筑物和构筑物、地下工程的有关资料，并保证有关资料的真实、准确、完整，满足有关技术规范的要求。对可能影响施工报价的资料，应当在招标时提供。

（3）项目法人不得调减或挪用批准概算中所确定的水利工程建设有关安全作业环境及安全施工措施等所需费用。工程承包合同中应当明确安全作业环境及安全施工措施所需费用（统称安全生产费用，占建筑安装工程造价的1.2%～2.0%）。

（4）项目法人应当组织编制保证安全生产的措施方案，并自开工报告批准之日起15日内报有管辖权的水行政主管部门、流域管理机构或者其委托的水利工程建设安全生产监督机构（简称安全生产监督机构）备案。建设过程中安全生产的情况发生变化时，应当及时对保证安全生产的措施方案进行调整，并报原备案机关。

保证安全生产的措施方案应当根据有关法律法规、强制性标准和技术规范的要求并结合工程的具体情况编制，应当包括以下内容：①项目概况；②编制依据；③安全生产管理机构及相关负责人；④安全生产的有关规章制度制定情况；⑤安全生产管理人员及特种作业人员持证上岗情况等；⑥生产安全事故的应急救援预案；⑦工程度汛方案、措施；⑧其他有关事项。

（5）项目法人应当将水利工程中的拆除工程和爆破工程发包给具有相应水利水电工程施工资质等级的施工单位。项目法人应当在拆除工程或者爆破工程施工15日前，将下列资料报送水行政主管部门、流域管理机构或者其委托的安全生产监督机构备案：①拟拆除或拟爆破的工程及可能危及毗邻建筑物的说明；②施工组织方案；③堆放、清除废弃物的措施；④生产安全事故的应急救援预案。

1.3.1.2　项目法人制定安全生产目标及管理制度

根据《水利水电工程施工安全管理导则》（SL 721—2015），项目法人应根据本工程项目安全生产实际，制定项目安全生产总体目标和年度目标。明确目标与指标的制定、分解、实施、考核等环节内容。安全生产目标主要包括以下内容：

（1）生产安全事故控制目标。

（2）安全生产投入目标。

（3）安全生产教育培训目标。

（4）安全生产隐患排查治理目标。

（5）重大危险源监控目标。

（6）应急管理目标。

（7）文明施工管理目标。

（8）人员、机械、设备、交通、消防、环境等方面的安全管理控制目标等。

根据《水电水利工程施工重大危险源辨识及评价导则》（DL/T 5274—2012），依据事故可能造成的人员伤亡数量及财产损失情况，重大危险源划分为一级重大危险源、二级重大危险源、三级重大危险源以及四级重大危险源等 4 级。

根据《水利水电工程施工安全管理导则》（SL 721—2015），项目法人应于工程开工前将"适用的安全生产法律法规、标准规范清单"书面通知各参建单位。项目法人应组织制定各种安全生产管理制度。安全生产管理制度基本内容包括：①工作内容；②责任人（部门）的职责与权限；③基本工作程序及标准。

1.3.1.3 项目法人组织生产安全事故隐患排查

根据水利部《关于进一步加强水利生产安全事故隐患排查治理工作的意见》（水安监〔2017〕409 号），项目法人应组织有关参建单位制定项目事故隐患排查治理制度，各参建单位应在此基础上制定本单位事故隐患排查治理制度。重大事故隐患判定标准执行水利部《水利工程生产安全重大事故隐患判定标准（试行）》（水安监〔2017〕344 号），对于判定出的重大事故隐患，要做到整改责任、资金、措施、时限和应急预案"五落实"。重大事故隐患及其整改进展情况需经本单位负责人同意后报有管辖权的水行政主管部门。

水利工程生产安全重大事故隐患判定分为直接判定法和综合判定法，应先采用直接判定法，不能用直接判定法的，采用综合判定法判定。

1. 直接判定

符合表 1.2 中的任何一条要素的，可判定为重大事故隐患。

表 1.2　　　　水利工程建设项目生产安全重大事故隐患直接判定清单（指南）

类别	管理环节	隐患编号	隐 患 内 容
一、基础管理	现场管理	SJ-J001	施工企业无安全生产许可证或安全生产许可证未按规定延期承揽工程
		SJ-J002	未按规定设置安全生产管理机构、配备专职安全生产管理人员
		SJ-J003	未按规定编制或未按程序审批达到一定规模的危险性较大的单项工程或新工艺、新工法的专项施工方案
		SJ-J004	未按专项施工方案施工
二、临时工程	营地及施工设施建设	SJ-L001	施工驻地设置在滑坡、泥石流、潮水、洪水、雪崩等危险区域
		SJ-L002	易燃易爆物品仓库或其他危险品仓库的布置以及与相邻建筑物的距离不符合规定，或消防设施配置不满足规定
		SJ-L003	办公区、生活区和生产作业区未分开设置或安全距离不足
	围堰工程	SJ-L004	没有专门设计，或没有按照设计或方案施工，或未验收合格投入运行
		SJ-L005	土石围堰堰顶及护坡无排水和防汛措施或钢围堰无防撞措施；未按规定驻泊施工船舶；堰内抽排水速度超过方案规定
		SJ-L006	未开展监测监控，工况发生变化时未及时采取措施
三、专项工程	施工用电	SJ-Z001	没有专项方案，或施工用电系统未经验收合格投入使用
		SJ-Z002	未按规定实行三相五线制或三级配电或两级保护
		SJ-Z003	电气设施、线路和外电未按规范要求采取防护措施
		SJ-Z004	地下暗挖工程、有限作业空间、潮湿等场所作业未使用安全电压

类别	管理环节	隐患编号	隐 患 内 容
三、专项工程	施工用电	SJ－Z005	高瓦斯或瓦斯突出的隧洞工程场所作业未使用防爆电器
		SJ－Z006	未按规定设置接地系统或避雷系统
	深基坑（槽）	SJ－Z007	深基坑未按要求（规定）监测
		SJ－Z008	边坡开挖或支护不符合设计及规范要求
		SJ－Z009	开挖未遵循"分层、分段、对称、平衡、限时、随挖随支"原则
		SJ－Z010	作业范围内地下管线未探明、无保护等开挖作业
		SJ－Z011	建筑物结构强度未达到设计及规范要求时回填土方或不对称回填土方施工
	降水	SJ－Z012	降水期间对影响范围建筑物未进行安全监测
		SJ－Z013	降水井（管）未设反滤层或反滤层损坏

注 《水利工程生产安全重大事故隐患判定标准（试行）》（水安监〔2017〕344号）所列的部分清单。

2. 综合判定

符合表1.3中重大隐患判据的，可判定为重大事故隐患。

表1.3　　水利工程建设项目生产安全重大事故隐患综合判定清单（指南）

一、基础管理		
序　号	基　础　条　件	重大事故隐患判据
1	安全管理制度、安全操作规程和应急预案不健全	
2	未按规定组织开展安全检查和隐患排查治理	
3	安全教育和培训不到位或相关岗位人员未持证上岗	
隐患编号	隐 患 内 容	
SJ－JZ001	未按规定进行安全技术交底	满足全部基础条件＋任意两项隐患
SJ－JZ002	隐患排查治理情况未按规定向从业人员通报	
SJ－JZ003	超过一定规模的危险性较大的单项工程未组织专家论证或论证后未经审查	
SJ－JZ004	应当验收的危险性较大的单项工程专项施工方案未组织验收或验收不符合程序	

二、专项工程——临时用电		
序　号	基　础　条　件	重大事故隐患判据
1	安全管理制度、安全操作规程和应急预案不健全	
2	未按规定组织开展安全检查和隐患排查治理	
3	安全教育和培训不到位或相关岗位人员未持证上岗	
隐患编号	隐 患 内 容	
SJ－ZDZ001	配电线路电线绝缘破损、带电金属导体外露	满足全部基础条件＋任意3项隐患
SJ－ZDZ002	专用接零保护装置不符合规范要求或接地电阻达不到要求	
SJ－ZDZ003	漏电保护器的漏电动作时间或漏电动作电流不符合规范要求	

隐患编号	隐 患 内 容	
SJ – ZDZ004	配电箱无防雨措施	满足全部基础条件＋任意3项隐患
SJ – ZDZ005	配电箱无门、无锁	
SJ – ZDZ006	配电箱无工作零线和保护零线接线端子板	
SJ – ZDZ007	交流电焊机未设置二次侧防触电保护装置	
SJ – ZDZ008	一闸多用	

注　《水利工程生产安全重大事故隐患判定标准（试行）》（水安监〔2017〕344 号）所列的部分清单。

根据《国务院安全生产委员会关于印发〈涉及危险化学品安全风险的行业品种目录〉的通知》（安委〔2016〕7 号），水利行业见表 1.4。

表 1.4　　　　水利行业涉及危险化学品安全风险的品种目录

涉及的典型危险化学品	主要安全风险
水质监测使用硫酸、盐酸、高锰酸钾、碘化汞等	腐蚀、中毒
水保监测使用氧气、乙炔、氢气气瓶以及三氯甲烷、硫酸、盐酸、高锰酸钾、丙酮、甲苯、醋酸酐等	火灾、爆炸、中毒、腐蚀
水利水电工程使用汽油、氧气、乙炔等	火灾、爆炸
水文实验室使用氟化氢、硫酸、盐酸、三氯甲烷、正己烷等试剂，重铬酸钾、氰化钠、叠氮化钠等剧毒化学品	火灾、爆炸、中毒、腐蚀
水利科研实验室使用乙炔、丙烷、甲醛、苯、硫酸、硝酸、盐酸等	中毒、腐蚀、火灾、爆炸
水利水电工程建设使用硝铵炸药	爆炸

1.3.1.4　项目法人推进安全生产领域改革发展的责任

《水利部关于印发〈贯彻落实"中共中央国务院关于推进安全生产领域改革发展的意见"实施办法〉的通知》（水安监〔2017〕261 号）对安全生产领域改革发展提出了如下要求：

（1）坚持安全发展、改革创新、依法监管、源头防范、系统治理的原则，严格落实党政同责、一岗双责、齐抓共管、失职追责要求，以防范重特大事故、减少较大和一般事故为重点，切实增强水利安全生产防范治理能力。

（2）到 2020 年，水利安全生产监管机制基本成熟，规章制度体系基本完善，各级水行政主管部门和流域管理机构安全生产监管机构基本健全。到 2030 年，全面实现水利安全生产治理体系和治理能力现代化。

（3）水利生产经营单位是水利安全生产工作责任的直接承担主体，对本单位安全生产和职业健康工作负全面责任。水利建设项目法人、勘察（测）、设计、施工、监理等参建单位要加强施工现场的全时段、全过程和全员安全管理，落实工程专项施工方案和安全技术措施，严格执行安全设施与主体工程同时设计、同时施工、同时投入生产和使用的"三同时"制度。做到安全责任、管理、投入、培训和应急救援"五到位"。

（4）按照管行业必须管安全、管业务必须管安全、管生产经营必须管安全和谁主管谁负责的原则，进一步落实水行政主管部门安全生产和职业健康监督管理职责。各级水行政主管部门要依法依规推进部门安全生产监管权力清单和责任清单制定工作，尽职照单免责、失职照单问责。落实水利生产经营单位生产经营全过程安全生产责任追溯制度，按照"四不放过"原则严格实施责任追究。对被追究刑事责任的生产经营者依法实施相应的职业禁入，对事故发生负有重大责任的社会服务机构和人员依法严肃追究法律责任，依法实施相应的行业禁入。

（5）完善以国家强制性标准为主体的水利安全生产技术标准体系。重点围绕各类水利工程建设与运行的安全技术、安全防护、安全设备设施、安全生产条件、职业危害预防治理、危险源辨识、隐患判定、应急管理等方面，分专业制定和完善相应的安全生产标准规范。鼓励水利生产经营单位制定更加严格规范的安全生产标准。

（6）各级水行政主管部门对本级在建和运行重点水利工程开展全覆盖监督检查，对下级所属的重点水利工程采取"双随机、一公开"等方式进行抽查检查，依法严格执行安全准入制度。对违法行为当事人拒不执行安全生产行政执法决定的，水行政主管部门应依法申请司法机关强制执行。

（7）重大隐患排查治理情况要向水行政主管部门和职代会双报告。有关企业要落实职业病危害告知、日常监测、定期报告、防护保障和职业健康体检等制度措施，加强职业病危害源头治理，落实防治主体责任。将职业健康监管纳入水利安全生产监督管理工作考核范围。

（8）水利生产经营单位可通过购买和运用第三方机构安全生产服务提升安全生产管理能力。水利生产经营单位依法参加工伤保险，在水利工程建设施工领域实施安全生产责任保险制度，切实发挥保险机构参与风险管控和事故预防功能。

1.3.2 水利工程施工单位的安全生产责任

1.3.2.1 水利工程建设项目的特殊要求

《水利工程建设安全生产管理规定》（水利部令第 26 号）按施工单位、施工单位的相关人员以及施工作业人员三个方面，从保证安全生产应当具有的基本条件出发，对施工单位的资质等级、机构设置、投标报价、安全责任，施工单位有关负责人的安全责任以及施工作业人员的安全责任等做出了具体规定，对水利工程建设的特殊要求如下：

（1）施工单位在建设有度汛要求的水利工程时，应当根据项目法人编制的工程度汛方案、措施制定相应的度汛方案，报项目法人批准；涉及防汛调度或者影响其他工程、设施度汛安全的，由项目法人报有管辖权的防汛指挥机构批准。

（2）施工单位应当在施工组织设计中编制安全技术措施和施工现场临时用电方案，对下列达到一定规模的危险性较大的工程应当编制专项施工方案，并附具安全验算结果，经施工单位技术负责人签字以及总监理工程师核签后实施，由专职安全生产管理人员进行现场监督：①基坑支护与降水工程；②土方和石方开挖工程；③模板工程；④起重吊装工程；⑤脚手架工程；⑥拆除、爆破工程；⑦围堰工程；⑧其他危险性较大的工程。

对前款所列工程中涉及高边坡、深基坑、地下暗挖、高大模板的专项施工方案，施工单位还应当组织专家进行论证、审查。

（3）施工单位的主要负责人、项目负责人、专职安全生产管理人员应当经水行政主管部门安全生产考核合格后方可任职。

（4）施工单位应当对管理人员和作业人员每年至少进行一次安全生产教育培训，其教育培训情况记入个人工作档案。安全生产教育培训考核不合格的人员，不得上岗。

施工单位在采用新技术、新工艺、新设备、新材料时，应当对作业人员进行相应的安全生产教育培训。

1.3.2.2　水利水电工程施工单位管理人员安全生产考核的要求

为进一步规范水利水电工程施工企业主要负责人、项目负责人和专职安全生产管理人员（统称为"安全生产管理三类人员"）安全生产考核管理工作，提高水利水电工程施工安全生产管理水平，结合近年来对水利水电工程施工企业主要负责人、项目负责人和专职安全生产管理人员考核工作实际情况，根据《中华人民共和国安全生产法》《安全生产许可证条例》《水利工程建设安全生产管理规定》，水利部组织对《关于印发〈水利水电工程施工企业主要负责人、项目负责人和专职安全生产管理人员安全生产考核管理暂行规定〉和通知》（水建管〔2004〕168 号）进行了修订，提出了《水利水电工程施工企业主要负责人、项目负责人和专职安全生产管理人员安全生产考核管理办法》（水安监〔2011〕374 号）。该办法自 2011 年 7 月 15 日起施行。水利部《关于印发〈水利水电工程施工企业主要负责人、项目负责人和专职安全生产管理人员安全生产考核管理暂行规定〉的通知》（水建管〔2004〕168 号）及水利部办公厅《关于做好水利水电工程施工企业主要负责人、项目负责人和专职安全生产管理人员安全生产考核合格证书有效期满延期工作的通知》（办建管〔2007〕77 号）同时废止。

该办法所称企业主要负责人，是指对本企业日常生产经营活动和安全生产工作全面负责、有生产经营决策权的人员，包括企业法定代表人、经理、企业分管安全生产工作副经理等。项目负责人，是指由企业法定代表人授权，负责水利水电工程项目施工管理的负责人。专职安全生产管理人员，是指在企业专职从事安全生产管理工作的人员，包括企业安全生产管理机构的负责人及其工作人员和施工现场专职安全员。

关于施工企业安全生产管理三类人员安全生产考核的基本要求主要有以下几点：

（1）安全生产管理三类人员必须经过水行政主管部门组织的能力考核和知识考试，考核合格后，取得《安全生产考核合格证书》，方可参与水利水电工程投标，从事施工活动。《安全生产考核合格证书》在全国水利水电工程建设领域适用。

（2）水利部负责全国水利水电工程施工企业管理人员的安全生产考核工作的统一管理，并负责全国水利水电工程施工总承包一级（含一级）以上资质、专业承包一级资质施工企业以及水利部直属施工企业的安全生产管理三类人员的考核。

省级水行政主管部门负责本行政区域内水利水电工程施工总承包二级（含二级）以下资质以及专业承包二级（含二级）以下资质施工企业的安全生产管理三类人员的考核。

（3）安全生产管理三类人员安全生产考核实行分类考核。

企业主要负责人、项目负责人不得同时参加专职安全生产管理人员安全生产考核。

考核分为安全管理能力考核（简称能力考核）和安全生产知识考试（简称知识考试）两部分。能力考核是对申请人与所从事水利水电工程活动相应的文化程度、工作经历、业绩等资格的审核。知识考试是对申请人具备法律法规、安全生产管理、安全生产技术知识情况的测试。

（4）申请考核者，应满足以下条件：

1）具有完全民事行为能力，身体健康。

2）与申报企业有正式劳动关系。

3）项目负责人，年龄不超过 65 周岁；专职安全生产管理人员，年龄不超过 60 周岁。

4）申请人的学历、职称和工作经历应分别满足以下要求：

对于企业主要负责人，法定代表人应满足水利水电工程承包企业资质等级标准的要求；除法定代表人之外的其他企业主要负责人，应具有大专及以上学历或中级及以上技术职称，且具有 3 年及以上的水利水电工程建设经历。

项目负责人应具有大专及以上学历或中级及以上技术职称，且具有 3 年及以上的水利水电工程建设经历。

专职安全生产管理人员应具有中专或同等学力且具有 3 年及以上的水利水电工程建设经历，或大专及以上学历且具有 2 年及以上的水利水电工程建设经历。

5）在申请考核之日前 1 年内，申请人没有在一般及以上等级安全责任事故中负有责任的记录。

6）符合国家有关法律法规规定的要求。

（5）能力考核通过后，方可参加知识考试。

知识考试由有考核管辖权的水行政主管部门或其委托的有关机构具体组织。知识考试采取闭卷形式，考试时间为 180min。

申请人知识考试合格，经公示后无异议的，由相应水行政主管部门（简称发证机关）按照考核管理权限在 20 日内核发《安全生产考核合格证书》。《安全生产考核合格证书》有效期为 3 年。

《安全生产考核合格证书》有效期满后，可申请 2 次延期，每次延期期限为 3 年。施工企业应于有效期截至日前 5 个月内，向原发证机关提出延期申请。有效期满而未申请延期的《安全生产考核合格证书》自动失效。

《安全生产考核合格证书》失效或已经过 2 次延期的，需重新参加原发证机关组织的考核。

（6）安全生产管理三类人员因所在施工企业名称、施工企业资质、个人信息改变等需要更换证书或补办证书的，应由所在企业向发证机关提出《安全生产考核合格证书》变更申请。

（7）安全生产管理三类人员在《安全生产考核合格证书》的每一个有效期内，应当至少参加一次由原发证机关组织的、不低于 8 个学时的安全生产继续教育。发证机关应及时对安全生产继续教育情况进行建档、备案。

（8）有下列情形之一的，发证机关应及时收回证书并重新考核：

1）企业主要负责人所在企业发生 1 起及以上重大、特大等级生产安全事故或 2 起及以上较大生产安全事故，且本人负有责任的。

2）项目负责人所在工程项目发生过 1 起及以上一般及以上等级生产安全事故，且本人负有责任的。

3）专职安全管理人员所在工程项目发生过1起及以上一般及以上等级生产安全事故，且本人负有责任的。

（9）各省级水行政主管部门应在每年12月31日前向水利部报告本行政区域内安全生产管理三类人员考核、培训情况，安全生产管理三类人员的违法违规行为或者受到其他处罚的情况等。

1.3.2.3　水利工程安全生产条件市场准入制度

为了进一步加强水利建设工程安全生产监督管理，保障施工安全和人民群众生命财产安全，水利部决定在水利工程招标投标活动中，建立水利建设工程安全生产条件市场准入制度，并颁发《关于建立水利建设工程安全生产条件市场准入制度的通知》（水建管〔2005〕80号），自2005年3月9日起实施。制度的主要内容如下：

（1）未取得安全生产许可证的施工企业不得参加水利工程投标。

（2）未取得《安全生产考核合格证书》的施工企业主要负责人、项目负责人和专职安全生产管理人员不得参与水利工程投标并不得担任相关施工管理职务。

（3）水利工程质量监督、勘测设计、监理单位应当积极组织本单位相关人员参加有关水利建设工程安全生产知识培训。

1.3.2.4　施工单位安全生产管理制度

根据《水利水电工程施工安全管理导则》（SL 721—2015），施工单位应组织制定以下安全生产管理制度：

（1）安全生产目标管理制度。

（2）安全生产责任制度。

（3）安全生产考核奖惩制度。

（4）安全生产费用管理制度。

（5）意外伤害保险管理制度。

（6）安全技术措施审查制度。

（7）安全设施"三同时"管理制度。

（8）用工管理、安全生产教育培训制度。

（9）安全防护用品、设施管理制度。

（10）生产设备、设施安全管理制度。

（11）安全作业管理制度。

（12）生产安全事故隐患排查治理制度。

（13）危险物品和重大危险源管理制度。

（14）安全例会、技术交底制度。

（15）危险性较大的专项工程验收制度。

（16）文明施工、环境保护制度。

（17）消防安全、社会治安管理制度。

（18）职业卫生、健康管理制度。

（19）应急管理制度。

（20）事故管理制度。

（21）安全档案管理制度等。

1.3.2.5 施工单位安全生产教育

根据《水利水电工程施工安全管理导则》（SL 721—2015），施工单位应对三级安全教育培训情况建立档案。三级安全教育内容是：

（1）公司教育（一级教育）主要进行安全基本知识、法规、法制教育，包括：①党和国家的安全生产方针、政策；②安全生产法规、标准和法制观念；③本工程施工过程及安全规章制度、安全纪律；④本单位安全生产形势及历史上发生的重大事故及应吸取的教训；⑤发生事故后如何抢救伤员、排险、保护现场和及时进行报告。

（2）项目部（工段、区、队）教育（二级教育）主要进行现场规章制度和遵章守纪教育，包括：①本工程施工特点及施工安全基本知识；②本单位（包括施工、生产现场）安全生产制度、规定及安全注意事项；③本工种的安全操作技术规程；④高处作业、机械设备、电气安全基础知识；⑤防火、防毒、防尘、防爆知识及紧急情况安全处置和安全疏散知识；⑥防护用品发放标准及防护用品、用具使用的基本知识。

（3）班组教育（三级教育）主要进行本工种岗位安全操作及班组安全制度、纪律教育，包括：①本班组作业特点及安全操作规程；②班组安全活动制度及纪律；③爱护和正确使用安全防护装置（设施）及个人劳动防护用品；④本岗位易发生事故的不安全因素及防范对策；⑤本岗位的作业环境及使用机械设备、工具的安全要求。

1.3.3 水利工程勘察设计与监理单位的安全生产责任

建设工程勘察、设计、监理单位分别是工程建设的活动主体之一，也是工程建设安全生产的责任主体。《水利工程建设安全生产管理规定》（水利部令第 26 号）对上述责任主体安全生产的责任主要规定如下：

（1）勘察（测）单位应当按照法律、法规和工程建设强制性标准进行勘察（测），提供的勘察（测）文件必须真实、准确，满足水利工程建设安全生产的需要。

勘察（测）单位在勘察（测）作业时，应当严格执行操作规程，采取措施保证各类管线、设施和周边建筑物、构筑物的安全。

勘察（测）单位和有关勘察（测）人员应当对其勘察（测）成果负责。

（2）设计单位应当按照法律、法规和工程建设强制性标准进行设计，并考虑项目周边环境对施工安全的影响，防止因设计不合理导致生产安全事故的发生。

设计单位应当考虑施工安全操作和防护的需要，对涉及施工安全的重点部位和环节在设计文件中注明，并对防范生产安全事故提出指导意见。

采用新结构、新材料、新工艺以及特殊结构的水利工程，设计单位应当在设计中提出保障施工作业人员安全和预防生产安全事故的措施建议。

设计单位和有关设计人员应当对其设计成果负责。

设计单位应当参与与设计有关的生产安全事故分析，并承担相应的责任。

（3）建设监理单位和监理人员应当按照法律、法规和工程建设强制性标准实施监理，并对水利工程建设安全生产承担监理责任。

建设监理单位应当审查施工组织设计中的安全技术措施或者专项施工方案是否符合工

程建设强制性标准。

建设监理单位在实施监理过程中，发现存在生产安全事故隐患的，应当要求施工单位整改；对情况严重的，应当要求施工单位暂时停止施工，并及时向水行政主管部门、流域管理机构或者其委托的安全生产监督机构以及项目法人报告。

在落实上述单位的安全生产责任时，须注意以下几点：

（1）对建设工程勘察单位安全责任的规定中包括勘察标准、勘察文件和勘察操作规程三个方面。

第一个方面是勘察标准。我国目前工程建设标准分为四级两类。四级分别是国家标准、行业标准、地方标准、企业标准。层次最高的是国家标准，上层次标准对下层次标准有指导和制约作用，但从严格程度来说最严格的通常是最下层次的标准，下层次标准可以对上层次标准进行补充，但不得矛盾，也不得降低上层次标准的相关规定。两类分为强制性标准和推荐性标准。在我国现行标准体系建设状况下，强制性标准是指直接涉及质量、安全、卫生及环保等方面的标准强制性条文，如《水利工程建设标准强制性条文》等。

勘察单位在从事勘察工作时，应当满足相应的资质标准，即勘察单位必须具有相应的勘察资质，并且能在其资质等级许可的范围内承揽勘察业务。

第二个方面是勘察文件。勘察文件在符合国家有关法律法规和技术标准的基础上，应当满足设计以及施工等勘察深度要求，必须真实、准确。

第三个方面是勘察操作规程。勘察单位在勘察作业时应严格执行有关操作规程。防止因钻探、取土、取水、测量等活动，对各类管线、设施和周边建筑物、构筑物造成危害。勘察单位有权拒绝建设单位提出的违反国家有关规定的不合理要求，并提出保证工程勘察质量所必需的现场工作条件和合理工期。

（2）对设计单位安全责任的规定中包括设计标准、设计文件和设计人员三个方面。

第一个方面是设计标准。因为强制性标准是对所有设计的普遍性要求，每个工程项目均有其特殊性，所以提醒设计单位注意周边环境因素可能对工程的施工安全的影响，周边环境因素包括施工现场及施工可能影响的毗邻区域内供水、排水、供电、供气、供热、通信、广播电视等地下管线，气象和水文条件，拟建工程可能对相邻建筑物和构筑物、地下工程的影响等。同时，提醒设计单位注意由于设计本身的不合理也可能导致生产安全事故的发生。

第二个方面是设计文件。规定了设计单位有义务在设计文件中提醒施工单位等应当注意的主要安全事项。"注明"和"提出指导意见"两项义务在普通民事合同中，只能看作是一种附随义务，一般也不会因违反而承担严重的法律后果。但水利建设施工安全事关公众重大利益，并且一般情况下只有工程设计单位和设计人员对工程项目的结构、材料、强度、可能的危险源等有全面准确的理解和把握，如果设计单位或设计人员不履行提醒义务，可能造成十分严重的社会后果，所以在此将其规定为工程设计单位的一种强制义务，体现出了国家权力对司法领域的适当干预。

第三个方面是设计人员。设计人员应当具备国家规定的执业资格条件，如 2005 年人事部、建设部、水利部联合颁布了《关于印发〈注册土木工程师（水利水电工程）制度暂行规定〉、〈注册土木工程师（水利水电工程）资格考试实施办法〉和〈注册土木工程师

（水利水电工程）资格考核认定办法）的通知》（国人部发〔2005〕第58号）等文件，从事水利水电工程除单位具备资质外，设计人员也将实行执业资格等管理制度。

（3）对工程建设监理单位安全责任的规定中包括技术标准、施工前审查和施工过程中监督检查三个方面。

第一个方面是技术标准。监理人员应当严格按照国家的法律法规和技术标准进行工程的监理。

第二个方面是施工前审查。监理单位施工前应当履行有关文件的审查义务。监理单位对施工组织设计和专项施工方案的安全审查责任，从履行形式上看，是一种书面审查，其对象是施工组织的设计文件或专项施工方案；从内容上看，是监理单位和监理人员运用自己的专业知识，以法律、法规和监理合同以及施工合同中约定的强制性标准为依据，对施工组织设计中的安全技术措施和专项施工方案进行安全性审查。

第三个方面是施工过程中监督检查。监理单位应当履行代表项目法人对施工过程中的安全生产情况进行监督检查的义务。有关义务可以分两个层次：一是在发现施工过程中存在安全事故隐患时，应当要求施工单位整改。"安全事故隐患"是指施工单位的劳动安全设施和劳动卫生条件不符合国家规定，对劳动者和其他人群健康安全及公私财产构成威胁的状态。这里的"发现"既包括事实上的"发现"，也包括根据监理合同规定的监理单位职责以及监理人员应当具备的基本技能"应当发现"生产安全事故隐患等，只有这样才能杜绝监理单位因玩忽职守而逃脱安全责任。"事故隐患情况严重"是指事故隐患事态紧急，可能造成人身或财产的重大损失的情况，如建筑物倾斜、滑坡等。二是在施工单位拒不整改或者不停止施工时等情况下的救急责任，监理单位应当履行及时报告的义务。

（4）根据《水利水电工程施工安全管理导则》（SL 721—2015），监理单位应组织制定以下安全生产管理制度：①安全生产责任制度；②安全生产教育培训制度；③安全生产费用、技术、措施、方案审查制度；④生产安全事故隐患排查制度；⑤危险源监控管理制度；⑥安全防护设施、生产设施及设备、危险性较大的专项工程、重大事故隐患治理验收制度；⑦安全例会制度及安全档案管理制度等。

1.3.4 水利工程安全生产监督管理的职责

1.3.4.1 监督管理体系和职责

根据《中华人民共和国安全生产法》第九条、第六十条，《建设工程安全生产管理条例》第三十九条、第四十条等有关规定，《水利工程建设安全生产管理规定》（水利部令第26号）结合水利工程建设的特点以及建设管理体系的具体情况，对水利工程建设安全生产监督管理体系和职责要求如下：

（1）水行政主管部门和流域管理机构按照分级管理权限，负责水利工程建设安全生产的监督管理。水行政主管部门或者流域管理机构委托的安全生产监督机构，负责水利工程施工现场的具体监督检查工作。

（2）水利部负责全国水利工程建设安全生产的监督管理工作。

（3）流域管理机构负责所管辖的水利工程建设项目的安全生产监督工作。

（4）省、自治区、直辖市人民政府水行政主管部门负责本行政区域内所管辖的水利工程建设安全生产的监督管理工作。

市、县级人民政府水行政主管部门水利工程建设安全生产的监督管理职责，由省、自治区、直辖市人民政府水行政主管部门规定。

（5）水行政主管部门或者流域管理机构委托的安全生产监督机构，应当严格按照有关安全生产的法律、法规、规章和技术标准，对水利工程施工现场实施监督检查。安全生产监督机构应当配备一定数量的专职安全生产监督人员。

（6）水行政主管部门或者其委托的安全生产监督机构应当自收到《水利工程建设安全生产管理规定》（水利部令第26号）第九条和第十一条规定的有关备案资料后20日内，将有关备案资料抄送同级安全生产监督管理部门。流域管理机构抄送项目所在地省级安全生产监督管理部门，并报水利部备案。

（7）水行政主管部门、流域管理机构或者其委托的安全生产监督机构依法履行安全生产监督检查职责时，有权采取下列措施：①要求被检查单位提供有关安全生产的文件和资料；②进入被检查单位施工现场进行检查；③纠正施工中违反安全生产要求的行为；④对检查中发现的安全事故隐患，责令立即排除；重大安全事故隐患排除前或者排除过程中无法保证安全的，责令从危险区域内撤出作业人员或者暂时停止施工。

（8）各级水行政主管部门和流域管理机构应当建立举报制度，及时受理对水利工程建设生产安全事故及安全事故隐患的检举、控告和投诉；对超出管理权限的，应当及时转送有管理权限的部门。举报制度应当包括以下内容：①公布举报电话、信箱或者电子邮件地址，受理对水利工程建设安全生产的举报；②对举报事项进行调查核实，并形成书面材料；③督促落实整顿措施，依法做出处理。

1.3.4.2　监督检查的主要内容

根据水利部《关于印发〈水利工程建设安全生产监督检查导则〉的通知》（水安监〔2011〕475号）和《重大水利工程建设安全生产巡查工作制度》（水安监〔2016〕221号），各级水行政主管部门安全生产监督检查的主要内容如下。

（1）对项目法人安全生产监督检查内容，主要包括：①安全生产管理制度建立情况；②安全生产管理机构设立及人员配置情况；③安全生产责任制建立及落实情况；④安全生产例会制度、安全生产检查制度、教育培训制度、职业卫生制度、事故报告制度等执行情况；⑤安全生产措施方案的制订、备案与执行情况；⑥危险性较大的单项工程、拆除爆破工程施工方案的审核及备案情况；⑦工程度汛方案和超标准洪水应急预案的制订、批准或备案、落实情况；⑧施工单位安全生产许可证、安全生产"三类人员"和特种作业人员持证上岗等核查情况；⑨安全生产措施费用落实及管理情况；⑩安全生产应急处置能力建设情况。

事故隐患排查治理、重大危险源辨识管控等情况。

开展水利安全生产标准化建设情况。

（2）施工单位安全生产监督检查内容，主要包括：①安全生产管理制度建立情况；②安全生产许可证的有效性；③安全生产管理机构设立及人员配置情况；④安全生产责任制落实情况；⑤安全生产例会制度、安全生产检查制度、教育培训制度、职业卫生制度、事故报告制度等执行情况；⑥安全生产有关操作规程制定及执行情况；⑦施工组织设计中的安全技术措施及专项施工方案制订和审查情况；⑧安全施工交底情况；⑨安全生产"三类人员"和特种作业人员持证上岗情况；⑩安全生产措施费用提取及使用情况。

安全生产应急处置能力建设情况。

隐患排查治理、重大危险源辨识管控等情况。

（3）对施工现场安全生产监督检查内容，主要包括：①安全技术措施及专项施工方案落实情况；②施工支护、脚手架、爆破、吊装、临时用电、安全防护设施和文明施工等情况；③安全生产操作规程执行情况；④安全生产"三类人员"和特种作业人员持证上岗情况；⑤个体防护与劳动防护用品使用情况；⑥应急预案中有关救援设备、物资落实情况；⑦特种设备检验与维护状况；⑧消防、防汛设施等落实及完好情况。

1.3.4.3　重大水利工程建设安全生产巡查工作制度

根据水利部《重大水利工程建设安全生产巡查工作制度》（水安监〔2016〕221号），水利部建立重大水利工程建设安全生产巡查工作制度，主要内容如下。

1. 巡查目标

坚持"安全第一、预防为主、综合治理"的方针，按照"谁主管、谁负责"的原则，督促水行政主管部门和工程参建单位严格落实安全生产责任。

2. 巡查组织

水利部负责组织实施由部批准初步设计的全国重大水利工程和部直属工程（打捆项目、地下水监测和小基建项目除外）建设安全生产巡查工作，其他重大水利工程建设安全生产巡查工作由省级水行政主管部门负责组织实施。水利部建设管理与质量安全中心和水利部所属流域管理机构配合水利部开展安全生产巡查工作。省级水行政主管部门可采取直接巡查和委托市县水行政主管部门巡查的方式，做到本行政区域内重大水利工程建设安全生产巡查年度全覆盖。

3. 巡查内容

巡查工作主要内容为巡查水行政主管部门重大水利工程建设安全生产监督管理履职情况，并根据工程建设进展情况，选取在建重大水利工程进行巡查（巡查对象包括项目法人、勘察设计、建设监理、施工单位、施工现场）。

4. 巡查程序

召开座谈会；查阅有关资料；现场检查工程；向被巡查单位（工程）反馈相关巡查情况；巡查组在巡查工作结束后7日内，向巡查组织单位报送巡查工作报告；巡查组织单位根据巡查工作报告向被巡查单位印发巡查整改工作通知，提出整改意见。巡查中发现的重大事故隐患，交由项目主管部门或上级水行政主管部门挂牌督办。

5. 巡查情况上报

项目法人应及时将巡查时间、巡查组别以及发现的隐患和问题、整改进展情况登录到水利安全生产信息上报系统。未发现隐患和问题的，应登录巡查时间和巡查组别。

1.3.4.4　水利安全生产信息报告和处置规则

根据水利部《水利安全生产信息报告和处置规则》（水安监〔2016〕220号），水利生产经营等单位要及时上报水利安全生产信息，主要要求如下。

1. 水利安全生产信息

水利安全生产信息包括基本信息、隐患信息和事故信息等，均通过水利安全生产信息上报系统报送。在建工程由项目法人负责填报安全生产信息。各单位（项目法人）负责填报本单位（工程）安全生产责任人［包括单位（工程）主要负责人、分管安全生产负责人］信息，并在每年 1 月 31 日前将单位安全生产责任人信息报送主管部门。各流域管理机构、地方各级水行政主管部门负责填报工程基本信息中的政府、行业监管负责人（包括政府安全生产监管负责人、行业安全生产综合监管负责人、行业安全生产专业监管负责人）信息，并在每年 1 月 31 日前将政府、行业监管负责人信息在互联网上公布，供公众监督，同时报送上级水行政主管部门。责任人信息变动时，应及时到水利安全生产信息上报系统进行变更。

2. 隐患信息

隐患信息报告主要包括隐患基本信息、整改方案信息、整改进展信息、整改完成情况信息四类信息。重大事故隐患须经单位（项目法人）主要负责人签字并形成电子扫描件后，通过水利安全生产信息上报系统上报。隐患信息除通过水利安全生产信息上报系统报告外，还应依据有关法规规定，向有关政府及相关部门报告。省级水行政主管部门每月 6 日前将上月本辖区隐患排查治理情况进行汇总并通过水利安全生产信息上报系统报送水利部安全监督司。隐患月报实行"零报告"制度，本月无新增隐患也要上报。

3. 事故信息

水利生产安全事故信息包括生产安全事故和较大涉险事故信息。

水利生产安全事故信息报告包括事故文字报告、电话快报、事故月报和事故调查处理情况报告。

（1）文字报告。包括事故发生单位概况；事故发生时间、地点以及事故现场情况；事故的简要经过；事故已经造成或者可能造成的伤亡人数（包括下落不明、涉险的人数）和初步估计的直接经济损失；已经采取的措施；其他应当报告的情况。

（2）电话快报。包括事故发生单位的名称、地址、性质；事故发生的时间、地点；事故已经造成或者可能造成的伤亡人数（包括下落不明、涉险的人数）。

（3）事故月报。包括事故发生时间、发生事故单位、死亡人数、重伤人数、直接经济损失、事故类别、事故原因、事故简要情况等。

（4）事故调查处理情况报告。包括负责事故调查的人民政府批复的事故调查报告、事故责任人处理情况等。

4. 事故报告时限

（1）事故发生后，事故现场事故发生单位有关人员应当立即向本单位负责人电话报告；单位负责人接到报告后，在 1h 内向主管单位和事故发生地县级以上水行政主管部门电话报告。其中，水利工程建设项目事故发生单位应立即向项目法人（项目部）负责人报告，项目法人（项目部）负责人应于 1h 内向主管单位和事故发生地县级以上水行政主管部门报告。情况紧急时，事故现场有关人员可以直接向事故发生地县级以上水行政主管部门报告。

（2）水行政主管部门接到事故发生单位的事故信息报告后，对特别重大、重大、较大和造成人员死亡的一般事故以及较大涉险事故信息，应当逐级上报至水利部。逐级上报事故情况，每级上报的时间不得超过 2h。部直属单位发生的生产安全事故信息，应当逐级报告水利部。每级上报的时间不得超过 2h。水行政主管部门可以越级上报。

（3）水行政主管部门电话快报事故信息。发生人员死亡的一般事故时，县级以上水行政主管部门接到报告后，在逐级上报的同时，应当在 1h 内电话快报省级水行政主管部门，随后补报事故文字报告。省级水行政主管部门接到报告后，应当在 1h 内电话快报水利部，随后补报事故文字报告。发生特别重大、重大、较大事故时，县级以上水行政主管部门接到报告后，在逐级上报的同时，应当在 1h 内电话快报省级水行政主管部门和水利部，随后补报事故文字报告。

（4）对于不能立即认定为生产安全事故的，应当先按照本办法规定的信息报告内容、时限和方式报告，其后根据负责事故调查的人民政府批复的事故调查报告，及时补报有关事故定性和调查处理结果。

（5）事故报告后出现新情况，或事故发生之日起 30 日内（道路交通、火灾事故自发生之日起 7 日内）人员伤亡情况发生变化的，应当在变化当日及时补报。

（6）事故月报实行"零报告"制度，当月无生产安全事故也要按时报告。

5. 信息处置

各级水行政主管部门充分利用水利安全生产信息上报系统上报安全生产信息，在开展安全生产检查督查时，全面采用"不发通知、不打招呼、不听汇报、不要陪同接待，直奔基层、直插现场"的"四不两直"检查方式。任何单位和个人对事故信息和隐患信息不得迟报、漏报、谎报和瞒报。各单位应当每月向从业人员通报事故隐患信息排查情况、整改方案、"五落实"情况、治理进展情况等。

1.3.1　水利工程施工单位的安全生产责任

【扫码测试】

1.3　练习题

小　结

本章讲述了建设工程安全管理的相关概念，我国安全生产工作的格局普遍适用于各行业的各方责任主体的安全责任，重点以水利行业为例，详细介绍了水利工程建设各方责任主体的安全责任。通过本章的学习，学习者应掌握安全及安全管理的相关概念、原理及事故预防的基本原则；熟悉我国安全生产工作的基本方针，安全生产"十四五"规划的具体目标；了解我国安全生产工作的发展历程及安全生产监督管理部门的组织架构，为成为一个合格的建设工程行业安全管理人员奠定基础。

第2章 建设工程安全生产管理制度

【学习目标】 掌握水利工程建设安全生产管理各项制度。熟悉建筑施工企业安全生产许可制度；安全教育与培训管理制度；安全生产责任制度；施工组织设计、专项施工方案安全编审制度；安全技术交底制度；安全检查制度；安全生产目标管理与奖惩制度；安全标志悬挂制度；安全事故处理制度。了解文明施工管理制度；施工起重机械使用登记制度；安全生产事故应急救援制度；意外伤害保险制度；消防安全管理制度；建设工程和拆除工程备案制度；施工区交通管理制度；安全例会制度；特种作业人员持证上岗制度；危及施工安全的工艺、设备、材料淘汰制度；施工供电（用电）管理制度；防尘、防毒、防爆安全管理制度等。

【知识点】 建筑施工企业安全生产许可制度；安全教育与培训管理制度；安全生产责任制度；施工组织设计、专项施工方案安全编审制度；安全技术交底制度；安全检查制度；生产安全目标管理与奖惩制度；安全标志悬挂制度；安全事故处理制度；水利工程建设安全生产管理制度。

【技能】 能根据各项建设工程安全生产管理制度具体安排、落实各项安全生产工作。能根据《建筑施工安全检查标准》（JGJ 59—2021）进行检查评分，并评定等级。

建设工程规模大、周期长、参与单位多、技术复杂、工作环境复杂以及影响因素多等，导致建设工程安全生产的管理难度很大。制度建设是做好一切基础工作特别是安全工作的重要手段。因此，依据现行的法律法规建立各项安全生产管理制度体系，规范建设工程参与各方的安全生产行为，提高建设工程安全生产管理水平，防止和避免安全事故的发生是非常重要的。

《中华人民共和国建筑法》《中华人民共和国安全生产法》《中华人民共和国特种设备安全法》《建设工程安全生产管理条例》《生产安全事故报告和调查处理条例》《特种设备安全监察条例》《安全生产许可证条例》等建设工程相关法律法规对政府主管部门、相关企业及相关人员的建设工程安全生产和管理行为进行了全面的规范，为建设工程施工安全生产管理制度体系的建立奠定了基础。其中，涉及政府部门安全生产的监管制度有建筑施工企业安全生产许可制度，安全生产教育培训制度，三类人员考核任职制度，特种作业人员持证上岗制度，安全监督检查制度，危及施工安全的工艺、设备、材料淘汰制度，生产安全事故报告制度和施工起重机械使用登记制度；涉及施工企业的安全生产制度有安全生产责任制度、专项施工方案专家论证审查制度、施工现场消防安全责任制度、意外伤害保险制度和生产安全事故应急救援制度等。

2.1 建筑施工企业安全生产许可制度

为了严格规范建筑施工企业安全生产条件，进一步加强安全生产监督管理，防止和减少安全生产事故，建设部根据《安全生产许可证条例》《建设工程安全生产管理条例》等有关行政法规，于2004年7月制定建设部令第128号《建筑施工企业安全生产许可证管理规定》（2015年1月22日修订）。

国家对建筑施工企业实行安全生产许可制度，其目的是严格规范安全生产条件，进一步加强安全生产监督管理，防止和减少安全生产事故。建筑施工企业未取得安全生产许可证的，不得参加建设工程施工投标活动。

2.1.1 安全生产许可证的申请条件

建筑施工企业取得安全生产许可证应当具备下列安全生产条件：

（1）建立、健全安全生产责任制，制定完备的安全生产规章制度和操作规程。

（2）保证本单位安全生产条件所需资金的投入。

（3）设置安全生产管理机构按照国家有关规定配备专职安全生产管理人员。

（4）主要负责人、项目负责人、专职安全生产管理人员经住房和城乡建设主管部门或者其他有关部门考核合格。

（5）特种作业人员经有关业务主管部门考核合格，取得特种操作资格证书。

（6）管理人员和作业人员每年至少进行一次安全生产教育培训并考核合格。

（7）依法参加工伤保险，依法为施工现场从事危险作业的人员办理意外伤害保险，为从业人员缴纳保险费。

（8）施工现场的办公、生活区作业场所和安全防护用具、机械设备、施工机具及其配件符合有关安全生产法律、法规、标准和规程的要求。

（9）有职业危害防治措施，并为作业人员配备符合现行国家标准或者行业标准的安全防护用具和安全防护服装。

（10）有对危险性较大的分部分项工程及施工现场易发生重大事故的部位及环节的预防、监控措施和应急预案。

（11）有安全事故应急救援预案、应急救援组织或者应急救援人员，配备必要的应急救援器材、设备。

（12）法律、法规规定的其他条件。

2.1.2 安全生产许可证的申请与颁发

建筑施工企业从事建筑施工活动前，应当依照本规定向企业注册所在地省、自治区、直辖市人民政府住房和城乡建设主管部门申请领取安全生产许可证。

中央管理的建筑施工企业（集团公司、总公司）应当向国务院建设主管部门申请领取安全生产许可证；其他的建筑施工企业，包括中央管理的建筑施工企业（集团公司、总公司）下属的建筑施工企业，应当向企业注册所在地省、自治区、直辖市人民政府建设主管部门申请领取安全生产许可证。

建设主管部门应当自受理建筑施工企业的申请之日起45日内审查完毕；经审查符合

安全生产条件的，颁发安全生产许可证；不符合安全生产条件的，不予颁发安全生产许可证；书面通知企业并说明理由。企业自接到通知之日起应当进行整改，整改合格后方可再次提出申请。建设主管部门审查建筑施工企业安全生产许可证申请，涉及铁路、交通、水利等有关专业工程时，可以征求铁路、交通、水利等有关部门的意见。

安全生产许可证的有效期为 3 年。安全生产许可证有效期满需要延期的，企业应当于期满前 3 个月向原安全生产许可证颁发管理机关申请办理延期手续。企业在安全生产许可证有效期内，严格遵守有关安全生产的法律法规，未发生死亡事故的，安全生产许可证有效期届满时，经原安全生产许可证颁发管理机关同意不再审查，安全生产许可证有效期延期 3 年。

建筑施工企业变更名称、地址、法定代表人等，应当在变更后 10 日内，到原安全生产许可证颁发管理机关办理安全生产许可证变更手续，建筑施工企业破产、倒闭、撤销的，应当将安全生产许可证交回原安全生产许可证颁发管理机关予以注销。

建筑施工企业遗失安全生产许可证的，应当立即向原安全生产许可证颁发管理机关报告，并在公众媒体上声明作废，方可申请补办。

安全生产许可证申请表采用建设部规定的统一式样。安全生产许可证采用国务院安全生产监督管理部门规定的统一式样。安全生产许可证分正本和副本，正本和副本具有同等法律效力。

2.1.3 安全生产许可证的监督管理

县级以上人民政府建设主管部门应当加强对建筑施工企业安全生产许可证的监督管理。建设主管部门在审核发放施工许可证时，应当对已经确定的建筑施工企业是否有安全生产许可证进行审查，对没有取得安全生产许可证的，不得颁发施工许可证。

跨省从事建筑施工活动的建筑施工企业有违反本规定行为的，由工程所在地的省级人民政府建设主管部门将建筑施工企业在本地区的违法事实、处理结果和处理建议抄告原安全生产许可证颁发管理机关。各地建筑施工企业安全生产许可证颁发管理机关要建立建筑施工企业安全生产条件复核制度。

建筑施工企业取得安全生产许可证后，不得降低安全生产条件，并应当加强日常安全生产管理，接受建设主管部门的监督检查。安全生产许可证颁发管理机关发现企业不再具备安全生产条件的，应当暂扣或者吊销安全生产许可证。施工总承包单位应当依法将建设工程分包给具有安全生产许可证的建筑施工企业，并依据有关法规和标准对专业承包和劳务分包企业安全生产条件进行检查，发现不具备法定安全生产条件的，应当责令其立即整改。施工总承包单位将建设工程分包给不具有安全生产许可证建筑施工企业的，视同违法分包，依据有关法律法规予以处罚。

工程监理单位应当严格审查施工总承包企业和分包企业的安全生产许可证，并加强对施工企业和施工现场安全生产条件的动态监督，发现不再具备法定安全生产条件的，应当要求施工企业整改；情况严重的，应当要求施工企业暂停施工，并及时报告建设单位。

施工企业拒不整改或者不停止施工的，监理单位应及时报告有关建设行政主管部门。

安全生产许可证颁发管理机关或者其上级行政机关发现有下列情形之一的，可以撤销已经颁发的安全生产许可证：

（1）安全生产许可证颁发管理机关工作人员滥用职权、玩忽职守颁发安全生产许可证的。

（2）超越法定职权颁发安全生产许可证的。

（3）违反法定程序颁发安全生产许可证的。

（4）对不具备安全生产条件的建筑施工企业颁发安全生产许可证的。

（5）依法可以撤销已经颁发的安全生产许可证的其他情形。

依照前款规定撤销安全生产许可证，建筑施工企业的合法权益受到损害的，建设主管部门应当依法给予赔偿。

安全生产许可证颁发管理机关应当建立、健全安全生产许可证档案管理制度，定期向社会公布企业取得安全生产许可证的情况，每年向同级安全生产监督管理部门通报建筑施工企业安全生产许可证颁发和管理情况。

任何单位或者个人对违反《建筑施工企业安全生产许可证管理规定》的行为，有权向安全生产许可证颁发管理机关或者监察等有关部门举报。

2.1.4 法律责任

安全生产许可证颁发管理机关工作人员若有违反下列规定之一的，给予降级或者撤职的行政处分；构成犯罪的，依法追究刑事责任：

（1）向不符合安全生产条件的建筑施工企业颁发安全生产许可证的。

（2）发现建筑施工企业未依法取得安全生产许可证擅自从事建筑施工活动，不依法处理的。

2.1.1 建筑施工企业安全生产许可证

（3）发现取得安全生产许可证的建筑施工企业不再具备安全生产条件，不依法处理的。

（4）接到有违反《建筑施工企业安全生产许可证管理规定》行为的举报后，不及时处理的。

（5）在安全生产许可证颁发、管理和监督检查工作中，索取或者接受建筑施工企业的财物，或者谋取其他利益的。

【扫码测试】

2.1 练习题

2.2 安全教育制度

2.2.1 安全教育的基本要求

安全教育和培训要体现全面、全员、全过程。施工现场所有人均应接受过安全培训与教育，确保他们先接受安全教育，懂得相应的安全知识后才能上岗。《建筑施工企业主要负责人、项目负责人和专职安全生产管理人员安全生产考核管理暂行规定》（建设部建质

〔2004〕59 号）规定，建筑施工企业主要负责人、项目负责人和专职安全生产管理人员（三类人员）必须经建设行政主管部门或者其他有关部门进行安全生产考核，考核内容主要是安全生产知识和安全管理能力。考试合格取得安全生产合格证后方可担任相应职务。根据工程项目的不同、工程进展和环境的不同，对所有人员，尤其是施工现场的一线管理人员和工人实行动态的教育，做到经常化和制度化。

为达到经常性安全教育的目的，教育可采用出黑板报、上安全课、观看安全教育影视片资料等形式，但更重要的是，必须认真落实班前安全教育活动和安全技术交底制度。因为通过日常的班前安全教育活动和安全技术交底，告知工人在施工中应注意的问题和措施，也就可以让工人了解和掌握相关的安全知识，起到反复和经常性的教育与学习的作用。

《建筑施工安全检查标准》（JGJ 59—2021）对安全教育提出以下要求：

（1）企业和项目部必须建立安全教育制度。

（2）新工人应进行三级安全教育，即凡是公司招收的新工人，以及分配来的实习生和代培员，分别由公司进行一级安全教育，项目经理部进行二级安全教育，现场施工员及班组长进行三级安全教育，而且要有安全教育的内容、时间及考核结果记录。

（3）安全教育要有具体的安全教育内容。

（4）工人变换工种时要进行安全教育。

（5）工人应掌握和了解本专业的安全规程和技能。

（6）施工管理人员应按《建筑施工企业安全生产许可证管理规定》进行年度培训。

（7）专职安全管理人员应按《建筑施工企业安全生产许可证管理规定》参加年度考核培训，年度考核培训合格才能上岗。

2.2.2　教育和培训时间

根据建教〔1997〕83 号文件印发的《建筑业企业职工安全培训教育暂行规定》的要求：

（1）企业法人代表、项目经理每年不少于 30 学时。

（2）专职管理和技术人员每年不少于 40 学时。

（3）其他管理和技术人员每年不少于 20 学时。

（4）特殊工种每年不少于 20 学时。

（5）其他职工每年不少于 15 学时。

（6）待、转、换岗位重新上岗前接受一次不少于 20 学时的培训。

（7）新工人的公司（厂）、项目（车间）、班组三级安全教育时间分别不少于 15 学时、15 学时、20 学时。

2.2.3　教育和培训内容

企业员工的安全教育主要有新员工上岗前的三级安全教育、改变工艺和变换岗位安全教育、经常性安全教育三种形式。

2.2.3.1　三级安全教育

教育和培训按等级、层次和工作性质分别进行，三级安全教育是每个刚进企业的新工人必须接受的首次安全生产方面的基本教育，三级是指公司（企业）、项目（或工程处、施工处、工区）、班组这三级。

1. 各级安全培训教育的主要内容

（1）三级安全教育一般由企业的安全、教育、劳动、技术等部门配合进行。

（2）受教育者必须经过考试且合格后才准许进入生产岗位。

（3）为每一名职工建立职工劳动保护教育卡，记录三级教育、变换工种教育等教育考核情况，并由教育者与受教育者双方签字后入册。

2. 三级安全教育的主要内容

（1）公司教育。公司级安全培训教育的主要内容包括：

1）国家和地方有关安全生产、劳动保护的方针、政策、法律、法规、规范、标准及规章。

2）企业及其上级部门（主管局、集团、总公司、办事处等）印发的安全管理规章制度。

3）安全生产与劳动保护工作的目的、意义等。

（2）项目（或工程处、施工处、工区）教育。项目级教育是新工人被分配到项目以后进行的安全教育。项目级安全培训教育的主要内容包括：

1）建设工程施工生产的特点，施工现场的一般安全管理规定、要求。

2）施工现场的主要事故类别，常见多发性事故的特点、规律及预防措施、事故教训等。

3）本工程项目施工的基本情况（工程类型、施工阶段、作业特点等）施工中应当注意的安全事项。

（3）班组教育。班组教育又称岗前教育，主要内容包括：

1）本工种作业的安全技术操作要求。

2）本班组施工生产概况，包括工作性质、职责、范围等。

3）本人及本班组在施工过程中，使用和遇到的各种生产设备、设施、电气设备、机械、工具的性能、作用、操作要求、安全防护要求。

4）个人使用和保管的各类劳动防护用品的正确穿戴、使用方法及劳动防护用品的基本原理与主要功能。

5）发生伤亡事故或其他事故，如火灾、爆炸、设备管理事故等，应采取的措施（救助抢险、保护现场、报告事故等）要求。

2.2.3.2 改变工艺和变换岗位安全教育

（1）企业（或工程项目）在实施新工艺、新技术或使用新设备、新材料时，必须对有关人员进行相应级别的安全教育，要按新的安全操作规程教育和培训参加操作的岗位员工和有关人员，使其了解新工艺、新设备、新产品的安全性能及安全技术，以适应新的岗位作业的安全要求。

（2）当组织内部员工出现从一个岗位调到另外一个岗位，或从某工种改变为另一工种，或因放长假离岗一年以上重新上岗的情况时，企业必须进行相应的安全技术培训和教育，以使其掌握现岗位安全生产特点和要求。

2.2.3.3　经常性安全教育

　　无论何种教育都不可能是一劳永逸的，安全教育同样如此，必须坚持不懈、经常不断地进行，这就是经常性安全教育。在经常性安全教育中，安全思想、安全态度教育最重要。进行安全思想、安全态度教育，要通过采取多种多样形式的安全教育活动，激发员工搞好安全生产的热情，促使员工重视和真正实现安全生产。经常性安全教育的形式有：

2.2.1　安全教育与培训

　　（1）每天的班前班后会上说明安全注意事项。
　　（2）安全活动日。
　　（3）安全生产会议。
　　（4）事故现场会。
　　（5）张贴安全生产招贴画、宣传标语及标志等。

【扫码测试】

2.2　练习题

2.3　安全生产责任制度

　　安全生产责任制度就是对各级负责人、职能部门以及各类施工人员，在管理和施工过程中应当承担的责任做出明确的规定。具体来说，就是将安全生产责任分解到施工单位的主要负责人、项目负责人、班组长以及每个岗位的作业人员身上。安全生产责任制度是施工企业最基本的安全管理制度，是施工企业安全生产管理的核心和中心环节。依据《建设工程安全生产管理条例》和《建筑施工安全检查标准》（JGJ 59—2021）的相关规定，安全生产责任制度的主要内容包括以下几个方面。

2.3.1　安全生产责任制的基本要求

　　（1）公司和项目部必须建立健全安全生产责任制，制定各级人员和部门的安全生产职责，并要打印成文。其中，企业和项目相关人员的安全职责包括：企业法定代表人和主要负责人，企业安全管理机构负责人和安全生产管理人员，施工项目负责人、技术负责人、项目专职安全生产管理人员以及班组长、施工员、安全员等项目各类人员的安全责任。

　　（2）各级管理部门及各类人员均要认真执行责任制。公司及项目部应制定与安全生产责任制相应的检查和考核办法，并按规定期限进行考核，对考核结果及兑现情况应有记录。

　　（3）经济承包合同中必须要有具体的安全生产指标和要求。在企业与业主、企业与项目部、总包单位与分包单位、项目部与劳务队的承包合同中都应确定安全生产指标、要求和安全生产责任。

　　（4）项目部应为项目的主要工种印制相应的安全技术操作规程，一般应包括砌筑、拌灰、混凝土、木作、钢筋、机械、电气焊、起重、信号指挥、塔式起重机司机、架子、水暖、油漆等工种，特殊作业应另行补充，并应将安全技术操作规程列为日常安全活动和安全教育的主要内容，悬挂在操作岗位前。

（5）施工现场应按规定配备专（兼）职安全员。建筑工程、建筑装饰、装修工程的专职安全员应按规定配置足够的专职安全员（一般情况下，建筑面积为1万 m^2 以及以下的工程至少1人，1万～5万 m^2 的工程至少2人，5万 m^2 以上的工程至少3人）。另外，应设置安全主管，按土建、机电设备等专业设置专职安全生产管理人员。无论是兼职安全员还是专职安全员都必须有安全员证。

（6）管理人员责任制考核要合格。企业或项目部要根据责任制的考核办法定期进行考核，督促和要求各级管理人员的责任制考核都要达到合格。各级管理人员也必须明确自己的安全生产工作职责。

2.3.2 有关人员的安全职责

2.3.2.1 项目经理的职责

（1）对合同工程项目生产经营过程中的安全生产负全面领导责任。

（2）在项目施工生产全过程中，认真贯彻落实安全生产方针政策、法律法规和各项规章制度，结合项目工程特点及施工全过程的情况，制定本项目工程各项安全生产管理办法，或有针对性地提出安全管理要求，并监督其实施。严格履行安全考核指标和安全生产奖惩办法。

（3）在组织项目工程业务承包、聘用业务人员时，必须本着加强安全工作的原则，根据工程特点确定安全工作的管理制度、配备人员，并明确各业务承包人的安全责任和考核指标，支持、指导安全管理人员的工作。

（4）健全和完善用工管理手续，录用外包队必须及时向有关部门申报，严格用工制度与管理，适时组织上岗安全教育，要对外包工队的健康与安全负责，加强劳动保护工作。

（5）认真落实施工组织设计中的安全技术措施及安全技术管理的各项措施，严格执行安全技术审批制度，组织并监督项目工程施工中的安全技术交底制度和设备、设施验收制度的实施。

（6）领导、组织施工现场定期安全生产检查，发现施工生产中的不安全问题，组织应采取措施及时解决。对上级提出的安全生产与管理方面的问题，要定时、定人、定措施予以解决。

（7）发生事故及时上报，保护好现场，做好抢救工作，积极配合事故的调查，认真落实和纠正防范措施，吸取事故教训。

2.3.2.2 项目技术负责人的职责

（1）对项目工程生产经营中的安全生产负技术责任。

（2）贯彻、落实安全生产方针、政策，严格执行安全技术规程、规范、标准，结合项目工程特点，主持项目工程的安全技术交底。

（3）参加或组织编制施工组织设计；编制、审查施工方案时，要制订、审查安全技术措施，保证其可行性与针对性，并随时检查、监督、落实。

（4）主持制订专项施工方案、技术措施计划和季节性施工方案的同时，制订相应的安全技术措施并监督执行，及时解决执行中出现的问题。

（5）及时组织应用新材料、新技术、新工艺及相关人员的安全技术培训。认真执行安全技术措施与安全操作规程，预防施工中因化学物品引起的火灾、中毒或其新工艺实施中可能造成的事故。

（6）主持安全防护设施和设备的检查验收，发现设备、设施的不正常情况应及时采取措施，严格控制不符合标准要求的防护设备、设施投入使用。

（7）参加安全生产检查，对施工中存在的不安全因素，从技术方面提出的整改措施应及时予以消除。

（8）参加、配合因工伤及重大未遂事故的调查，从技术上分析事故的原因，提出防范措施和相关意见。

2.3.2.3　施工员的职责

（1）严格执行安全生产各项规章制度，对所管辖单位工程的安全生产负直接领导责任。

（2）认真落实施工组织设计中安全技术措施，针对生产任务特点，向作业班组进行详细的书面安全技术交底，履行签认手续并对规程、措施、交底要求执行情况随时检查，并随时纠正违章作业。

（3）随时检查作业内的各项防护设施、设备的安全状况，及时消除不安全因素，不违章指挥。

（4）配合项目安全员定期和不定期地组织班组学习安全操作规程，开展安全生产活动，督促、检查工人正确使用个人防护用品。

（5）对应用的新材料、新工艺、新技术严格执行申报和审批制度，若发现问题，及时停止使用，并上报有关部门或领导。

（6）发生工伤事故、未遂事故要立即上报，保护好现场，参与工伤及其他事故的调查处理。

2.3.2.4　安全员的职责

（1）认真贯彻执行劳动保护、安全生产的方针、政策、法令、法规、规范、标准，做好安全生产的宣传教育和管理工作，推广先进经验。对本项目的安全生产负检查、监督的责任。

（2）深入施工现场，负责施工现场生产巡视督查，并做好记录，指导下级安全技术人员工作，掌握安全生产情况，调查研究生产中的不安全问题，提出改进意见和措施，并对执行情况进行监督检查。

（3）协助项目经理组织安全活动和安全检查。

（4）参加审查施工组织设计和安全技术措施计划，并对执行情况进行监督检查。

（5）组织本项目新工人的安全技术培训、考核工作。

（6）制止违章指挥、违章作业，发现现场存在安全隐患时，应及时向企业安全生产管理机构和工程项目经理报告，遇到险情有权暂停生产，并报告领导处理。

（7）进行工伤事故统计分析和报告，参加工伤事故调查、处理。

（8）负责本项目部的安全生产、文明施工、劳务手续的办理及治安保卫的管理工作。

2.3.2.5 班组长的职责

（1）认真执行安全生产规章制度及安全操作规程，合理安排班组人员工作，对本班组人员在生产中的安全和健康负责。

（2）经常组织班组人员学习安全操作规程，监督班组人员正确使用个人劳保用品，不断提高自保能力。

（3）认真落实安全技术交底，做好班前教育工作，不违章指挥、冒险蛮干。

（4）随时检查班组作业现场安全生产状况，发现问题及时解决并上报有关领导。

（5）认真做好新工人的岗位教育。

2.3.1 施工单位有关人员的安全职责

（6）发生工伤事故及未遂事故，保护好现场，立即上报有关领导。

【扫码测试】

2.3 练习题

2.4 施工组织设计、专项施工方案安全编审制度

施工组织设计和专项施工方案是组织工程施工的纲领性文件，是指导施工准备和组织施工的全面性的技术、经济文件，是指导现场施工的规范性文件。经审核批准的单位工程施工组织设计或方案中的安全技术措施，应根据工程的特点、施工的环境、施工工程结构及作业条件等，全面、有针对性地编制。其中，脚手架、施工用电、基坑支护、模板工程、起重吊装作业、塔式起重机、物料提升机、外用电梯、构筑物、高处作业平台、转料平台、打桩、隧道等专业性较强的项目，应单独编制专项施工组织设计（方案）。

2.4.1 安全施工方案编审制度

《建筑施工安全检查标准》（JGJ 59—2021）对施工组织设计或施工方案提出以下要求：

（1）施工组织设计中要有安全技术措施。《建设工程安全生产管理条例》规定施工单位应在施工组织设计中编制安全技术措施和施工现场临时用电方案。

（2）施工组织设计必须经审批以后才能组织施工。工程技术人员编制的安全专项施工方案由施工企业技术部门专业技术人员及专业监理工程师进行审核，审核合格，由施工企业技术负责人、监理单位的总监理工程师签字。无施工组织设计（方案）或施工组织设计（方案）未经审批的，不能开始该项目的施工，实施过程中，也不得擅自更改。

（3）对专业性较强的项目，应单独编制专项施工组织设计（方案）。建筑施工企业应按规定对达到一定规模的危险性较大的分部、分项工程在施工前由施工企业专业工程技术人员编制安全专项施工方案，并附具安全验算结果，并由施工企业技术部门专业技术人员

及专业监理工程师进行审核，审核合格，由施工企业技术负责人、监理单位的总监理工程师签字，由专职安全生产管理人员监督执行。对于特别重要的专项施工方案，还应组织安全专项施工方案专家组进行论证、审查。

（4）安全措施要全面、有针对性。编制安全技术措施时要结合现场实际、工程具体特点以及企业或项目部的安全技术装备和安全管理水平等来制订，把施工中的各种不利因素和安全隐患考虑周全，并制订详尽的措施予以解决。安全技术措施要具体、有针对性。

（5）安全措施要落实。安全技术措施不仅要具体、有针对性，还要在施工中落到实处，防止应付检查编制计划、空喊口号不落实，使安全措施流于形式。

2.4.2 安全技术措施及方案变更管理

（1）施工过程中如发生设计变更，选定的安全技术措施也必须随之变更，否则不准许施工。

（2）施工过程中确实需要修改拟订的技术措施时，必须经编制人同意，并办理修改审批手续。

【扫码测试】

2.4 练习题

2.5　安全技术交底制度

安全技术交底指交底方向被交底方对预防和控制生产安全事故发生及减少其危害的技术措施、施工方法进行说明的技术活动，用于指导建筑施工行为。安全技术交底制度是安全制度的重要组成部分。其目的是贯彻落实国家安全生产方针、政策、规程规范、行业标准及企业各种规章制度，及时对安全生产、工人职业健康进行有效预控，提高施工管理、操作人员的安全生产管理水平及其操作技能，努力创造安全生产环境。根据《中华人民共和国安全生产法》《建设工程安全生产管理条例》《建筑施工安全检查标准》等有关规定，在进行工程技术交底的同时要进行安全技术交底。

2.5.1 《建筑施工安全检查标准》（JGJ 59—2021）对安全技术交底提出的要求

（1）施工企业应建立健全安全交底制度，并分级进行书面文字交底，交底要履行签字手续。

（2）安全技术交底是对施工方案的细化和补充，技术交底必须具体、明确、针对性强。分部分项工程的交底不但要口头讲解，同时应附以书面文字交底资料。

安全技术交底必须实行逐级交底制度，开工前应将工程概况、施工方法、安全技术措施向全体职工详细交底，项目经理定期向参加施工人员进行交底，班组长每天要对工人提出施工要求，并进行作业环境的安全交底。为引起高度重视，真正起到预防事故发生的作用，交底必须有书面记录并履行签字手续。

项目安全管理人员必须做好工种变换人员的安全技术交底工作。各项安全技术交底内容必须要完整，并有针对性。安全技术交底主要工作在正式作业前进行，不但要口头讲解，同时应有书面文字材料。

2.5.2 安全技术交底主要包括的内容

（1）在施工方案的基础上进行，按照施工方案的要求，对施工方案进行细化和补充。

（2）要将操作者的安全注意事项讲明，保证操作者的人身安全。交底内容不能过于简单、千篇一律、流于形式。

各项安全技术交底内容必须记录在统一印制的表式上，写清交底的工程部位、工种及交底时间，交底人和被交底人的姓名，并履行签字手续，一式三份，施工负责人、生产班组、现场安全员三方各留一份。

【扫码测试】

2.5 练习题

2.6 安全生产检查制度

安全生产检查应按照有关规范、标准进行，并对照安全技术措施提出的具体要求检查。凡不符合规定和存在隐患的要及时整改，必须组织定期和不定期的安全生产检查，把事故隐患消灭在萌芽之中，坚持边检查、边整改和及时消除隐患的原则，对不能立即整改的隐患，必须采取应急措施并限期整改。

公司由分管安全经理每月组织有关人员，根据《建筑施工安全检查标准》（JGJ 59—2021）进行检查评分，对施工现场存在的安全隐患发出《隐患整改通知书》，并限期整改，项目负责人对《隐患整改通知书》必须定人、定时间、定措施，认真组织整改，并填写与之相对应的整改措施或办法的书面反馈单。上级主管部门或安全监督部门发出的《停工整改通知书》《复工通知书》《隐患整改通知书》附在本部分内的资料中。

施工现场必须坚持在每周相对的固定时间，由项目经理、施工负责人组织有关专业人员共同进行安全生产检查，应做好记录。施工生产指挥人员每天在工地指挥生产的同时检查和解决安全问题，不能替代正式的安全生产检查工作。

2.6.1 安全生产检查的意义

（1）通过检查，可以发现施工（生产）中的不安全因素（人的不安全行为和物的不安全状态）、职业健康隐患等问题，从而采取对策，消除不安全因素，保障安全生产。

（2）利用安全生产检查，进一步宣传、贯彻、落实党和国家安全生产方针、政策和各项安全生产规章制度。

（3）安全生产检查实质上也是一次群众性的安全教育。通过检查，增强领导和群众的安全意识，纠正违章指挥、违章作业，提高安全生产的自觉性和责任感。

（4）通过检查可以互相学习、总结经验、吸取教训、取长补短，有利于进一步促进安全生产工作。

（5）通过安全生产检查，了解安全生产状态，为分析安全生产形势、加强安全管理提供信息和依据。

2.6.2　《建筑施工安全检查标准》（JGJ 59—2021）对安全检查提出的要求

以往安全生产检查主要靠感觉和经验进行目测、口授，安全评价也往往是"安全"或"不安全"的定性估计。随着安全管理科学化、标准化、规范化，安全生产检查工作也不断地进行改革、深化。目前，安全生产检查基本上都采用安全生产检查表和实测的检测手段，进行定性、定量的安全评价。《建筑施工安全检查标准》（JGJ 59—2021）对安全检查提出了具体要求：

（1）安全生产检查要有定期的检查制度。项目参建单位，特别是建筑安装工程施工企业，要建立健全可行的安全生产检查制度，并把各项制度落实到工程实际当中。建筑安装工程施工企业除进行日常性的安全生产检查外，还要制定和实施定期的安全生产检查制度。

（2）组织领导。各种安全生产检查都应该根据检查要求配备力量，特别是大范围、全国性安全生产检查，要明确检查负责人，抽调专业人员参加检查，进行分工，明确检查内容、标准及要求。

（3）要有明确的目的。各种安全生产检查都应有明确的检查目的和检查项目、内容及标准。重要内容，如在安全管理上，安全生产责任制的落实、安全技术措施经费的提取使用等。关键部位，如安全设施要重点检查。大面积或数量多的相同内容的项目，可采用系统的观感和一定数量的测点相结合的检查方法。检查时，应尽量采用检测工具，用数据说话。对现场管理人员和操作工人不仅要检查是否有违章指挥和违章作业行为，还应进行应知抽查，以便了解管理人员及操作工人的安全素质。

（4）检查记录是安全评价的依据，因此要认真、详细，特别是对隐患的记录必须具体（如隐患的部位、危险性程度等），然后整理出需要立即整改的项目和在一段时间内必须整改的项目，并及时将检查结果通知有关人员，以便使安全技术交底和班前教育活动更具有针对性。做好有关安全问题和隐患记录，并及时建立安全管理档案。

（5）安全评价。安全生产检查后要认真、全面地进行系统分析，并进行安全评价。例如，哪些检查项目已达标；哪些检查项目虽然基本达标，但具体还有哪些方面需要进行完善；哪些项目没有达标，存在哪些问题需要整改。要及时填写安全生产检查评分表（安全生产检查评分表应记录每项扣分的原因）、《事故隐患通知书》、《违章处罚通知书》或停工通知等。受检单位（使本单位自检也需要安全评价）根据安全评价结果研究对策，进行整改和加强管理。

（6）整改是安全检查工作的重要组成部分，是检查结果的归宿。整改工作包括隐患登记、整改、复查、销案。

检查中发现的隐患应进行登记，不仅是整改的备查依据，而且是提供安全动态分析的重要信息渠道。若各单位或多数单位（工地、车间）安全生产检查都发现同类型隐患，说明是"通病"。若某单位安全生产检查中经常出现相同隐患，说明没有整改或整改不彻底形成"顽固症"。根据隐患记录信息流，可以做出指导安全管理的决策。

安全生产检查中查出的隐患除进行登记外,还应发出《隐患整改通知书》,引起整改单位重视。对凡是有继发性事故危险的隐患,检查人员应责令停工,被查单位必须立即整改。对于违章指挥、违章作业行为,检查人员可以当场指出,进行纠正。被检查单位领导对查出的隐患,应立即研究整改方案,进行"三定"(定人、定时间、定措施),立项进行整改,负责整改的单位、人员在整改完成后要及时向安全部门等有关部门反馈信息,安全部门等有关部门要立即派人进行复查,经复查整改合格,进行销案。

2.6.3 安全生产检查的形式与内容

2.6.3.1 安全生产检查形式

1. 定期性安全生产检查

(1) 公司月度安全生产检查。

(2) 项目部每周组织一次大检查。

(3) 班组每日自检。

2. 经常性安全生产检查

(1) 安全员及安全值班人员日常巡回安全检查。

(2) 管理人员在检查生产的同时检查安全生产。

3. 专业性安全生产检查

现场脚手架、上料平台、临边、施工用电以及大中小型机械设备除进行验收外,还要不定期进行专业性安全生产检查。

4. 季节性、节假日安全生产检查

(1) 冬雨季施工安全生产检查。

(2) 节假日加班及节假日前后安全生产检查。

5. 安全生产检查记录与隐患整改

(1) 安全生产检查记录。

1) 项目部定期严格按《建筑施工安全检查标准》(JGJ 59—2021)进行检查、打分、评价。

2) 班组每日的自检、交接检以及经常性安全生产检查,可在相应的《工作日志》上记载、归档或使用"安全检查记录表"。

3) 专业性安全生产检查和季节性、节假日安全生产检查,均使用"安全检查记录表"。

(2) 隐患整改。

1) 隐患登记、分析。各种安全检查查出的隐患,要逐项登记,根据隐患信息,对安全生产进行动态分析,从管理上、安全防护技术措施上分析原因,为加强安全管理与防护提供依据。

2) 整改。检查中查出的隐患应发《隐患整改通知书》,以督促整改单位消除隐患,《隐患整改通知书》要求按定人、定时间、定措施进行整改。被检查单位收到《隐患整改通知书》后,应立即进行整改,整改完成后及时通知有关部门进行复查。

3) 销案。有关部门复查被检单位整改隐患达到合格后,签署复查意见,复查人签名,即行销案。

安全生产检查网络如图 2.1 所示。

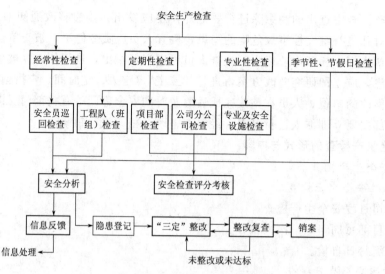

图 2.1　安全生产检查网络

2.6.3.2　安全生产检查内容

安全生产检查的内容以《建筑施工安全检查标准》(JGJ 59—2021)、《施工现场临时用电安全技术规范》(JGJ 46—2021)、《建筑施工高处作业安全技术规范》(JGJ 80—2016)、《龙门架及井架物料提升机安全技术规范》(JGJ 88—2016)和有关安全管理的规程、标准为主要检查依据。安全生产检查内容如下。

1. 查思想

以党和国家的安全生产方针、政策、法律、法规及有关规定、制度为依据,对照检查各级项目和职工是否重视安全工作,人人关心和主动搞好安全工作,使党和国家的安全生产方针、政策、法律、法规及有关规定、制度在部门和项目部得到落实。检查各级领导的安全意识,是否重视安全工作,是否真正关心职工的安全和健康。

2. 查制度

检查安全生产的规章制度是否建立、健全并被严格执行。违章指挥、违章作业的行为是否及时得到纠正、处理,特别要重点检查各级领导和职能部门是否认真执行安全生产责任制,能否达到齐抓共管的要求。

(1) 查各级部门安全生产责任制是否落实。查在组织施工(生产)活动中,是否认真执行"五同时"(同时计划、同时布置、同时检查、同时总结、同时评比)。

(2) 查是否认真贯彻执行党和国家的安全生产方针、政策、法规和制度。

(3) 查是否有领导分管安全工作、安全组织机构是否健全,是否真正发挥作用。

(4) 查安全工作的规章制度和安全管理标准、规范的贯彻执行情况,各项检查是否有记录、记载或登记建档。

(5) 查内部承包中有无安全生产考核指标,承包合同中有无安全规定。

3. 查措施

检查是否编制安全技术措施,安全技术措施是否有针对性,是否进行安全技术交底,是否根据施工组织设计的安全技术措施实施。

4. 查隐患

检查劳动条件、安全设施、安全装置、安全用具、机械设备、电气设备等是否符合安全生产法规、标准的要求。

（1）检查施工（生产）场所作业环境安全状况，各种生产设备、施工机具以及安全防护设施是否符合安全规定要求对其进行安全管理；外脚手架、"三宝"（安全帽、安全带、安全网）及"四口"（楼梯口、电梯井口、预留洞口、通道口）、施工用电、井字架、附着塔式起重机、施工机械、电梯等防护情况，是否严格按《建筑施工安全检查标准》（JGJ 59—2021）以及有关规定进行检查。

（2）检查施工作业人员安全行为，职工个人安全防护用品是否正确使用，是否存在违反安全操作规程和违反规章制度现象。

（3）严格检查要害部门和危险物品，如锅炉、变配电设施和各种易燃、易爆、剧毒品等。

（4）检查冬季施工作业的防滑、防冻、防火措施，以及夏季施工从事高温、露天作业人员的防暑降温措施。

5. 查组织

检查是否建立了安全领导小组，是否建立了安全生产保证体系，是否建立了安全机构，安全员是否严格按规定配备。

6. 查教育培训

新职工是否经过三级安全教育，特殊工种是否经过培训、考核持证上岗。

7. 查事故处理

检查有无隐瞒事故的行为，发生事故是否及时报告、认真调查、严肃处理，是否制订了防范措施，是否落实防范措施。检查中发现未按"四不放过"的原则要求处理事故的，要重新严肃处理，防止同类事故再次发生。

2.6.4 安全生产检查评分方法及评定等级

2.6.4.1 安全生产检查评分方法

安全生产检查分为保证项目和一般项目。其中，保证项目指检查评定项目中，对施工人员生命、设备设施及环境安全起关键性作用的项目。一般项目指检查评定项目中，除保证项目以外的其他项目。建筑施工安全生产检查评定中，保证项目应全数检查。

建筑施工安全生产检查评定应符合《建筑施工安全检查标准》（JGJ 59—2021）第3章中各检查评定项目的有关规定，并应按《建筑施工安全检查标准》（JGJ 59—2021）附录A、B的评分表进行评分。检查评分表应分为安全管理、文明施工、脚手架、高处作业吊篮、基坑工程、模板支架、高处作业、施工用电、物料提升机与施工升降机、塔式起重机与起重吊装、施工机具分项检查评分表和检查评分汇总表。

各评分表的评分应符合下列规定：

（1）分项检查评分表和检查评分汇总表的满分分值均应为100分，评分表的实得分值应为各检查项目所得分值之和。

（2）评分应采用扣减分值的方法，扣减分值总和不得超过该检查项目的应得分值。

（3）当按分项检查评分表评分时，保证项目中有一项未得分或保证项目小计得分不足40分，此分项检查评分表不应得分。

（4）检查评分汇总表中各分项项目实得分值应按式（2.1）计算：

$$A_1 = \frac{BC}{100} \tag{2.1}$$

式中　A_1——汇总表各分项项目实得分值；

　　　B——汇总表中该项应得满分值；

　　　C——该项检查评分表实得分值。

（5）当评分遇有缺项时，分项检查评分表或检查评分汇总表的总得分值应按式（2.2）计算：

$$A_2 = \frac{D}{E} \times 100 \tag{2.2}$$

式中　A_2——遇有缺项时总得分值；

　　　D——实查项目在该表的实得分值之和；

　　　E——实查项目在该表的应得满分值之和。

（6）脚手架、物料提升机与施工升降机、塔式起重机与起重吊装项目的实得分值，应为所对应专业的分项检查评分表实得分值的算术平均值。

2.6.4.2　安全生产检查评定等级

应按汇总表的总得分和分项检查评分表的得分，对建筑施工安全检查评定划分为优良、合格、不合格三个等级。

建筑施工安全检查评定的等级划分应符合下列规定：

（1）优良：分项检查评分表无零分，汇总表得分值应在 80 分及以上。

（2）合格：分项检查评分表无零分，汇总表得分值应在 80 分以下，70 分及以上。

（3）不合格：①当汇总表得分值不足 70 分时；②当有一分项检查评分表得零分时。

当建筑施工安全检查评定的等级为不合格时，必须限期整改达到合格。

2.6.4.3　安全生产检查表填写实例

按照表 2.1 的实际得分为 85 分，在填写表 2.2 时，根据式（2.1）计算：

$A_1 = BC/100$ 代入 B、C 项值，得出 $A_1 = 10 \times 85/100 = 8.5$（分）。根据求得结果，填写"安全生产检查评分汇总表"中安全管理项，填写数值为 8.5 分。

表 2.1　　　　　　　　　　　安全生产管理检查评分表

序号	检查项目		扣　分　标　准	应得分数	扣减分数	实得分数
1	保证项目	安全生产责任制	未建立安全生产责任制扣 10 分 安全生产责任制未经责任人签字确认扣 3 分 未制定各工种安全技术操作规程扣 10 分 未按规定配备专职安全员扣 10 分 工程项目部承包合同中未明确安全生产考核指标扣 8 分 未制定安全资金保障制度扣 5 分 未编制安全资金使用计划及实施扣 2～5 分 未制定安全生产管理目标（伤亡控制、安全达标、文明施工）扣 5 分 未进行安全责任目标分解扣 5 分 未建立安全生产责任制、责任目标考核制度扣 5 分 未按考核制度对管理人员定期考核扣 2～5 分	10	2	8

序号	检查项目		扣 分 标 准	应得分数	扣减分数	实得分数
2	保证项目	施工组织设计	施工组织设计中未制订安全措施扣10分 危险性较大的分部分项工程未编制安全专项施工方案，扣3~8分 未按规定对专项方案进行专家论证扣10分 施工组织设计、专项方案未经审批扣10分 安全措施、专项方案无针对性或缺少设计计算扣6~8分 未按方案组织实施扣5~10分	10	3	7
3		安全技术交底	未采取书面安全技术交底扣10分 交底未做到分部分项扣5分 交底内容针对性不强扣3~5分 交底内容不全面扣4分 交底未履行签字手续扣2~4分	10	0	10
4		安全检查	未建立安全检查（定期、季节性）制度扣5分 未留有定期、季节性安全检查记录扣5分 事故隐患的整改未做到定人、定时间、定措施扣2~6分 对重大事故《隐患整改通知书》所列项目未按期整改和复查扣8分	10	3	7
5		安全教育	未建立安全培训、教育制度扣10分 新入场工人未进行三级安全教育和考核扣10分 未明确具体安全教育内容扣6~8分 变换工种时未进行安全教育扣10分 施工管理人员、专职安全员未按规定进行年度培训考核扣5分	10	0	10
6		应急预案	未制定安全生产应急预案扣10分 未建立应急救援组织、配备救援人员扣3~6分 未配置应急救援器材扣5分 未进行应急救援演练扣5分	10	3	7
		小计		60	11	49
7	一般项目	分包单位安全管理	分包单位资质、资格、分包手续不全或失效扣10分 未签订安全生产协议书扣5分 分包合同、安全协议书，签字盖章手续不全扣2~6分 分包单位未按规定建立安全组织、配备安全员扣3分	10	2	8
8		特种作业持证上岗	一人未经培训从事特种作业扣4分 一人特种作业人员资格证书未延期复核扣4分 一人未持操作证上岗扣2分	10	2	8
9		生产安全事故处理	生产安全事故未按规定报告扣3~5分 生产安全事故未按规定进行调查分析处理，制订防范措施扣10分 未办理工伤保险扣5分	10	0	10

续表

序号	检查项目		扣 分 标 准	应得分数	扣减分数	实得分数
10	一般项目	安全标志	主要施工区域、危险部位、设施未按规定悬挂安全标志扣 5 分 未绘制现场安全标志布置总平面图扣 5 分 未按部位和现场设施的改变调整安全标志设置扣 5 分	10	0	10
		小计		40	4	36
检查项目合计				100	15	85

安全生产检查评分汇总表中各项的填写数值计算方法如表 2.2 进行填写，然后按照式 (2.1) 进行计算求得，填写其余各项数值。汇总表中空项说明没有此检查项，汇总表中总计得分按照式 (2.2) 计算，代入 D、E 项值，得出 $A_2 = 64.3 \times 100/80 = 80.37$（分）。根据求得结果，填写"安全生产检查评分汇总表"中安全管理项，填写总计得分数值为 80.37 分。结果见表 2.2。

表 2.2　　　　　　　　　安全生产检查评分汇总表

企业名称：×××××× 有限公司　　资质等级：一级　　　　　　×××× 年 ×× 月 ×× 日

单位工程（施工现场）名称	建筑面积 /m²	结构类型	总计得分（满分分值 100 分）	项目名称及分值									
				安全管理（满分 10 分）	文明施工（满分 15 分）	脚手架（满分 10 分）	基坑工程（满分 10 分）	模板支架（满分 10 分）	高处作业（满分 10 分）	施工用电（满分 10 分）	物料提升机与施工升降机（满分 10 分）	塔式起重机与起重吊装（满分 10 分）	施工机具（满分 5 分）
中心图书馆	27000	框剪	64.3×100/80=80.37	8.5	12	—	—	7.5	7.7	8	8.9	7.2	4.5

评语：装饰施工阶段，按《建筑施工安全检查标准》（JGJ 59—2021）进行评分，得 80.37 分，评为优良等级。

检查单位	×××	责任人	×××	受检项目	中心图书馆	项目经理	×××

根据安全生产检查评定等级的优良标准：分项检查评分表无零分，汇总表得分值应在 80 分及以上，本例安全生产检查等级评定为优良。

【扫码测试】

2.6　练习题

2.7 安全生产目标管理与奖惩制度

2.7.1 安全生产目标管理

安全生产目标管理是指项目根据企业的整体目标，在分析外部环境和内部条件的基础上，确定安全生产所要达到的目标，并采取一系列措施去努力实现这些目标的活动过程。

安全生产目标通常以千人负伤率、万吨产品死亡率、尘毒作业点合格率、噪声作业点合格率与设备完好率以及预期达到的目标值来表示，推行安全生产目标管理不仅能进一步优化企业安全生产责任制、强化安全生产管理，还能体现"安全生产，人人有责"的原则，使安全生产工作实现全员管理，有利于提高企业全体员工的安全素质。《建筑施工安全检查标准》（JGJ 59—2021）对安全生产目标管理提出了具体的检查要求。安全生产目标管理主要体现在以下几个方面：

（1）安全生产目标管理的任务是确定奋斗目标，明确责任，落实措施，实行严格的考核和奖惩制度，以激励企业员工积极参与全员、全方位、全过程的安全生产管理，严格按照安全生产的奋斗目标和安全生产责任制的要求，落实安全措施，消除人的不安全行为或物的不安全状态。

（2）项目要制订安全生产目标管理计划，经项目分管领导审查同意，由主管部门与实行安全生产目标管理的单位签订责任书，将安全生产目标管理纳入各单位的生产经营或资产经营目标管理计划，主要领导人应对安全生产目标管理计划的制订与实施负第一责任。

（3）安全生产目标管理的基本内容包括目标体系的确立、目标的实施及目标成果的检查与考核，主要任务包括以下几个方面：

1）确定切实可行的目标值（如千人负伤率、万吨产品死亡率、尘毒作业点合格率、噪声作业点合格率及设备完好率等）。采用科学的目标预测法，根据需要，采用系统分析的方法确定合适的目标值，并研究达到目标应采取的措施和手段。

2）根据安全目标的要求，制定实施办法，做到有具体的保证措施，力求量化以便实施和考核，包括组织技术措施，明确完成程序和时间、承担具体责任的负责人，并签订承诺书。

3）规定具体的考核标准和奖惩办法，要认真贯彻执行《安全生产目标管理考核标准》。考核标准不仅应规定目标值，而且要把目标值分解为若干具体要求来考核。

4）安全生产目标管理必须与企业安全生产责任制挂钩。层层分解，逐级负责，充分调动各级组织和全体员工的积极性，保证安全生产管理目标的实现。

5）安全生产目标管理必须与企业年度考核挂钩。作为整个企业目标管理的一个重要组成部分，实行经营管理者任期目标责任制、租赁制和各种经营承包责任制的单位负责人，应把实现安全生产目标管理与他们的经济收入和荣誉挂钩，严格考核，兑现奖罚。

2.7.2 安全生产考核与奖惩制度

安全生产考核与奖惩是指企业的上级主管部门，包括政府主管安全生产的职能部门、企业内部的各级行政领导等按照国家安全生产的方针政策、法律法规和企业的规章制度的有关规定，对企业内部各级实施安全生产目标控制管理时，所下达的安全生产各项指标完成的情况，对企业法人代表及各责任人执行安全生产考核与奖惩的制度。

安全生产考核与奖惩制度是建筑行业的一项基本制度。实践表明，只要全员的安全生产意识尚未达到较佳的状态，职工自觉遵守安全法规和制度的良好作风未能完全形成之前，实行严格的考核与奖惩制度是常抓不懈的工作。安全工作不但要责任到人，还要与员工的切身利益联系起来。

安全生产考核与奖惩制度要体现以下几个方面：

（1）项目部必须将生产安全工作放在首位，列入日常安全检查、考核、评比内容。

（2）对在生产安全工作中成绩突出的个人给予表彰和奖励，坚持遵章必奖、违章必惩、权责挂钩、奖惩到人的原则。

（3）对未依法履行生产安全职责和违反企业安全生产制度的行为，按照有关规定追究有关责任人的责任。

（4）企业各部门必须认真执行安全生产考核与奖惩制度，增强生产安全和消防安全的约束机制，以确保安全生产。

（5）杜绝安全考核工作中弄虚作假、敷衍塞责的行为。

（6）按照奖惩对等的原则，对所完成的工作良好程度给出考核评价结果并按一定标准给予奖惩。

（7）对奖惩情况及时进行张榜公示。

【扫码测试】

2.7　练习题

2.8　其他安全生产相关制度

2.8.1　安全标志悬挂制度

施工现场悬挂的安全标志用来表达特定的安全信息，对提醒人们注意不安全的因素、防止事故的发生起到了保障安全的作用。施工现场在有必要提醒人们注意安全的场所的醒目处，必须设置安全标志牌。

项目部选购和制作的安全标志牌，必须符合《安全色》（GB 2893—2008）、《安全标志及其使用导则》（GB 2894—2008）的规定。标志牌设置的高度应尽量与人眼的视线高度一致。标志牌的平面与视线夹角应接近 90°，观察者位于最大距离时，最大夹角不低于 75°。标志牌不应放在门、窗、架等可移动的物体上，以免这些物体位置移动后，看不见安全标志。标志牌前不得放置妨碍认读的障碍物。

现场安全标志的布置要先设计，后布置。项目技术负责人要根据现场的实际设计好具有针对性、合理的安全标志平面布置图，现场依此进行布置。施工现场安全标志不得随意挪动，确须挪动时，须经原设计人员批准并备案。标志牌每月至少检查一次，当发现有破损、变形、褪色等不符合要求的现象时，应及时修整或更换。项目部要派专人管理现场的标志牌，对损坏和偷窃标志牌者要严肃查处。工程竣工后，项目部要统一收集、保管标志牌，以备后续工程施工使用。

2.8.2 严重危及施工安全的工艺、设备、材料淘汰制度

严重危及施工安全的工艺、设备、材料是指不符合生产安全要求，极有可能导致生产安全事故发生，致使人民生命和财产遭受重大损失的工艺、设备和材料。

《建设工程安全生产管理条例》第四十五条规定："国家对严重危及施工安全的工艺、设备、材料实行淘汰制度。具体目录由国务院建设行政主管部门会同国务院其他有关部门制定并公布。"淘汰制度的实施，一方面有利于保障安全生产；另一方面体现了优胜劣汰的市场经济规律，有利于提高施工单位的工艺水平，促进设备更新。

对于已经公布的严重危及施工安全的工艺、设备和材料，建设单位和施工单位都应当严格遵守和执行，不得继续使用此类工艺和设备，也不得转让他人使用。

2.8.3 施工起重机械使用登记制度

《建设工程安全生产管理条例》第三十五条规定："施工单位应当自施工起重机械和整体提升脚手架、模板等自升式架设设施验收合格之日起 30 日内，向建设行政主管部门或者其他有关部门登记。登记标志应当置于或者附着于该设备的显著位置。"

这是对施工起重机械的使用进行监督和管理的一项重要制度，能够有效防止不合格机械和设施投入使用。同时，有利于监管部门及时掌握施工起重机械和整体提升脚手架、模板等自升式架设设施的使用情况，以利于监督管理。

进行登记应当提交施工起重机械有关资料，应包括：

（1）生产方面的资料，如设计文件、制造质量证明书、监督检验证书、使用说明书、安装证明等。

（2）使用的有关情况资料，如施工单位对于这些机械和设施的管理制度及措施、使用情况、作业人员的情况等。

监管部门应当对登记的施工起重机械建立相关档案，及时更新，加强监管，减少生产安全事故的发生。施工单位应当将标志置于显著位置，便于使用者监督，保证施工起重机械的安全使用。

2.8.4 "三同时"制度

"三同时"制度是指凡是我国境内新建、改建、扩建的基本建设项目（工程），技术改建项目（工程）和引进的建设项目，其安全生产设施必须符合国家规定的标准，必须与主体工程同时设计、同时施工、同时投入生产和使用。安全生产设施主要是指安全技术方面的设施、职业卫生方面的设施、生产辅助性设施。

《中华人民共和国劳动法》第五十三条规定"新建、改建、扩建工程的劳动安全卫生设施必须与主体工程同时设计、同时施工、同时投入生产和使用。"

《中华人民共和国安全生产法》第三十一条规定"生产经营单位新建、改建、扩建工程项目（以下统称建设项目）的安全设施，必须与主体工程同时设计、同时施工、同时投

入生产和使用。安全设施投资应当纳入建设项目概算。"

新建、改建、扩建工程的初步设计要经过行业主管部门、安全生产管理部门、卫生部门和工会的审查，同意后方可进行施工；工程项目完成后，必须经过主管部门、安全生产管理行政部门、卫生部门和工会的竣工检验；建设工程项目投产后，不得将安全设施闲置不用，生产设施必须和安全设施同时使用。

2.8.5　安全预评价制度

安全预评价是指在建设工程项目前期，应用安全评价的原理和方法对工程项目的危险性、危害性进行预测性评价。

开展安全预评价工作，是贯彻落实"安全第一，预防为主"方针的重要手段，是企业实施科学化、规范化安全管理的工作基础。科学、系统地开展安全评价工作，不仅直接起到了消除危险有害因素、减少事故发生的作用，有利于全面提高企业的安全管理水平，而且有利于系统地、有针对性地加强对不安全状况的治理、改造，最大限度地降低安全生产风险。

2.8.6　安全措施计划制度

安全措施计划制度是指企业进行生产活动时，必须编制安全措施计划，它是企业有计划地改善劳动条件和安全卫生设施，防止工伤事故和职业病的重要措施之一，对企业加强劳动保护、改善劳动条件、保障职工的安全和健康、促进企业生产经营的发展都起着积极作用。

安全技术措施计划的范围应包括改善劳动条件、防止事故发生、预防职业病和职业中毒等内容，具体包括以下几点。

1. 安全技术措施

安全技术措施是预防企业员工在工作过程中发生工伤事故的各项措施，包括防护装置、保险装置、信号装置和防爆炸装置等。

2. 职业卫生措施

职业卫生措施是预防职业病和改善职业卫生环境的必要措施，其中包括防尘、防毒、防噪声、通风、照明、取暖、降温等措施。

3. 辅助用房间及设施

辅助用房间及设施是为了保证生产过程安全卫生所必需的房间及一切设施，包括更衣室、休息室、淋浴室、消毒室、妇女卫生室、厕所和冬季作业取暖室等。

4. 安全宣传教育措施

安全宣传教育措施是为了宣传普及有关安全生产法律、法规、基本知识所需要的措施，其主要内容包括安全生产教材、图书、资料，安全生产展览，安全生产规章制度，安全操作方法训练设施，劳动保护和安全技术的研究与试验等。

安全技术措施计划编制可以按照"工作活动分类→危险源识别→风险确定→风险评价→制订安全技术措施计划评价→安全技术措施计划的充分性"的步骤进行。

2.8.7　工伤和意外伤害保险制度

根据 2010 年 12 月 20 日修订后重新公布的《工伤保险条例》规定，工伤保险是属于法定的强制性保险。工伤保险费的征缴按照《社会保险费征缴暂行条例》关于基本养老保险费、基本医疗保险费、失业保险费的征缴规定执行。

而自 2011 年 7 月 1 日起实施的《中华人民共和国建筑法》第四十八条规定："建筑施工企业应当依法为职工参加工伤保险缴纳工伤保险费。鼓励企业为从事危险作业的职工办理意外伤害保险，支付保险费。"修正后的《中华人民共和国建筑法》与修订后的《中华人民共和国社会保险法》和《工伤保险条例》等法律法规的规定保持一致，明确了建筑施工企业作为用人单位，为职工参加工伤保险并缴纳工伤保险费是其应尽的法定义务，但为从事危险作业的职工投保意外伤害险并非强制性规定，是否投保意外伤害险由建筑施工企业自主决定。

建筑施工企业、项目部建立以上制度的同时，应建立安全生产事故应急救援制度，安全事故处理制度，文明施工管理制度，消防安全管理制度，建设工程和拆除工程备案制度，施工区交通管理制度，安全例会制度，施工供电（用电）管理制度，防尘、防毒、防爆安全管理制度等，这些制度在后面的章节将进行详细讲述。

2.8.8 特种作业人员持证上岗制度

特种作业是指容易发生人员伤亡事故，对操作者本人、他人及周围设施的安全有重大危害的作业。《建设工程安全生产管理条例》规定：垂直运输机械作业人员、起重机械安装拆卸工、爆破作业人员、起重信号工、登高架设作业人员等特种作业人员，必须按照国家有关规定经过专门的安全作业培训，并取得特种作业操作资格证书后，方可上岗作业。特种作业操作资格证书在全国范围内有效，离开特种作业岗位一定时间后，应当按照规定重新进行实际操作考核，经确认合格后方可上岗作业。对于未经培训考核，即从事特种作业的，《建设工程安全生产管理条例》规定了行政处罚；造成重大安全事故，构成犯罪的，对直接责任人员，依照刑法的有关规定追究刑事责任。

特种作业人员包括：电工作业、金属焊接切割作业、起重机械作业、机动车辆驾驶、登高架设作业、锅炉作业（含水质化验）、压力容器操作、制冷作业、垂直运输机械作业、安装拆卸工、起重信号工等，以及由省、自治区、直辖市安全生产综合管理部门或国务院行业主管部门提出，并经前国家经济贸易委员会批准的其他作业。

1. 特种作业人员具备的条件

（1）年龄满 18 岁。

（2）身体健康、无妨碍从事相应工程的安全技术知识，参加国家规定的安全技术理论和实际操作考核并成绩合格。

2. 培训内容

（1）安全技术理论。

（2）实际操作技能。

3. 考核、发证

（1）特种作业操作证由安全生产综合管理部门负责签发。

（2）特种作业操作证，每两年复审一次。连续从事本工种 10 年以上的，经用人单位进行知识更新教育后，复审时间可延长至每四年一次。

（3）离开特种作业岗位达 6 个月以上的特种作业人员，应当重新进行实际操作考核，经确认合格后方可上岗作业。

【扫码测试】

2.8　练习题

小　结

　　本章讲述了建设工程安全管理的各项制度，重点以水利行业为例，详细介绍了水利工程建设安全生产管理各项制度。通过本章的学习，应熟知建筑施工企业安全生产许可制度，安全教育与培训管理制度，安全生产责任制度，施工组织设计、专项施工方案安全编审制度，安全技术交底制度，安全检查制度，生产安全目标管理与奖惩制度，安全标志悬挂制度，安全事故处理制度等各项安全生产管理制度，能根据各项建设工程安全生产管理制度具体落实各项安全生产工作。

第3章 建筑施工安全技术

【学习目标】 掌握危险性较大的分部分项工程的范围、管理程序，高处作业概念及分类；熟悉土方及基坑工程、脚手架、起重吊装、建筑机械、建筑物拆除等安全技术措施；了解脚手架、混凝土模板支架安全计算的内容和方法，各种建筑机械的构造、使用方法和适用范围。

【知识点】 危险性较大的分部分项工程；高处作业；各工种安全技术措施；各危险性较大的分部分项工程的专项施工方案内容。

【技能】 根据参考资料，能编制各危险性较大的分部分项工程的专项施工方案。

3.1 建筑施工安全专业基础知识

建筑施工安全技术是指为了防止工伤事故和职业病危害而采取的技术措施。实际施工中，根据工程特点、环境条件、劳动组织、作业方法、施工机械、供电设施等制订各分部分项工程的安全施工技术措施。安全施工技术措施是施工组织设计的重要组成部分。

3.1.1 建筑施工的特点及伤亡事故类别

3.1.1.1 建筑施工的特点

(1) 产品固定，人员流动性大。建筑施工最大的特点就是产品固定，人员流动性大。任何一栋建筑物、构筑物等一经选定了地址，破土动工兴建后就固定不动了，但生产人员要围绕着它在一定时期内持续不断地进行生产活动。建筑产品体积大、生产周期长，有的持续几个月或一年，有的需要三五年或更长的时间。这就形成了在有限的场地上集中了大量的操作人员、施工机具、建筑材料等进行作业的环境，这与其他产业的人员固定、产品流动的生产特点截然不同。

建筑施工人员流动性大，不仅体现在一项工程中，当一座电站、一座厂房、一栋楼房完成后，施工队伍就要转移到新的地点去建设新的工程。这些新的工程可能在同一个街区，也可能在不同的街区，甚至是在另一个城市内，施工队伍就要相应在街区、城市内或者地区间流动。改革开放以来，由于用工制度的改革，施工队伍中绝大多数施工人员是来自农村的务工人员，他们不但要随工程流动，而且要根据季节的变化进行流动，给安全管理带来很大的困难。

(2) 露天、高处作业多，手工操作，体力劳动繁重。建筑施工绝大多数为露天作业，一栋建筑物从基础、主体结构、屋面工程到室外装修等，露天作业约占整个工程的70%。建筑物都是由低到高构建起来的，以民用住宅每层高2.9m计算，两层就是5.8m，现在一般都是七层以上，甚至是十几层、几十层的住宅，施工人员都要在十几米、几十米甚至百米以上的高空从事露天作业，工作条件差。

我国建筑业虽然有了很大发展，但至今大多数工种仍然没有改变，如抹灰工、瓦工、混凝土工、架子工等仍以手工操作为主。劳动繁重、体力消耗大，加上作业环境恶劣（如光线、雨雪、风霜、雷电等影响），导致操作人员注意力不集中或由于心情烦躁违章操作的现象十分普遍。

（3）建筑施工变化大，规则性差，不安全因素随着形象进度的变化而变化。每栋建筑物由于用途不同、结构不同、施工方法不同等，危险有害因素不相同；同样类型的建筑物，因工艺和施工方法不同，危险有害因素也不同；在一栋建筑物中，从基础、主体到装修，每道工序不同，危险有害因素也不同；同一道工序，由于工艺和施工方法不同，危险有害因素也不相同。因此，建筑施工变化大，规则性差。施工现场的危险有害因素，随着工程形象进度的变化而不断变化，每个月、每天，甚至每个小时都在变化，给安全防护带来诸多困难。

从上述特点可以看出，施工现场必须随着工程形象进度的发展，及时调整和补充各项防护设施，才能消除隐患，保证安全。

3.1.1.2 建筑施工易发和多发事故的类别

从建筑物的建造过程以及建筑施工的特点可以看出，施工现场的操作人员随着基础→主体→屋面等分项工程的施工，要从地面到地下，再回到地面，再上到高空。经常处在露天、高处和交叉作业的环境中。建筑施工的高处坠落、物体打击、触电和机械伤害四个类别的伤亡事故多年来一直居高不下，被称为"四大伤害"。随着建筑物的高度从高层到超高层，其地下室亦从地下一层到地下二层或地下三层，土方坍塌事故增多，特别是在城市里拆除工程增多。因此，在"四大伤害"的基础上又增加了坍塌事故，建筑施工也就从"四大伤害"变成了"五大伤害"。据统计 2021 年全国建筑业（包括铁道、交通、水利等专业工程）共发生事故 2288 起、死亡 2607 人。其中衡宇建筑和市政工程共发生建筑施工事故（以下简称"建筑施工事故"）1015 起、死亡 1193 人。2021 年建筑施工事故百亿元产值死亡率为 3.43 人/百亿元。2021 年全国建筑施工伤亡事故类别仍然是高处坠落、坍塌、物体打击、机械伤害、触电等。这五类事故的死亡人数分别占全部建筑施工事故总人数的 45.52%、18.61%、11.82%、6.54%、5.87%。以上仅是从建筑施工事故进行了说明，其他水利工程、交通工程等同样存在着"五大伤害"等安全问题。

3.1.1.3 建筑施工中危险源的识别

下列五类事故发生的主要部位就是建筑施工中的危险源。

3.1.1 建筑施工主要事故类别及危险源辨识

（1）高处坠落。人员从临边、洞口，包括屋面边、楼板边、阳台边、预留洞口、电梯井口、楼梯口等处坠落；从脚手架上坠落；龙门架（井字架）物料提升机和塔吊（塔式起重机又称塔吊）在安装、拆除过程中坠落；安装、拆除模板时坠落；结构和设备吊装时坠落。

（2）触电。对经过或靠近施工现场的外电线路没有或缺少防护，在搭设钢管架、绑扎钢筋或起重吊装过程中，碰触到这些线路造成触电；使用各类电器设备触电；因电线破皮、老化，又无开关箱等触电。

（3）物体打击。人员受到同一垂直作业面的交叉作业中和通道口处坠落物体的打击。

　　(4) 机械伤害。主要是垂直运输机械设备、吊装设备、各类桩机等对人的伤害。

　　(5) 坍塌。施工中发生的坍塌事故主要是现浇混凝土梁、板的模板支撑失稳倒塌，基坑边坡失稳引起土石方坍塌、拆除工程中的坍塌，施工现场的围墙及在建工程屋面板质量低劣塌落。

3.1.2　建筑施工组织设计及安全技术措施

3.1.2.1　建筑施工组织设计

　　一栋建筑物或者一个建筑群体的施工是在有限的场地和空间集中大量的人、机、物来完成的。施工过程中可以采用不同的方法和不同的机具；而建筑物或建筑群体的施工顺序，也可以有不同的安排；工程开工以前所必须完成的一系列准备工作也可以采用不同的方法。总之，不论在技术方面或在组织方面，通常都有许多可行的方案供施工人员选择。怎样结合工程的性质、规模、工期、机械、材料、构件、运输、地质、气候等各项具体的条件，从经济、技术、质量、安全的全局出发，在众多的方案中选定最合理的方案，是施工人员在开始施工之前就必须解决的问题。在做出合理的决定之后，施工人员就可以对施工的各项活动做出全面的部署，编制出指导施工准备和施工全过程的技术经济文件，这就是施工组织设计。

　　施工组织设计是在国家和行业的法律、法规、标准的指导下，从施工的全局出发，根据各种具体条件，拟订工程施工方案，确定施工程序、施工流向、施工顺序、施工方法、劳动组织、技术组织措施、施工进度、材料供应，对运输道路、场地利用、水电能源保证等现场设施的布置和建设做出规划，以便对施工中的各种需要及其变化，做好事前准备，使施工建立在科学合理的基础上，从而做到高速取得最好的经济效益和社会效益。

　　建筑施工组织设计是指导全局、统筹规划建筑工程施工活动全过程的组织、技术、经济文件。因此，从工程施工招标投标、申报施工许可证和进行施工等活动都必须有工程施工组织设计作为指导。

　　施工组织设计一般分为施工组织总设计、单位工程施工组织设计和专项施工方案三类。

　　(1) 施工组织总设计。是以建设项目或群体工程为对象进行编制，对其进行统筹规划，指导全局的施工组织设计。一般在初步设计、技术设计或扩大设计批准后，即可进行编制施工组织总设计。由于大、中型建设项目施工工期需多年，因此施工组织总设计又是编制施工企业年度施工计划的依据。

　　(2) 单位工程施工组织设计。是以一个单位工程或一个交工的系统工程为对象而编制的，在施工组织总设计的总体规范和控制下，进行较具体、详细的施工安排，也是施工组织总设计的具体化，是指导本工程项目施工生产活动的文件，也是编制本工程项目季、月度施工计划的依据。

　　单位工程施工组织设计是在全套施工图设计完成并进行会审、交底后，由直接组织施工的单位组织编制，并经本单位的计划、技术、质量、安全、动力、材料、财务、劳资等部门审核，由企业的技术负责人（总工程师）审批，签字后生效的技术文件。

　　(3) 专项施工方案也称为分部分项工程施工组织设计。它的编制对象是危险性较大、技术复杂的分部分项工程或新技术项目，用来具体指导分部分项工程的施工。该施工组织设计的主要内容包括施工方案、进度计划、技术组织措施等。

3.1.2.2　建筑施工安全技术措施

建筑施工安全技术措施是施工组织设计中的重要组成部分，它是具体安排和指导工程安全施工的安全管理与技术文件，是针对每项工程在施工过程中可能发生的事故隐患和可能发生安全问题的环节进行预测，从而在技术上和管理上采取措施，消除或控制施工过程中的不安全因素，防范发生事故。

建筑施工企业在编制施工组织设计时，应当根据建筑工程的特点制订相应的安全技术措施。因此，建筑施工安全技术措施是工程施工中安全生产的指令性文件，在施工现场管理中具有安全生产法规的作用，必须认真编制和贯彻执行。

建筑施工安全技术措施主要包括以下几点：

（1）进入施工现场的安全规定。

（2）地面及深基坑作业的防护。

（3）高处及立体交叉作业的防护。

（4）施工用电安全。

（5）机械设备的安全使用。

（6）为确保安全，对于采用的新工艺、新材料、新技术和新结构，制订有针对性的、行之有效的专门安全技术措施。

（7）预防因自然灾害（防台风、防雷击、防洪水、防地震、防暑降温、防冻、防寒、防滑等）促成事故的措施。

（8）防火防爆措施。

3.1.2.3　专项安全施工组织设计的要点

专项安全施工组织设计也称为分部分项工程安全施工组织设计。《中华人民共和国建筑法》第三十八条规定：对专业性较强的工程项目，应当编制专项安全施工组织设计。《建设工程安全生产管理条例》第二十六条规定，对专业性较强的，达到一定规模的危险性较大的分部分项工程，如基坑支护与降水工程，土方开挖工程，模板工程，起重吊装工程，脚手架工程，拆除、爆破工程应编制专项施工方案。

根据这个规定，除必须在施工组织设计中编制建筑施工安全技术措施外，还应编制分部分项工程，如脚手架、塔吊安拆、临时用电、爆破工程等的专项施工方案或者称为建筑施工安全技术措施，详细地制定施工程序、方法及防护措施，确保该分部分项工程的安全施工。建筑施工安全技术措施内容必须符合现行安全生产法律、法规和安全技术规范、标准。

编制专项施工方案的要求和内容如下。

1. 基坑土方开挖及降水工程

（1）土方开挖。

1）应针对土质的类别、基坑的深度、地下水位、施工季节、周围环境、拟采用的机具来确定开挖方案。

2）开挖的基坑设计深度如比邻近建筑物、构筑物的基础深，则应采取边坡支撑加固措施，并在施工中进行沉降和位移动态观测。

3）根据基坑的深度、土质的特性和周围环境确定对基坑的支护方案。

4）根据选定的基坑支护方案进行设计和验算。

5）根据所采用的开挖方案编制操作程序和规程。

6）绘制施工图。

7）制订回填方案。

（2）降水工程。

1）根据基坑的开挖深度、地下水位的标高、土质的特性及周围环境，确定降水方案。

2）设计和验算降水方案的可靠性。

3）编制降水的程序、操作规定、管理制度。

4）绘制施工图。

2. 临时用电（也称施工用电）工程

（1）现场勘测，确定变电所、配电室、总配电箱、分配电箱、开关箱及电线线路走向。

（2）负荷计算，根据用电设备等计算，确定电气设备及电线规格。

（3）变电所设计。

（4）配电线路设计。

（5）配电装置设计。

（6）接地设计。

（7）防雷。

（8）外电防护措施。

（9）安全用电及防火。

（10）用电工程设计施工图。

3. 脚手架工程

（1）确定脚手架的种类、搭设方式和形状、使用功能。

（2）设计计算。

（3）绘制施工详图。

（4）编制搭设和拆除方案。

（5）交接验收、自检、互检、使用、维护、保养等的措施。

4. 模板工程

（1）确定现浇混凝土梁、板、柱等采用的模板的种类及支撑材料。

（2）设计计算模板面和支撑体系的强度及变形。

（3）绘制平面、立面、剖面的构造详图。

（4）编制安装、拆除方案。

（5）制订检查、验收、使用等的措施。

5. 高处作业工程

（1）确定对"四口"（楼梯口、电梯井口、预留洞口、通道口）临边、登高、悬空及交叉作业的防护方案。

（2）设计计算所选择的防护设施的可靠性能。

（3）绘制防护设施施工图。

（4）安装、拆除的规定。

（5）使用、管理、维护等的措施。

6. 起重吊装工程

（1）根据构件或设备的形状、位置、质量、环境制订吊装方案。

（2）选择吊装机具。

（3）绘制吊装机位、路线等实施图。

（4）编制操作、防护及管理措施。

7. 塔式起重机

（1）根据塔式起重机的产品性能及安全使用规程，编制安装及拆除方案。

（2）设计轨道或塔式起重机基础及附墙装置。

（3）制订检查、验收、使用、维修、保养等措施。

3.1.2.4　危险性较大的分部分项工程安全管理

1. 危大工程和超危工程的定义和范围

2018 年，住房和城乡建设部为加强对危险性较大的分部分项工程（危大工程）安全管理，明确安全专项施工方案编制内容，规范专家论证程序，确保安全专项施工方案实施，积极防范和遏制建筑施工生产安全事故的发生，依据《建设工程安全生产管理条例》及相关安全生产法律法规制度，制定并下发了《危险性较大的分部分项工程安全管理规定》（建办质〔2018〕31 号）；后来又以中华人民共和国住房和城乡建设部令第 37 号文对（建办质〔2018〕31 号）文进行了补充，并对应制定专项方案的危险性较大的分部分项工程和应组织专家对方案进行论证的超过一定规模的危险性较大的分部分项工程（超危工程）的范围做出了详细的规定，见表 3.1。

表 3.1　　　　　　　　　　　　　危大工程及超危工程的范围

序号	危　大　工　程		超　危　工　程
一	基坑（槽）支护与降水工程	开挖深度超过 3m（含 3m）或虽未超过 3m 但地质条件和周边环境复杂的基坑（槽）支护、降水工程	（一）开挖深度超过 5m（含 5m）的基坑（槽）土方开挖、支护、降水工程。 （二）开挖深度虽未超过 5m，但地质条件、周围环境和地下管线复杂，或影响毗邻建筑（构筑）物安全的基坑（槽）土方开挖、支护、降水工程
二	土方开挖工程	开挖深度超过 3m（含 3m）的基坑（槽）土方开挖工程	
三	模板工程及支撑体系	（一）各类工具式模板工程。包括大模板、滑模、爬模、飞模等工程。 （二）混凝土模板支撑工程： 1. 搭设高度 5m 及以上； 2. 搭设跨度 10m 及以上； 3. 施工总荷载 10kN/m² 及以上； 4. 集中线荷载 15kN/m 及以上； 5. 高度大于支撑水平投影宽度且相对独立无联系构件的混凝土模板支撑工程。 （三）承重支撑体系。用于钢结构安装等满堂支撑体系	（一）工具式模板工程。包括滑模、爬模、飞模工程。 （二）模板工程及支撑体系。 1. 搭设高度 8m 及以上； 2. 搭设跨度 18m 及以上； 3. 施工总荷载 15kN/m² 及以上； 4. 集中线荷载 20kN/m 及以上。 （三）承重支撑体系。用于钢结构安装等满堂支撑体系，承受单点集中荷载 700kg 以上

续表

序号	危 大 工 程		超 危 工 程
四	起重吊装及安装拆卸工程	（一）采用非常规起重设备、方法，且单件起吊量在 10kN 及以上的起重吊装工程。 （二）采用起重机械进行安装的工程。 （三）起重机械设备自身的安装、拆卸	（一）采用非常规起重设备、方法，且单件起吊量在 100kN 及以上的起重吊装工程。 （二）起重量 300kN 及以上的起重设备安装工程；高度 200m 及以上内爬起重设备的拆除工程
五	脚手架工程	（一）搭设高度 24m 及以上的落地式钢管脚手架工程。 （二）附着式整体和分片提升脚手架工程。 （三）悬挑式脚手架工程。 （四）吊篮脚手架工程。 （五）自制卸料平台、移动操作平台工程。 （六）新型及异型脚手架工	（一）搭设高度 50m 及以上落地式钢管脚手架工程。 （二）提升高度 150m 及以上附着式整体和分片提升脚手架工程。 （三）架体高度 20m 及以上悬挑式脚手架工程
六	拆除、爆破工程	（一）建筑物、构筑物拆除工程。 （二）采用爆破拆除的工程	（一）采用爆破拆除的工程。 （二）码头、桥梁、高架、烟囱、水塔或拆除中容易引起有毒有害气（液）体或粉尘扩散、易燃易爆事故发生的特殊建（构）筑物的拆除工程。 （三）可能影响行人、交通、电力设施、通信设施或其他建（构）筑物安全的拆除工程。 （四）文物保护建筑、优秀历史建筑或历史文化风貌区控制范围的拆除工程
七	其他	（一）建筑幕墙安装工程。 （二）钢结构、网架和索膜结构安装工程。 （三）人工挖扩孔桩工程。 （四）地下暗挖、顶管及水下作业工程。 （五）预应力工程。 （六）采用新技术、新工艺、新材料、新设备及尚无相关技术标准的危险性较大的分部分项工程	（一）施工高度 50m 及以上的建筑幕墙安装工程。 （二）跨度大于 36m 及以上的钢结构安装工程；跨度大于 60m 及以上的网架和索膜结构安装工程。 （三）开挖深度超过 16m 的人工挖孔桩工程。 （四）地下暗挖工程、顶管工程、水下作业工程。 （五）采用新技术、新工艺、新材料、新设备及尚无相关技术标准的危险性较大的分部分项工程

危大工程：指建筑工程在施工过程中存在的、可能导致作业人员群死群伤或造成重大不良社会影响的分部分项工程。

超危工程：危大工程中超过一定规模的分部分项工程。

中华人民共和国住房和城乡建设部第 37 号明确规定：施工单位应当在危大工程施工前组织工程技术人员编制专项施工方案，对于超危工程还应当组织召开专家论证会对专项施工方案进行论证；建设单位应当按照施工合同及时支付危大工程施工技术措施费和相应的安全文明施工防护措施费，组织勘察设计单位在招标文件中列出危大工程清单，并要求投标单位补充完善危大工程清单，明确相应的安全管理措施。

2. 危大工程专项施工方案的主要内容

（1）工程概况：危大工程概况和特点、施工平面布置、施工要求和技术保证条件。

（2）编制依据：相关法律、法规、规范性文件、标准、规范及施工图设计文件、施工组织设计等。

（3）施工计划：包括施工进度计划、材料与设备计划。

（4）施工工艺技术：技术参数、工艺流程、施工方法、操作要求、检查要求等。

（5）施工管理及作业人员配备和分工：施工管理人员、专职安全生产管理人员、特种作业人员、其他作业人员等。

（6）验收要求：验收标准、验收程序、验收内容、验收人员等。

（7）应急处置措施。

（8）计算书及相关施工图纸。

专项施工方案应当由施工单位技术负责人审核签字、加盖单位公章，并由总监理工程师审查签字、加盖执业印章后方可实施。危大工程实行分包并由分包单位编制专项施工方案的，专项施工方案应当由总承包单位技术负责人及分包单位技术负责人共同审核签字并加盖单位公章。

3. 专家论证会的参会人员

专家论证会的参会人员有：专家（不少于 5 人，从评标专家库内相关专业的专家名单中以随机抽取）、建设单位项目负责人、有关勘察设计单位项目技术负责人及相关人员、总包单位和分包单位技术负责人或授权委派的专业技术人员、项目负责人、项目技术负责人、专项施工方案编制人员、项目专职安全管理人员及相关人员、项目总监及专业监理工程师等。

危大工程专项施工方案经专家论证后结论为"通过"的，施工单位可参考专家意见修改完善，结论为"修改通过"的，专家意见要明确具体修改内容，施工单位应当按照专家意见修改主，并履行有关审核和手续后方可实施，修改情况应及时告知专家。

3.1.3 建筑施工现场安全知识

3.1.3.1 建筑施工现场安全规定

施工现场是建筑行业生产产品的场所，为了保证施工过程中施工人员的安全和健康，应建立施工现场安全规定。

（1）悬挂标牌与安全标志。施工现场的入口处应当设置"五牌一图"，即工程概况牌、管理人员名单及监督电话牌、安全生产牌、文明施工牌、消防保卫牌和施工平面图，以接受群众监督。在场区有高处坠落、触电、物体打击等危险部位应悬挂安全标志牌。一般应集中放置在现场入口处，如图 3.1 所示。

（2）施工现场四周用硬质材料进行围挡封闭（图 3.2），在市区内主要路段其高度不得低于 2.5m，一般路段其高度不得低于 1.8m。场内的地坪应当做硬化处理，道路应当坚实畅通。施工现场应当保持排水系统畅通，不得随意排放。各种设施和材料的存放应当符合安全规定和施工总平面图的要求。

图 3.1 施工现场入口处的"五牌一图"

图 3.2 施工现场的围挡

（3）施工现场的孔、洞、口、沟、坎、井及建筑物临边应当设置围挡、盖板和警示标志，夜间应当设置警示灯。

（4）施工现场的各类脚手架（包括操作平台及模板支撑）应当按照标准进行设计，采用符合规定的工具和器具，按专项安全施工组织设计搭设，并用绿色密目式安全网全封闭。

（5）施工现场的用电线路、用电设施的安装和使用应当符合临时用电规范和安全操作规程，并按照施工组织设计进行架设，严禁任意拉线接电。

（6）施工单位应当采取措施控制污染，做好施工现场的环境保护工作。

（7）施工现场应当设置必要的生活设施，并符合国家卫生有关规定要求。应当做到生活区与施工区、加工区的分离。

（8）进入施工现场必须佩戴安全帽，攀登与独立悬空作业配挂安全带。

3.1.3.2 建筑施工过程中的安全操作知识

施工现场的施工队伍中有两类人员参加施工：一类是管理人员，包括项目经理、施工员、技术员、质监员、安全员等；另一类是操作人员，包括瓦工、木工、钢筋工等各工种。施工管理人员是指挥、指导、管理施工的人员，在任何情况下，不应为了抢进度而忽视安全规定，指挥工人冒险作业。操作人员应通过三级教育、安全技术交底和每日的班前活动，掌握保护自己生命安全和健康的知识及技能，杜绝冒险蛮干，做到不伤害自己、不伤害他人、不被他人伤害。各类人员除做到不违章指挥、不违章作业外，还应熟悉以下建筑施工安全的特点：

（1）安全防护措施和设施需要不断地补充和完善。随着建筑物从基础到主体结构的施工，不安全因素和安全隐患也在不断地变化和增加，这就需要及时地针对变化了的情况和新出现的隐患采取措施进行防护，确保安全生产。

（2）在有限的空间交叉作业，危险因素多。在施工现场的有限空间里集中了大量的机械、设施、材料和人。随着在建工程形象进度的不断变化，机械与人、人与人之间的交叉作业就会越来越频繁，因此受到伤害的概率是很大的，这就需要建筑工人增强安全意识，掌握安全生产方面的法律、法规、规范、标准等知识，杜绝违章施工、冒险作业。

3.1.3.3　建筑施工现场安全措施

1. 安全目标管理

安全目标管理的主要内容如下：

（1）控制伤亡事故指标。

（2）施工现场安全达标。在施工期间内都必须达到《建筑施工安全检查标准》（JGJ 59—2021）规定的合格以上要求。

（3）文明施工。要制定施工现场全工期内总体和分阶段的目标，并要进行责任分解落实到人，制定考评办法，奖优罚劣。

2. 文明施工

根据《建筑施工安全检查标准》（JGJ 59—2021）的规定：在工程施工期间内，施工现场都能做到地坪硬化、场区绿化、五小设施（办公室、宿舍、食堂、厕所、浴室）卫生化、材料堆放标准化等文明施工的标准。

3. 安全技术交底

任何一项分部分项工程在施工前，工程技术人员都应根据施工组织设计的要求，编写有针对性的安全技术交底书，由施工员对班组工人进行交底。接受交底的工人，听过交底后，应在交底书上签字。

4. 安全标志

在危险处，如起重机械、临时用电设施、脚手架、出入通道口、楼梯口、电梯井口、孔洞口、桥梁口、隧道口、基坑边沿、爆破物及有害危险气体和液体存放处等，都必须按《安全色》（GB 2893—2008）、《安全标志及其使用导则》（GB 2894—2008）和《工作场所职业病危害警示标识》（GBZ 158—2003）的规定悬挂醒目的安全标志牌。

5. 季节性施工

建筑施工是露天作业，受到天气变化的影响很大，因此在施工中要针对季节的变化制订相应施工措施，主要包括雨季施工和冬季施工。高温天气应采取防暑降温措施。

6. 尘毒防治

建筑施工中主要有水泥粉尘、电焊锰尘及油漆涂料等有毒气体的危害，随着工艺的改革，有些尘毒危害已经消除，如实施商品混凝土以后，水泥污染正在消除。其他的尘毒应采取措施治理。施工单位应向作业人员提供安全防护用具和安全防护服装，并书面告知危险岗位的操作规程和违章操作的危害。作业人员应当遵守安全施工的强制性标准、规章制度和操作规程。

7. 防护措施

(1) 落实"三宝"防护措施。安全帽、安全网、安全带是建筑行业广大职工公认的安全"三宝"(图 3.3),挽救过千万职工的生命,施工过程中,凡是与电有关的作业还应该正确穿戴绝缘鞋,正确使用劳保工作服。

图 3.3 建筑施工使用的"三宝"

(2) 落实"四口"防护措施。对建筑施工中的楼梯口、电梯井口、预留洞口、通道口必须设置围栏、盖板和架网(事先预埋钢筋网,设备安装时剪掉预埋钢筋网),正在施工的建筑物所有出入口必须搭设板棚或网席棚,如图 3.4 所示。

图 3.4 建筑施工出入口处的防护棚

(3) 落实"五临边"防护措施。在建工程的楼面临边、屋面临边、阳台临边、升降口临边、基坑临边必须设置 1.0m 以上的双层围栏(防护栏杆)和安全网,如图 3.5 所示。

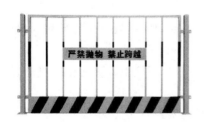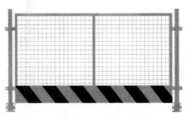

图 3.5 防护栏杆及围栏

（4）严把脚手架十道关。

1）材质关：严格按规程、规定的质量、规格选择材料。

2）尺寸关：必须按规定的间距尺寸搭设。

3）铺板关：架板必须满铺，不得有空隙和探头板、下跳板，并经常清除板上杂物。

4）栏护关：脚手架外侧和斜道两侧必须设 1.2m 高的栏杆或立挂安全网。

5）连接关：必须按规定设剪刀撑和支撑，必须与建筑物连接牢固。

6）承重关：脚手架均布荷载。结构架应控制在 $270kg/m^2$，装修架应控制在 $200kg/m^2$，其他架子必须经过计算和试验确定承重荷载，标准架严格按规程定负荷。

7）上下关：必须为工人上下架子搭设马道或阶梯。严禁施工人员从架子爬上爬下，造成事故。

8）雷电关：凡金属脚手架与输电线路，要保持一定的安全距离，或搭设隔离防护设施。一般电线不得直接绑扎在架子上，必须绑扎时应加垫木隔离，凡金属脚手架高于周围避雷设施的，要制定方案，重新设置避雷系统。

9）挑梁关：悬吊式吊篮，除按规定加工外，严格按方案设置。

10）检验关：各种架子搭好后，必须经技术、安全等部门共同检查验收，合格后方可投入使用。使用中应经常检查，发现问题及时处理。

（5）经常检查施工机械的防护措施。旋转构件的轮罩、运动部件的各种限位器、控制器以及各种仪表开关等都是安全防护设施。

为提高安全防护设施的质量和效果，防护设施应尽量标准化，材质、规格、生产工艺等标准化，便于管理和维护。

【扫码测试】

3.1 练习题

3.2 土方工程及基坑工程施工安全技术

土方工程施工中安全是一个很突出的问题，因土方坍塌造成的事故占工程死亡人数的比例逐年上升，成为建筑业"五大伤害"之一。

3.2.1 土的分类与性质

土的种类繁多，其性质会直接影响土方工程的施工方法、劳动力消耗、工程费用和保证安全的措施等。一般土的分类方法有以下几种：

（1）根据土的坚硬程度、开挖方法及使用工具的不同，分为松软土、普通土、坚土、砂砾坚土、软石、次坚石、坚石、特坚石八类，见表3.2。

（2）根据土的颗粒级配或塑性指数可分为碎石类土、砂土和黏性土。

（3）根据土的沉积年代，黏性土又可按表3.3进行分类。

表 3.2   土 的 工 程 分 类

土的分类	土的级别	土 的 特 性	抗压强度/MPa	坚固系数f	天然重度/(kN/m³)	开挖方法及使用工具
一类土（松软土）	I	砂土、粉土、冲积砂土层；疏松的种植土、淤泥（泥炭）	—	0.5～0.6	6～15	用锹、锄头挖掘，少许用脚蹬
二类土（普通土）	II	粉质黏土；潮湿的黄土；夹有碎石、卵石的砂；粉质混卵（碎）石；种植土、填土	—	0.6～0.8	11～16	用锹、锄头挖掘时，必须用脚蹬，少许用镐翻松
三类土（坚土）	III	软及中等密实黏土，重粉质黏土、砾石土；干黄土；含有碎石、卵石的黄土；粉质黏土，压实的填土	—	0.8～1.0	18～19	主要用镐，少许用锹、锄头挖掘，部分用撬棍
四类土（砂砾坚土）	IV	坚硬密实的黏性土或黄土；含碎石、卵石的中等密实的黏性土和黄土；粗卵石；天然级配砾石；软泥灰岩	—	1.0～1.5	19	整个先用镐、撬棍，后用锹挖掘，部分用楔子及大锤
五类土（软石）	V～VI	硬质黏土；中密的页岩、泥灰岩、白垩土；胶结不紧的砾岩；软石灰岩及贝壳石灰岩	20～40	1.5～4.0	12～27	用镐或撬棍、大锤挖掘，部分使用爆破方法
六类土（次坚石）	VII～IX	泥岩、砂岩、砾岩；坚实的页岩、泥灰岩，密实的石灰岩；风化花岗岩、片麻岩及正长岩	40～80	4.0～10.0	22～29	用爆破方法开挖，部分用风镐
七类土（坚石）	X～XIII	大理岩、辉绿岩；玢岩；粗、中粒花岗岩；坚实的白云岩、砂岩、砾岩、片麻岩、石灰岩；微风化安山岩、玄武岩	80～160	10.0～18.0	25～31	用爆破方法开挖
八类土（特坚石）	XIV～XVI	安山岩、玄武岩；花岗片麻岩；坚实的细粒花岗岩、闪长岩、石英岩、辉长岩、辉绿岩、玢岩、角闪岩	160～250	18.0 以上	27～33	用爆破方法开挖

表 3.3   土 的 野 外 鉴 别 法

项 目	黏 土	亚 黏 土	轻 亚 黏 土	砂 土
湿润时用刀切	切面光滑，有黏刀阻力	稍有光滑面，切面平整	无光滑面，切面稍粗糙	无光滑面，切面粗糙
湿土用手捻摸时的感觉	有滑腻感，感觉不到有砂粒，水分较大时很黏手	稍有滑腻感，有黏滞感，感觉到有少量砂粒	有轻微黏滞感或无黏滞感，感觉到砂粒较多、粗糙	无黏滞感，感觉到全是砂粒、粗糙
干土	土块坚硬、用锤才能打碎	土块用力可压碎	土块用手捏或抛扔时易碎	松散

续表

项　目	黏　土	亚 黏 土	轻 亚 黏 土	砂　土
湿土	易黏着物体，干燥后不易剥去	能黏着物体，干燥后较易剥去	不易黏着物体，干燥后一碰就掉	不能黏着物体
湿土搓条情况	塑性较大，能搓成直径小于 0.5mm 的长条（长度不短于手掌），手持一端不易断裂	有塑性，能搓成直径 0.5～2mm 的土条	塑性小，能搓成直径 2～3mm 的短条	无塑性，不能搓成土条

（4）根据土的工程特性，还可分出特殊性土，如软土、人工填土、素填土、杂填土等。在野外主要采用湿润时用刀切、湿土用手捻摸时的感觉、湿土搓条情况等方法来鉴别土的性质，以便采取支护措施。

3.2.2　边坡稳定因素及基坑支护的种类

3.2.2.1　影响边坡稳定的因素

基坑（槽）开挖后，其边坡失稳坍塌的实质是边坡土体中的剪应力大于土的抗剪强度，而土体的抗剪强度又是来源于土体的内摩阻力和内聚力。因此，凡是能影响土体中剪应力、内摩阻力和内聚力的，都能影响边坡的稳定。

1. 土类别的影响

不同类别的土，其土体的内摩阻力和内聚力不同。例如，砂土的内聚力为零，只有内摩阻力，靠内摩阻力来保持边坡的稳定平衡。而黏性土则同时存在内摩阻力和内聚力。因此，对于不同类别的土能保持其边坡稳定的最大坡度也不同。

2. 土湿化程度的影响

土内含水越多，湿化程度越高，使土壤颗粒之间产生滑润作用，内摩阻力和内聚力均降低。其土的抗剪强度降低，边坡容易失去稳定，同时含水量增加，使土的自重增加，裂缝中产生静水压力，增加了土体内剪应力。

3. 气候的影响

气候使土质松软或变硬，如冬季冻融又风化，也可降低土体抗剪强度。

4. 基坑边坡上面附加荷载或外力的影响

基坑边坡上面附加荷载或外力的影响能使土体中剪应力大大增加，甚至超过土体的抗剪强度，使边坡失去稳定而塌方。

3.2.2.2　土方边坡最陡坡度

为了防止塌方、保证施工安全，当土方挖到一定深度时，边坡均应做成一定的坡度。

土方边坡的坡度以其高度 H 与底宽度 B 之比表示，即土方边坡坡度的大小与土质、开挖深度、开挖方法、边坡留置时间的长短、排水情况、附近堆积荷载等有关。开挖的深度越深，留置时间越长，边坡应设计得平缓一些，反之则可陡一些，用井点降水时边坡可陡一些。边坡可以做成斜坡式，根据施工需要亦可做成踏步式，地下水位低于基坑（槽）或管沟底面标高时，挖方深度在 5m 以内，不加支撑的边坡的最陡坡度应符合表 3.4 的规定。

3.2.2.3 挖方直壁不加支撑的允许深度

土质均匀且地下水位低于基坑（槽）或管沟底面标高时，其挖方边坡可做成直立壁不加支撑，挖方深度应根据土质确定，但不宜超过表 3.4 的规定。

表 3.4　　　　　　　　**基坑（槽）做成直立壁不加支撑的深度**

土 的 类 别	挖方深度/m
密实、中密的砂土和碎石类土（填充物为砂土）	1.00
硬塑、可塑的轻亚黏土及亚黏土	1.25
硬塑、可塑的黏土和碎石类土（填充物为黏性土）	1.50
坚硬的黏土	2.00

采用直立壁挖土的基坑（槽）或管沟挖好后，应及时进行地下结构和安装工程施工。在施工过程中，应经常检查坑壁的稳定情况。

挖方深度若超过表 3.4 的规定，应按表 3.5 的规定，放坡或直立壁加支撑。

表 3.5　　　　　　　　**土 方 边 坡 坡 度**

土 的 类 别	边坡坡度（高：宽）		
	坡顶无荷载	坡顶有静荷载	坡顶有动荷载
中密的砂土	1：1.00	1：1.25	1：1.50
中密的碎石类土（充填物黏性土）	1：0.75	1：1.00	1：1.25
硬塑的轻亚黏土	1：0.67	1：0.75	1：1.00
中密的碎石类土（充填物为黏性土）	1：0.50	1：0.67	1：0.75
硬塑的亚黏土、黏土	1：0.33	1：0.50	1：0.67
老黄土	1：0.10	1：0.25	1：0.33
软土（经井点降水后）	1：1.00		

注　静荷载指堆土或材料等，动荷载指机械挖土或汽车运输作业等。在挖方边坡上侧堆土或材料以及移动施工机械时，应与挖方边缘保持一定距离，以保证边坡的稳定，当土质良好时，堆土或材料距挖方边缘 0.8m 以外，高度不宜超过 1.5m。

3.2.2.4 基坑和管沟常用的支护方法

基坑侧壁的安全等级分为三级：符合下列四种情况之一的为一级基坑；开挖深度小于 7m 且周围环境无特别要求的基坑为三级基坑；不属于一级基坑和三级基坑的其他基坑为二级基坑。

（1）重要工程或支护结构做主体结构的一部分。

（2）开挖深度大于 10m。

（3）与邻近建筑物、重要设施的距离在开挖深度以内的基坑。

（4）基坑范围内有历史文物、近代优秀建筑、重要管线等需严加保护的基坑。

基坑开挖过程中，由于受土的类别、土的含水程度、气候以及基坑连起上方附加荷载的影响，当土体中剪应力增大到超过土体的抗剪强度时，边坡或土壁将失去稳定而塌方，导致安全事故。一般把深度小于 5m 的称为浅基坑，深度大于 5m 的称为深基坑。基坑开挖一般有放坡开挖和支护开挖两种施工方法。

在基坑或管沟开挖时,常因受场地的限制不能放坡,或者为了减少挖填的土方量、缩短工期以及防止地下水渗入基坑等要求,可采用设置支撑与护壁桩的方法。表 3.6 介绍了一些常用的基坑与管沟的支撑方法。

表 3.6　　　　　　　　　　一些常用的基坑与管沟的支撑方法

支撑名称	适 用 范 围	支撑名称	适 用 范 围
间断式水平支撑	能保持直立的干土或天然湿度的黏土类土,深度在 2m 以内	断续式水平支撑	挖掘湿度小的黏性土及挖土深度小于 3m 时
连续式水平支撑	挖掘较潮湿的或散粒的土及挖土深度小于 5m	连续式垂直支撑	挖掘松散的或湿度很高的土(挖土深度不限)
锚拉支撑	开挖较大基坑或使用较大型的机械挖土,而不能安装横撑时	斜柱支撑	开挖较大基坑或使用较大型的机械挖土,而不能采用锚拉支撑时
短桩隔断支撑	开挖宽度大的基坑,当部分地段下部放坡不足时	临时挡土墙支撑	开挖宽度较大的基坑,当部分地段下部放坡不足时
混凝土或钢筋混凝土支护	天然湿度的黏土类土中,地下水较少,地面荷载较大,深度为 6～30m 的圆形结构护壁或人工挖孔桩护壁用	钢构架支护	在软弱土层中开挖较大,较深基坑而不能用一般支护方法时
地下连续墙支护	开挖较大较深,周围有建筑物、公路的基坑、作为复合结构的一部分,或用于高层建筑的逆作法施工,作为结构的地下外墙	地下连续墙锚杆支护	开挖较大较深(>10m)的大型基坑,周围有高层建筑物,不允许支护有较大变形,采用机械挖土,不允许内部设支撑时
挡土护坡桩支撑	开挖较大较深(>6m)的基坑,邻近有建筑,不允许支撑有较大变形时	挡土护坡桩与锚杆结合支撑	大型较深基坑开挖,邻近有高层建筑物建筑,不允许支护有较大变形时

3.2.2.5　基坑支护的安全控制要点

基坑支护的安全控制重点是防止土方坍塌,而引起土方坍塌的主要原因,首先是基坑开挖放坡不够,未按土的类别、坡度的容许值和规定的高宽比进行放坡,造成坍塌。其次是由于基坑边坡顶部超载或振动,破坏了土体的内聚力,引起土体结构破坏,造成滑坡。另外施工方法不正确,开挖程序不对、超标高挖土地,支撑设置或拆除不正确,或者排水措施不力以及解冻时造成的坍塌等,也会引起土方的失稳塌方。

针对上述因素,要求基坑支护安全控制必须在施工前进行详细的工程地质勘察,明确地下情况,制订施工方案,并按照土质情况和深度设置安全边坡或支撑加固,对于较深的沟坑,必须编制专项施工方案,实施中,应随时检查边坡和支护,及时发现和处理事故隐患。按照规定,坑(槽)周边不得任意堆放材料和施工机械,确保边坡的稳定,当施工机械必须进行坑边作业时,应对机械作业范围内的地面采取加固措施。施工方案、临边防护、坑壁支护、排水措施、坑边荷载、上下通道、土方开挖、基坑支护变形监测、作业环境等均是安全控制的重点。

1. 施工方案

基坑开挖之前,应按照土质情况、基坑深度以及周边环境确定支护方案,其内容应包括放坡要求、支护结构设计、机械选择、开挖时间、开挖顺序、分层开挖深度、坡道位置、车辆进出道、降水措施及监测要求等。制订施工方案必须针对施工工艺和作业条件,对施工过程中可能造成坍塌、影响作业人员的安全以及防止周边建筑、道路等产生不均匀沉降的因素，制订具体可行的措施，并在施工中付诸实施。

深基坑施工必须具有针对性、能指导施工的施工方案，并按有关程序进行审批；对于危险性较大的基坑工程，应编制安全专项施工方案，由施工单位技术、安全、质量等专业部门进行审核，并由施工单位技术负责人签字，超过一定规模的危险性较大的基坑工程由施工单位组织进行专家论证。

2. 临边防护

对于深度超过 2m 的基础，坑边必须设置防护栏杆，并且用密目安全网封闭，栏杆立杆应与便道预埋件电焊连接。栏杆宜采用 48.3mm×3.6mm（外径×壁厚，下同）钢管，表面喷涂黄色与黑色相间安全标志，坑口应用砖砌成沿口，防止砂石和地表水进入坑内，对于取土口、栈桥边、行人支撑边等部位，必须设置安全防护设施并符合相关要求，如图 3.6 所示。

图 3.6 防护栏杆

3. 坑壁支护

坑（槽）开挖应设置符合安全要求的安全边坡；基坑支护的施工应符合支护设计方案的要求，应有针对支护设施产生变形的防治方案，并及时采取措施；应严格按支护设计及方案要求进行土方开挖及支护的拆除；采用专业方法拆除支撑的施工队伍必须具备专业施工资质。对于不同深度的基坑和作业条件，所采用的支护方式也不同。

（1）原状土放坡。一般基坑深度小于 3m 时，可采用一次性放坡。当深度达到 4~5m 时，也可采用分级放坡。明挖放坡必须保证边坡的稳定，根据土的类别进行稳定计算以确定安全系数。原状土放坡适用于较浅的基坑，对于深基坑，可采用打桩、土钉墙或地下连续墙（简称地连墙）方法来确保边坡的稳定。

（2）排桩（护坡桩）。当周边无条件放坡时，可设计成挡土墙结构。可以采用预制桩或灌注桩，预制桩有钢筋混凝土桩和钢桩，当采用间隔排桩时，将桩与桩之间的土体固化形成桩墙挡土结构。土体固化可采用高压旋喷或深层搅拌法进行。固化后土体不但整体性好，同时可以阻止地下水渗入基坑，形成隔渗结构。桩墙结构实际上利用桩的入土深度形成悬臂结构，当基础较深时，可采用坑外拉锚或坑内支撑来保持护坡桩的稳定。

（3）坑外拉锚与坑内支撑。

1）坑外拉锚。用锚具将锚杆固定在桩的悬臂部分，将锚杆的另一端伸向基坑边坡土层内锚固，以增加桩的稳定。土锚杆由锚头、自由段和锚固段三部分组成，锚杆必须有足够的长度，锚固段不能设置在土层的滑动面之内。锚杆应经设计并通过现场试验确定抗拔力。锚杆可以设计成一层或多层，采用坑外拉锚较采用坑内支撑法有较好的机械开挖环境。

2）坑内支撑。为提高桩的稳定性，也可采用在坑内加设支撑的方法。坑内支撑可采用单层平面或多层支撑，支撑材料可采用型钢或钢筋混凝土。设计支撑的结构形式和节点做法，必须注意支撑安装及拆除顺序，尤其对多层支撑，严禁在负荷状态下进行焊接。

（4）地下连续墙。地下连续墙就是在深层地下浇筑一道钢筋混凝土墙，既可起挡土护壁的作用，又可起隔渗作用，也可以成为工程主体结构的一部分，还可以代替地下室墙的外模板。

地下连续墙施工是利用成槽机械，按照建筑平面挖出一条长槽，用膨润土泥浆护壁，在槽内放入钢筋笼，然后浇筑混凝土。施工时，可以分成若干单元（5～8m 一段），最后将各段进行接头连接，形成一道地下连续墙。

（5）逆作法施工。逆作法是指先沿建筑物地下室轴线或周围施工地下连续墙或其他支护结构，同时对建筑物内部的有关位置浇筑或打下中间支承桩和柱，作为施工期间于底板封底之前承受上部结构的自重和施工荷载的支撑。然后施工地面一层的梁板楼面结构，作为地下连续墙刚度很大的支撑，随后逐层向下开挖土方和浇筑各层地下结构，直至底板封底。同时，由于地面一层的楼面结构已完成，为上部结构施工创造了条件，所以可以同时向上逐层进行地上结构的施工。如此地面上、下同时进行施工，直至工程结束。逆作法可以分为全逆作法、半逆作法、部分逆作法、分层逆作法。

4. 排水措施

基坑施工中常遇地下水，尤其是深度施工，如处理不好，不但影响基坑施工，还会给周边建筑造成沉降不均匀的危险。高水位地区深基坑内必须设置有效的降水措施；深基坑边界周围地面必须设置排水沟；基坑施工必须设置有效的排水措施；深基坑降水施工必须有防止邻近建筑及管线沉降的措施。对地下水的控制方法一般有排水、降水和隔渗。

（1）排水。开挖深度较浅时，可采用明排。沿槽底挖出两道水沟，每隔 30～40m 设置一集水井，用抽水设备将水抽走。有时在深基坑施工中，为了排除雨季的暴雨突然引发的明水，也可采用明排。

（2）降水。开挖深度大于 3m 时，可采用井点降水。在基坑外设置降水管，管壁有孔并有过滤网，可以防止在抽水过程中水将土粒带走，保持土体结构不被破坏。井点降水每级可降低 4.5m 水位，再深时，可采用多级降水；水量大时，也可采用管井降水。当降水可能造成周围建筑物不均匀沉降时，应在降水的同时采取回灌措施。

（3）隔渗。隔渗是用高压旋喷、深层搅拌形成的水泥土墙和底板而形成的止水帷幕，阻止地下水渗入基坑内。隔渗的抽水井可设在基坑内，也可设在基坑外。

当周边有条件时，可采用坑外降水，以减小墙体后面的水压力。

5. 坑边荷载

基坑边缘堆置建筑材料等，距槽边的最小距离必须满足设计规定，禁止在基坑边堆置弃土，施工机械施工行走路线必须按方案执行。

6. 上下通道

基坑施工作业人员上下必须设置专用通道，不准攀爬模板、脚手架，以确保安全。

人员专用通道应在施工组织设计中确定，其攀登设施可视条件采用梯子或专门搭设，应符合高处作业规范中攀登作业的要求。

7. 土方开挖

施工机械必须进行进场验收，操作人员持证上岗；严禁施工人员进入施工机械作业半径内；基坑开挖应严格按照方案执行，宜采用分层开挖的方法，严格控制开挖坡度和分层厚度，防止边坡和挖土机下的土体滑动，严禁超挖；基坑支护结构必须在达到设计要求的强度后，方可开挖下层土方。

8. 基坑支护变形监测

基坑工程均应进行基坑工程监测，开挖深度大于 5m 时，应由建设单位委托具备相应资格的第三方实施监测；总包单位应自行安排基坑监测工作，并与第三方监测资料定期对比分析，指导施工作业；基坑工程监测必须由基坑设计方确定监测报警值，施工单位应及时通报变形情况。

基坑开挖之前，应做出系统的监测方案，包括监测方法、精度要求、监测点布置、观测周期、工序管理、记录制度、信息反馈等。

3.2.1 影响边坡稳定的因素及基坑支护种类

在基坑开挖过程中，应特别注意以下监测项目：支护体系变形情况；基坑外地面沉降或隆起变形；邻近建筑的动态；监测支护结构的开裂和位移，应重点监测桩位、护壁墙面、主要支撑杆、连接点以及渗漏情况。

9. 作业环境

基坑内作业人员必须有足够的安全作业面，垂直作业必须有隔离防护措施，夜间施工必须有足够的照明设施。

3.2.3　土方开挖和边坡施工的安全防护措施

3.2.3.1　施工准备

土方工程包括土的开挖、运输和填筑等施工过程，有时还要进行排水、降水、土壁支撑等准备工作。建筑工程中最常见的土方工程有场地平整、基坑（槽）开挖、地坪填土、路基填筑及基坑回填土等。土方工程施工往往具有工程量大、劳动繁重和施工条件复杂等特点。土方工程施工受气候、水文、地质、地下障碍等因素的影响较大，不确定因素也较多，有时施工条件极为复杂。土方施工的准备工作包括以下几点：

（1）土方开挖前，应查明施工场地明、暗设置物（电线、地下电缆、管道、坑道等）的地点和走向，并采用明显记号标示。严禁在离电缆 1m 距离以内作业。应根据施工方案的要求，将施工区域内的地下、地上障碍物清除和处理完毕。

（2）建筑物或构筑物的位置或场地的定位控制线（桩）、标准水平桩及开槽的灰线尺寸，必须经过检验合格，并办好预检手续。

（3）夜间施工时，应有足够的照明设施；危险地段应设置明显标志，并应合理安排开挖顺序，防止错挖或超挖。

（4）开挖有地下水位的基坑（槽）、管沟时，应根据当地工程地质资料，采取措施降低地下水位。一般要降至开挖面以下 0.5m，然后才能开挖。

（5）施工机械进入现场所经过的道路、桥梁和卸车设施等，应事先经过检查，必要时应进行加固或加宽等准备工作。

（6）选择土方机械时，应根据施工区域的地形和作业条件、土的类别和厚度、总工程量及工期综合考虑，以发挥施工机械的效率。

（7）在机械施工无法作业的部位，以及修整边坡坡度、清理槽底作业等，均应配备人工进行施工。

3.2.3.2 土方开挖

1. 斜坡上挖方

土坡坡度要根据工程地质和土坡高度，结合当地同类土体的稳定坡度值确定。

土方开挖宜从上到下分层分段依次进行，并随时做成一定的坡度以利泄水，且不应在影响边坡稳定的范围内积水。

在斜坡上方弃土时，应保证挖方边坡的稳定。应连续设置弃土堆，其顶面应向外倾斜，以防山坡水流入挖方场地。但在坡度大于 1/5 的地区或软土地区，禁止在挖方上侧弃土。在挖方下侧弃土时，要将弃土堆表面整平，并向外倾斜，弃土表面要低于挖方场地的设计标高，或在弃土堆与挖方场地间设置排水沟，防止地表水流入挖方场地。

2. 滑坡地段挖方

在滑坡地段挖方时，应符合下列规定：

（1）施工前，先了解工程地质勘察资料、地形、地貌及滑坡迹象等情况。

（2）不宜在雨季施工，同时不应破坏挖方上坡的自然植被，并应事先做好地面和地下排水设施。

（3）应遵循"先整治后开挖"的施工顺序；开挖时，须遵循"由上到下"的开挖顺序，严禁先切除坡脚。

（4）爆破施工时，严防因振动而产生滑坡。

（5）抗滑挡土墙应尽量在旱季施工，基槽开挖应分段进行，并加设支撑，开挖一段就应做好这段的挡土墙。

（6）在开挖过程中，如发现滑坡迹象（如裂缝、滑动等），应暂停施工；必要时，所有人员和机械要撤至安全地点。

3. 湿土地区挖方

在湿土地区开挖时，应符合下列规定：

（1）施工前，须做好地面排水和降低地下水位的工作。若为人工降水，地下水位降至坑底以下 0.5～1.0m 时，方可开挖；当采用明排时，可不受此限制。

（2）开挖相邻基坑和管沟时，要先深后浅，并要及时做好基础。

（3）挖出的土不应堆放在坡顶上，应立即转运至规定的距离以外。

4. 膨胀土地区挖方

在膨胀土地区挖方时，应符合下列规定：

（1）开挖前，应做好排水工作，防止地表水、施工用水和生活废水浸入施工现场或冲刷边坡。

（2）开挖后的基土不允许在烈日下暴晒或受水浸泡。

（3）开挖、做垫层、基础施工和回填土等应连续进行。

（4）采用砂土地基时，应先将砂土浇水至饱和后再铺填压实，不能使用在基坑（槽）或管沟内浇水使砂沉落的方法施工。

钢（木）支撑的拆除，应按回填顺序依次进行。多层支撑应自下而上逐层拆除，随拆随填。

3.2.3.3　基坑（槽）的开挖

土方施工必须遵循以下 16 字原则：开槽支撑，先撑后挖，分层开挖，严禁超挖。施工中禁止地面水流入基坑（槽）内，以免边坡塌方。

挖方边坡要随挖随撑，并支撑牢固，且应在施工过程中经常检查，如有松动、变形等现象，应及时加固或更换。

1. 挖土的一般规定

（1）人工开挖时，两个人的操作间距应保持 2～3m，并应自上而下逐层挖掘，严禁采用掏洞的挖掘操作方法。

（2）挖土时，应随时注意土壁的变异情况，如发现有裂纹或部分塌落现象，应及时进行支撑或加大放坡坡度，并注意支撑的稳固和边坡的变化。

（3）对于上下基坑（槽），应先挖好阶梯或设木梯，不应踩踏土壁及其支撑上下。

（4）用挖土机施工时，挖土机的作业范围内不得进行其他作业且应至少保留 0.3m 厚不挖，最后由人工挖至设计标高。

（5）在坑边堆放弃土、材料和移动施工机械时，应与坑边保持一定距离。当土质良好时，应距基坑边 1m 以外，且堆放高度不能超过 1.5m。

（6）采用机械挖方时，应严格执行施工机械操作的安全技术和管理要求。

（7）严禁在废炮眼上钻孔和骑马式操作，钻孔时，钻杆与钻孔中心线应保持一致。严禁在装完炸药的炮眼 5m 以内钻孔。

（8）配合机械作业的清底、平地、修坡等人员，应在机械回转半径以外工作。当必须在回转半径以内工作时，应停止机械回转并制动好后方可作业。

（9）在行驶或作业中，除驾驶室外，挖掘装载机任何部位均严禁乘坐或站立人员。

（10）推土机行驶前，严禁有人站在履带或刀片的支架上，机械四周应无障碍物，确认安全后方可开动。

（11）作业中，严禁任何人上下机械、传递物件，以及在铲斗内、拖把或机架上坐立。

（12）非作业行驶时，铲斗必须用锁紧链条牢牢挂在运输行驶位置上，机上任何部位均不得载人或装载易燃易爆物品。

（13）装载机转向架未锁闭时，严禁站在前后车架之间进行检修、保养。

（14）夯实机作业时，应一人扶夯，另一人传递电缆线，且必须戴绝缘手套、穿绝缘鞋。递线人员应跟在夯机后或两侧调顺电缆线，电缆线不得扭结或缠绕，且不得张拉过紧，应保持 3～4m 的余量。

（15）电动冲击夯应装有漏电保护装置，操作人员必须戴绝缘手套、穿绝缘鞋。作业时电缆线不应拉得过紧，应经常检查线头安装部位，不得松动及引起漏电。严禁冒雨作业。

2. 基坑（槽）和管沟挖方

基坑（槽）土壁垂直挖方的规定如下：

（1）当基坑（槽）无地下水或地下水位低于基坑底面时，支撑的垂直挖深不宜超过表 3.4 的规定。

（2）当天然冻结的速度和深度能够确保挖土时的安全操作时，对4m以内深度的基坑（槽）开挖时，可以采用天然冻结法垂直开挖而不加设支撑。但对于干燥的砂土，严禁采用冻结法施工。

（3）黏性土不加支撑的基坑（槽）最大垂直挖深，可根据坑壁的土重、内摩擦角、坑顶部的荷载及安全系数等进行计算确定。

3. 坑壁支撑

（1）采用钢板桩、钢筋混凝土预制桩作为坑壁支撑时，应符合下列规定：

1）应尽量减少打桩时对邻近建筑物和构筑物的影响。

2）当土质较差时，宜采用啮合式板桩。

3）采用钢筋混凝土灌注桩时，要在桩身混凝土达到设计强度后方可开挖。

4）在桩身附近挖土时，不能伤及桩身。

（2）采用钢板桩、钢筋混凝土桩作为坑壁支撑并设有锚杆时，应符合下列规定：

1）锚杆宜选用带肋钢筋，使用前应清除油污和浮锈，以增强其握裹力，防止发生意外。

2）锚固段应设置在稳定性较好的土层或岩层中，长度应大于或等于计算规定。

3）钻孔时不应损坏已有管沟、电缆等地下埋设物。

4）施工前，须测定锚杆的抗拉力，验证可靠后，方可施工。

5）锚杆部分要用水泥砂浆灌注密实，并须经常检查锚头紧固和锚杆周围土质情况。

3.2.3.4 施工现场排水

1. 大面积场地及地面坡度不大时的场地排水

（1）当场地平整时，应按向低洼地带或可泄水地带平整成缓坡，以便排出地表水。

（2）在场地四周设排水沟，分段设渗水井，以防止场地集水。

2. 大面积场地及地面坡度较大时的场地排水

大面积场地及地面坡度较大时，在场地四周设置主排水沟，并在场地范围内设置纵、横向排水支沟，也可在下游设集水井，用水泵排出。

3. 大面积场地地面遇有山坡地段时的场地排水

当大面积场地地面遇有山坡地段时，应在山坡底脚处挖截水沟，使地表水流入截水沟内排出场地外。

4. 基坑（槽）排水

开挖底面低于地下水位的基坑（槽）时，地下水会不断渗入坑内。在雨季施工时，地表水也会流入基坑（槽）内。如果不及时排走坑（槽）内积水，不仅会使施工条件恶化，还会使土被水泡软，造成边坡塌方和坑（槽）底承载能力下降。因此，为确保安全生产，在基坑（槽）开挖前和开挖时，必须做好排水工作保持土体干燥，才能保障安全。基坑（槽）的排水工作应持续到基础工程施工完毕，并进行回填后才能停止。

基坑（槽）开挖的降排水一般有两种途径：明排法和人工降水。人工降水的基本做法是：在基坑（槽）周围埋设一些井管，地下水渗入井管后被抽走，使地下水位降至基坑（槽）底面以下。其中，人工降水按排水工作原理分为井点法和管井法。

（1）明排法。

1）雨季施工时，应在基坑（槽）四周或水的上游，开挖截水沟或修筑土堤，以防地表水流入基坑（槽）内。

2）在基坑（槽）开挖过程中，应在坑（槽）底设置集水井，并沿坑（槽）底周围或中央开挖排水沟，使水流入集水井中，然后用水泵抽走，抽出的水应予以引开，严防倒流。

3）四周排水沟及集水井应设置在基础范围以外地下水走向的上游，并根据地下水量大小、基坑（槽）平面形状及水泵能力，每隔 20～40m 设置一个集水井。集水井的直径或宽度一般为 0.6～0.8m，其深度随着挖土的加深而增加，随时保持低于挖土面 0.7～1.0m。井壁可用竹、木等进行简单加固。当基坑（槽）挖至设计标高后，井底应低于坑（槽）底 1～2m，并铺碎石滤水层，以避免当抽水时间较长时将泥土抽出，以及防止井底的土被扰动。

4）明排法的适用条件。不易产生流砂、流土、潜蚀、管涌、淘空、塌陷等现象的黏性土、砂土、碎石土的地层；基坑地下水位超出基坑（槽）底面标高不大于 2.0m。

由于明排水法设备简单和排水方便，所以采用较为普遍，但它只宜用于粗粒土层。因水流虽大，但土粒不致被抽出的水流带走，也可用于渗水量小的黏性土。当土为细砂和粉砂时，抽出的地下水流会带走细粒而发生流砂现象，造成边坡坍塌、坑底隆起、无法排水和难以施工，此时应改用人工降低地下水位的方法。

（2）人工降水。所谓人工降低地下水位，就是在开挖基坑（槽）前，预先在基坑（槽）四周埋设一定数量的滤水管（井），利用抽水设备从中抽水，使地下水位降落到坑（槽）底 0.5～1.0m 以下。同时，在基坑（槽）开挖过程中继续抽水，使所挖的土始终保持干燥状态，改善挖土工作的条件，同时土内的水分排出后，边坡可改陡，以便减小挖土量。

人工降水的方法又分为井点法和管井法。

1）井点法。按降水深度分为轻型井点（浅井点）和深井点，与管井法的一个重要不同是井管与水泵的吸水管合二为一。井点法降水的适用条件：黏土、粉质黏土、粉土的地层；基坑边坡不稳，易产生流土、流砂、管涌等现象；地下水位埋深小于 6.0m，宜用单级真空点井，当大于 6.0m 时，场地条件有限，宜用喷射点井、接力点井；场地条件允许宜用多级点井。井点类型选择可参考表 3.7 井点降水方法种类与选择。

表 3.7　　　　　　　　井点降水方法种类与选择

降水类型	渗透系数/(cm/s)	可能降低的水位深度/m
轻型井点 多层轻型井点	10^{-5}～10^{-2}	3～6 6～12
喷射井点	10^{-6}～10^{-3}	8～20
电渗井点	$<10^{-6}$	宜配合其他形式降水使用
深井点	$\geqslant 10^{-5}$	$\geqslant 10$

2）管井法。是纯重力作用排水，而井点法还依靠真空或电渗排水。管井法降水适用条件：第四系含水层厚度大于 5.0m；基岩裂隙和岩溶含水层，厚度可小于 5.0m；含水层渗透系数 K 宜大于 1.0m/d。

3.2.3.5　人工挖孔桩的安全措施

（1）孔内必须设置应急爬梯，供人员上下。使用的电葫芦、吊笼等应安全可靠并配有自动卡紧保险装置，不得使用麻绳和尼龙绳吊挂或脚踏井壁凸缘上下。使用前必须检验其安全起吊能力。

（2）每日开工前，必须检测井下的有毒有害气体，并应有足够的安全防护措施。桩孔开挖深度超过 10m 时，应有专门向井下送风的设备。

3.2.2 基坑
开挖降排水

（3）孔口四周必须设置护栏。

（4）挖出的土石方应及时运离孔口，不得堆放在孔口四周 1m 范围内，机动车辆的通行不得对井壁的安全造成影响。

（5）施工现场的一切电源、电路的安装和拆除必须由持证电工操作；电器必须严格接地、接零，并使用漏电保护器。各桩孔用电必须一闸一孔，严禁一闸多用。桩孔上电缆必须架空 2m 以上，严禁拖地和埋压土中，孔内电缆、电线必须有防磨损、防潮、防断等保护措施。照明应采用安全矿灯或 12V 以下的安全灯。

【扫码测试】

3.2　练习题

3.3　模板与脚手架工程施工安全技术

3.3.1　模板支架安全技术

随着我国城市化、工业化的进程飞速发展，大型建筑的形式和数量也越来越多，如城市高架桥、大型国际会展中心、大型体育馆等。这些建筑的共同特点是结构跨度大、建筑高度较高以及荷载较重，结构形式为现浇钢筋混凝土结构。这些结构形式的建筑在施工过程中，现浇混凝土的支撑结构都需要采用高大模板支撑体系。钢管模板支架体系以施工方便、通用性强、承载力高、整体刚度好等优点，已成为当前我国施工中应用最广泛的一种，作为施工阶段重要的工程设施，模板支架体系的安全与否直接决定了整个工程是否安全。然而，在实际工程中，模板支架工程作为一项临时工程，它的安全性往往容易被人们忽视。据统计，模板支架事故以占建筑事故 25% 以上的高发频率严重威胁着建筑工程的安全生产。就其材料用量、人工、费用及工期来说，在混凝土结构工程施工中是十分重要的组成部分，在建筑施工中也占有相当重要的位置。据统计，每平方米竣工面积需要配置 0.15m² 模板。模板工程的劳动用工占混凝土工程总用工的 1/3。特别是近年来城市建设高层建筑增多，现浇钢筋混凝土结构数量增加，据测算占全部混凝土工程的 70% 以上，模板工程的重要性更为突出。

模板支架系统由模板和支架两大系统组成。模板系统包括面板及直接支架面板的小楞，其中面板为侧模和底模，主要用于混凝土成型和支撑钢筋、混凝土及施工荷载。支架系统主要是固定模板系统位置和支撑全部由模板传来的荷载，由钢管、底托、顶托、扣件组成。

按照《中华人民共和国建筑法》和《建设工程安全生产管理条例》的要求，模板工程施工前应编制专项施工方案，其内容主要包括：

(1) 该现浇混凝土工程的概况。

(2) 拟选定的模板种类（部位、种类、面积）。

(3) 模板及其支撑体系的设计计算及布料点的设置。

(4) 绘制各类模板的施工图。

(5) 模板搭设的程序、步骤及要求。

(6) 浇筑混凝土时的注意事项。

(7) 模板拆除的程序及要求。

3.3.1.1　模板的分类

1. 模板分类

模板按其功能分类，常用的模板主要有五大类。

(1) 定型组合模板。定型组合模板包括定型组合钢模板、钢木定型组合模板、组合铝模板以及定型木模板。目前，我国推广应用量较大的是定型组合钢模板，如图 3.7 所示。

(2) 墙体大模板。墙体大模板有钢制大模板、钢木组合大模板以及由大模板组合而成的筒子模等，如图 3.8 所示。

图 3.7　定型组合钢模板

(3) 飞模（台模）。飞模又称台模，是一种将模板面层和支撑体系组合成型，一次搭设，多次重复使用的组合式"模—撑一体化"结构。由于台模可以借助起重机械从已浇筑完成的混凝土楼板下方"飞出"（吊运），转移到上层楼面重复使用，故称飞模，如图 3.9 所示。

图 3.8　海堤防浪墙模板

图 3.9　隧洞钢模台车

　　飞模是用于楼盖结构混凝土浇筑的整体式工具式模板，具有支拆方便、周转快、文明施工的特点。飞模有铝合金桁架与木（竹）胶合板面组成的铝合金飞模，有轻钢桁架与木（竹）胶合板面组成的轻钢飞模，也有用门式钢脚手架或扣件钢管脚手架与胶合板或定型模板面组成的脚手架飞模，还有将楼面与墙体模板连成整体的工具式模板——隧道模。

　　（4）滑升模板。滑升模板施工是利用能沿着已浇好的混凝土表面滑动的模板装置连续成型结构物的混凝土现浇工艺。广泛应用于工业建筑的烟囱、水塔、筒仓、竖井和民用高层建筑剪力墙、框剪、框架结构施工，如图 3.10 所示。

　　滑升模板主要由模板面、围圈、提升架、液压千斤顶、操作平台、支承杆等组成，滑升模板一般采用钢模板面，也可采用木或木（竹）胶合板面。围圈、提升架、操作平台一般为钢结构，支承杆一般用直径 25mm 的圆钢或螺纹钢制成。

　　（5）一般木模板。一般木模板板面采用木板或木胶合板，支承结构采用木龙骨、木立柱，连接件采用螺栓或铁钉，如图 3.11 所示。

图 3.10　水工建筑物滑升模板　　　　　　　图 3.11　墙体浇筑木模板

2. 模板支架分类

　　模板支架类型主要有碗扣式钢管支架、扣件式钢管支架和承插型盘扣式钢管支架，如图 3.12 所示。

  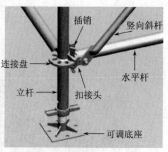

（a）碗扣式钢管支架　　　　　（b）扣件式钢管支架　　　　　（c）承插型盘扣式钢管支架

图 3.12　模板支架类型

3.3.1.2 *模板的构造*

一般模板通常由三部分组成，即模板面、支承结构（包括水平支承结构，如龙骨、桁架、小梁等，以及垂直支承结构，如立柱、格构柱等）和连接配件（包括穿墙螺栓、模板面联结卡扣、模板面与支承构件以及支承构件之间连接零配件等）。

模板的结构设计必须能承受作用于模板结构上的所有垂直荷载和水平荷载（包括混凝土的侧压力、振捣和倾倒混凝土产生的侧压力、风力等）。在所有可能产生的荷载中要选择最不利的组合验算模板整体结构和构件及配件的强度、稳定性和刚度。当然，首先在模板结构设计上必须保证模板支撑系统形成空间稳定的结构体系。

3.3.1.3 *模板的安装*

1. 模板安装的规定

（1）对模板施工队进行全面的安全技术交底，施工队应是具有资质的队伍。

（2）挑选合格的模板和配件。

（3）模板安装应按设计与施工说明书循序拼装。

（4）竖向模板和支架支承部分安装在基土上时，应加设垫板，如钢管垫板上应加底座。垫板应有足够强度和支承面积，且应中心承载。基土应坚实，并有排水措施。对湿陷性黄土，应有防水措施；对特别重要的结构工程，可采取混凝土、打桩等措施防止支架柱下沉；对冻胀性土，应有防冻融措施。

（5）模板及其支架在安装过程中，必须设置有效防倾覆的临时固定设施。

（6）现浇钢筋混凝土梁、板，当跨度大于4m时，模板应起拱；当设计无具体要求时，起拱高度宜为全跨长度的 $1/1000 \sim 3/1000$。

（7）现浇多层或高层房屋和构筑物，安装上层模板及其支架应符合下列规定：

1）下层楼板应具有承受上层荷载的承载能力或加设支架支撑。

2）上层支架立柱应对准下层支架立柱，并于立柱底铺设垫板。

3）当采用悬臂吊模板、桁架支模方法时，其支撑结构的承载能力和刚度必须符合要求。

（8）当层间高度大于5m时，宜选用桁架支模或多层支架支模。当采用多层支架支模时，支架的横垫板应平整，支柱应垂直，上下层支柱应在同一竖向中心线上，且其支柱不得超过两层，并必须待下层形成整体空间后，方允许支安上层支架。

（9）模板安装作业高度超过2.0m时，必须搭设脚手架或平台。

（10）模板安装时，上下应有人接应，随装随运，严禁抛掷。不得将模板支搭在门窗框上，也不得将脚手板支搭在模板上，并严禁将模板与井字架脚手架或操作平台连成一体。

（11）有5级及其以上风时应停止一切吊运作业。

（12）拼装高度为2m以上的竖向模板，不得站在下层模板上拼装上层模板。安装过程中应设置足够的临时固定设施。

（13）当支撑成一定角度倾斜，或其支撑的表面倾斜时，应采取可靠措施确保支点稳定，支撑底脚必须有防滑移的措施。

（14）除设计图另有规定外，所有垂直支架柱应保证其垂直。其垂直允许偏差：当层高不大于 5m 时为 6mm；当层高大于 5m 时为 8mm。

（15）已安装好的模板上的实际荷载不得超过设计值。已承受荷载的支架和附件不得随意拆除或移动。

2. 单立柱做支撑要求

（1）木立柱宜选用整料，当不能满足要求时，立柱的接头不宜超过两个，并应采用对接夹板接头方式。立柱底部可采用垫块垫高，但不得采用单码砖垫高。

（2）立柱支撑群（或称满堂架）应沿纵、横向设水平拉杆，其间距按设计规定；立杆上、下两端 20cm 处设纵、横向扫地杆；架体外侧每隔 6m 设置一道剪刀撑，并沿竖向连续设置，剪刀撑与地面的夹角应为 45°～60°。当楼层高超过 10m 时，还应设置水平方向剪刀撑。拉杆和剪刀撑必须与立柱牢固连接。

（3）单立柱支撑的所有底座板或支撑顶端都应与底座和顶部模板紧密接触，支撑头不得承受偏心荷载。

（4）采用扣件式钢管脚手架做立柱支撑时，立杆接长必须采用对接，主立杆间距不得大于 1m，纵、横杆步距不应大于 1.2m。

（5）门式钢管脚手架做支撑时，跨距和间距宜小于 1.2m；支撑架底部垫木上应设固定底座或可调底座。支撑宽度为 4 跨以上或 5 个间距及以上时，应在周边底层、顶层、中间每 5 列、5 排于每个门架立杆根部设 48mm×3.5mm 水平加固杆，并应用扣件与门架立杆扣牢。

支撑高度超过 10m 时，应在外侧周边和内部每隔 15m 间距设置剪刀撑，剪刀撑不应大于 4 个间距，与水平夹角应为 45°～60°，沿竖向应连续设置，并用扣件与门架立杆扣牢。

3. 柱模板安装要求

（1）现场拼装柱模时，应设临时支撑固定，斜撑与地面的倾角宜为 60°，严禁将大片模板系于柱子钢筋上。

（2）若为整体组合柱模，吊装时应采用卡环和柱模连接。

（3）当高度超过 4m 时，应群体或成列同时支模，并应将支撑连成一体，形成整体框架体系。

3.3.1.4　模板的拆除

拆模时，下方不能有人，拆模区应设警戒线，以防有人误入被砸伤。

1. 拆模申请要求

拆模之前必须有拆模申请，并根据同条件养护试块强度记录达到规定时，技术负责人方可批准拆模。

2. 拆模顺序和方法的确定

各类模板拆除的顺序和方法应根据模板专项施工方案进行。如果模板设计无规定，则可按先支的后拆、后支的先拆顺序进行。先拆非承重的模板，后拆承重的模板及支架。

3. 拆模时混凝土强度

拆模时混凝土的强度应符合设计要求；当设计无要求时，拆模时混凝土强度应符合

表 3.8 要求，并应符合下列规定：

表 3.8 底模拆除时的混凝土强度求

构件类型	构件跨度/m	达到设计的混凝土立方体抗压强度标准值的百分率/%
板	≤2	≥50
	>2，≤8	≥75
	>8	≥100
梁、拱、壳	≤8	≥75
	>8	≥100
悬臂构件	—	≥100

（1）不承重的侧模板，包括梁、柱、墙的侧模板，只要混凝土强度能保证其表面及棱角不因拆除模板而受损坏，即可拆除。一般墙体大模板在常温条件下，混凝土强度达到 $1N/mm^2$ 即可拆除。

（2）承重模板，包括梁、板等水平结构构件的底模，应根据与结构同条件养护的试块强度达到规定，方可拆除。

（3）在拆模过程中，如发现实际结构混凝土强度并未达到要求，有影响结构安全的质量问题，应暂停拆模，经妥当处理，待实际强度达到要求后，方可继续拆除。

（4）已拆除模板及其支架的混凝土结构，应在混凝土强度达到设计的混凝土强度标准值后，才允许承受全部设计的使用荷载。

4. 现浇楼盖及框架结构拆模

一般现浇楼盖及框架结构的拆模顺序如下：拆柱模斜撑与柱箍—拆柱侧模—拆楼板底模—拆梁侧模—拆梁底模。

楼板小钢模的拆除，应设置供拆模人员站立的平台或架子，还必须将洞口和临边进行封闭后，才能开始工作。拆除时先拆除钩头螺栓和内外钢楞；然后拆下 U 形卡、L 形插销，再用钢钎轻轻撬动钢模板，用木槌或带胶皮垫的铁锤轻击钢模板，把第一块钢模板拆下；最后将钢模板逐块拆除。拆下的钢模板不准随意向下抛掷，要向下传递至地面。

多层楼板模板支柱的拆除，下面应保留几层楼板的支柱，应根据施工速度、混凝土强度增长的情况、结构设计荷载与支模施工荷载的差距通过计算确定。

3.3.1 模板的作用与类型

5. 现浇柱模板拆除

柱模板拆除顺序如下：拆除斜撑或拉杆（或钢拉条）—自上而下拆除柱箍或横楞—拆除竖楞并由上向下拆除模板连接件、模板面。

3.3.2 脚手架施工安全技术

脚手架是建筑施工中必不可少的临时设施。例如，砌筑砖墙，浇筑混凝土，墙面的抹灰、装饰和粉刷，结构构件的安装等，都需要在其近旁搭设脚手架，以便在其上进行施工操作、堆放施工用料和必要时的短距离水平运输。

脚手架虽然是随着工程进度而搭设的，工程完毕就拆除，但它对建筑施工速度、工作效率、工程质量以及工人的人身安全有着直接的影响。如果脚手架搭设不及时，势必会拖延工程进度；脚手架搭设不符合施工需要，工人操作就不方便，质量就得不到保证，工效也不会提高；脚手架搭设不牢固、不稳定，就容易造成施工中的伤亡事故。因此，对脚手架的选型、构造、搭设质量等决不可疏忽大意、轻率处理。

3.3.2.1 脚手架种类

随着建筑施工技术的发展，脚手架的种类也越来越多。从搭设材质上看，不仅有传统的竹、木脚手架，而且有钢管脚手架。钢管脚手架中又分扣件式、碗扣式、门式、工具式；按搭设的立杆排数，可分为单排架、双排架和满堂架；按搭设的用途，可分为砌筑架、装修架；按搭设的位置，可分为外脚手架和内脚手架。

1. 外脚手架

搭设在建筑物或构筑物外围的脚手架称为外脚手架。外脚手架应从地面搭起，所以也叫底撑式脚手架。一般来讲，建筑物有多高，其架子就要搭多高。

（1）单排脚手架。由落地的许多单排立杆与大、小横杆绑扎或扣接而成。

（2）双排脚手架。由落地的许多里、外两排立杆与大、小横杆绑扎或扣接而成。

2. 内脚手架

搭设在建筑物或构筑物内的脚手架称为内脚手架。它主要有：①马凳式内脚手架；②支柱式内脚手架。

3.3.2.2 脚手架的作用及基本要求

1. 脚手架的作用

脚手架主要是为高部位的施工人员提供工作平台，有时用来堆放材料和工器具，也可用作运输通道，确保施工人员的人身安全。

2. 脚手架的基本要求

脚手架要有足够的牢固性和稳定性，保证在施工期间对所规定的荷载或在气候条件的影响下不变形、不摇晃、不倾斜，能确保作业人员的人身安全；要有足够的面积满足堆料、运输、操作和行走的要求；构造要简单，搭设、拆除和搬运要方便，使用要安全。

3. 扣件式钢管脚手架的组成

扣件式钢管脚手架的组成如图 3.13 所示。

3.3.2.3 脚手架的材质与规格

1. 木质材料的材质和规格

木杆常用剥皮杉杆或落叶松。

立杆和斜杆（包括斜撑、抛撑、剪刀撑等）的小头直径一般不小于 70mm；大横杆、小横杆的小头直径一般不小于 80mm；脚手板的厚度一般不小于 50mm，应符合木质二等材。

2. 竹质材料的材质和规格

竹竿一般采用 4 年以上生长期的楠竹。青嫩、枯黄、黑斑、虫蛀以及裂纹连通两节以上的竹竿都不能用。轻度裂纹的竹竿可用 14～16 号铁丝加箍后使用。

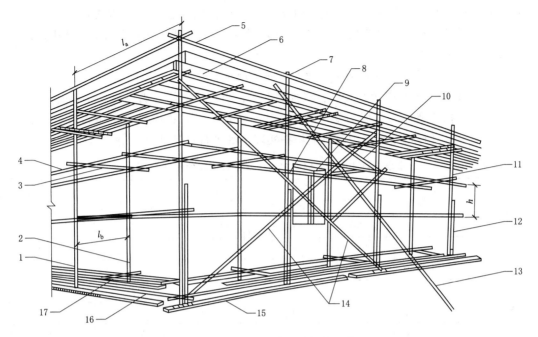

图 3.13　扣件式钢管脚手架的组成

1—外立杆；2—内立杆；3—横向水平杆；4—纵向水平杆；5—栏杆；6—挡脚板；7—直角扣件；8—旋转扣件；
9—连墙件；10—横向斜撑；11—主立杆；12—副立杆；13—抛撑；14—剪刀撑；15—垫板；
16—纵向扫地杆；17—横向扫地杆；h—步距；l_a—纵距；l_b—横距

使用竹竿搭设脚手架时，其立杆、斜杆、顶撑、大横杆的小头直径一般不小于 75mm，小横杆的小头直径不小于 90mm。

3．钢管的材质和规格

钢管应采用符合《直缝电焊钢管》（GB/T 13793—2016）或《低压流体输送用焊接钢管》（GB/T 3091—2015）中规定的 3 号普通钢管。其质量应符合《碳素结构钢》（GB/T 700—2006）中 Q235A 级钢的规定。钢管的尺寸应按标准选用，每根钢管的最大质量不应大于 25kg，钢管的尺寸为 48mm×3.5mm 和 51mm×3mm，最好采用 48mm×3.5mm 的钢管。

4．扣件

扣件式钢管脚手架的扣件，应是采用可锻铸铁制作的扣件，其材质应符合现行国家标准《钢管脚手架扣件》（GB 15831—2006）的规定。采用其他材料制作的扣件，应经试验证明其质量符合该标准的规定后才能使用。扣件的螺杆拧紧扭力矩达到 65N·m 时不得发生破坏，使用时扭力矩应为 40～65N·m。

5．钢脚手板

钢脚手板材质应符合《碳素结构钢》（GB/T 700—2006）中 Q235A 级钢的规定。

6．绑扎材料的材质和规格

（1）铁丝的材质和规格。绑扎木脚手架一般采用 8 号镀锌铁丝。

（2）竹篾的材质和规格要求。竹脚手架一般来说应采用竹篾绑扎。竹篾用水竹或慈竹劈成,要求质地新鲜,坚韧带青,使用前须提前一天用水浸泡。3 个月要更换一次。

(3)塑料篾的材质和规格要求。它是由塑料纤维编织而成带状,在竹脚手架中用以代替竹篾的一种绑扎材料。

7. 常用密目式安全立网全封闭式双排脚手架的设计尺寸

对于 50m 以下的常用敞开式单、双排脚手架,当脚手架能够满足表 3.9 和表 3.10 的构造要求,且扣件螺栓的拧紧力矩为 40～65kN·m 时,其相应杆件可不再进行设计计算,但连墙件、立杆地基承载力等仍应根据实际荷载进行设计计算。

表 3.9 常用密目式安全立网全封闭式双排脚手架的设计尺寸

| 连墙件设置 | 立杆横距 l_b/m | 步距 h/m | 下列荷载时的立杆纵距 l_a/m | | | | 脚手架允许搭设高度 H/m |
			(2+0.35) kN/m²	(2+2+2×0.35) kN/m²	(3+0.35) kN/m²	(3+2+2×0.35) kN/m²	
二步三跨	1.05	1.50	2.0	1.5	1.5	1.5	50
		1.80	1.8	1.5	1.5	1.5	32
	1.30	1.50	1.8	1.5	1.5	1.5	50
		1.80	1.8	1.2	1.5	1.2	30
	1.55	1.50	1.8	1.5	1.5	1.5	38
		1.80	1.8	1.2	1.5	1.2	22
三步三跨	1.05	1.50	2.0	1.5	1.5	1.5	43
		1.80	1.8	1.2	1.5	1.2	24
	1.80	1.50	1.8	1.5	1.5	1.2	30
		1.80	1.8	1.2	1.5	1.2	17

注 1. 表中所示 (2+2+2×0.35)kN/m²,包括下列荷载:(2+2)kN/m² 为二层装修作业层施工荷载标准值;(2×0.35)kN/m² 为二层作业层脚手板自重荷载标准值。

2. 作业层横向水平杆间距,应按不大于 l_a/2 设置。

3. 地面粗糙度为 B 类时,基本风压 $w_0=0.4$kN/m²。

表 3.10 常用密目式安全立网全封闭式单排脚手架的设计尺寸

| 连墙件设置 | 立杆横距 l_b/m | 步距 h/m | 下列荷载时的立杆纵距 l_a/m | | 脚手架允许搭设高度 H/m |
			(2+0.35)kN/m²	(3+0.35)kN/m²	
二步三跨	1.20	1.50	2.0	1.8	24
		1.80	1.5	1.2	24
	1.40	1.50	1.8	1.5	24
		1.80	1.2	1.2	24
三步三跨	1.40	1.50	2.0	1.8	24
		1.80	1.2		24
	1.80	1.50	1.8	1.5	24
		1.80	1.2		24

注 1. 作业层横向水平杆间距,应按不大于 l_a/2 设置。

2. 地面粗糙度为 B 类时,基本风压 $w_0=0.4$kN/m²。

3.3.2.4 扣件式钢管脚手架的构造

1. 基本构造

扣件式钢管脚手架由钢管和扣件组成，它的基本构造形式与木脚手架基本相同，有单排架和双排架两种。

立杆、大横杆、小横杆三杆的交叉点称为主节点。主节点处立杆和大横杆的连接扣件与大横杆和小横杆的连接扣件的间距应小于 15cm。在脚手架使用期间，主节点处的大、小横杆，纵、横向扫地杆及连墙件不能拆除。

2. 大横杆

(1) 大横杆可设置在立杆内侧，其长度不能小于 3 跨，且长度大于或等于 6m。

(2) 大横杆用对接扣件接长，也可采用搭接。大横杆的对接、搭接应符合下列规定：

1) 大横杆的对接扣件应交错布置。两根相邻大横杆的接头不宜设置在同步或同跨内；不同步、不同跨的两相邻接头在水平方向错开的距离不应小于 500mm；各接头中心至最近主节点的距离不宜大于纵距的 1/3，如图 3.14 所示。

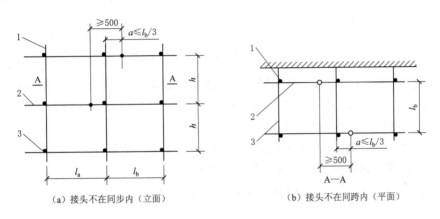

图 3.14　纵向水平杆（大横杆）对接接头布置（单位：mm）

1—立杆；2—纵向水平杆（大横杆）；3—横向水平杆（小横杆）

（a）接头不在同步内（立面）　　　（b）接头不在同跨内（平面）

2) 搭接长度不应小于 1m，应等间距设置 3 个旋转扣件固定，端部扣件盖板边缘至大横杆端部的距离不应小于 100mm。

3) 当使用冲压钢脚手板、木脚手板、竹串片脚手板时，大横杆应作为小横杆的支座，用直角扣件固定在立杆上；当使用竹笆脚手板时，大横杆应采用直角扣件固定在小横杆上，并应等间距设置，间距不应大于 400mm，如图 3.15 所示。

3. 小横杆

小横杆的构造应符合下列规定：

(1) 主节点处必须设置一根小横杆，用直角扣件扣接且严禁拆除。

(2) 作业层上非主节点处的小横杆，宜根据支承脚手架的需要等间距设置，最大间距不应大于纵距的 1/2。

4. 脚手板

当使用冲压钢脚手板、木脚手板、竹串片脚手板时，双排脚手架的横向水平杆两端均

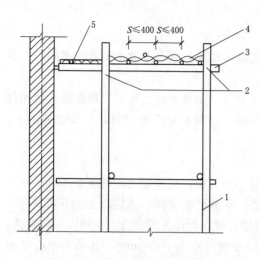

图 3.15　铺设竹笆脚手板时大横杆
的构造（单位：mm）
1—立杆；2—纵向水平杆；3—横向水平杆；
4—竹笆脚手板；5—其他脚手板

采用直角扣件固定在大横杆上；单排脚手架的小横杆的一端，应用直角扣件固定在大横杆上，另一端应插入墙内，插入长度不应小于 180mm。

使用竹笆脚手板时，双排脚手架的小横杆两端，应用直角扣件固定在立杆上；单排脚手架的小横杆一端，应用直角扣件固定在立杆上，另一端插入墙内，插入长度不应小于 180mm。

脚手板的设置应符合下列规定：作业层脚手板应铺满、铺稳；冲压钢脚手板、木脚手板、竹串片脚手板等，应设置在三根小横杆上。当脚手板长度小于 2m 时，可采用两根小横杆支承，但应将脚手板两端与其可靠固定，严防倾翻。此三种脚手板的铺设可采用对接平铺，亦可采用搭接铺设。脚手板对接平铺时，接头处必须设两根小横杆，脚手板外伸长应取 130～150mm；两块脚手板外伸长度的和不应大于 300mm；脚手板搭接铺设时，接头必须支承在小横杆上，搭接长度应大于 200mm，其伸出小横杆的长度不应小于 100mm。

竹笆脚手板应按其主竹筋垂直于纵向水平杆方向铺设，且采用对接平铺，四个角应用直径 1.2mm 的镀锌钢丝固定在纵向水平杆（大横杆）上。

作业层端部脚手板探头长度应取 150mm，其板长两端均应与支承杆可靠地固定。

5. 立杆

每根立杆底部应设置底座，座下再设垫板。

（1）脚手架必须设置纵、横向扫地杆。纵向扫地杆应采用直角扣件固定在距离底座上皮不大于 200mm 处的立杆上。横向扫地杆亦应采用直角扣件固定在紧靠纵向扫地杆上。当立杆基础在不同高度时，必须将高处的纵向扫地杆向低处延长两跨与立杆固定，高低差不应大于 1m。靠边坡上方的立杆轴线到边坡的距离不应小于 500mm，如图 3.16 所示。

（2）脚手架底层步距不应大于 2m。

（3）立杆必须用连墙件与建筑物可靠连接。

（4）立杆接长除顶层顶部可采用搭接外，其余各层必须采用对接扣件连接。

（5）立杆上的搭接扣件应交错布置：两根相邻立杆的接头不应设置在同步内，同步内隔一根立杆的两个相隔接头在高度方向错开的距离不宜小于 500mm；各接头中心至主节点的距离不宜大于步距的 1/3。

（6）搭接长度不应小于 1m，应采用不小于两个旋转扣件固定，端部扣件盖板的边缘至杆端距离不应小于 100mm。

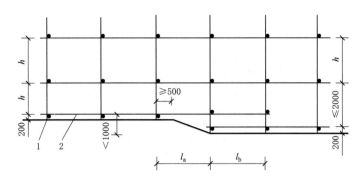

图 3.16 纵、横向扫地杆构造（单位：mm）

1—横向扫地杆；2—纵向扫地杆

6. 连墙件

连墙件数量的设置除应满足设计计算要求外，尚应符合表 3.11 的规定。

表 3.11 连墙件布置最大间距

脚 手 架 高 度		竖向间距	水平间距	每根连墙件覆盖面积/m²
双排	≤50m	3h	3l_a	≤40
	>50m	2h	3l_a	≤27
单排	≤24m	3h	3l_a	≤40

注 h—步距；l_a—纵距。

连墙件的布置应符合下列规定：

（1）宜靠近主节点设置，偏离主节点的距离不应大于 300mm。

（2）连墙件应从底层第一步大横杆处开始设置，当该处设置有困难时，应采取其他可靠措施固定。

（3）宜优先采用菱形布置，也可采用方形或矩形布置。

（4）"一"字形、开口形脚手架的两端必须设置连墙件，连墙件的垂直间距不应大于建筑物的层高，且不应大于 4m（2 步）。

（5）对于高度在 24m 以下的单、双排脚手架，必须采用刚性连墙件与建筑物可靠连接，亦可采用拉筋和顶撑配合使用的附墙连接方式。严禁使用仅有拉筋的柔性连墙件。

（6）对于高度在 24m 以上的双排脚手架，必须采用刚性连墙件与建筑物可靠连接。

（7）连墙件中的连墙杆或拉筋宜呈水平设置，当不能水平设置时，与脚手架连接的一端应采用下斜连接，不应采用上斜连接。

（8）连墙件必须采用可承受拉力和压力的构造。采用拉筋必须配用顶撑，顶撑应可靠地顶在混凝土圈梁、柱等结构部位。拉筋应采用 2 根以上直径为 4mm 的钢丝拧成一股，使用时不应少于 2 股；亦可采用直径不小于 6mm 的钢筋。

（9）当脚手架下部暂不能设连墙杆时，可搭设抛撑。抛撑应采用通长杆件与脚手架可靠连接，与地面的倾角应为 45°～60°。连接点中心至主节点的距离不应大于 300mm。抛撑应在连墙件搭设后方可拆除。

（10）架高超过 40m 且有风涡流作用时，应采取抗上风流作用的连墙措施。

7. 剪刀撑与横向斜撑

（1）双排脚手架应设剪刀撑与横向斜撑，单排脚手架应设剪刀撑。

（2）剪刀撑的设置应符合下列规定：

1）每道剪刀撑跨越立杆的最多根数宜按表 3.12 规定确定，每道剪刀撑宽度不应小于 4 跨，且不应小于 6m，斜杆与地面的倾角宜为 45°～60°。

表 3.12　　　　　　　剪刀撑跨越立杆的最多根数

剪刀撑斜杆与地面的倾角 $\alpha/(°)$	45	50	60
剪刀撑跨越立杆的最多根数 n	7	6	5

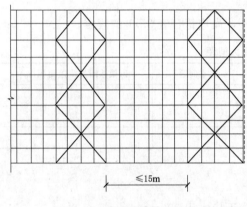

≤15m

图 3.17　剪刀撑的布置要求

2）对于高度在 24m 以下的单、双排脚手架，均必须在外侧立面的两端各设置一道剪刀撑，并应由底至顶连续设置；中间各道剪刀撑之间的净距不应大于 15m，如图 3.17 所示。

3）对于高度在 24m 以上的双排脚手架，应在外侧立面整个长度和高度上连续设置剪刀撑。

4）剪刀撑斜杆的接长宜采用搭接，搭接要求应按纵向水平杆的搭接要求执行。

5）剪刀撑斜杆应用旋转扣件固定在与之相交的横向水平杆的伸出端或立杆上，旋转扣件中心线至主节点的距离不宜大于 150mm。

6）横向斜撑应在同一节间，由底至顶层呈"之"字形连续布置，斜撑的固定应参考门洞斜腹杆的固定要求。

7）"一"字形、开口形双排脚手架的两端均必须设置横向斜撑，中间宜每隔 6 跨设置一道。

8）高度在 24m 以下的封闭型双排脚手架可不设横向斜撑；高度在 24m 以上的封闭型脚手架，除拐角应设置横向斜撑外，中间应每隔 6 跨设置一道斜撑。

8. 脚手板的构造

（1）作业层脚手板应铺满、铺稳，离开墙面 129～150mm。

（2）冲压钢脚手板、木脚手板、竹串片脚手板等，应设置在 3 根横向水平杆上。当脚手板长度小于 2m 时，可采用 2 根横向水平杆支承，但应将脚手板两端与其可靠固定，严防倾翻。此三种脚手板的铺设可采用对接平铺，亦可采用搭接铺设。脚手板对接平铺时，接头处必须设 2 根横向水平杆，脚手板外伸长量应取 130～150mm，两块手板外伸长量的和不应大于 300mm，如图 3.18（a）所示；搭接铺设脚手板时，接头必须支承在横向水平杆上，搭接长度不应小于 200mm，其伸出横向水平杆的长度不应小于 100mm，如图 3.18（b）所示。

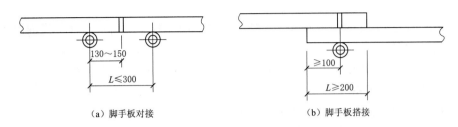

（a）脚手板对接　　　　　　　　（b）脚手板搭接

图 3.18　脚手板对接、搭接构造（单位：mm）

（3）竹笆脚手板应按其主竹筋垂直于纵向水平杆方向铺设，且采用对接平铺，4个角应用直径为 1.2mm 的镀锌钢丝固定在纵向水平杆上。

（4）作业层端部脚手板探头长度应取 150mm，其板长两端均应与支撑杆可靠地固定。

3.3.2.5　扣件式钢管脚手架的搭设与拆除施工

1．脚手架的搭设

（1）施工准备工作。

1）工程项目技术负责人应按施工组织设计中有关脚手架的要求，向架设和使用人员进行技术交底，并签字确定。

2）应按上述相关规定和施工组织设计的要求对钢管、扣件、脚手板等构配件进行检查验收，不合格产品不得使用。

3）经检验合格的构配件应按品种、规格分类，堆放整齐、平稳，堆放场地不得有积水。

4）应清除搭设场地的杂物，平整搭设场地，并使排水畅通。

5）当脚手架基础下有设备基础、管沟时，在脚手架的使用过程中不应开挖，否则必须采取加固措施。

（2）地基与基础。

1）脚手架的地基与基础的施工，必须根据脚手架搭设高度、搭设场地土质情况与现行国家标准《建筑地基基础工程施工质量验收规范》（GB 50202—2018）的有关规定进行。

2）脚手架立杆底座底面标高宜高于自然地坪。

3）脚手架基础经验收合格后，应按施工组织设计的要求放线定位。

（3）搭设要求。

1）脚手架必须配合施工进度搭设，一次搭设高度不应超过相邻连墙件以上 2 步架。

2）每搭完 1 步架脚手架后，应按规定校正步距、纵距、横距及立杆的垂直度等。

3）底座、垫板均应准确地放在定位线上，并宜采用长度不少于 2 跨、厚度不小于 50mm 的木垫板，也可采用槽钢。

（4）立杆的搭设。

1）严禁混合使用外径为 48mm 与 51mm 的钢管。

2）相邻立杆的对接扣件不得在同一高度内，所错开距离应符合上述相关规定。

3）开始搭设立杆时，应每隔 6 跨设置 1 根抛撑，直至连墙件安装稳定后，方可根据情况拆除。

4）当搭至有连墙件的构造点时，在搭设完该处的立杆、纵向水平杆、横向水平杆后应立即设置连墙件。

5）顶层立杆搭接长度与立杆顶端伸出建筑物的高度应符合上述相关规定。

（5）纵向水平杆的搭设。

1）纵向水平杆的搭设应符合其构造要求。

2）在封闭型脚手架的同一步架中，纵向水平杆应四周交汇，并用直角扣件与内外角部立杆固定。

（6）横向水平杆的搭设。

1）搭设横向水平杆应符合其构造要求。

2）双排脚手架横向水平杆的靠墙一端至墙装饰面的距离不宜大于100mm。

3）单排脚手架的横向水平杆不应设置在下列部位：①设计上不允许留设脚手眼的部位；②过梁上与过梁两端成60°的三角形范围内及过梁净跨度1/2的高度范围内；③宽度小于1m的窗间墙；④梁或梁垫下及其两侧各500mm范围内；⑤砖砌体的门窗洞口两侧200mm和转角处450mm范围内，其他砌体的门窗洞口两侧300mm和转角处600mm范围内；⑥独立砖柱或附墙砖柱。

4）纵、横向扫地杆的搭设应符合上述相关构造要求。

（7）连墙件、剪刀撑、横向斜撑等的搭设。

1）连墙件的搭设应符合相关构造要求。当脚手架施工操作层高出连墙件2步时，应采取临时稳定措施，直到上一层连墙件搭设完后方可根据情况拆除。

2）剪刀撑、横向斜撑的搭设应符合上述相关构造要求，并应随立杆、纵向水平杆和横向水平杆等同步搭设，各底层斜杆下端均必须支承在垫块或垫板上。

（8）扣件的安装。

1）扣件规格必须与钢管外径（48mm或51mm）保持一致。

2）螺栓拧紧扭力矩不应小于40N·m，且不应大于65N·m。

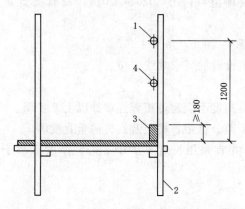

图3.19 作业层、斜道的栏杆和挡脚板
的搭设（单位：mm）

1—上栏杆；2—外立杆；3—挡脚板；4—中栏杆

3）在主节点处固定横向水平杆、纵向水平杆、剪刀撑、横向斜撑等用的直角扣件和旋转扣件的中心点的相互距离不应大于150mm。

4）对接扣件开口应朝上或朝内。

5）各杆件端头伸出扣件盖板边缘的长度不应小于100mm。

（9）作业层、斜道的栏杆和挡脚板的搭设。

作业层、斜道的栏杆和挡脚板的搭设如图3.19所示。

1）栏杆和挡脚板均应搭设在外立杆的内侧。

2）上栏杆上皮高度应为1.2m。

3）挡脚板高度不应小于180mm。

4）中栏杆应居中设置。

（10）脚手板的铺设。

1）脚手架应铺满、铺稳，离开墙面120～150mm。

2）采用对接或搭接时均应符合相关规定。脚手板探头应采用直径为3.2mm的镀锌钢丝固定在支承杆件上。

3）在拐角、斜道平台口处的脚手板，应与横向水平杆可靠连接，防止滑移。

4）自顶层作业层的脚手板往下计，宜每隔12m满铺一层脚手板。

模板支架的搭设除应符合相关构造规定外，还应符合现行国家标准《混凝土结构工程施工质量验收规范》（GB 50204—2015）的有关规定。

2.脚手架的拆除

（1）拆除脚手架的准备工作应符合的规定。

1）应全面检查脚手架的扣件连接、连墙件、支撑体系等是否符合构造要求。

2）应根据检查结果补充完善施工组织设计中的拆除顺序和措施，并经主管部门批准后方可实施。

3）应由工程项目技术负责人进行拆除前的安全技术交底。

4）应清除脚手架上的杂物及地面障碍物。

（2）拆除脚手架时应符合的规定。

1）拆除作业必须由上而下逐层进行，严禁上下同时作业。

2）连墙件必须随脚手架逐层拆除，严禁先将连墙件整层或数层拆除后再拆脚手架；分段拆除高差不应大于2步；如高差大于2步，应增设连墙件加固。

3）当脚手架拆至下部最后一根长立杆的高度（约6.5m）时，应先在适当位置搭设临时抛撑加固后，再拆除连墙件。

4）当脚手架采取分段、分立面拆除时，对于不拆除的脚手架两端，应先设置连墙件和横向斜撑加固。

（3）卸料时应符合的规定。

1）严禁把各种构配件抛掷至地面。

2）运至地面的构配件应按有关规定及时检查、整修和保养，并按品种、规格随时按要求码放。

3.3.3 脚手架的使用与安全管理

（1）施工证件：所有架子工必须具备《特种作业操作证》（接受相应三级安全教育）等准许施工证件。

（2）施工手续：施工前必须进行安全技术交底，架子的搭设必须由架子工来完成。

（3）施工时必须戴好安全帽，正确使用并系好安全带，穿具有安全性的防滑胶底鞋，外架下部应划警戒区并设围栏。

（4）脚手架必须随着楼层的施工要求搭设，搭设时避开立体交叉作业，并严格按施工方案及相应规范进行施工，控制好立杆的垂直度、横杆水平，以确保节点符合要求。

（5）在架子搭设过程中，一定要按照操作规程施工，严禁非法操作。

（6）架子搭设质量和安全的验收，应按照企业规定的验收标准和程序进行。

（7）脚手架必须经过安全员验收合格后方可使用，作业人员必须认真戴好安全帽、系好安全带。

（8）操作架上严禁堆放不必要的施工材料，只为施工人员支拆模板使用。

（9）架子拆除时，应由架子工负责拆除工作，非专业人员不得随意拆卸。

（10）6 级以上大风、大雾、大雨天气下停止在脚手架上作业，雨雪后上架操作要有防滑措施。

（11）高处作业中所用的物料均应堆放平稳，不妨碍通行和装卸。工具应随手放入工具室内。在任何情况下，严禁从架上向架下抛掷材料、物品和倾倒垃圾。

3.3.2 脚手架的作用与基本要求

（12）施工过程中，应随时观察地基及脚手架的变化情况，大风雪后对高处作业安全设施逐一加以检查，查看是否有松动、变形、损坏或脱落等现象，发现问题应及时处理。

（13）在脚手架上进行电气焊作业时，必须有防火措施和专人看守。

（14）架子四角应设避雷装置，防止脚手架受雷击损坏。

（15）在脚手架拆除后，紧贴柱的外皮安装防护栏杆，栏杆高 1.5m，上、下两道横杆，立杆间距 2.1m，安装安全绿网以做防护。

（16）其他未述要求按照有关架子安全技术要求和规范进行施工。

【扫码测试】

3.3 练习题

3.4 高处作业安全技术

高处作业的工作量大是建筑施工的特点之一，并且作业环境复杂多变，手工操作劳动强度大，多工种交叉作业危险因素多，极易发生安全事故。因此，建筑业在我国各行业中属于危险性较大的行业。事实表明，在建筑业"五大伤害"事故中，高处坠落事故的发生率最高、危险性极大。因此，减少和避免高处坠落事故的发生，是降低建筑业伤亡事故、落实安全生产的关键。

3.4.1 高处作业的相关概念与分级

3.4.1.1 高处作业的相关概念

（1）高处作业。按照国家标准《高处作业分级》（GB/T 3608—2008）的规定：高处作业是指凡在坠落高度基准面 2m 以上（含 2m）有可能坠落的高处进行的作业。其中，坠落高度基准面是指通过可能坠落范围内最低处的水平面，它是确定高处作业高度的起始点，如从作业位置可能坠落到最低点的楼面、地面、基坑等平面。

（2）可能坠落范围半径是指为确定可能坠落范围而规定的，相对于作业位置的一段水平距离，以 R 表示。其大小取决于与作业现场的地形、地势或建筑物分布等有关的基础高度。依据该值可以确定不同高处作业时安全平网架设的宽度。

（3）基础高度是指以作业位置为中心、6m 为半径，画出一个垂直水平面的柱形空间。此柱形空间内最低处与作业位置间的高度差以 h 表示。该值是确定高处作业高度的依据。

（4）可能坠落范围是指以作业位置为中心、可能坠落范围为半径画成的与水平面垂直的柱形空间，以 R 表示。该值是确定高处坠落范围的依据，见表 3.13。

表 3.13　　　　　　高处作业基础高度 h 与可能坠落范围半径 R 的关系　　　　　单位：m

高处作业基础高度 h	$2 \leqslant h \leqslant 5$	$5 < h \leqslant 15$	$15 < h \leqslant 30$	$H > 30$
可能坠落范围半径 R	3	4	5	6

（5）高处作业高度。作业区各作业位置至相应坠落高度基准面的垂直距离中的最大值，称为该作业区的高处作业高度，简称作业高度，以 h_w 表示。作业高度是确定高处作业危险性高低的依据，作业高度越高，作业的危险性就越大，应该采取安全防范措施。按作业高度不同，国家标准将高处作业划分为 2～5m、5～15m、15～30m 及大于 30m 四个区域分别对应Ⅰ、Ⅱ、Ⅲ、Ⅳ四级高处作业。

作业高度的确定方法：根据《高处作业分级》（GB/T 3608—2008）的规定，首先确定基础高度 h，依据基础高度查表 3.13 确定可能坠落范围半径 R；根据 R 值即可计算出作业高度 h_w，见[例 3.1]。

【例 3.1】　如图 3.20 所示，试确定基础高度 h、可能坠落范围半径 R 和作业高度 h_w。

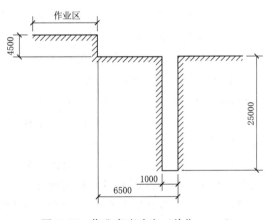

图 3.20　作业高度确定（单位：mm）

解：（1）确定基础高度 h。

由图 3.20 中条件可知，在作业区以作业位置为中心、6m 为半径，画出一个垂直水平面的柱形空间。此柱形空间内最低处与作业位置间的高度差即基础高度 h 为

$$h = 4.5 + 25.0 = 29.5 (\text{m})$$

（2）确定可能坠落范围半径 R。

由 h 值查表 3.12 可知，可能坠落范围半径 $R = 5$m。

（3）确定高处作业高度 h_w。

3.4.1　高处作业的概念与分级

在作业区边缘，半径为 5m 的作业区范围内可能的坠落高度基准面即高处作业高度 h_w 为 4.5m。

3.4.2 高处作业安全的基本要求

3.4.2.1 高处作业对作业人员的基本要求

（1）凡从事高处作业的人员必须身体健康，并定期体检。患有高血压、心脏病、癫痫病、贫血病、四肢有残疾以及其他不适应高处作业的人员，不得从事高处作业。

（2）高处作业人员应正确佩戴和使用安全带及安全帽。安全带和安全帽应完好，并符合相关要求。

（3）高处作业人员衣着要便利，禁止赤脚，以及穿硬底鞋、拖鞋、高跟鞋和带钉、易滑的鞋从事高处作业。

（4）严禁酒后进行高处作业。

（5）所有高处作业人员应从规定的通道上、下，不得在阳台、脚手架上等非规定通道进行攀登上、下，也不得利用吊车悬臂架及非载人设备上、下。

3.4.2.2 高处作业对施工单位的基本要求

根据《建筑施工高处作业安全技术规范》（JGJ 80—2016）的规定，建筑施工单位在进行高处作业时，应满足以下基本要求：

（1）当进行高处作业时，应正确使用脚手架、操作平台、梯子、防护栏杆、安全带、安全网和安全帽等安全设施和用具，作业前应认真检查所用安全设施和用具是否牢固。

（2）高处作业的安全技术措施及其所需料具，必须列入工程的施工组织设计。

（3）单位工程施工负责人应对工程的高处作业安全技术负责，并建立相应的责任制。

（4）施工单位应有针对性地将高处作业的警示标志悬挂于施工现场相应的醒目部位，夜间应设红灯警示。各类安全标志、工具、仪表、电气设施和各种设备，必须在施工前加以检查验收，确认其完好，并经相关人员签字后，方能投入使用。

（5）作业前，应按规定逐级进行安全技术教育及技术交底，落实所有安全技术措施和人身防护用品，未经落实不得进行施工操作。

（6）攀登和悬空高处作业人员及搭设高处作业安全设施的人员，必须经过专业技术培训及专业考试合格，持证上岗，并定期进行身体检查。

（7）施工中，发现高处作业的安全技术设施有缺陷和隐患时，必须及时解决；当危及人身安全时，必须停止作业。

（8）高处作业上、下应设置联系信号或通信装置，并指定专人负责。

（9）施工作业场所有可能坠落的物件，应一律先行撤除或加以固定；高处作业中所用的物料均应堆放平稳，不得妨碍通行和装卸。

（10）使用的工具应随手放入工具袋，拆卸下的物件、余料和废料均应及时清理运走，不得任意乱置或向下丢弃，禁止抛掷所传递的物件。作业中的走道、通道板和登高用具，应随时清理干净。

（11）雨天和雪天进行高处作业时，必须采取可靠的防滑、防寒和防冻措施。凡存有水、冰、霜、雪，均应及时清除。

（12）对进行高处作业的高耸建筑物，应事先设置避雷设施。遇有 6 级以上强风和浓雾、雷电、暴雨等恶劣气候，不得进行露天、高处作业。暴风雪及台风暴雨过后，应对高处作业安全设施逐一加以检查，发现有松动、变形、损坏或脱落等现象，应立即修理完善。

3.4.2 高处作业安全的基本要求

（13）因作业需要而临时拆除或变动安全防护设施时，必须经项目负责人同意，并采取相应的可靠措施，作业后应立即恢复。

（14）搭设与拆除防护棚时，应设警戒区，并应派专人监护，严禁上、下同时搭设或拆除。

（15）对于高处作业安全设施的主要受力杆件，力学计算应按一般结构力学公式进行，强度及挠度计算应按现行有关规范进行，但受弯构件的强度计算不考虑塑性影响，构造上应符合现行相应规范的要求。

3.4.3 安全生产"三宝"

建设工程安全生产的"三宝"是指安全帽、安全带和安全网。安全帽是用来保护使用者的头部、减轻撞击伤害的个人用品；安全带是用来预防高处作业人员坠落的个人防护用具；安全网是用来防止人、物坠落而伤人的防护设施。多年的实践经验证明，正确使用、佩戴建设工程的"三宝"，是降低建筑施工伤亡事故的有效措施。

3.4.3.1 安全帽

1. 安全帽的技术要求

通过对物体打击事故的分析，由于不正确佩戴安全帽而造成的伤害事故占事故总数的 90% 以上。所以，选择并且正确地佩戴品质合格的安全帽，是预防发生伤害事故的有效措施。

当前安全帽的产品类别很多，制作安全帽的材料一般有塑料、橡胶、竹、藤等。但无论选择哪一类的安全帽，均应满足相关的安全要求。

（1）标志和包装。

1）每顶安全帽应有以下四项永久性标志：制造厂名称、商标、型号；制造年、月；生产合格证和产品检验合格证；生产许可证编号。

具有其他性能的安全帽应按下述规定在帽子上做出标记：①符合耐低温性能的安全帽，做出低温温度标记，如"−20℃""−30℃"字样；②符合耐燃烧性能要求的安全帽，在帽上做出"R"标记；③符合电绝缘性能要求的安全帽，在帽上做出"D"标记；④符合侧向刚性要求的安全帽，在帽上做出"CG"标记。

2）安全帽出厂装箱，应将每顶帽用纸或塑料薄膜做衬垫包好再放入纸箱内。装入箱中的安全帽必须是成品。

3）箱上应注有产品名称、数量、重量、体积和其他注意事项等标记。

4）每箱安全帽均要附说明书。

（2）安全帽的组成。安全帽应由帽壳、帽衬、下颚带、锁紧卡等组成，如图 3.21 所示。

1）安全帽的帽壳包括帽舌、帽檐、顶筋、透气孔、插座、连接孔及下颚带插座等。

2）帽衬是帽壳内部部件的总称，包括帽箍、托带、护带、吸汗带、拴绳、衬垫、后箍及帽衬接头等。

3）下颚带指系在下颚上的带子。

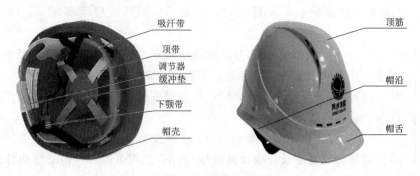

图 3.21　安全帽的构造

4）锁紧卡指调节下颚带长短的卡具。

2. 安全帽的正确佩戴

（1）进入施工现场必须正确佩戴安全帽。

（2）首先要选择适合自己头形的安全帽，佩戴安全帽前，要仔细检查合格证、使用说明书、使用期限，并调整帽衬尺寸，其顶端与帽壳内顶之间必须保持 20～50mm 的空间。

（3）佩戴安全帽时，必须系紧下颚系带，防止安全帽失去作用。不同头形或冬季佩戴的防寒安全帽，应选择合适的型号，并及时调节帽箍，注意保留帽衬与帽壳的距离。

（4）不能随意对安全帽进行拆卸或添加附件，以免影响其原有的防护性能。

（5）佩戴安全帽时，一定要戴正、戴牢，不能晃动，防止脱落。

（6）安全帽在使用过程中会逐渐损坏，所以要经常进行外观检查。如果发现帽壳与帽衬有异常损伤或裂痕，或帽衬与帽壳内顶之间水平垂直间距达不到标准要求，就不能继续使用，应当更换新的安全帽。

（7）安全帽不用时，须放置在干燥通风的地方，远离热源，不要受日光的直射，这样才能确保在有效使用期内的防护功能不受影响。

（8）注意使用期限，到期的安全帽要进行检验，符合安全要求才能继续使用，否则必须更换。

（9）只要安全帽受过一次强力的撞击，就无法再次有效吸收外力，有时尽管外表上看不到任何损伤，但是内部已经遭到损伤，不能继续使用。

3.4.3.2　安全带

1. 安全带的组成及分类

建筑施工中的攀登作业、悬空作业、吊装作业、钢结构安装等，均应按要求系安全带。安全带是预防高处作业工人坠落事故的个人防护用品，由带子、绳子和金属配件等组成，总称为安全带，适用于围杆、悬挂、攀登等高处作业用，不适用于消防和吊物。安全带的类型如图 3.22 所示。

按使用方式，安全带分为围杆安全带和悬挂及攀登安全带两类。

（1）围杆安全带适用于电工、电信工等杆上作业。主要品种有电工围杆单腰带式、电工围杆防下脱式、通用Ⅰ型围杆绳单腰带式、通用Ⅱ型围杆绳单腰带式、电信围杆绳单腰带式和牛皮电工保安带等。

图 3.22　安全带的类型

（2）悬挂及攀登安全带适用于建筑、造船、安装、维修、起重、桥梁、采石、矿山、公路及铁路调车等高处作业。其式样较多，按结构分为单腰带式、双背带式、攀登式三种。其中，单腰带式有架子工Ⅰ型悬挂安全带、架子工Ⅱ型悬挂安全带、铁路调车工悬挂安全带、电信悬挂安全带、通用Ⅰ型悬挂安全带、通用Ⅱ型悬挂自锁安全带六个品种；双背带式有通用型悬挂双背带式安全带、通用Ⅱ型悬挂双背带式安全带、通用Ⅲ型悬挂双背带式安全带、通用Ⅳ型悬挂双背带式安全带、全丝绳安全带五个品种；攀登式有通用Ⅰ型攀登活动带式安全带、通用Ⅱ型攀登活动式安全带和通用攀登固定式三个品种。

2. 安全带的代号

安全带按品种系列，采用汉语拼音字母，依前、后顺序分别表示不同工种、不同使用方法、不同结构。符号含义如下：D—电工；DX—电信工；J—架子工；L—铁路调车工；T—通用（油漆工、造船工、机修工等）；W—围杆作业：W1—围杆带式；W2—围杆绳式；X—悬挂作业；P—攀登作业；Y—单腰带式；F—防下脱式；B—双背带式；S—自锁式；H—活动式；G—固定式。例如，DW1Y—电工围杆带单腰带式，TPG—通用攀登固定式。

3. 安全带的使用和保管

国家标准《安全带》（GB 6095—2009）对安全带的使用和保管做了严格要求：

（1）安全带应高挂低用，注意防止摆动碰撞。使用 3m 以上长绳时，应加缓冲器，自锁钩所用的吊绳则例外。

（2）缓冲器、速差式装置和自锁钩可以串联使用。

（3）不准将安全绳打结使用，也不准将挂钩直接挂在安全绳上使用，应挂在连接环上使用。

（4）不得任意拆除安全带上的各种部件，更换新绳时要注意加绳套。

（5）安全带使用 2 年后，按批量购入情况抽验一次。应对围杆安全带做静负荷试验，以 2206N 拉力拉伸 5mm，如无破断，方可继续使用；悬挂安全带冲击试验时，以 80kg 质量做自由坠落试验，若不破断，该批安全带可继续使用。对经抽样测试过的样带，必须更换安全绳后才能继续使用。

（6）对于使用频繁的安全绳，要经常进行外观检查，发现异常时，应立即更换新绳。

（7）安全带的使用期为 3～5 年，发现异常应提前报废。

3.4.3.3 安全网

1. 安全网的组成

安全网是用来防止人、物坠落，或用来避免、减轻坠落及物击伤害的网具。安全网一般由网体、边绳、系绳、筋绳等部分组成，如图 3.23 所示。

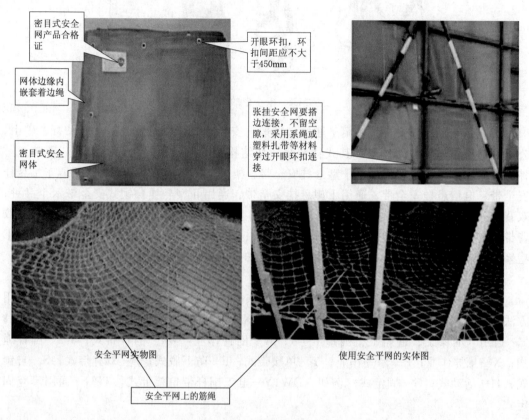

密目式安全网产品合格证

网体边缘内嵌套着边绳

密目式安全网体

开眼环扣，环扣间距应不大于450mm

张挂安全网要搭边连接，不留空隙，采用系绳或塑料扎带等材料穿过开眼环扣连接

安全平网实物图

使用安全平网的实体图

安全平网上的筋绳

图 3.23 安全立网和平网

（1）网体是由单丝、线、绳等经编织或采用其他成网工艺制成的，构成安全网主体的网状物。

（2）边绳是沿网体边缘与网体连接的绳索。

（3）系绳是把安全网固定在支撑物上的绳索。

（4）筋绳是为增加安全网强度而有规则地穿在网体上的绳索。

2. 安全网的分类和产品标记

（1）分类。根据功能，安全网产品分为三类：

1）平网：安装平面不垂直水平面，用来防止人或物坠落的安全网。

2）立网：安装平面垂直水平面，用来防止人或物坠落的安全网。

3）密目式安全立网：网目密度不低于 800 目/100cm^2，垂直于水平面安装，用于防止人员坠落及坠落物伤害的网。一般由网体、开眼环扣、边绳和附加系绳等组成。

（2）产品标记。产品标记应由名称、类别、规格和标准代号四部分组成，字母 P、L、

ML 分别代表平网、立网及密目式安全立网。例如，宽 3m、长 6m 的锦纶平网标记为锦纶安全网 P‑3×6GB5725；宽 1.8m、长 6m 的密目式安全立网标记为 ML‑1.8×6GB16909。

3. 安全网的技术要求

(1) 安全网可采用锦纶、维纶、涤纶或其他的耐候性不低于上述品种的材料制成。丙纶因为性能不稳定，严禁使用。

(2) 同一张安全网上的同种构件的材料、规格和制作方法须一致，外观应平整。

(3) 平网宽度不得小于 3m，立网宽（高）度不得小于 1.2m，密目式安全立网宽（高）度不得小于 1.2m。产品规格偏差应在 ±2% 以内。每张安全网质量一般不宜超过 15kg。

(4) 菱形或方形网目的安全网，其网目边长不大于 80mm。

(5) 边绳与网体连接必须牢固，平网边绳断裂强力不得小于 7000N；立网边绳断裂强力不得小于 3000N。

(6) 沿网边的系绳应均匀分布，相邻两系绳间距应符合平网不大于 0.75m、立网不大于 0.75m、密目式安全立网不大于 0.45m 且长度不小于 0.8m 的规定。当筋绳、系绳合一使用时，系绳部分必须加长，且与边绳系紧后，再折回边绳系紧，至少形成双股。

(7) 筋绳分布应合理，平网上两根相邻筋绳的距离不应小于 300mm，筋绳的断裂强力不应小于 3000N。

(8) 网体（网片或网绳线）断裂强力应符合相应的产品标准。

(9) 安全网所有节点必须固定。

(10) 应按规定的方法进行验收，平网和立网应满足外观、尺寸偏差、耐候性、抗冲击性能、绳的断裂强力、阻燃性能等要求。密目式安全立网应满足外观、尺寸偏差、耐贯穿性能、耐冲击性能等要求。

(11) 阻燃安全网必须具有阻燃性，其续燃、阻燃时间均不得小于 4s。

4. 安全网的检验方法

(1) 耐候性能试验按《机械工业产品用塑料、涂料、橡胶材料人工气候老化试验方法荧光紫外灯》（GB/T 14522—2008）中的有关规定进行。

(2) 外观检验采用目测。

(3) 规格与网目边长采用钢卷尺测量（精度不低于 1mm），质量采用衡器测定（精度不低于 0.05kg）。

(4) 绳的断裂强力试验按《纤维绳索有关物理和机械性能的测定》（GB/T 8834—2016）规定进行。

(5) 冲击试验按《安全网》（GB 5725—2009）规定进行。

(6) 平网和立网的阻燃性试验按《塑料燃烧性能的测定水平法和垂直法》（GB/T 2408—2008）规定进行（试验绳直径不大于 7mm）。

5. 安全网的标志、包装、运输、储存

产品标志包括产品名称和分类标记，网目边长，制造厂名、厂址，商标，制造日期（或编号）或生产批号，有效期限，以及其他按有关规定必须填写的内容（如生产许可证编号等内容)。

每张安全网宜用塑料薄膜、纸袋等独立包装,内附产品说明书、出厂检验合格证及其他按有关规定必须提供的文件(如安全鉴定证书等)。外包装可采用纸箱、丙纶薄膜袋等,上面应有产品名称、商标、制造厂名、地址,数量、毛重、净重和体积,制造日期或生产批号,运输时的注意事项等标记。

安全网在运输、储存中,必须通风、避光、隔热,同时避免化学物品的侵袭。袋装安全网在搬运时,禁止使用钩子。储存期超过 2 年后,按 0.2% 抽样,不足 1000 张时抽样 2张进行冲击试验,符合要求后方可销售或使用。

6. 安装时的注意事项

(1) 安全网上的每根系绳都应与支架系结,四周边绳(边缘)应与支架贴紧,系结应符合打结方便、连接牢固、容易解开以及工作中受力后不会开脱的原则。安装有筋绳的安全网时,还应把筋绳连接在支架上。

(2) 平网网面不宜绷得过紧。当网面与作业面高度差大于 5m 时,其伸出长度应大于4m;当网面与作业面高度差小于 5m 时,其伸出长度应大于 3m。平网与下方物体表面的最小距离不应小于 3m,两层平网间距离不得超过 10m。

(3) 立网网面应与水平面垂直,并与作业面边缘的最大间隙不应超过 100mm。

(4) 安装后的安全网应经专人检验后,方可使用。

7. 安全网的使用

(1) 使用时,不得随便拆除安全网的构件,人不得跳进或把物品投入安全网内,不得将大量焊接或其他火星落入安全网内。

3.4.3 安全生产三宝的使用要求

(2) 不得在安全网内或下方堆积物品;安全网周围不得有严重腐蚀性烟雾。

(3) 应对使用中的安全网进行定期或不定期的检查,并及时清理网上落物污染,当受到较大冲击后应及时更换。

(4) 安全网使用 3 个月后,应对系绳进行强度检验。

(5) 安全网应由专人保管发放,暂时不用的安全网应存放在通风、避光、隔热、无化学品污染的仓库或专用场所。

【扫码测试】

3.4 练习题

3.5 起重吊装工程安全技术

随着建筑装配化程度的提高,特别是近年来钢结构的普遍应用,起重吊装在建筑工程中的应用越来越多。建筑物和构筑物的结构或其他构件常在工厂预制,再运至施工现场按设计要求的位置进行安装固定，即在现场对相应构件所进行的拼装、绑扎、吊升、就位、临时固定、校正和永久固定的这一全过程称为起重吊装。起重吊装是一项危险性较大的建筑施工内容，操作不当会引起坍塌、机械伤害、物体打击和高处坠落等事故的发生。所以，建筑施工现场管理人员必须懂得起重吊装的安全技术要求。

3.5.1 起重机械概述

3.5.1.1 起重机械的种类

起重机械的种类很多，大致可分为以下三大类：

(1) 第一类为轻、小型起重设备，包括千斤顶、滑车、起重葫芦和卷扬机等。

(2) 第二类为起重机，包括各种桥架式起重机、缆索式起重机、桅杆式起重机、汽车（轮胎）式起重机、履带式起重机和塔式起重机等。

(3) 第三类为升降机，包括简易升降机、井架提升机和施工电梯等。

3.5.1.2 起重机械的工作特点

虽然起重机械种类很多，各自的结构、功能特点也是千差万别，但从作业安全的角度分析，大致可归纳为以下五个方面的特点：

(1) 吊运载荷经常变化。任何一台起重机械的实际载荷在额定起重量范围内是经常变化的，运吊物体的形状也是多变的。这种多变化性，使吊运过程更趋复杂，不安全因素增多。

(2) 吊运动作无规则。吊钩的运动轨迹在整个作业面内任意变化，在现场内的工作人员都有可能受到吊物的撞击；吊钩的运动速度变化范围也较大，而且起动、制动频繁，对设备易造成动载冲击，使重物摆动。

(3) 运行轨迹复杂。通常起重机具有多个运动方向，而且往往需要多个方向的运动同时进行，因而要求驾驶员操作技术高，动作协调好。稍有不慎，就会造成设备损毁、人员伤亡的事故。

(4) 结构庞大。如塔式起重机幅度在 90m 左右，起重高度可达 160m。这样大的结构，难以运转灵活，而且驾驶员离运动着的吊物较远，不易控制，凭经验因素增多，造成事故的概率较大。

(5) 外部环境复杂。塔式起重机和汽车式起重机等臂架型起重机作业时，可能会与周围的建筑物或空中架设的高压输电线路及通信线路等碰触。起重机行走及吊物运行时，都有可能碰到地面上的障碍物。另外，露天作业的起重机随时都有遭遇大风袭击的危险。这些不利的外部环境都会对起重作业安全构成严重威胁。

3.5.1.3 起重机械的一般安全规定

(1) 作业前，必须对工作现场周围环境、行驶道路、架空电线、建筑物以及构件重量和分布等情况进行全面了解并采取相应的安全保护措施。作业时，应有足够的工作场地，起重臂杆起落及回转半径内无障碍物。

(2) 操作人员在进行起重机回转、变幅、行走和吊钩升降等动作前应鸣声示意。操作时应严格执行指挥人员的信号命令。

(3) 遇到 6 级以上大风或大雨、大雪、大雾等恶劣天气时，应停止起重机露天作业。起重机在雨雪天气作业时，应先经过试吊，确认制动器灵敏可靠后方可进行作业。

（4）起重机的变幅指示器、力矩限制器以及各种行程限位开关安全保护装置，必须齐全完整、灵敏可靠，不得随意调整和拆除。

（5）起重机作业时，重物下方不得有人停留或通过。严禁用非载人起重机载运人员。

（6）起重机械必须按规定的起重性能作业，不得超载和起吊不明重量的物件。在特殊情况下需超载荷使用时，必须有保证安全的技术措施，严禁使用起重机进行斜拉、斜吊和起吊地下埋设或凝结在地面上的重物。

3.5.1 起重机械的工作特点及一般安全规定

（7）起重机在起吊满载或接近满载时，应先将重物吊起离地面 20～50cm 停止提升并检查起重机的稳定性、制动器的可靠性、重物的平稳性、绑扎的牢固性，确认无误后方可再行提升。

（8）起重机使用的钢丝绳，其结构形式、规格、强度必须符合该型起重机的要求，并要有制造厂的技术证明文件作为依据。每班作业前，应对钢丝绳所有可见部分以及钢丝绳的连接部位进行检查。

3.5.2　起重吊装作业的基本要求

3.5.2.1　对操作人员的基本要求

起重吊装作业的操作人员一般包括起重机司机和起重工。

1. 起重机司机

（1）对起重机司机的基本要求主要有稳、准、快、安全、合理等。

1）稳是起重机司机操作时首先必须做到的。稳，主要是要求起重机司机在操作过程中，必须做到启动、制动平稳，吊钩、吊具或所吊物体不得游摆。

2）准是指在稳的基础上，被吊物落点准、到位准和估重准。

3）快是指多吊、快吊，充分合理发挥起重机应有的效能，提高劳动生产率。快必须建立在稳和准的基础上，更要建立在安全的基础上。有时在起重机司机操作中，并不是慢就安全、保险，在特殊情况下，更要求起重机司机操作动作要快。

4）安全是对起重机司机的根本要求。在整个有效的操作过程中，应严格执行安全技术规程，不发生任何事故。

5）合理是指在掌握起重机性能的基础上，根据所吊重物的具体情况，正确地操纵控制器，使整个起重吊装动作协调、统一。

（2）为满足以上要求，起重机司机在操作中应做到以下几点：

1）安全检查。在作业前、作业中或特殊作业时，应认真检查起重机各机构和部件的安全可靠性能。

2）信号确认。只有在确认地面指挥人员发出正确的信号后，起重机司机才能进行各种操作。

3）状态判断。正确地判断是正确操作的前提。吊运中的判断包括吊运对象和吊物位置的判断、吊物重量的判断、吊物平衡状态的判断、起落环境的判断以及特殊操作下的判断等。

4）精心操作。熟练掌握各种操作技术，包括点动、平衡、稳钩、兜翻、带翻、游翻、两车抬物等技术，还要熟悉吊运事故状态的处理方法，坚持"十不吊"的原则。

2. 起重工

起重工包括起重指挥人员和起重司索人员。起重指挥人员是指从事指挥起重机将物件起重吊运全过程的作业组织者;起重司索人员是指在起重指挥人员的组织下,直接对被吊物件进行绑扎、挂钩、牵引绳索,而完成起重吊运全过程的专业人员。起重工应当遵守的基本要求如下:

(1) 坚守工作岗位、统一指挥、统一行动,确保作业安全。

(2) 作业前应对起重机、索具等进行全面检查。检查内容包括设备、器具的完好程度,规格型号、数量以及备用品是否齐全等。

(3) 掌握各类物件的结构、重心、吊点、捆绑的方法。

(4) 掌握常见物件的吊装、就位、堆放及安全注意事项。

(5) 明确起重机械的指挥信号和司索作业在生产中的重要作用。

(6) 熟悉本岗位的职责和职业道德。

以上起重吊装人员均属于特种作业人员,应经专门机构培训,考试合格后,持证上岗。除应满足上述的基本要求外,参加起重吊装作业的人员还必须了解和熟悉所使用的机械设备性能,并遵守既定的操作方案和规程。指挥人员必须站在起重机司机和起重工都能看见的地方,并严格按规定的起重信号指挥作业。如因现场条件限制,可配备信号员传递其指挥信号。高处吊装作业应严格遵守高处作业的安全技术和管理要求。不直接参加吊装的人员以及与吊装无关的人员,禁止进入吊装作业现场。

3.5.2.2 起重吊装应当做好的基本工作

1. 做好作业前准备

在起重吊装作业前,必须充分做好各方面的准备工作,以防出现意外情况而发生事故。作业前准备的内容有详细了解吊装方案、准备并检查起吊用具和防护设施、准备辅助用具、确定并清理落物地点、人员分工等。

2. 构件的运输

(1) 钢筋混凝土构件在运输时的混凝土强度不应低于设计的规定,也不得低于设计强度的70%,以防止构件在运输过程中遭到破坏。

(2) 构件的支撑位置应符合设计的受力情况。应防止因支承位置不当而产生过大应力,引起构件开裂和破坏。装卸时的吊点要符合设计规定。较长而重的构件应事先根据吊装方法及运输方向确定装车方向,以免现场调头困难。

(3) 运输道路应平稳坚实,有足够的宽度和转弯半径,使车辆及构件能顺利通过。

(4) 构件的运输顺序及卸车位置应按施工组织设计的规定进行,以免造成现场混乱,增加二次搬运,影响吊装工作。

(5) 构件运输应根据路面情况,掌握行车速度,重载、路况差及上下坡转弯时应减速。起步及停车必须平稳,已装载构件的车辆不准搭人。

(6) 在汽车上装卸构件时,应用木块支垫,以免滑动。装卸构件时,司机必须离开驾驶室。市区内运输超高、超长、超宽的构件时,应遵守交通部门关于汽车运输的有关规定。超长、超宽部分应悬挂安全标志。

3. 构件的堆放

(1) 现场堆放构件时,大型构件(柱、屋架等)应按施工组织设计中的构件平面布置图进行就位,按构件型号、吊装顺序堆放,堆放位置应尽可能设在起重机回转半径范围内。小型构件（梁、板）可在适当位置堆放。

（2）堆放就位前，应将场地平整、坚实。构件就位时，应按设计受力情况堆放在垫木上，重叠的构件之间要垫上垫木，上、下层垫木应在同一垂线上。比较薄的构件如薄腹梁、屋架等，应从两边垫衬牢固或捆绑于柱边。各构件之间应留有不小于 20cm 的间距，以免构件损坏。一般梁可叠堆 2～3 层、屋面板可叠堆 6～8 层。

4. 构件绑扎的要求

起重机通过吊索进行吊装，捆绑工作一般分为绑、挂、摘、解。一般要求绑扎好的构件，在起吊时不发生永久变形、脱落、断裂等现象，并便于安装和卸钩。绑扎方法虽与构件形状、重叠、吊装方法及吊具有关，但基本要求是牢固可靠、易绑易拆。绑扎构件时的注意事项如下：

（1）应选取适当长度的起吊钢丝绳，绳索间的夹角应为 60°左右，最大不应超过 90°，并且钢丝绳的直径应随着夹角的增大而相应增大。

（2）在起吊有棱角或特别光滑的物件时，应在绑扎钢丝绳处加以垫衬，以防止钢丝绳滑脱。

（3）绑扎吊物时，要掌握重心，吊钩应对准所吊物体重心，当无吊环且设计未规定吊点时，绑扎点一般距梁端不大于 1/5 梁长。

（4）高空吊装构件时，应在构件上捆绑溜绳，以控制构件的悬空位置。

（5）现场脱模的构件起吊，其底部要填实，避免起吊时支垫不实发生振动而损坏构件。

5. 指挥信号标准化

指挥信号是司机与其他作业人员联系的桥梁，很多事故均是在信息交换失误的情况下产生的。因此，应按规定的指挥信号标准进行联络，特别是起重机司机，一定要对指挥信号、吊挂状态、运行通道、起落空间确认后才能进行操作。

6. 选择安全位置

在起重机吊运过程中，由于吊物冲击、摇摆、坠落所危及的区域称为危险区。作业中起重作业人员往往处于危险区中，因此根据危险区的个体条件选择安全位置，是有效地预防起重伤害的一个重要方面。在雷雨季节，若起重设备在相邻建筑物或构筑物的防雷装置保护范围以外，应根据当地平均雷暴日数及设备高度设置防雷装置。例如，年平均雷暴日数小于 15d 的地区且 50m 高的设备，或年均雷暴日数大于 90d 的地区且 12m 高的设备，均需装置避雷设施。

7. 构件的临时固定

构件吊装就位后，应及时按要求进行临时固定。临时固定的方法很多，如焊接、螺栓连接、捆绑、支撑、缆绳等。具体使用哪种临时固定的方法，应根据施工现场的具体情况和要求正确合理地选择。

目前，柱多采用无缆风绳临时固定和校正，即用松紧钢楔的办法，给倾斜的柱身施加一个水平力，使之绕着柱脚转动而垂直。当柱对位后，进行垂直度校正。当偏差值小时，在杯口用打紧或稍放松钢楔的方法校正，但严禁将钢楔拔出杯口，以防发生柱子向大面倾倒的重大事故。由于这种校正或临时固定不稳定，所以当柱基础的杯口深度与柱长之比小于 1/20 时，单靠钢楔不能保证柱的临时固定的稳定。这时应采取增设缆风绳或加斜撑等措施来加强临时固定的稳定。

为了保证整体结构的稳定，凡设计中有支撑的，必须随吊装进度安装牢固或施焊连接好，使之成为一个整体，保证结构的稳定。如果把支撑放在后面安装，则可能发生屋架或天窗架倾斜，造成结构倒塌事故。

8. 防止高空坠落、物体打击事故，改善操作条件

为了防止高空坠落，改善操作条件是很重要的。为此，工人在操作时应佩挂安全带，屋架吊装前应在柱头上搭设操作平台，架设牢固；如需在屋架上行走，则应在上弦设置安全拉绳。在行车梁和连续梁上操作时，应在梁上 1m 处柱间设置安全绳，做安全扶手，并将安全带挂在安全绳上。吊装用操作台应为工具式，通用性大，自重要轻，装拆要安全、方便。操作台应设置在低于吊装接头 1.0～1.2m 处。此外，为了上、下方便，应配备依靠式和悬挂式梯子，依靠式梯子上端必须用绳子与已固定的构件绑牢，攀登时要检查。梯子与地面的角度以 60°为宜，梯子如搭设在屋面等处，伸出檐口高度应在 1m 以上，以便上、下。若须站在梯子上作业，操作者距离梯子顶端不应小于 1m，不得站在最上的两阶上工作。不得两人以上在同一梯子上工作。进行高空作业时，除有关人员外，其他人员不许在工作地点的下面逗留和通行，工作地点下面应有围栏或其他保护装置，以防落物伤人。

高空往地面传递物件时，应用绳索拴好放下，若因特殊情况必须往下抛扔，则应在有可能落下的范围内，由专人警戒，严禁行人通过，待警戒人员发出安全信号后方准向下抛扔。

对于现场内危险的悬岩、陡坡、深坑和施工预留孔，应有防护设施或危险标志。未经许可，不许任意迁移或拆除。

9. 工业生产设备吊装安全技术

在设备安装工程中，工艺设备的吊装就位是保证设备完好的重要工序，应制订施工方案，选择合适的吊装方法和确定合理的吊点位置。

在车间内吊装设备时，应充分利用车间内的桥式起重机。车间外的设备则可选用履带式、轮胎式、汽车式起重机以及龙门起重机等起重机械。

设备连接螺栓一般采用正常方法较妥，如设备横卧运进现场，吊装时上面吊一点，尾部直接支承在垫衬上，随吊点的起升而将设备逐渐扶直落位；如设备尾部有缺口或容易变形损坏，可在尾部增加吊点，提高到一定的高度，松下尾部的吊点，使设备竖立就位。质量、体积较大的设备可用两台起重机进行双机抬吊，但单边重量不要超过该机安全重量的 80%，两台起重机的起重能力最好相等或相似，以便对称承担荷载。起重臂不宜太长，以免影响机械的稳定性。

对于大型塔罐设备，由于质量大、塔体高和直径大，一般常用桅杆配用卷扬机作为吊装设备。吊装方法大致有三种：一是回转法。特别是桅杆固定、塔体底部装有绞腕、桅杆顶部的定滑轮与吊点处的动滑轮间的绳索收缩时，塔体以绞腕为支点而回转竖立。二是搬倒桅杆法。其特点是桅杆和塔体底部均装有绞腕，可以自由回转，桅杆顶部节点与塔体节点间的绳索距离固定不变，搬倒桅杆时塔体也随着竖起。三是滑移法。这种方法的使用较

为普遍，特点是桅杆固定，塔体随着起吊升高时，底部在地面上滑移，直到最后塔体被吊起，全部离开地面而成垂直。

吊点的基本形式有两种：一是吊耳，即焊接在塔壁上的金属环或金属圆柱。用吊耳来进行塔体吊装的优点是易于起吊，但由于塔壁薄，吊耳直接与塔壁连接，要耗用较多的钢材做加强处理。二是用钢丝绳绑扎在塔体四周，弱点是对塔壁产生环向力而使塔的四周方向有失去稳定的可能。另外，绑绳之间互相挤压，易于磨损以及绑绳与壁易产生滑移。但该方法操作简便、成本较低，在增强捆绑点的四周稳定性以防止相对滑动等措施情况下，有时也采用绑绳做吊点连接的形式。

大型薄壁塔类设备吊装中有两种失去局部稳定的可能性：一种是塔体绑绳吊点处的环部分，另一种是塔体轴向（纵向）某一局部部位（塔体受到轴向压力的作用）。由于塔径大、壁薄，任意一种作用力超过临界值时，塔体就会丧失环向或轴向的局部稳定性而导致塔体变形和破坏，因此要根据不同情况采取加固措施。塔体绑绳吊点处的环向可采用加固环，装在塔的外壁或内壁；或者在塔体内增设三角形或多角形支撑杆，位置在绑绳宽度的两端或中间。塔体轴向（长度方向）的加固，可采用加固环（沿长度方向增装几个）和加固柱，此类加固方法耗用钢材较多。当塔体轴向局部稳定不够时，可采用增加吊点、合理选择吊点位置以及采用滑移法吊装等方法加以解决。由于塔的裙座与垫衬接触，在塔体直立前，将离开垫衬时，裙座与垫衬接触部分受力最大，如裙座无加强措施，则有造成裙座变形的可能，因此也要对裙座进行加固。

在吊装塔类设备时，为减少吊装变形，还应注意以下几点：

（1）在塔体同一标高上如有左、右两个吊点，这两个吊点必须与塔体轴向（纵向）水平对称，避免吊装中发生困难而产生变形。

（2）用桅杆吊装大型塔类设备时，均用多台卷扬机联合操作，必须要求各台卷扬机的卷扬速度大致相同，要保证塔体上各吊点受力大致趋于均匀，避免塔体受力不均而变形。

（3）塔体上的绑绳及左、右溜绳（稳定塔体用）不能绑在塔的入孔或管口等部件上，以免损坏零件和造成局部缺陷而产生变形。

（4）采用滑动法吊装时，由于塔重、体大，要求有可靠的滑动垫衬，并要对所经过的地面平整、夯实，必要时应铺设钢轨或钢板。

（5）采用回转法或扳倒法时，塔体底部要装绞腕，它必须具有抵抗起吊中水平推力的能力。起吊过程中塔体的左、右溜绳必须牢靠，塔体回转到就位高度时，由于塔体重心逐渐落入其底面积中，有自然倾倒的危险，因此起吊的相反方向必须有带动绳，使其慢慢落入基础，避免发生意外和变形。

3.5.3 塔式起重机

建筑机械是指用于各种建筑工程施工的工程机械、筑路机械和运输机械等有关的机械设备的统称。主要包括以下九类机械：挖掘机械、起重机械、铲土运输机械、压实机械、路面机械、桩工机械、混凝土机械、钢筋加工机械、装修机械。塔式起重机（简称塔吊）是在建筑施工中不可缺少的起重机械，属于施工现场的垂直运输机械。

在施工现场用于垂直运输的机械主要有三种：塔式起重机、龙门架（井字架）物料提升机和外用电梯。本节限于篇幅，只讲述最常用的垂直运输机械：塔式起重机。

由于塔吊的起重臂与塔身可成相互垂直的外形，故可把起重机靠近施工的建筑物安装，塔吊的有效工作幅度优越于履带、轮胎式起重机，其工作高度可达 100～160m。塔吊操作方便、变幅简单等特点，是建筑业起重、运输、吊装作业的主导机械。

3.5.3.1 塔式起重机的分类

1. 按有无行走机构的工作方法分类

（1）固定式塔吊。塔身不移动，工作范围靠塔臂的转动和小车变幅完成，多用于高层建筑、构筑物、高炉安装工程。

（2）移动式塔吊。可由一个工作地点移到另一工作地点，如轨道式塔吊，可以带负荷运行，在建筑群中使用可以不用拆卸，通过轨道直接开进新的工程幢号施工。

（3）自升式塔吊。依靠自身的专门装置，增减塔身标准节或自行整体爬升的塔式起重机，根据升高方式的不同又分为附着式和内爬式两种，附着式塔吊是按一定间隔距离，通过支撑装置将塔身锚固在建筑物上的自升塔吊（一般位于建筑物外墙外侧）。内爬式塔吊是设置在建筑物内部（一般位于电梯井、楼梯间），通过支承在结构物上的专门装置，使整机能随着建筑物高度增加而升高的塔吊。

2. 按旋转方式分类

（1）下旋式：塔身与起重臂共同旋转。这种塔吊的起重臂与塔顶固定，平衡重和旋转支承装置布置在塔身下部。下回转自升式塔式起重机外形结构示意如图 3.24 所示。

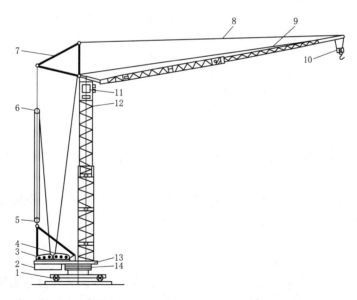

图 3.24　下回转自升式塔式起重机外形结构示意图

1—底架即行走机构；2—配重；3—架设及变幅机构；4—起升机构；5—变幅定滑轮组；
6—变幅动滑轮组；7—塔顶撑架；8—臂架拉绳；9—起重臂；10—吊钩滑轮；
11—司机室；12—塔身；13—转台；14—回转支撑装置

（2）上旋式：塔身上旋转，在塔顶上安装可旋转的起重臂。上回转自升式塔式起重机外形结构示意如图 3.25 所示。

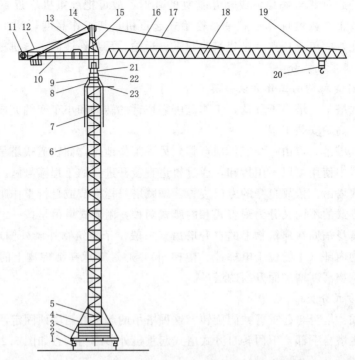

图 3.25 上回转自升式塔式起重机外形结构示意图

1—行走台车；2—底架；3—压重；4—斜撑；5—塔身基础节；6—塔身标准节；7—顶升套架；

8—承座；9—转台；10—平衡臂；11—起升机构；12—平衡重；13—平衡臂拉索；

14—塔帽操作平台；15—塔帽；16—小车牵引机构；17—起重臂拉索；

18—起重臂；19—起重小车；20—吊钩滑轮；21—司机室；

22—回转机构；23—引进轨道

3. **按变幅方法分类**

(1) 动臂变幅塔式起重机：这种起重机变换工作半径是依靠变化起重臂的角度来实现的。

(2) 小车运行变幅塔式起重机：这种起重机的起重臂仰角固定，不能上升、下降，工作半径是依靠起重臂上的载重小车运行来完成的。

4. **按起重性能分类**

(1) 轻型塔吊：起重量在 0.5～3.0t，适用于五层以下砖混结构施工。

(2) 中型塔吊：起重量在 3～15t，适用于工业建筑综合吊装和高层建筑施工。

(3) 重型塔吊：适用于多层工业厂房以及高炉设备安装以及水利工程大型闸门及大型蜗壳发电设备等。

3.5.3.2 塔式起重机的基本参数

起重机的基本参数有六项：即起重力矩、起重量、最大起重量、工作幅度、起升高度和轨距，其中起重力矩确定为主要参数。

(1) 起重力矩（t·m）。起重力矩是衡量塔吊起重能力的主要参数。起重力矩＝起重量×工作幅度。选用塔吊，不仅考虑起重量，而且还应考虑工作幅度。

（2）起重量（t）。起重量是以起重吊钩上所悬挂的索具与重物的质量之和计算的。

关于起重量应考虑两层含义：最大工作幅度时的起重量、最大额定起重量。在选择机型时，应按其说明书使用。因动臂式塔吊的工作幅度有限制范围，所以若以力矩值除以工作幅度，反算所得动臂式塔吊的起重量值并不准确。

（3）工作幅度。工作幅度也称回转半径，是起重吊钩中心到塔吊回转中心线之间的水平距离（m），它是以建筑物尺寸和施工工艺的要求而确定的。

（4）起升高度。起升高度是在最大工作幅度时，吊钩中心线至轨顶面（轮胎式、履带式至地面）的垂直距离（m），该值的确定是以建筑物尺寸和施工工艺的要求而确定的。

（5）轨距。轨距值（m）是根据塔吊的整体稳定性和经济效果而定的。

3.5.3.3 塔式起重机的主要机构

塔式起重机主要由金属结构、工作机构和控制系统三部分组成。

1. 金属结构

金属结构包括底架、塔身、顶升套架、顶底及过渡节、转台、起重臂、平衡臂、塔帽、附着装置等部件。

（1）底架。塔机底架结构的构造形式由塔机的结构形式（上回转和下回转）、行走方式（轨道式或轮胎式）及相对于建筑物的安装方式（附着及自升）而定，下回转轻型快速安装塔机多采用平面框架式底架，而中型或重型下回转塔机则多用水母式底架、上回转塔机轨道中央要求用作临时或作为人行通道时，可采用门架式底架。自升式塔机的底架多采用平面框架加斜撑式底架。轮胎式塔机则采用箱形梁式结构。

（2）塔身。塔身结构形式可分为两大类：固定高度式和可变高度式。轻型吊钩高度不大的下旋转塔机一般均采用固定高度塔身结构，而其他塔机的塔身高度多是可变的，可变高度塔身结构又可分为五种不同形式：折叠式塔身；伸缩式塔身；下接高式塔身；中接高式塔身；上接高式塔身。

（3）塔帽。塔帽结构形式多样，有竖直式、前倾式及后倾式之分，同塔身一样，主弦杆采用无缝钢管、圆钢、角钢或组焊方钢管制成，腹杆用无缝钢管或角钢制作。

（4）起重臂。起重臂为小变帽臂架，一般采用正三角形断面。

俯仰变帽臂架多采用矩形断面格桁结构，由角钢或钢管组成，节与节之间采销轴连接或法兰盘连接或盖板螺栓连接。臂架结构钢材选用 16Mn 或 Q235。

（5）平衡臂。上回转塔机的平衡臂多采用平面框架结构，主梁采用槽钢或工字钢，连系梁及腹杆采用无缝钢管或角钢制成。重型自升塔机的平衡臂常采用三角断面格桁结构。

2. 工作机构

塔机一般设置有起升机构、变幅机构、回转机构和大车行走机构。这四个机构是塔机最基本的工作机构。

（1）起升机构。塔机的起升机构绝大多数采用电动机驱动。主要的驱动方式是：滑环电动机驱动和双电机驱动（高速电动机和低速电动机，或负荷作业电机及空钩下降电机）。

（2）变幅机构。动臂变幅式塔机的变幅机构用以完成动臂的俯仰变化。

水平臂小车变幅式塔机的小车牵引机构的构造原理同起升结构，采用的传方式是：变极电机→少齿差减速器或圆柱齿轮减速器、圆锥齿轮减速器→钢绳卷筒。

（3）回转机构。塔机回转机构目前常用的驱动方式是：滑环电机→液力偶合器→少齿差行星减速器→开式小齿轮→大齿圈（回转支承装置的齿圈）。

轻型和中型塔机只装 1 台回转机构，重型的一般装有 2 台回转机构，而超重型塔机则根据起重能力和转动质量的大小装设 3 台或 4 台回转机构。

（4）大车行走机构。轻、中型塔机采用 4 轮式行走机构，重型采用 8 轮或 12 轮行走机构，超重型塔机采用 12～16 轮式行走机构。

3. 配件

吊钩、滑轮、卷筒与钢丝绳等是塔式起重机重要的配件，在选用和使用中应按规范进行检查，达到报废标准及时报废。

（1）吊钩的报废标准。

1）用 20 倍放大镜观察表面有裂纹及破口。

2）钩尾和螺纹部分等危险断面及钩筋有永久变形。

3）挂绳处断面磨损量超过原高的 10%。

4）心轴磨损量超过其直径的 5%。

5）开口度比原尺寸增加 15%。

（2）滑轮、卷筒的报废标准。按《塔式起重机安全规程》（GB 5144—2006）规定，当发现下列情况之一者应予以报废：

1）裂纹或轮缘破损。

2）卷筒壁磨损量达原壁厚的 10%。

3）滑轮绳槽壁厚磨损量达原壁厚的 20%。

4）滑轮槽底的磨损量超过相应钢丝绳直径的 25%。

（3）钢丝绳的报废标准。钢丝绳的报废应严格按照《起重机用钢丝绳检验和报废实用规范》（GT/T 5972—2006）的规定，钢丝绳出现下列情况时必须报废和更新：

1）钢丝绳断丝现象严重。

2）断丝局部聚集。

3）当钢丝磨损或锈蚀严重，钢丝的直径减小达到其直径的 40%时，应立即报废。

4）钢丝绳失去正常状态，产生严重变形时，必须立即报废。

4. 安全装置

为了保证塔机的安全作业，防止发生各项意外事故，根据《塔式起重机》（GB/T 5031—2008）规定，塔机必须配备各类安全保护装置。安全保护装置有下列几种：

（1）起重力矩限制器：它是防止塔机超载的安全装置。对塔机臂架的纵向垂直平面内的超载力矩起防护作用。不能防护因风载、轨道的倾斜或陷落等引起的倾翻事故。

（2）起重量限制器：保护起吊物品的重量不超过塔机的允许最大起重量，用以防止塔机的吊物重量超过最大额定荷载。

（3）起升高度限位器：限制吊钩接触到起重臂头部或与载重小车之前或是下降到最低点以前，使起升机构自动断电并停止工作，防止因起重钩起升过度而碰坏起重臂的装置。

（4）幅度限位器：用来限制起重臂在俯仰时不超过极限位置的装置。

（5）行程限位器：大小车各有一行程限位器，控制大小车行程，分别在轨道两端、起重臂的头部和根部，用来切断小车牵引机构的电路和起重机脱轨。

（6）回转限位器：无集电器的起重机应安装回转限位器。若回转机构有自锁装置，还应安装安全极限力矩联轴器。

（7）夹轨钳：用来夹紧钢轨，防止起重机被风力吹动而行走造成塔机出轨倾翻的装置。

（8）其他如风速仪、障碍指示灯、钢丝绳防脱槽装置、吊钩保险等。

臂架根部铰点高度大于 50m 的塔机，应在起重机顶部至吊具最高的位置间不挡风处安装风速仪。

塔顶高度大于 30m 且高于周围建筑物的塔机，必须在起重机的最高部位（臂架、塔帽或人字架顶端）安装红色障碍指示灯，并保证供电不受停机影响。

钢丝绳防脱槽装置主要用以防止钢丝绳在传动过程中，脱离滑轮槽而造成钢丝绳卡死和损伤。

吊钩保险是安装在吊钩挂绳处的一种防止起吊钢丝绳由于角度过大或挂钩不妥时，造成起吊钢丝绳脱钩，吊物坠落事故的装置，吊钩保险一般采用机构卡环式，用弹簧来控制挡板、阻止钢丝绳的滑脱。

以上各种限位器应经常检查，确保可靠、灵敏。塔式起重机中的各种限位器示意如图 3.26 所示。

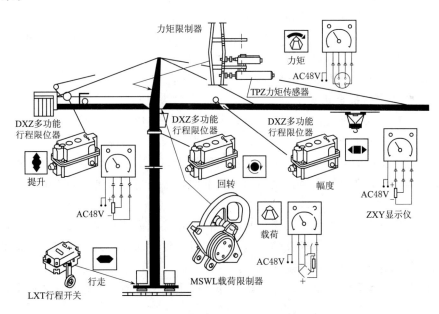

图 3.26 塔式起重机中的各种限位器示意图

3.5.3.4 拆装作业中的安全技术

1. 安装、拆除专项施工方案的内容

塔式起重机的拆装方案一般应包括以下内容：

（1）整机及部件的安装或拆卸的程序与方法。

（2）安装过程中应检测的项目以及应达到的技术要求。

（3）关键部位的调整工艺应达到的技术条件。

（4）需使用的设备、工具、量具、索具等的名称、规格、数量及使用注意事项。

（5）作业工位的布置、人员配备（分工种、等级）以及承担的工序分工。

（6）安全技术措施和注意事项。

（7）需要特别说明的事项。

2. 安装前的准备工作

拆装作业前，应进行一次全面检查，以防止任何隐患存在，确保安全作业。

（1）检查路基祁轨道铺设或混凝土固定基础是否符合技术要求。混凝土强度等级不应低于 C35，基础表面平整度偏差小于 1/1000。

（2）对所拆装塔式起重机的各机构、各部位、结构焊缝、重要部位螺栓、销轴、卷扬机构和钢丝绳、吊钩、吊具以及电气设备、线路等进行检查，发现问题应及时处理。

（3）对自升塔式起重机顶升液压系统的液压缸和油管、顶升套架结构、导向轮、挂靴爬爪等进行检查，发现问题应及时处理。

（4）对拆装人员所使用的工具、安全带、安全帽等进行全面检查，不合格者应立即更换。

（5）检查拆装作业中的辅助机械，如起重机、运输汽车等必须性能良好，技术要求能保证拆装作业的需要。

（6）检查电源闸箱及供电线路，保证电力正常供应。

（7）检查作业现场有关情况，如作业场地、运输道路等是否已具备拆装作业条件。

（8）技术人员和作业人员应符合规定要求。

（9）安全措施应符合要求。

3. 拆装作业中的安全技术

（1）塔式起重机的拆装作业必须在白天进行，如需加快进度，可在具备良好的照明条件的夜间做一些拼装工作。不得在大风、浓雾和雨雪天进行拆除工作。

（2）在拆装作业的全过程，必须保持现场的整洁和秩序。周围不得堆存杂物，以免妨碍作业并影响安全。在放置起重机金属结构的下面，必须垫放枋子，防止损坏结构或造成结构变形。

（3）安装架设用的钢丝绳及其连接和固定，必须符合标准和满足安装上的要求。

（4）在进行逐件组装或部件安装之前，必须对部件各部分的完好情况、连接情况和钢丝绳穿绕情况、电气线路等进行全面检查。

（5）在拆装起重臂和平衡臂时，要始终保持起重机的平衡，严禁只拆装一个臂就中断作业。

（6）在拆装作业过程中，如突然发生停电、机械故障、天气骤变等情况不能继续作业，或已到作业时间必须停机时，必须使起重机已安装、拆卸的部位达到稳定状态并已固定牢靠，所有结构件已连接牢固，塔顶的重心线处于塔底支撑四边中心处，再经过检查确认妥善后，方可停止作业。

（7）安装时，应按安全要求使用规定的螺栓、销、轴等连接件，螺栓紧固时应符合规定的预紧力，螺栓、销、轴都要有可靠的防松动或保护装置。

（8）在安装起重机时，必须将大车行走限位装置和限位器碰块安装牢固可靠，并将各部位的栏杆、平台、护链、扶杆、护圈等安全防护装置安装齐全。

（9）安装作业的程序，辅助设备、索具、工具以及地锚构筑等，均应遵照该机使用说明书中的规定或参照标准安装工艺执行。

3.5.3.5 顶升作业的安全技术

（1）顶升前，必须检查液压顶升系统各部件的连接情况，并调整好顶升套架导向滚轮与塔身的间隙，然后放松电缆，其长度略大于顶升高度，并紧固好电缆卷筒。

（2）顶升作业必须在专人指挥下操作，非作业人员不得登上顶升套架的操作台，操作室内只准一人操作，严格听从信号指挥。

（3）风力在四级以上时，不得进行顶升作业。如在作业中风力突然加大时，必须立即停止作业，并使上下塔身连接牢固。

（4）顶升时，必须使起重臂和平衡臂处于平衡状态，并将回转部分制动住。严禁回转起重臂及其他作业。顶升中如发现故障，必须立即停止顶升进行检查，待故障排除后方可继续顶升。如短时间内不能排除故障，应将顶升套架降到原位，并及时将各连接螺栓紧固。

（5）在拆除回转台与塔身标准节之间的连接螺栓（销子）时，如出现最后一处螺栓拆装困难，应将其对角方向的螺栓重新插入，再采取其他措施。不得以旋转起重臂动作来松动螺栓（销子）。

（6）顶升时，必须确认顶升撑脚稳妥就位后，方可继续下一动作。

（7）在顶升工作中，应随时注意液压系统压力变化，如有异常，应及时检查调整。还要有专人用经纬仪测量塔身垂直度变化情况，并做好记录。

（8）顶升到规定高度后，必须先将塔身附在建筑物上，方可继续顶升。

（9）拆卸过程顶升时，其注意事项同上述除（5）以外的其他 7 项规定要求。但锚固装置决不允许提前拆卸，只有降到附着节时方可拆除。

（10）安装和拆卸工作的顶升完毕后，各连接螺栓应按规定的预紧力紧固，顶升套架导向滚轮与塔身吻合良好，液压系统的左、右操纵杆应在中间位置，并切断液压顶升机构的电源。

3.5.3.6 附着锚固作业安全技术

（1）建筑物预埋附着支座处的受力强度，必须经过验算，能满足塔式起重机在工作或非工作状态下的荷载。

（2）应根据建筑施工总高度、建筑结构特点以及施工进度要求等情况，确定附着方案。

（3）在装设附着框架和附着杆时，要通过调整附着杆的距离，保证塔身的垂直度。

（4）附着框架应尽可能设置在塔身标准节的节点连接处，箍紧塔身，塔架对角处应设斜撑加固。

（5）随着塔身的顶升接高而增设的附着装置应及时附着于建筑物。附着装置以上的塔身自由高度一般不得超过 40m。

（6）布设附着支座处必须加配钢筋并适当提高混凝土的强度等级。

（7）拆卸塔式起重机时，应随着降落塔身的进程拆除相应的附着装置。严禁在落塔之前先拆除附着装置。

（8）遇有六级及以上大风时，禁止拆除附着装置。

（9）附着装置的安装、拆卸、检查及调整均应有专人负责，并遵守高空作业安全操作规程的有关规定。

3.5.3.7　内爬升作业安全技术

（1）内爬升作业应在白天进行。当风力超过五级时，应停止作业。

（2）爬升时，应加强上部楼层与下部楼层之间的联系，遇有故障及异常情况，应立即停机检查，故障未经排除，不得继续爬升。

（3）在爬升过程中，禁止进行起重机的起升、回转、变幅等各项动作。

（4）起重机爬升到指定楼层后，应立即拔出塔身底座的支承梁和支腿，并通过爬升框架固定在楼板上，同时要顶紧导向装置或用楔块塞紧，使起重机能承受垂直和水平荷载。

（5）内爬升塔式起重机的固定间隔一般不得小于3个楼层。

（6）凡置有固定爬升框架的楼层，应在楼板下面增设支柱做临时加固。搁置起重机底座支承梁的楼层下方两层楼板，也应设置支柱做临时加固。

（7）每次爬升完毕后，楼板上遗留下来的开孔，必须立即用钢筋混凝土封闭。

（8）起重机完成内爬作业后，必须检查各固定部位是否牢靠，爬升框架是否固定好，底座支承梁是否紧固，楼板临时支撑是否妥善等，确认无遗留问题存在，方可进行吊装作业。

3.5.3.8　安全操作注意事项

（1）塔吊司机和信号人员，必须具备相应的条件，且必须经专门培训持证上岗。司机对任何人发出的紧急停止信号，均应服从。

（2）实行专人专机管理，机长负责制，严格交接班制度。

（3）新安装的或经大修后的塔吊，必须按说明书要求进行整机试运转。

（4）塔吊距架空输电线路应保持安全距离。

起重机的任何部位与输电线路的距离应符合表3.14。

表 3.14　　　　　　塔式起重机与输电线路之间的安全距离

安全距离	电　　压/kV				
	<1	1~15	20~40	60~110	220
沿垂直方向/m	1.5	3.0	4.0	5.0	6.0
沿水平方向/m	1.0	2.5	2.0	4.0	6.0

（5）司机室内应配备适用的灭火器材。

（6）提升重物前，要确认重物的真实质量，要做到不超过规定的荷载，不得超载作业。

（7）两台塔吊在同一条轨道作业时，应保持安全距离。

两台同样高度的塔吊，其起重臂端部之间，应大于4m。两台塔吊同时作业，其吊物间距不得小于2m。

（8）轨道行走的塔吊，处于90°弯道上，禁止起吊重物。不得使用限位作为停止运行开关，提升重物，不得自由下落。

（9）操作中遇大风（六级以上）等恶劣气候，应停止作业，将吊钩升起，夹好轨钳。当风力达十级以上时，吊钩落下钩住轨道，并在塔身结构架上拉四根钢丝绳，固定在附近的建筑物上。

【例3.2】 起重机吊装过程中发生倒塌，致36人死。

1. 事故概况

2000年9月，甲方与作为承接方的乙方、丙方、丁方签订了600t×170m龙门起重机结构吊装合同书。合同中规定：甲方负责提供设计图纸、参数、现场地形及当地气象等资料。乙方负责吊装、安全、技术、质量等工作；配备和安装起重吊装所需的设备、工具（液压提升设备除外）；指挥、操作、实施起重机吊装全过程中的起重、装配、焊接等工作。丙方负责液压提升设备的配备、布置；操作、实施液压提升工作。丁方负责与甲方协调，为乙方、丙方的施工提供便利条件等。

2001年4月，乙方通过一个叫陈某的包工头与合同外另一戊方以包清工的承包方式签订了劳务合同。该合同虽然以戊方名义签约，但实际上，此项业务由陈某（戊方雇员，也不具有法人资格）承包，陈某招用了25名现场操作工人参加吊装工程。

2001年7月17日上午8时，在甲方的船坞工地，由乙方等单位承接安装的600t×170m龙门起重机在吊装主梁过程中发生倒塌事故，造成36人死亡、3人受伤，直接经济损失达8000多万元。

2. 事故原因分析

（1）直接原因。在吊装主梁过程中，由于违规指挥、操作，在未采取任何安全保障措施的情况下，放松了内侧缆风绳，致使刚性腿向外侧倾倒，并依次拉动主梁、塔架向同一侧倾坠、垮塌。刚性腿在缆风绳调整过程中受力失衡是事故的直接原因。

（2）主要原因。乙方第三分公司的施工现场指挥张某在发生主梁上小车碰到缆风绳而需要更改施工方案时，违反吊装工程方案中关于"在施工过程中，任何人不得随意改变施工方案的作业要求。如有特殊情况须进行调整，必须通过一定的程序以保证整个施工过程安全"的规定，未按程序编制修改书面作业指令和逐级报批，在未采取任何安全保障措施的情况下，下令放松刚性腿内侧的两根缆风绳，导致事故发生。

施工作业中违规指挥是事故的主要原因。

（3）重要原因。由乙方第三分公司编制、乙方批复的吊装工程方案中提供的施工阶段结构抗倾覆稳定验算资料不规范、不齐全；对甲方600t龙门起重机刚性腿的设计特点，特别是刚性腿顶部外倾710mm后的结构稳定性没有予以充分的重视；对主梁提升到47.6m时，主梁上小车碰到刚性腿内侧缆风绳这一可以预见的问题未予考虑，对此情况下如何保持刚性腿稳定这一关键施工过程更无定量的控制要求和操作要领。

吊装工程方案及作业指导书编制后，虽经规定程序进行了审核和批准，但有关人员及单位均未发现上述问题，使得吊装工程方案和作业指导书在重要环节上失去了指导作用。

吊装工程方案不完善、审批把关不严是事故的重要原因。

（4）关键原因。

1）施工现场组织协调不力。在吊装工程中，施工现场甲、乙、丙三方立体交叉作业，但没有及时形成统一、有效的组织协调机构来对现场进行严格管理。在主梁提升前的 7 月 10 日仓促成立的"600t 龙门起重机提升组织体系"，由于机构职责不明、分工不清，并没有起到施工现场总体调度及协调作用，致使施工各方不能相互有效沟通。乙方在决定更改施工方案、放松缆风绳后，未正式告知现场施工各方采取相应的安全措施，乙方也未明确将 7 月 17 日的作业具体情况告知甲方，导致甲方 23 名在刚性腿内作业的职工死亡。

2）安全措施不具体、不落实。6 月 28 日由工程各方参加的"确保吊装安全"专题安全工作会议上，在制订有关安全措施时，没有针对吊装施工的具体情况让各方进行充分研究并提出全面、系统的安全措施，有关安全要求中既没有对各单位在现场必要人员做出明确规定，也没有关于现场人员如何进行统一协调管理的条款，施工各方均未制定相应程序及指定具体人员对会上提出的有关规定进行具体落实。

施工现场缺乏统一严格的管理，安全措施不落实是事故伤亡扩大的关键原因。

综上所述，沪东"7·17"特大事故是一起由于吊装施工方案不完善，吊装过程中违规指挥、操作，缺乏统一严格的现场管理而导致的重大责任事故。

3. 事故处理建议

（1）张某，乙方第三分公司职工，甲方 600t 龙门起重机吊装工程 7 月 17 日施工现场指挥。作为 17 日施工现场指挥，对于主梁受阻问题，未按施工规定进行作业，安排人员放松刚性腿内侧缆风绳，导致事故发生。对事故负有直接责任，涉嫌重大工程安全事故罪，建议给予开除公职处分，移交司法机关处理。

（2）王某，中共党员，乙方第三分公司副经理。作为甲方 600t 龙门起重机吊装工程项目经理，忽视现场管理，未制订明确、具体的现场安全措施，明知 7 月 17 日要放松刚性腿内侧缆风绳，未采取有效保护措施，且事发时不在现场。对事故负有主要领导责任，涉嫌重大工程安全事故罪。建议给予开除公职、开除党籍处分，移交司法机关处理。

（3）陈某，戊方经理。作为法人代表，为赚取工程提留款，在对陈某承包项目及招聘人员未进行审查的情况下，允许陈某使用戊方名义进行承包，只管收取管理费而不对其进行实质性的管理。涉嫌重大工程安全事故罪，建议移交司法机关处理。

（4）陈某，中共党员，600t 龙门起重机吊装工程劳务工包工头。在不具备施工资质的情况下，借用戊方名义与电建公司签订承包协议，招聘没有资质证书人员进入施工队担任关键岗位技术工作，涉嫌重大工程安全事故罪，建议给予开除党籍处分，移交司法机关处理。

（5）史某，中共党员，乙方第三分公司副总工程师，甲方 600t 龙门起重机吊装工程项目技术负责人。在编制施工方案时，对主梁提升中主梁上小车碰到缆风绳这一应该预见的问题没有制订相应的预案，施工现场技术管理不到位。对事故负有重要责任，建议给予行政撤职、留党察看一年的处分。

（6）刘某，中共党员，乙方第三分公司副经理兼总工程师，主管生产、技术工作，审批把关不严，没有发现施工方案及作业指导书中存在的问题。对事故负有重要领导责任，建议给予行政撤职、留党察看一年的处分。

（7）刘某，乙方第三分公司党支部书记。贯彻党的安全生产方针政策不力，对公司在生产中存在的违规作业问题失察，安全生产教育抓办不力，对事故负有主要领导责任，建议给予撤销党内职务处分。

（8）汤某，中共党员，乙方副总工程师。在对施工方案复审时，技术把关不严，没有发现施工方案中主梁上小车碰到缆风绳的问题。对事故负有重要责任，建议给予行政降级、党内严重警告处分。

（9）李某，中共党员，乙方经理、公司党委委员。作为公司安全生产第一责任人，管理不力，没有及时发现、解决第三分公司在施工生产中存在的安全意识淡薄、施工安全管理不严格等问题。对事故负有主要领导责任，建议给予撤销行政职务、党内职务处分。

（10）施某，乙方董事长，党委书记。贯彻落实党和国家有关安全生产方针政策和法律法规不力。对事故负有领导责任，建议给予行政记大过、党内警告处分。

（11）瞿某，中共党员，甲方安全环保处科长。作为甲方600t龙门起重机吊装工程现场安全负责人，对制定的有关安全制度落实不力。对事故负有一定责任，建议给予行政记过处分。

（12）顾某，甲方600t龙门起重机吊装工程项目甲方协调人（甲方原副总经理）。对现场安全管理工作重视不够，协调不力。对事故负有领导责任，建议给予行政记过处分。

（13）乌某，机器人中心工程部负责人、600t龙门起重机吊装工程提升项目技术顾问，现场地面联络人。施工安全意识不强，安全管理、协调不力。对事故负有一定责任，建议给予行政记过处分。

（14）徐某，机器人中心主任，安全意识不强，对于机器人中心施工安全管理不力。对事故负有一定的领导责任，建议给予行政警告处分。

4. 教训和建议

（1）工程施工必须坚持科学的态度，严格按照规章制度办事，坚决杜绝有章不循、违章指挥、凭经验办事和抱侥幸心理的现象。

此次事故的主要原因是现场施工违规指挥所致，而施工单位在制订、审批吊装方案和实施过程中都未对甲方600t龙门起重机刚性腿的设计特点给予充分重视，只凭以往曾采用过的放松缆风绳的"经验"处理此次缆风绳的干涉问题。对未采取任何安全保障措施就完全放松刚性腿内侧缆风绳的做法，现场有关人员均未提出异议，致使电建公司现场指挥人员的违规指挥得不到及时纠正。此次事故的教训证明，安全规章制度是长期实践经验的总结，是用鲜血和生命换来的，在实际工作中，必须进一步完善安全生产的规章制度，并坚决贯彻执行，以改变那种纪律松弛、管理不严、有章不循的情况。不按科学态度和规定的程序办事，有法不依、有章不循、想当然、凭经验、靠侥幸是安全生产的大敌。今后在进行起重吊装等危险性较大的工程施工时，应明确禁止其他与吊装工程无关的交叉作业，无关人员不得进入现场，以确保施工安全。

（2）必须落实建设项目各方的安全责任，强化建设工程中外来施工队伍和劳动力的管理。

这次事故的最大教训是"以包代管"。为此，在工程的承包中，要坚决杜绝"以包代管、包而不管"的现象。首先是严格市场的准入制度，对承包单位必须进行严格的资质审查。在多单位承包的工程中，发包单位应当对安全生产工作进行统一协调管理。在工程合同的有关内容中必须对业主及施工各方的安全责任做出明确规定，并建立相应的管理和制约机制，以保证其在实际中得到落实。同时，在社会主义市场经济条件下，由于多种经济成分共同发展，出现利益主体多元化、劳动用工多样化趋势，特别是在建设工程中大量使用外来劳动力，增加了安全管理的难度。为此，一定要重视对外来施工队伍及临时用工的安全管理和培训教育。必须坚持严格的审批程序，严格执行先培训后上岗的制度，对特种作业人员要严格培训考核、发证，做到持证上岗。此外，企业在进行重大施工之前，应主动向所在地安全生产监督管理机构备案，各级安全生产监督管理机构应当加强监督检查。

（3）要重视和规范高等院校参加工程施工时的安全管理，使"产、学、研"相结合，走上健康发展的轨道。

在高等院校科技成果向产业化转移过程中，高等院校以多种形式参加工程项目技术咨询、服务或直接承接工程的现象越来越多。但从这次调查发现的问题来看，高等院校教职员工在介入工程时一般都存在工程管理及现场施工管理经验不足，不能全面掌握有关安全规定，施工风险意识、自我保护意识差等问题，而一旦发生事故，善后处理难度最大，极易成为引发社会不稳定的因素。有关部门应加强对高等院校所属单位承接工程的资质审核，在安全管理方面加强培训，高等院校要对参加工程的单位加强领导，加强安全方面的培训和管理，要求其按照有关工程管理及安全生产的法规和规章制定完善的安全规章制度，并实行严格管理，以确保施工安全。

【**例 3.3**】 超载起吊导致倾翻折臂事故。

1. 事故概况

2006 年某月某日，某公司在一建设工地用一 50t 汽车起重机进行卸煤沟廊道板墙钢筋上料施工时，准备将一批钢筋放置在廊道西侧双排架子上面，此时就位半径约 20m，起重工捆绑挂好吊钩后，操作工按起重工指挥信号先由拖拉机上吊起（此时回转半径 14m），然后摆杆、爬杆，在爬杆过程中，致使起重机倾翻折臂，造成四、五节臂损坏，操作人员在起重机前倾离地 1～1.5m 时从驾驶室跳出，幸未造成人员伤亡。

2. 事故原因分析

事故发生后，经勘查现场、测量分析得知：此次吊起的是直径为 25 的钢筋，长 3.6m，共 168 根，计为 2.3t，而该汽车起重机的力矩限制器损坏后还未恢复。另外，前一天晚上有一操作人员加班一通宵，此次白天发生事故时只有另一名操作人员在操作。钢筋就位半径约为 20m，而该起重机在 $R=20m$ 时的净起重量仅为 2.2t。在力矩限制器未恢复好的情况下，操作人员对所吊重物的重量轻信施工人员所提供的口头数据，说"不超过 2t 重"。由此可见，此次事故的主要原因就是操作人员在起重机力矩限制器失灵的情况下，未对起吊重物的重量做详细核实，同时对就位半径也没有实测、搞清楚，思想麻痹，责任心不强，且对起重机的起重力矩等基本概念等模糊，在具体操作时，对如此恶劣场地及全部伸出臂杆的工况没有做到仔细谨慎地操作，没有严格执行起重机安全操作规程及"十不吊"的规定。致使在操作中造成实际力矩大于起重机在本工况下的额定力矩而发生倾翻。另外，未有监护人员和起重指挥人员提供所吊重物的准确重量且缺乏作为一名起重指挥人员应具备的有关起重机性能方面的基本常识，是造成该事故的又一原因。

3. 事故教训

此次事故的教训是明显的。起重机安全保护装置（力矩限制器）要始终处于灵敏可靠状态，否则，要有可靠措施，确保操作人员搞清起吊重物重量和就位半径；按起重机安全操作规程，监护人员不能省去或离开工作岗位；起重机械操作人员一定要培训到位，确实明白起重机的性能，不能一知半解，起重指挥也要清楚起重机械性能，不能不顾情况盲目指挥，操作人员不能一味执行不明白机械性能的指挥人员的盲目指挥，要互相提醒，要从根本上弄懂"起重机在某一工况下起重力矩是额定的"这一基本道理。

4. 事故措施与预防

操作人员一定要培训且合格后方可上岗，一定要有责任心，一定要很清楚并很明白、很坚决地执行起重机械安全操作规程。起重机械安全保护装置损坏后要及时修复，在未修复期间一定要有相关的措施，以确保操作人员清楚起吊重物的重量和就位半径。起重机操作人员的配备一定要符合国家规定。特殊情况下，一定要采取特殊措施。

3.5.2 起重吊装典型案例分析

【扫码测试】

3.5 练习题

3.6 拆除与爆破工程施工安全技术

3.6.1 拆除工程概述

日新月异的城镇化建设带来了大量的拆除工程，随着城市建设规模的不断扩大，一些旧建筑物、构筑物就要被拆除。拆除工程就其施工难度、危险程度、作业条件等方面远甚于新建工程，它更加难以管理，且更容易发生安全事故。因此，在 2009 年发布的《危险性较大的分部分项工程安全管理办法》把拆除爆破工程列入其中。拆除工程过去主要以拆除砖木、砖混等简易结构为主，现在还有多层框架，从房屋拆除发展到烟囱、桥梁等构筑物拆除，在人口密集、周边管线和不明朗的情况下，拆除工作更易发生事故。

3.6.1.1 拆除工程施工常用的方法和施工准备

建筑物和构筑物拆除的方法很多，主要方法有 3 类：一是人工拆除，二是机械拆除，三是爆破拆除。无论采用哪种拆除方法，都应遵守安全生产法律法规和安全技术规程。

《建设工程安全生产管理条例》规定，建设单位在拆除工程施工 15 日前，将有关资料报拆除工程所在地县级以上建设行政主管部门或其他部门备案。提供的资料包括施工单位资质等级证明材料，拟拆除建筑物、构筑物及可能危及毗邻建筑物的说明，拆除工程的施工组织设计或方案，堆放、清除废弃物的措施。

3.6.1.2 安全技术交底

（1）应建立和坚持在工程开工前进行层层安全技术交底制度。安全技术交底要有书面材料，并进行详细讲解说明后，由交底人和被交底人双方签字确认。

（2）安全技术交底要求如下：

1）施工安全技术总措施应由组织编制该措施的技术负责人向项目工程施工负责人、施工技术负责人及施工管理人员进行安全技术交底。

2）单位工程施工安全技术措施应由组织编制该措施的负责人向各工种施工负责人、作业班组长进行安全技术交底。

各工种施工负责人在安排布置各作业班组施工任务时，应同时向作业班组的全体人员进行安全技术交底。

3）专项施工安全技术措施应由项目工程技术负责人向专业施工队伍（班组）全体作业人员进行安全技术交底。

4）各级专职安全管理人员应参加安全技术交底会，并监证。

（3）安全技术措施的实施。

1）安全技术措施中的各种安全设施、安全防护设备都应列入任务单，责任落实到班组、个人。工程项目安全管理人员应进行督查，并实行验收制度。

2）各级施工管理人员在检查生产的同时应检查安全技术措施落实情况，及时纠正不符合安全要求的状况，切实做到防患于未然。

3）所有安全设施、防护装置不得随意变动、拆除，如果确因生产作业需要将其暂时移位或拆除，必须向项目施工技术人员报告，并还应采取相应的暂时安全防范措施，作业完成后应立即复原。

4）各种安全设施、防护装置如有损坏的，必须及时整改，确保使用安全的可靠性。安全设施的拆除必须经项目工程技术负责人确认其已完成防护作用并批准后，方可拆除。

3.6.1.3 拆除工程施工的安全规定

拆除工程施工组织设计或方案应针对拟拆除的建筑物、构筑物的周围环境；建筑物、构筑物的结构类型；各部构件的受力状况；水、电、暖、燃气的布置情况；以及采用拆除施工方法等进行编制。施工组织设计的主要内容如下：

（1）现场安全监护人员名单及职责。

（2）有工程作业区周边的安全围挡及警示标牌设置要求。

（3）切断原给排水、电、暖、燃气等源头和拆除各种管道、线网的安全要求。拆除工程施工所需要的水、电，应另行设计专用的临时配电线路、供水管道。

（4）根据采用的拆除方法（人工拆除或机械拆除、爆破拆除）制订有针对性的安全作业措施。

（5）高处拆除作业应设计搭设专用的脚手架或作业平台。若作业人员站在（包括电焊机、氧气瓶等设备）拟拆除的建筑物结构、部分上操作，必须确定其结构是稳固的。

（6）拆除建（构）筑物应按自上而下对称顺序进行，先拆除非承重结构，再拆除承重结构。不得数层同时拆除。当拆除一部分时，与之相关联的其他部位应采取临时加固稳定措施，防止发生坍塌。

承重结构要等待它所承担的全部结构和荷重拆除后再进行拆除。

（7）拆除作业要设置溜放槽，将拆下的散碎材料顺槽溜下，较大的承重材料，应用绳或起重机吊下或运走，严禁向下抛掷。

（8）拆除石棉瓦及轻型材料屋面工程时，严禁拆除作业人员直接踩踏在石棉瓦及其他轻型板材上作业。必须使用移动板梯，同时板梯上端必须挂牢，防止发生高处坠落事故。

（9）遇有 6 级强风、大雨、大雾等恶劣天气，应暂停高处拆除工程作业。强风、雨后应检查高处作业安全设施的安全性，冬季应清除登高通道和作业面的雪、霜、冰块后再进行登高作业。

3.6.2 爆破拆除工程

爆破拆除工程应根据周围环境条件、拆除对象类别、爆破规模，按照现行国家标准《爆破安全规程》（GB 6722—2014）分为 A、B、C 三级，不同级别的爆破拆除工程有相应的设计施工难度。爆破拆除工程设计必须按级别经当地有关部门审核，做出安全评估和审查批准后方可实施。从事爆破拆除工程的施工单位，必须持有所在地有关部门核发的爆炸物品使用许可证，承担相应等级及以下级别的爆破拆除工程，爆破拆除设计人员应具有承担爆破拆除作业范围和相应级别的爆破工程技术人员作业证。从事爆破拆除施工的作业人员应持证上岗。

采用控制爆破拆除工程时必须遵守以下规定：

（1）必须经过爆破设计，对起爆点、引爆物、用药量和爆破程序进行严格计算。

（2）爆破材料严格分类存放在安全的库房内。

（3）要严格进行保管、领取、使用爆炸材料登记手续。

3.6.3 机械拆除工程

机械拆除是指以机械为主、人工为辅相配合的拆除施工方法。机械拆除的建筑一般为砖混结构，高度不超过 20m（或六层），面积不大于 5000m^2。

拆除时应从上至下，逐层分段进行拆除，先拆非承重结构，再拆承重结构，拆除框架结构建筑时，必须按楼板、次梁、主梁、柱子的顺序进行拆除。

拆除应按施工组织设计选定的机械设备及吊装方案进行施工，严禁超载作业或任意扩大使用范围。作业中机械不得同时回转、行走。

当进行高处拆除时，对于较大尺寸的构件或沉重的材料，必须使用起重机具及时吊下。

采用双机抬吊作业时，每台起重机荷载不得超过允许荷载的 80%，且应对第一吊进行试吊作业，施工中必须保持两台起重机同步作业。

起重机司机和信号指挥人员必须按照现行国家标准《起重吊运指挥信号》（GB 5082—1985）的规定作业。

在施工过程中，必须由专门人员负责随时监测被拆除建筑的结构状态，并应做好记录。

3.6.4 人工拆除工程

人工拆除是指人工采用非动力性工具进行的作业，采用手动工具进行人工拆除的建筑一般为砖木结构，高度不超过 6m（二层），面积不大于 1000m^2。

拆除施工应从上至下，按照先拆除楼板、非承重墙，再拆除梁、承重墙、柱的顺序依次进行，或依照先拆除非承重结构后拆除承重结构的原则进行。

分层拆除时作业人员应在脚手架或稳固的结构上操作，被拆除的构件应有安全的放置场所。

人工拆除建筑墙体时，不得采用掏掘或推倒的方法。不得垂直交叉作业，作业面的孔洞应封闭。

拆除梁或悬挑构件时，应采取有效的下落控制措施，方可切断两端的支撑。

拆除柱子时，应先在柱子底部剔凿出钢筋，使用手动倒链定向牵引，再采用气焊切割柱子三面钢筋，保留牵引方向正面的钢筋。

拆除原用于有毒有害、可燃气体的管道及容器时，必须查清其残留物的种类、化学性质及残留量，采取相应措施后，方可拆除施工。

严禁向下抛掷拆除的垃圾。

【扫码测试】

3.6 练习题

小 结

本章着重介绍了建筑施工安全专业基础知识、土方及基坑工程、模板及脚手架工程、高处作业、起重吊装、建筑机械、建筑物拆除等方面的安全技术，内容较多。通过学习，使学生了解施工现场各工种的安全技术控制内容，为今后工作实践和成为一个合格的建设工程行业安全管理人员奠定了一定的理论基础。

第4章 施工现场管理与文明施工

【学习目标】 掌握施工平面布置原则和划分要求；掌握施工现场场容管理的具体要求；掌握临时设施的搭设与使用管理；掌握文明工地的建设标准；了解临时设施的种类和布置原则；了解文明工地的申报；熟悉施工现场的卫生和防疫。

【知识点】 施工现场进行平面布置和划分；施工现场场容管理；施工现场设施管理；施工现场卫生和防疫；文明工地的申报。

【技能】 能对施工现场进行平面布置和划分；能对施工现场进行场容管理；能进行文明工地的申报。

施工现场的管理与文明施工是安全生产的重要组成部分。安全生产是树立以人为本的管理理念，保护社会弱势群体的重要体现；文明施工是现代化施工的一个重要标志，是施工企业一项基础性的管理工作，坚持文明施工具有重要意义。安全生产与文明施工是相辅相成的，建筑施工安全生产不但要保证职工的生命和财产安全，还要加强现场管理，节约能源资源，保护环境，创建整洁文明、井然有序的施工现场，改善建设工程施工现场的工作环境与生活条件，保障施工人员的身心健康，同时这对提高投资效益和保证工程质量也具有深远意义。

4.1 施工现场的平面布置与划分

施工现场的平面布置图是施工组织设计的重要组成部分，必须科学合理地规划，绘制出施工现场平面布置图，在施工实施阶段按照施工总平面图要求，设置道路、组织排水、搭建临时设施、堆放物料和设置机械设备等。

4.1.1 施工总平面图编制的依据

（1）工程所在地区的原始资料，包括建设、勘察、设计单位提供的资料。

（2）原有和拟建建筑工程的位置和尺寸。

（3）施工方案、施工进度和资源需要计划。

（4）全部施工设施建造方案。

（5）建设单位可提供的房屋和其他设施。

4.1.2 施工平面布置的原则

（1）满足施工要求，场内道路畅通，运输方便，各种材料能按计划分期分批进场，充分利用场地。

（2）材料尽量靠近使用地点，减少二次搬运。

（3）现场布置紧凑，减少施工用地。

（4）在保证施工顺利进行的条件下，尽可能减少临时设施搭设，尽可能利用施工现场附近的原有建筑物作为施工临时设施。

（5）临时设施的布置应便于工人生产和生活，办公用房靠近施工现场，福利设施应在生活区范围之内。

（6）平面图布置应符合安全、消防、环境保护的要求。

4.1.3　施工总平面图表示的内容

（1）拟建建筑的位置、平面轮廓。

（2）施工用机械设备的位置。

（3）塔式起重机轨道、运输路线及回转半径。

（4）施工运输道路，临时供水、排水管线，消防设施。

（5）临时供电线路及变配电设施位置。

（6）施工临时设施位置。

（7）物料堆放位置与绿化区域位置。

（8）围墙与入口位置。

4.1.4　现场功能区域划分要求

施工现场按照功能可划分为施工作业区、辅助作业区、材料堆放区和办公及生活区。施工现场的办公及生活区应当与作业区分开设置，并保持安全距离。办公及生活区应当设置于在建建筑物坠落半径之外，与作业区之间设置防护措施，进行明显的划分隔离，以免人员误入危险区域；办公及生活区如果设置在建筑物坠落半径之内，则必须采取可靠的防砸措施。功能区规划时还应考虑交通、水电、消防和卫生、环保等因素。

这里的生活区是指建设工程作业人员集中居住、生活的场所，包括施工现场以内和施工现场以外独立设置的生活区。施工现场以外独立设置的生活区是指施工现场内无条件建立生活区，在施工现场以外搭设的用于作业人员居住生活的临时用房或者集中居住的生活基地。

4.1.5　施工总平面图布置要点

（1）设置大门，引入场外道路。施工现场宜考虑设置两个以上大门。大门应考虑周边路网情况、转弯半径和坡度限制，大门的高度和宽度应满足车辆运输需要，尽可能考虑与加工场地、仓库位置的有效衔接。

（2）布置大型机械设备。布置塔吊时，应考虑其覆盖范围、可吊构件的重量以及构件的运输和堆放；同时应考虑塔吊的附墙杆件及使用后的拆除和运输。布置混凝土泵的位置时，应考虑泵管的输送距离、混凝土罐车行走方便，一般情况下，立管位置应相对固定且固定牢固，泵车可以现场流动使用。

（3）布置仓库、堆场。一般应接近使用地点，其纵向宜与交通线路平行，尽可能利用现场设施卸货；货物装卸需要时间长的仓库应远离路边。

（4）布置加工厂。总的指导思想是使材料和构件的运输量最小，垂直运输设备发挥较大的作用；工作有关联的加工厂适当集中。

（5）布置场内临时运输道路。施工现场的主要道路应进行硬化处理，主干道应有排水措施。临时运输道路要把仓库、加工厂、堆场和施工点贯穿起来，按货运量大小设计双行干道或单行循环道以满足运输和消防要求。

（6）布置临时房屋。

1）尽可能利用已建的永久性房屋为施工服务，如不足再修建临时房屋。临时房屋应尽量利用可装拆的活动房屋且满足消防要求。有条件的应使生活区、办公区和施工区相对独立。

2）办公用房宜设在工地入口处。

3）作业人员宿舍一般宜设在现场附近，方便工人上下班；有条件时也可设在场区内。作业人员用的生活福利设施宜设在人员相对集中的地方，或设在出入必经之处。

4）食堂宜布置在生活区，也可视条件设在施工区与生活区之间。如果现场条件不允许，也可采用送餐制。

（7）布置临时水、电管网和其他动力设施。临时总变电站应设在高压线进入工地最近处，尽量避免高压线穿过工地。

4.1.1 施工现场的平面布置与划分

临时水池、水塔应设在用水中心和地势较高处。管网一般沿道路布置，供电线路应避免与其他管道设在同一侧，同时支线应引到所有用电设备使用地点。应按批准的《××工程临时水、电施工技术方案》组织设施。

施工总平面图应按绘图规则、比例、规定代号和规定线条绘制，把设计的各类内容分类标绘在图上，标明图名、图例、比例尺、方向标记、必要的文字说明等。

【扫码测试】

4.1 练习题

4.2 施工现场场容管理

4.2.1 场地

施工现场的场地应当整平，清除障碍物，无坑洼和凹凸不平，雨季不积水，暖季应适当绿化。施工现场应具有良好的排水系统，设置排水沟及沉淀池，现场废水不得直接排入市政污水管网和河流；现场存放的油料、化学溶剂等应设有专门的库房，地面应进行防渗漏处理。地面应当经常洒水，对粉尘源进行覆盖遮挡。

4.2.2 道路

（1）施工现场的道路应畅通，应当有循环干道，满足运输、消防要求。

（2）主干道应当平整、坚实，且有排水措施，硬化材料可以采用混凝土、预制块或用石屑、煤渣、砂石等压实整平，保证不沉陷、不扬尘，防止泥土带入市政道路。

（3）道路应当中间起拱，两侧设排水设施，主干道宽度单行道不小于4m，双行道不小于6m。木材场两侧应有6m宽通道，端头处应有12m×12m回车场，消防车道不小于4m，载重汽车转弯半径不宜小于15m，如因条件限制，应当采取措施。

（4）道路的布置要与现场的材料、构件、仓库等堆场、吊车位置相协调和配合。

（5）施工现场主要道路应尽可能利用永久性道路，或先建好永久性道路的路基，在土建工程结束之前再铺路面。

4.2.3　封闭管理

施工现场的作业条件差，不安全因素多，在作业过程中既容易伤害作业人员，也容易伤害现场以外的人员。因此，施工现场必须实施封闭式管理，将施工现场与外界隔离，防止"扰民"和"民扰"问题，同时保护环境、美化市容。工程施工围挡如图 4.1 所示。

（a）彩钢围挡

（b）彩喷绘围挡

（c）砖砌围挡

（d）办公区与施工区围挡

图 4.1　工程施工围挡

4.2.3.1　围挡

（1）施工现场围挡应沿工地四周连续设置，不得留有缺口，并根据地质、气候、围挡材料进行设计与计算，确保围挡的稳定性、安全性。

（2）围挡的用材应坚固、稳定、整洁、美观，宜选用砌体、金属材板等硬质材料，不宜使用彩布条、竹笆或安全网等。

（3）市区主要路段的施工现场围挡高度不应低于 2.5m，一般路段围挡高度不应低于 1.8m，围挡应牢固、稳定、整洁。距离交通路口 20m 范围内占据道路施工设置的围挡，其 0.8m 以上部分应采用通透性围挡，并应采取交通疏导和警示措施。

市区主要路段、一般路段由当地行政主管部门划分。施工现场设置封闭围挡的目的是防止人员随意出入，减少施工作业影响周围环境的情况发生。硬质围挡是指采用砌体、金属板材等材料设置的围挡。通透性围挡是指采用金属网等可透视材料设置的围挡。交通路口包括环岛、十字路口、丁字路口、直角路口和单独设置的人行横道。

（4）禁止在围挡内侧堆放泥土、砂石等散状材料以及架管、模板等，严禁将围挡做挡土墙使用。

（5）雨后、大风后以及春融季节应当检查围挡的稳定性，发现问题及时处理。

4.2.3.2　大门

（1）施工现场应当有固定的出入口，出入口处应设置大门。

（2）施工现场的大门应牢固、美观，大门上应标有企业名称或企业标志。

（3）出入口处应当设置专职门卫、保卫人员，制定门卫管理制度及交接班记录制度。

（4）施工现场的施工人员应当佩戴工作卡。

4.2.4　"五牌一图"与"两栏一报"

《建筑施工安全检查标准》（JGJ 59—2021）中"文明施工"一节规定：施工现场的进口处应有整齐明显的"五牌一图"，在办公区、生活区设置"两栏一报"。

（1）五牌指工程概况牌、管理人员名单及监督电话牌、消防保卫牌、安全生产牌、文明施工牌，一图指施工现场总平面图。

（2）各地区也可根据情况再增设其他牌图，如工程效果图。"五牌"具体内容没有做具体规定，可结合本地区、本企业及本工程特点设置。

工程概况牌内容一般有工程名称、面积、层数、建设单位、设计单位、施工单位、监理单位、监督单位、开竣工日期、项目经理以及联系电话等。

（3）标牌是施工现场重要标志的一项内容，所以不但内容应有针对性，同时标牌制作、挂设也应规范、整齐及美观，字体工整。

（4）为进一步对职工做好安全宣传工作，要求施工现场在明显处应有必要的安全内容的标语。

（5）施工现场应该设置"两栏一报"，即读报栏、宣传栏和黑板报，丰富学习内容，表扬好人好事。

4.2.5　安全标志布置与悬挂

施工现场应当根据工程特点及施工的不同阶段，有针对性地设置、悬挂安全标志。

4.2.5.1　安全标志

安全标志是指提醒人们注意的各种标牌、文字、符号以及灯光等。一般来说，安全标志包括安全色和安全标志。根据《安全色》（GB 2893—2008）规定，安全色是表达安全信息含义的颜色，安全色分为红、黄、蓝、绿四种颜色，分别表示禁止、警告、指令和提示。根据《安全标志及其使用导则》（GB 2894—2008）规定，安全标志是用于表达特定信息的标志，由图形符号、安全色、几何图形（边框）或文字构成。安全标志分为禁止标志、警告标志、指令标志和提示标志4种，如图4.2～图4.5所示。

禁止标志，禁止人们的不安全行为。禁止标志的几何图形是带斜杠的圆环，其中圆环与斜杠相连用红色，图形符号用黑色，背景用白色。红色，传递禁止、停止、危险或提示消防设备、设施的信息。警告标志，提醒人们对周围环境引起注意，以免可能发生的危险。警告标志的几何图形是黑色的正三角形、黑色符号和黄色背景。黄色，传递注意、警告的信息。指令标志，强制人们必须做出某种动作或采取防范措施。指令标志的几何图形是圆形，蓝色背景，白色图形符号。蓝色，传递必须遵守规定的指令性信息。提示标志，向人们提供某种信息（如标明安全设施或场所等）。提示标志的几何图形通常是方形（增

图 4.2　红色禁止标志

图 4.3　黄色警告标志

图 4.4　蓝色指令标志

紧急出口　　　　　　　　　避险处　　　　　　　　　紧急出口

图 4.5　绿色提示标志

加辅助标志时可以是矩形），绿色背景，白色图形符号及文字。绿色，传递安全的提示性信息。

经风险评估认为评估区域内的观察者可能不熟悉该安全标志时，使用的安全标志应带有能够传达安全标志含义的辅助文字，称为补充标志，是对前述四种标志的补充说明，以防误解。补充标志分为横写和竖写两种。横写的为长方形，写在标志的下方，可以和标志连在一起，也可以分开；竖写的写在标志上部。补充标志的颜色：竖写的，均为白底黑字；横写的，用于禁止标志的用红底白字，用于警告标志的用白底黑字，用带指令标志的用蓝底白字。

提示目标位置的提示性标志应加方向辅助标志。按实际需要指示方向时，辅助标志应放在图形标志的左方；指示右向时，辅助标志应放在图形标志的右方。多个安全标志牌设置在一起时，应按警告、禁止、指令、提示类型的顺序从左到右、从上到下排列。

4.2.5.2 设置悬挂安全标志的意义

施工现场施工机械和机具种类多、高空与交叉作业多、临时设施多、不安全因素多、作业环境复杂，属于危险因素较大的作业场所，容易造成人身伤亡事故。在施工现场的危险部位和有关设备、设施上设置安全标志，是为了提醒、警示进入施工现场的管理人员、作业人员和有关人员，要时刻认识到所处环境的危险性，随时保持清醒和警惕，避免事故发生。

4.2.5.3 安全标志平面布置图

施工单位应当根据工程项目的规模、施工现场的环境、工程结构形式以及设备、机具的位置等情况，确定危险部位，有针对性地设置安全标志。施工现场应绘制安全标志平面布置图，根据施工不同阶段的施工特点，组织人员有针对性地进行设置、悬挂或增减。

安全标志设置位置的平面图是重要的安全工作内业资料之一，当一张图不能表明时可以分层表明或分层绘制。安全标志设置位置的平面图应由绘制人员签名，项目负责人审批。

4.2.5.4 安全标志的设置与悬挂

根据《建设工程安全生产管理条例》第二十八条规定："施工单位应当在施工现场入口处、施工起重机械、临时用电设施、脚手架、出入通道口、楼梯口、电梯井口、孔洞口、桥梁口、隧道口、基坑边沿、爆破物及有害危险气体和液体存放处等属于危险部位，设置明显的安全标志。安全标志必须符合国家标准。"

安全标志设置的场所及类型应根据工程的具体情况和需要确定，有关示例见表 4.1。消防安全标志的设置应符合《消防安全标志设置要求》（GB 15630—1995）和《消防安全标志　第 1 部分：标志》（GB 13495.1—2015）的有关规定。场地内道路交通标志和标线的设置应符合《道路交通标志和标线》（GB 5768）（所有部分）的有关规定。工程中有关管路着色见表 4.2。

表 4.1　　　　　　　　安全标志类型、颜色、设置场所、内容

标志类型	安全色	设置场所	标志内容
禁止标志	红色	人可能坠入的孔、槽、井、坑、池、沟等	禁止跨越
		易燃易爆品等仓库、车库入口处	禁止烟火
		电力变压器、高压配电装置、线路杆塔等带电设备的爬梯	禁止攀登、高压危险
警告标志	黄色	电气设备的防护围栏	当心触电
		人可能坠入的孔、槽、井、坑、池的防护栏杆	当心坠落
		机修间、修配厂车间入口处	当心机械伤人

续表

标志类型	安全色	设　置　场　所	标志内容
警告标志	黄色	超过 55°的斜梯	当心滑跌
		主要交通道口	当心车辆
		露天油库，汽车库、存储易燃、可燃品的仓库等处	当心火灾
		有可燃气体、爆炸物或爆炸性混合气体的场所	当心爆炸
指令标志	蓝色	施工区入口处	必须戴安全帽
		密封区域施工	注意通风
提示标志	绿色	拌合楼	地点
		安全疏散通道	安全通道、太平门
		通往安全出口的疏散出口	安全出口
		通向安全出口的疏散路线上	疏散方向
		安全避险处所	避险区
消防设施标志	红色	灭火设备集中摆放的位置	灭火设备
		手提式灭火器的位置	手提式灭火器
		推车式灭火器的位置	推车式灭火器
		地上消火栓的位置	地上消火栓

表 4.2　　　　　　　　　工程中有关管路着色

管道类别	着色	管道类别	着色
供油管	红色	排水管	绿色
排油管	黄色	压缩空气管	白色
供水管	蓝色	消防水管	红色

4.2.6　材料的堆放

4.2.6.1　一般要求

（1）建筑材料的堆放应当根据用量大小、使用时间长短、供应与运输情况确定，用量大、使用时间长、供应运输方便的，应当分期分批进场，以减小堆场和仓库面积。

（2）施工现场各种工具、构件、材料的堆放必须按照总平面图规定的位置放置。

（3）位置应选择适当，便于运输和装卸，应减少二次搬运。

（4）地势较高、坚实、平坦、回填土应分层夯实，要有排水措施，符合安全、防火的要求。

（5）应当按照品种、规格堆放，并设明显标牌，标明名称、规格和产地等。

（6）各种材料物品必须堆放整齐，如图 4.6 所示。

4.2.6.2　主要材料半成品的堆放

（1）大型工具应当一头见齐。

（2）钢筋应当堆放整齐，用方木垫起，不宜放在潮湿环境和暴露在外受雨水冲淋。

（3）砖应码成方垛，不准超高并距沟（槽）坑边不小于 0.5m，防止坍塌。

| （a）钢管堆放 | （b）木材堆放 |

图 4.6 施工现场材料堆放

（4）砂应堆成方，石子应当按不同粒径规格分别堆放成方。

（5）各种模板应当按规格分类堆放整齐，地面应平整、坚实，叠放高度一般不宜超过1.6m；大模板存放应放在经专门设计的存架上，应当采用两块大模板面对面存放，当存放在施工楼层上时，应当满足自稳角度并有可靠的防倾倒措施。

（6）混凝土构件堆放场地应坚实、平整，按规格、型号堆放，垫木位置要正确，多层构件的垫木要上下对齐，垛位不准超高；混凝土墙板宜设插放架，插放架要焊接或绑扎牢固，防止倒塌。

4.2.1 施工现场场容管理

4.2.6.3　场地清理

作业区及建筑物楼层内要做到工完场地清，拆模时应当随拆随清理运走，不能马上运走的应码放整齐。

各楼层清理的垃圾不得长期堆放在楼层内，应当及时运走，施工现场的垃圾也应分类集中堆放。

【扫码测试】

4.2 练习题

4.3 施 工 临 时 设 施

根据《建设工程施工现场环境与卫生标准》（JGJ 146—2013）规定，临时设施是指施工期间临时搭建、租赁及使用的各种建筑物、构筑物。临时设施必须合理选址、正确用材，确保使用功能和安全、卫生、环保、消防符合要求。

4.3.1　临时设施概述

4.3.1.1　临时设施的种类

（1）办公设施。包括办公室、会议室、保卫传达室。

（2）生活设施。包括宿舍、食堂、厕所、淋浴室、阅览娱乐室、卫生保健室。

（3）生产设施。包括材料仓库、防护棚、加工棚（站、厂，如混凝土搅拌站、砂浆搅拌站、木材加工厂、钢筋加工厂、金属加工厂和机械维修厂）、操作棚。

（4）辅助设施，包括道路、现场排水设施、围墙、大门、供水处、吸烟处。

4.3.1.2　临时设施的设计

施工现场搭建的生活设施、办公设施，两层以上、大跨度及其他临时房屋建筑物应当进行结构计算，绘制简单的施工图纸，并经企业技术负责人审批后方可搭建。临时建筑物设计应符合《建筑结构可靠度设计统一标准》（GB 50068—2001）、《建筑结构荷载规范》（GB 50009—2012）的规定。临时建筑物使用年限定为 5 年。临时办公用房、宿舍、食堂、厕所等建筑物结构重要性系数 $r_0＝1.0$，工地非危险品仓库等建筑物结构重要性系数 $r_0＝0.9$，工地危险品仓库按相关规定设计。临时建筑及设施设计可不考虑地震作用。

4.3.1.3　临时设施的选址

办公、生活临时设施的选址首先应考虑与作业区相隔离，保持安全距离。其次，位置的周边环境必须具有安全性，如不得设置在高压线下，也不得设置在沟边、崖边、河流边、强风口处、高墙下，以及滑坡、泥石流等灾害地质带上和山洪可能冲击到的区域。

安全距离是指，在施工坠落半径和高压线防电距离之外。建筑物高度为 2～5m，坠落半径为 2m；建筑物高度为 30m，坠落半径为 5m（如因条件限制，办公和生活区设置在坠落半径区域内，必须有防护措施）。1kV 以下裸露输电线，安全距离为 4m；330～550kV，安全距离为 15m（最外线的投影距离）。

4.3.1.4　临时设施的布置原则

（1）合理布局，协调紧凑，充分利用地形，节约用地。

（2）尽量利用建设单位在施工现场或附近能提供的现有房屋和设施。

（3）临时房屋应本着厉行节约、减少浪费的精神，充分利用当地材料，尽量采用活动式或容易拆装的房屋。

（4）临时房屋布置应方便生产和生活。

（5）临时房屋的布置应符合安全、消防和环境卫生的要求。

4.3.1.5　临时设施的布置方式

（1）生活性临时房屋布置在工地现场以外，生产性临时设施按照生产的需要在工地选择适当的位置，行政管理的办公室等应靠近工地或是工地现场出入口。

（2）生活性临时房屋设在工地现场以内时，一般布置在现场的四周或集中于一侧。

（3）生产性临时房屋，如混凝土搅拌站、钢筋加工厂、木材加工厂等，应全面分析比较后确定位置。

4.3.1.6　临时房屋的结构类型

（1）活动式临时房屋。如钢骨架活动房屋、彩钢板房。

（2）固定式临时房屋。主要为砖木结构、砖石结构和砖混结构；临时房屋应优先选用钢骨架彩板房，生活、办公设施不宜选用菱苦土板房。

4.3.2　临时设施的搭设与使用管理

4.3.2.1　办公室

施工现场应设置办公室，办公室内布局应合理，文件资料宜归类存放，并应保持室内清洁卫生。

4.3.2.2 职工宿舍

（1）宿舍应当选择在通风、干燥的位置，防止雨水、污水流入。

（2）不得在尚未竣工建筑物内设置员工集体宿舍。

（3）宿舍内应保证必要的生活空间，室内净高不得小于 2.5m，通道宽度不得小于 0.9m，宿舍人员人均面积不得小于 2.5m²，每间宿舍居住人员不得超过 16 人；宿舍应有专人负责管理，床头宜设置姓名卡。

（4）施工现场生活区宿舍、休息室必须设置可开启式外窗，床铺不应超过 2 层，不得使用通铺。

（5）施工现场宜采用集中供暖，使用炉火取暖时应采取防止一氧化碳中毒的措施，彩钢板活动房严禁使用炉火或明火取暖。

（6）宿舍内应有防暑降温措施。宿舍应设置生活用品专柜、鞋柜或鞋架、垃圾桶等生活设施，生活区应提供晾晒衣物的场所和晾衣架。

（7）宿舍照明电源宜选用安全电压，采用强电照明的宜使用限流器，生活区宜单独设置手机充电柜或充电房间。

宿舍条件对居住人员身心健康有重大影响。可开启式外窗是指可以打开通风采光的外窗，并作为应急逃生通道。床铺超过 2 层，人员上下存在安全隐患，个人空间受限。通铺不能保证私人空间，容易造成传染病，且不利于应急逃生。

彩钢板活动房是一种以型钢为骨架、以夹芯板为墙板材料的经济型临建房屋。彩钢板活动房内使用炉火取暖容易引发火灾。

4.3.2.3 食堂

（1）食堂应设置在远离厕所、垃圾站、有毒有害场所等有污染源的地方。

（2）食堂应设置隔油池，并应定期清理。

（3）食堂应设置独立的制作间、储藏间，门扇下方应设不低于 0.2m 的防鼠挡板；制作间灶台及周边应采取宜清洁、耐擦洗措施，墙面处理高度大于 1.5m，地面应做硬化和防滑处理，并保持墙面、地面整洁。

（4）食堂应配备必要的排风和冷藏设施，宜设置通风天窗和油烟净化装置，油烟净化装置应定期清理。

（5）食堂宜使用电炊具。使用燃气的食堂，燃气罐应单独设置存放间并应加装燃气报警装置，存放间应通风良好并严禁存放其他物品。供气单位资质应齐全，气源应有可追溯性。

（6）食堂制作间的炊具宜存放在封闭的橱柜内，刀、盆、案板等炊具应生熟分开。

（7）食堂制作间、锅炉房、可燃材料库房及易燃易爆危险品库房等应采用单层建筑，应与宿舍和办公用房分别设置，并应按相关规定保持安全距离。临时用房内设置的食堂、库房和会议室应设在首层。

隔油池是指在生活用水排入市政管道前设置的隔离漂浮油污进入市政管道的池子。防鼠挡板是采用金属材料或金属材料包裹，防止鼠类啃咬的挡板。油烟净化装置是利用物理或化学方法对油烟进行收集、分离的净化处理设备。食堂、库房和会议室设在首层是为了便于应急疏散，并防止使用荷载超限。不燃材料指现行国家标准《建筑材料及制品燃烧性能分级》（GB 8624—2012）中的 A 级材料。

4.3.2.4 厕所

（1）施工现场应设置水冲式或移动式厕所，厕所地面应硬化，门窗应齐全并通风良好。

（2）侧位宜设置门及隔板，高度不应小于 0.9m。

（3）厕所面积应根据施工人员数量设置。

（4）厕所应设专人负责，定期清扫、消毒，化粪池应及时清掏。

（5）高层建筑施工超过 8 层时，宜每隔 4 层设置临时厕所。

4.3.2.5 防护棚

施工现场的防护棚较多，如加工站厂棚、机械操作棚、通道防护棚等。

大型站厂棚可用砖混、砖木结构，并应进行结构计算，保证结构安全。小型防护棚一般采用钢管扣件脚手架搭设，并应严格按照《建筑施工扣件式钢管脚手架安全技术规范》（JGJ 130—2011）的要求搭设。

防护棚顶应当满足承重、防雨要求，在施工坠落半径之内的，棚顶应当具有抗砸能力。可采用多层结构，最上层材料强度应能承受 10kPa 的均布静荷载，也可采用 50mm 厚木板架设或采用两层竹笆，上、下竹笆层间距应不小于 600mm。

4.3.2.6 搅拌站

（1）搅拌站应有后上料场地，应当综合考虑砂石堆场、水泥库的设置位置，既要相互靠近，又要便于材料的运输和装卸。

（2）搅拌站应当尽可能设置在垂直运输机械附近，在塔式起重机吊运半径内，尽可能缩短混凝土、砂浆水平运输距离。采用塔式起重机吊运时，应当留有起吊空间，使吊斗能方便地从出料口直接挂钩起吊和放下；采用小车、翻斗车运输时，应当设置在大路旁，以方便运输。

（3）搅拌站场地四周应当设置沉淀池、排水沟。

1）避免清洗机械时，造成场地积水。

2）清洗机械用水应沉淀后循环使用，节约用水。

3）避免将未沉淀的污水直接排入城市排水设施和河流。

（4）搅拌站应当搭设搅拌棚，挂设搅拌安全操作规程和相应的安全标志、混凝土配合比牌，采取防止扬尘措施，冬季施工还应考虑保温、供热等。

4.3.2.7 仓库

（1）仓库的面积应通过计算确定，根据各个施工阶段需要的先后进行布置。

（2）水泥仓库应当选择地势较高、排水方便、靠近搅拌机的地方。

（3）易燃易爆品仓库的布置应当符合防火、防爆安全距离要求。

（4）仓库内各种工具器件物品应分类集中放置，设置标牌，标明规格、型号。

（5）易燃易爆和剧毒物品不得与其他物品混放，并建立严格的进出库制度，由专人管理。

4.3.2.8 其他临时设施

（1）淋浴间内应设置满足需要的淋浴喷头，并应设置储衣柜或挂衣架。

（2）施工现场应设置满足施工人员使用的盥洗设施；盥洗设施的下水管口应设置过滤网，并应与市政污水管线连接，排水应畅通。

（3）生活区应设置开水炉、电热水器或保温水桶，施工区应配备流动保温水桶；开水炉、电热水器、保温水桶应上锁并由专人负责管理。

4.3.1 施工临时设施

（4）文体活动室应配备电视机、书报、杂志等文体活动设施、用品。

（5）未经施工总承包单位批准，施工现场和生活区不得使用电热器具。

【扫码测试】

4.3 练习题

4.4 施 工 现 场 绿 色 施 工

绿色施工是工程建设中实现环境保护的一种手段，在保证质量、安全等基本要求的前提下，通过科学管理和技术进步，最大限度地节约资源与减少对环境负面影响的施工活动，实现节能、节地、节水、节材和环境保护。

4.4.1 节约能源资源

（1）施工总平面布置、临时设施的布置设计及材料选用应科学合理，节约能源。临时用电设备及器具应选用节能型产品。施工现场宜利用新能源和可再生能源。

（2）施工现场宜利用拟建道路路基作为临时道路路基。临时设施应利用既有建筑物、构筑物和设施。土方施工应优化施工方案，减少土方开挖和回填量。

（3）施工现场周转材料宜采用金属、化学合成材料等可回收再利用产品代替，并应加强保养维护，提高周转率。

（4）施工现场应合理安排材料进场计划，减少二次搬运，并应实行限额领料。

（5）施工现场办公应利用信息化管理，减少办公用品的使用及消耗。

（6）施工现场生产生活用水、用电等资源能源的消耗应实行计量管理。

（7）施工现场应保护地下水资源。采取施工降水时应执行国家及当地有关水资源保护的规定，并应综合利用抽排出的地下水。

（8）施工现场应采用节水器具，并应设置节水标识。

（9）施工现场宜设置废水回收、循环再利用设施，宜对雨水进行收集利用。

（10）施工现场应对可回收再利用物资及时分拣、回收、再利用。

4.4.2 建设工程施工现场环境保护

建设工程项目必须满足有关环境保护法律法规的要求，在施工过程中注意环境保护，对企业发展、员工健康和社会文明有重要意义。

环境保护是按照法律法规、各级主管部门和企业的要求，保护和改善作业现场的环境，控制现场的各种粉尘、废水、废气、固体废物、噪声、振动等对环境的污染和危害。

环境保护也是文明施工的重要内容之一。

国家关于保护和改善环境、防治污染的法律法规主要有《中华人民共和国环境保护法》《中华人民共和国大气污染防治法》《中华人民共和国固体废物污染环境防治法》《中华人民共和国环境噪声污染防治法》等，施工单位在施工时应当自觉遵守。

4.4.2.1 建设工程施工现场环境保护的要求和措施

（1）根据《中华人民共和国环境保护法》和《中华人民共和国环境影响评价法》的有关规定，建设工程项目对环境保护的基本要求如下：

1）涉及依法划定的自然保护区、风景名胜区、生活饮用水水源保护区及其他需要特别保护的区域时，应当符合国家有关法律法规及该区域内建设工程项目环境管理的规定，不得建设污染环境的工业生产设施；建设的工程项目设施的污染物排放不得超过规定的排放标准；已经建成的设施，其污染物排放超过排放标准的，限期整改。

2）开发利用自然资源的项目，必须采取措施保护生态环境。

3）建设工程项目选址、选线、布局应当符合区域规划、流域规划和城市总体规划。

4）应满足项目所在区域环境质量、相应环境功能区划和生态功能区划标准或要求。

5）拟采取的污染防治措施应确保污染物排放达到国家和地方规定的排放标准，满足污染物总量控制要求；涉及可能产生放射性污染的，应采取有效预防和控制放射性污染措施。

6）建设工程应当采用节能、节水等有利于环境与资源保护的建筑设计方案、建筑材料、装修材料、建筑构配件及设备。建筑材料和装修材料必须符合国家标准。禁止生产、销售和使用有毒有害物质超过国家标准的建筑材料和装修材料。

7）尽量减少建设工程施工中所产生的干扰周围生活环境的噪声。

8）应采取生态保护措施，有效预防和控制生态破坏。

9）对环境可能造成重大影响、应当编制环境影响报告书的建设工程项目，可能严重影响项目所在地居民生活环境质量的建设工程项目，以及存在重大意见分歧的建设工程项目，环保部门可以举行听证会，听取有关单位、专家和公众的意见，并公开听证结果，说明对有关意见采纳或不采纳的理由。

10）建设工程项目中防治污染的设施，必须与主体工程同时设计、同时施工、同时投产使用。防治污染的设施必须经原审批环境影响报告书的环境保护行政主管部门验收合格后，该建设工程项目方可投入生产或者使用。防治污染的设施不得擅自拆除或者闲置，确有必要拆除或者闲置的，必须征得所在地的环境保护行政主管部门同意。

新建工业企业和现有工业企业的技术改造，应当采用资源利用率高、污染物排放量少的设备和工艺，采用经济合理的废弃物综合利用技术和污染物处理技术。

排放污染物的单位，必须依照国务院环境保护行政主管部门的规定申报登记。

禁止引进不符合我国环境保护规定要求的技术和设备。

任何单位不得将产生严重污染的生产设备转移给没有污染防治能力的单位使用。

（2）《中华人民共和国海洋环境保护法》规定：在进行海岸工程建设和海洋石油勘探开发时，必须依照法律的规定，防止对海洋环境的污染损害。

（3）建设工程施工现场环境保护的措施。

工程建设过程中的污染主要包括对施工场界内的污染和对周围环境的污染。对施工场界内的污染防治属于职业健康安全问题，而对周围环境的污染防治是环境保护的问题。

建设工程环境保护措施主要包括大气污染的防治、水土污染的防治、噪声污染的防治、固体废物的处理以及施工照明污染的防治等。

4.4.2.2 大气污染的防治

1. 大气污染物的分类

大气污染物的种类有数千种，已发现有危害作用的有100多种，其中大部分是有机物。大气污染物通常以气体状态和粒子状态存在于空气中。

2. 施工现场空气污染的防治措施

（1）施工现场的主要道路要进行硬化处理。裸露的场地和堆放的土方应采取覆盖、固化或绿化等措施。

施工现场的主要道路是指机动车行驶的道路。硬化处理指采用铺设混凝土、碎石等方法，并根据气候条件定期洒水，防止扬尘污染。

（2）施工现场土方作业应采取防止扬尘措施，主要道路应定期清扫、洒水。

（3）拆除建筑物或者构筑物时，应采取隔离、洒水等降噪、降尘措施，并及时清理废弃物。

（4）土方和建筑垃圾的运输必须采用封闭式运输车辆或采取覆盖措施。施工现场出口处应设置车辆冲洗设施，并应对驶出的车辆进行清洗。

使用封闭式车辆或采取覆盖措施是为了防止车辆在运输过程中造成遗撒。车辆冲洗设施应设在施工现场车辆出口处。对车辆进行冲洗是为了防止车轮等部位将泥沙带出施工现场，造成扬尘污染。

（5）建筑物内垃圾应采用容器或搭设专用封闭式垃圾道的方式清运，严禁凌空抛掷。

使用容器运输或搭设专用封闭式垃圾道清运垃圾可有效避免高空坠物及扬尘污染。高空坠物和凌空抛掷极易造成人身伤害。

（6）施工现场严禁焚烧各类废弃物。施工现场焚烧废弃物容易引发火灾，燃烧过程中会产生有毒有害气体造成环境污染。

（7）在规定区域内的施工现场应使用预拌制混凝土及预拌砂浆。采用现场搅拌混凝土或砂浆的场所应采取封闭、降尘、降噪措施。水泥和其他易飞扬的细颗粒建筑材料应密闭存放或采取覆盖等措施。

使用预拌混凝土及预拌砂浆的规定区域，应依据《关于限期禁止在城市城区现场搅拌混凝土的通知》（商改发〔2003〕341号）和《关于在部分城市限期禁止现场搅拌砂浆工作的通知》（商改发〔2007〕205号）及当地政府相关部门的规定执行。

（8）当市政道路施工进行铣刨、切割等作业时，应采取有效的防扬尘措施。灰土和无机料应采用预拌进场，碾压过程中应洒水降尘。

（9）城镇、旅游景点、重点文物保护区及人口密集区的施工现场应使用清洁能源。清洁能源指燃气、燃油、电能、太阳能等。

（10）施工现场的机械设备、车辆的尾气排放应符合国家环保排放标准。

（11）当环境空气质量指数达到中度及以上的污染时，施工现场应增加洒水频次，加强覆盖措施,减少易造成大气污染的施工作业。

现行行业标准《环境空气质量指数(AQI)技术规定》(HJ 633—2012)规定,AQI指数在151~200之间为中度污染。当环境空气质量指数达到中度及以上污染时,施工现场应在原有大气污染防治措施基础上加大控制力度,并按当地政府相关部门的规定暂停易造成大气污染的施工作业。

4.4.2.3　水土污染的防治

1. 水土污染物主要来源

(1)工业污染源。指各种工业废水向自然水体的排放。

(2)生活污染源。主要有食物废渣、食油、粪便、合成洗涤剂、杀虫剂、病原微生物等。

(3)农业污染源。主要有化肥、农药等。

施工现场废水和固体废物随水流流入水体部分,包括泥浆、水泥、油漆、各种油类、混凝土添加剂、重金属、酸碱盐、非金属无机毒物等。

2. 施工过程中水土污染的防治措施

(1)施工现场应设置排水管及沉淀池,施工污水应经沉淀处理达到排放标准后,方可排入市政污水管网。根据现行行业标准《污水排入城镇下水道水质标准》(GB/T 31962—2015)的规定,施工污水的水质监测由城镇排水监测部门负责。

(2)废弃的降水井应及时回填,并应封闭井口,防止污染地下水。

(3)施工现场临时厕所的化粪池应进行防渗漏处理。

(4)施工现场存放的油料和化学溶剂等物品应设置专用库房,地面应进行防渗漏处理。

(5)施工现场的危险废物应按国家有关规定处理,严禁填埋。危险废物以《国家危险废物名录》(环境保护令第1号)为准。施工现场常见的危险废物包括废弃油料、化学溶剂包装桶、色带、硒鼓、含油棉丝、石棉、电池等。

4.4.2.4　噪声污染的防治

1. 噪声的分类

按噪声来源可分为交通噪声(如汽车、火车、飞机等)、工业噪声(如鼓风机、汽轮机、冲压设备等)、建筑施工噪声(如打桩机、推土机、混凝土搅拌机等发出的声音)、社会生活噪声(如高音喇叭、收音机等)。噪声妨碍人们正常休息、学习和工作,为防止噪声扰民,应控制人为强噪声。

根据国家标准《建筑施工场界环境噪声排放标准》(GB 12523—2011)的要求,建筑施工现场噪声排放限值昼间75dB、夜间55dB。昼间是指6:00至22:00之间的时段,夜间是指22:00至次日6:00之间的时段。夜间噪声最大声级超过限值的幅度不得高于15dB。

2. 施工现场噪声的控制措施

噪声控制技术可从声源、传播途径、接收者防护等方面来考虑。

(1)声源控制。

1)从声源上降低噪声,这是防止噪声污染的最根本措施。

2）尽量采用低噪声设备和加工工艺代替高噪声设备和加工工艺，如低噪声振捣器、风机、电动空气压缩机、电锯等。

3）在声源处安装消声器消声，即在通风机、鼓风机、压缩机、燃气机、内燃机及各类排气放空装置等进出风管的适当位置设置消声器。

（2）传播途径控制。

1）吸声。利用吸声材料（大多由多孔材料制成）或由吸声结构形成的共振结构（金属或木质薄板钻孔制成的空腔体）吸收声能，降低噪声。

2）隔声。应用隔声结构，阻碍噪声向空间传播，将接收者与噪声声源分隔。隔声结构包括隔声室、隔声罩、隔声屏障、隔声墙等。

3）消声。利用消声器阻止传播。允许气流通过的消声降噪是防治空气动力性噪声的主要装置。例如，对空气压缩机、内燃机产生的噪声等。

4）减振降噪。对来自振动引起的噪声，通过降低机械振动减小噪声。例如，将阻尼材料涂在振动源上，或改变振动源与其他刚性结构的连接方式等。

（3）接收者防护。让处于噪声环境下的人员使用耳塞、耳罩等防护用品，减少相关人员在噪声环境中的暴露时间，以减轻噪声对人体的危害。

（4）严格控制人为噪声。

1）进入施工现场不得高声喊叫、无故甩打模板、乱吹哨，限制高音喇叭的使用，最大限度地减少噪声扰民。

2）凡在人口稠密区进行强噪声作业时，须严格控制作业时间，一般20：00到次日6：00之间停止强噪声作业。确系特殊情况必须昼夜施工时，尽量采取降低噪声措施，并会同建设单位找当地居委会、村委会或当地居民协调，出安民告示，求得群众谅解。

4.4.2.5 固体废物的处理

1. 建设工程施工工地上常见的固体废物

（1）建筑渣土。包括砖瓦、碎石、渣土、混凝土碎块、废钢铁、碎玻璃、废屑、废弃装饰材料等。

（2）废弃的散装大宗建筑材料。包括水泥、石灰等。

（3）生活垃圾。包括炊厨废物、丢弃食品、废纸、生活用具、废电池、废日用品、玻璃、陶瓷碎片、废塑料制品、煤灰渣、废交通工具等。

（4）设备、材料等的包装材料。

（5）粪便。

2. 固体废物的处理和处置

固体废物处理的基本思想是采取资源化、减量化和无害化的处理，对固体废物产生的全过程进行控制。固体废物的主要处理方法如下。

（1）回收利用。回收利用是对固体废物进行资源化的重要手段之一。例如，粉煤灰在建设工程领域的广泛应用就是对固体废物进行资源化利用的典型范例。又如，发达国家炼钢原料中有70%是利用回收的废钢铁，所以钢材可以看成是可再生利用的建筑材料。

（2）减量化处理。减量化是对已经产生的固体废物进行分选、破碎、压实浓缩、脱水等减少其最终处置量，减低处理成本，减少对环境的污染。在减量化处理的过程中，也包括和其他处理技术相关的工艺方法，如焚烧、热解、堆肥等。

（3）焚烧。焚烧用于不适合再利用且不宜直接予以填埋处置的废物，除有符合规定的装置外，不得在施工现场熔化沥青和焚烧油毡、油漆，亦不得焚烧其他可产生有毒有害和恶臭气体的废弃物。垃圾焚烧处理应使用符合环境要求的处理装置，避免对大气的二次污染。

（4）稳定和固化处理。稳定和固化处理是利用水泥、沥青等胶结材料，将松散的废物胶结包裹起来，减少有害物质从废物中向外迁移、扩散，使得废物对环境的污染减少。

4.4.1 施工现场绿色施工

（5）填埋。填埋是固体废物经过无害化、减量化处理的废物残渣集中到填埋场进行处置。禁止将有毒有害废弃物现场填埋，填埋场应利用天然或人工屏障。尽量使需处置的废物与环境隔离，并注意废物的稳定性和长期安全性。

4.4.2.6　施工照明污染的防治

夜间施工严格按照建设行政主管部门和有关部门的规定执行，对施工照明器具的种类、灯光亮度加以严格控制，特别是在城市市区居民居住区内，减少施工照明对城市居民的危害。

【扫码测试】

4.4　练习题

4.5　施工现场的卫生和防疫

为保障作业人员的身体健康和生命安全，改善作业人员的工作环境与生活环境，防止施工过程中各类疾病的发生，建设工程施工现场应加强环境卫生工作。环境卫生指施工现场生产、生活环境的卫生，包括食品卫生、饮水卫生、废污处理、卫生防疫等。

4.5.1　基本要求

（1）建设工程总承包单位应对施工现场的环境与卫生负总责，分包单位应服从总承包单位的管理。参建单位及现场人员应有维护施工现场环境与卫生的责任和义务。

（2）建设工程的环境与卫生管理应纳入施工组织设计或编制专项方案，应明确环境与卫生管理的目标和措施。

（3）施工现场应建立环境与卫生制度，落实管理责任制，应定期检查并记录。

（4）建设工程的参与建设单位应根据法律的规定，针对可能发生的环境、卫生等突发事件建立应急管理体系，制订相应的应急预案并组织演练。

（5）当施工现场发生有关环境、卫生等突发事件时，应按相关规定及时向施工现场所在地建设行政主管部门和相关部门报告，并应配合调查处置。

（6）施工人员的教育培训、考核应包括环境与卫生等有关内容。

4.5.2 卫生保健

（1）施工现场应设置保健卫生室，配备保健药箱、常用药及绷带、止血带、颈托、担架等急救器材，小型工程可以用办公用房兼作保健卫生室。

（2）施工现场应当配备兼职或专职急救人员，处理伤员和职工保健，对生活卫生进行监督和定期检查食堂、饮食等卫生情况。

（3）做好对职工卫生防病的宣传教育工作，针对季节性流行病、传染病等，利用板报等形式向职工介绍防病的知识和方法。

（4）当施工现场作业人员发生法定传染病、食物中毒、急性职业中毒时，必须在2h内向事故发生所在地建设行政主管部门和卫生防疫部门报告，并应积极配合调查处理。

（5）现场施工人员患有法定传染病或病源携带时，应及时进行隔离，并由卫生防疫部门进行处置。

4.5.3 保洁

办公区和生活区应设专职或兼职保洁员，负责卫生清扫和保洁，应有灭鼠、蚊、蝇、蟑螂等措施，并应定期投放和喷洒药物。

4.5.4 食堂卫生

（1）食堂必须有卫生许可证。

（2）炊事人员必须持有身体健康证，上岗应穿戴洁净的工作服、工作帽和口罩，并应保持个人卫生。

（3）炊具、餐具和饮水器具必须及时清洗消毒。

4.5.1 施工现场的卫生和防疫

（4）必须加强食品、原料的进货管理，做好进货登记，严禁购买无照、无证商贩经营的食品和原料，施工现场的食堂严禁出售变质食品。

【扫码测试】

4.5 练习题

4.6 职业病防范

4.6.1 建筑工程施工主要职业危害种类

根据《建筑行业职业病危害预防控制规范》（GBZ/T 211—2008），建筑行业常见职业危害分类如下。

4.6.1.1 粉尘危害

建筑行业在施工过程中产生多种粉尘，主要包括硅尘、水泥尘、电焊尘、石棉尘以及其他粉尘等。产生这些粉尘的作业主要有：

（1）硅尘产生于以下作业：挖土机、推土机、刮土机、铺路机、压路机、打桩机、钻孔机、凿岩机、碎石设备作业；挖方工程、土方工程、地下工程、竖井和隧道掘进作业；爆破作业；喷砂除锈作业；旧建筑物的拆除和翻修作业。

（2）水泥尘产生于以下作业：水泥运输、储存和使用。

（3）电焊尘产生于以下作业：电焊作业。

（4）石棉尘产生于以下作业：保温工程、防腐工程、绝缘工程作业，旧建筑物的拆除和翻修作业。

（5）其他粉尘产生于以下作业：木材加工产生木尘；钢筋、铝合金切割产生金属尘；炸药运输、储存和使用产生三硝基甲苯粉尘；装饰作业使用腻子粉产生混合粉尘；使用石棉代用品产生人造玻璃纤维、岩棉、渣棉粉尘。

4.6.1.2 噪声危害

建筑行业在施工过程中产生噪声，主要是机械性噪声和空气动力性噪声。产生噪声的作业主要有：

（1）机械性噪声产生于以下作业：凿岩机、钻孔机、打桩机、挖土机、推土机、刮土机、自卸车、挖泥船、升降机、起重机、混凝土搅拌机、传输机等作业；混凝土破碎机、碎石机、压路机、铺路机、移动沥青铺设机和整面机等作业；混凝土振动棒、电动圆锯、刨板机、金属切割机、电钻、磨光机、射钉枪类工具等作业；构架、模板的装卸、安装、拆除、清理、修复以及建筑物拆除作业等。

（2）空气动力性噪声产生于以下作业：通风机、鼓风机、空气压缩机、铆枪、发电机等作业；爆破作业；管道吹扫作业等。

4.6.1.3 高温危害

建筑施工活动多为露天作业，夏季受炎热气候影响较大，少数施工活动还存在热源（如沥青设备、焊接、预热等），因此建筑施工活动存在不同程度的高温危害。

4.6.1.4 振动危害

部分建筑施工活动存在局部振动和全身振动危害。产生局部振动的作业主要有混凝土振动棒、凿岩机、风钻、射钉枪类、电钻、电锯、砂轮磨光机等手动工具作业。产生全身振动的作业主要有挖土机、推土机、刮土机、移动沥青铺设机和整面机、铺路机、压路机、打桩机等施工机械以及运输车辆作业。

4.6.1.5 密闭空间危害

许多建筑施工活动存在密闭空间作业，主要包括：

（1）排水管、排水沟、螺旋桩、桩基井、桩井孔、地下管道、烟道、隧道、涵洞、地坑、箱体、密闭地下室等，以及其他通风不足的场所作业。

（2）密闭储罐、反应塔（釜）、炉等设备的安装作业。

（3）建筑材料装卸的船舱、槽车作业。

4.6.1.6 化学毒物危害

许多建筑施工活动可产生多种化学毒物，主要有：

（1）爆破作业产生氮氧化物、一氧化碳等有毒气体。

（2）油漆、防腐作业产生苯、甲苯、二甲苯、四氯化碳、酯类、汽油等有机蒸气，以及铅、汞、镉、铬等金属毒物；防腐作业产生沥青烟。

（3）涂料作业产生甲醛、苯、甲苯、二甲苯、游离甲苯二异氰酸酯以及铅、汞、镉、铬等金属毒物。

（4）建筑物防水工程作业产生沥青烟、煤焦油、甲苯、二甲苯等有机溶剂，以及石棉、阴离子再生乳胶、聚氨酯、丙烯酸树脂、聚氯乙烯、环氧树脂、聚苯乙烯等化学品。

（5）路面敷设沥青作业产生沥青烟等。

（6）电焊作业产生锰、镁、铬、镍、铁等金属化合物、氮氧化物、一氧化碳、臭氧等。

（7）地下储罐等地下工作场所作业产生硫化氢、甲烷、一氧化碳和导致缺氧状态。

4.6.1.7 其他因素危害

许多建筑施工活动还存在紫外线作业、电离辐射作业、高气压作业、低气压作业、低温作业、高处作业和可能接触生物因素作业影响等。

（1）紫外线作业主要有电焊作业、高原作业等。

（2）电离辐射作业主要有挖掘工程、地下建筑以及在放射性元素本底值高的区域作业，可能存在氡及其子体等电离辐射；X射线探伤、γ射线探伤时存在X射线、γ射线电离辐射。

（3）高气压作业主要有潜水作业、沉箱作业、隧道作业等。

（4）低气压作业主要有高原地区作业。

（5）低温作业主要有北方冬季作业。

（6）高处作业主要有吊臂起重机、塔式起重机、升降机作业等；脚手架和梯子作业等。

（7）可能接触生物因素作业主要有旧建筑物和污染建筑物的拆除、疫区作业等可能存在炭疽、森林脑炎、布氏杆菌病、虫媒传染病和寄生虫病等。

4.6.2 建筑工程施工易发的职业病类型

（1）硅尘肺。例如，碎石设备作业、爆破作业。

（2）水泥尘肺。例如，水泥搬运、投料、拌和作业。

（3）电焊尘肺。例如，手工电弧焊、气焊作业。

（4）锰及其化合物中毒。例如，手工电弧焊作业。

（5）氮氧化物中毒。例如，手工电弧焊、电渣焊、气割、气焊作业。

（6）一氧化碳中毒。例如，手工电弧焊、电渣焊、气割、气焊作业。

（7）苯中毒。例如，油漆作业、防腐作业。

（8）甲苯中毒。例如，油漆作业、防水作业、防腐作业。

（9）二甲苯中毒。例如，油漆作业、防水作业、防腐作业。

（10）中暑。例如，高温作业。

（11）手臂振动病。例如，操作混凝土振动棒、风镐作业。

（12）接触性皮炎。例如，混凝土搅拌机械作业、油漆作业、防腐作业。

（13）电光性皮炎。例如，手工电弧焊、电渣焊、气割作业。

（14）电光性眼炎。例如，手工电弧焊、电渣焊、气割作业。

（15）噪声致聋。例如，木工圆锯、平刨操作，无齿锯切割作业，卷扬机操作，混凝土振捣作业。

（16）苯致白血病。例如，油漆作业、防腐作业。

4.6.3　职业病的预防

4.6.3.1　工作场所的职业卫生防护与管理要求

（1）危害因素的强度或者浓度应符合国家职业卫生标准。

（2）有与职业病危害防护相适应的设施。

（3）现场施工布局合理，符合有害与无害作业分开的原则。

（4）有配套的卫生保健设施。

（5）设备、工具、用具等设施符合保护劳动者生理、心理健康的要求。

（6）法律法规和国务院卫生行政主管部门关于保护劳动者健康的其他要求。

4.6.3.2　生产过程中的职业卫生防护与管理要求

（1）要建立健全职业病防治管理措施。

（2）要采取有效的职业病防护设施，为劳动者提供个人使用的职业病防护用具、用品。防护用具、用品必须符合防治职业病的要求，不符合要求的不得使用。

（3）应优先采用有利于防治职业病和保护劳动者健康的新技术、新工艺、新材料、新设备，不得使用国家明令禁止使用的可能产生职业病危害的设备或材料。

（4）应书面告知劳动者工作场所或工作岗位所产生或者可能产生的职业病危害因素、危害后果和应采取的职业病防护措施。

（5）应对劳动者进行上岗前的职业卫生培训和在岗期间的定期职业卫生培训。

（6）对从事接触职业病危害作业的劳动者，应当组织在上岗前、在岗期间和离岗时的职业健康检查。

（7）不得安排未经上岗前职业健康检查的劳动者从事接触职业病危害的作业，不得安排有职业禁忌的劳动者从事其所禁忌的作业。

（8）不得安排未成年工从事接触职业病危害的作业，不得安排孕期、哺乳期的女职工从事对本人和胎儿、婴儿有危害的作业。

（9）用于预防和治理职业病危害、工作场所卫生检测、健康监护和职业卫生培训等费用，按照国家有关规定，应在生产成本中据实列支，专款专用。

4.6.3.3　劳动者享有的职业卫生保护权利

（1）有获得职业卫生教育、培训的权利。

（2）有获得职业健康检查、职业病诊疗、康复等职业病防治服务的权利。

4.6.1 职业病的防范

（3）有了解工作场所产生或者可能产生的职业病危害因素、危害后果和应当采取的职业病防护措施的权利。

（4）有要求用人单位提供符合防治职业病要求的职业病防护设施和个人使用的职业病防护用具、用品，改善工作条件的权利。

（5）对违反职业病防治法律法规以及危及生命健康的行为有提出批评、检举和控告的权利。

（6）有拒绝违章指挥和拒绝强令进行没有职业病防护措施作业的权利。

(7) 参与用人单位职业卫生工作的民主管理,对职业病防治工作有提出意见和建议的权利。

【扫码测试】

4.6 练习题

4.7 施工现场文明施工

文明施工是指保持施工现场良好的作业环境、卫生环境和工作秩序。因此,文明施工也是保护环境的一项重要措施。文明施工主要包括规范施工现场的场容,保持作业环境的整洁卫生;科学组织施工,使生产有序进行;减少施工对周围居民和环境的影响;遵守施工现场文明施工的规定和要求,保证职工的安全和身体健康。

文明施工可以适应现代化施工的客观要求,有利于员工的身心健康,有利于培养和提高施工队伍的整体素质,促进企业综合管理水平的提高,提高企业的知名度和市场竞争力。

4.7.1 建设工程现场文明施工的要求

依据《建筑施工安全检查标准》(JGJ 59—2021)等相关标准,文明施工的要求主要包括现场围挡、封闭管理、施工场地、材料堆放、现场住宿、现场防火、治安综合治理、施工现场标牌、生活设施、保健急救、社区服务11项内容。总体上应符合以下要求:

(1) 有整套的施工组织设计或施工方案,施工总平面布置紧凑,施工场地规划合理,符合环保、市容、卫生的要求。

(2) 有健全的施工组织管理机构和指挥系统,岗位分工明确,工序交叉合理,交接责任明确。

(3) 有严格的成品保护措施和制度,大小临时设施和各种材料构件、半成品按平面布置堆放整齐。

(4) 施工场地平整,道路畅通,排水设施得当,水电线路整齐,机具设备状况良好,使用合理,施工作业符合消防和安全要求。

(5) 搞好环境卫生管理,包括施工区、生活区环境卫生和食堂卫生管理。

(6) 文明施工应贯穿施工结束后的清场。

实现文明施工,不仅要抓好现场的场容管理,而且要做好现场材料、机械、安全、技术、保卫、消防和生活卫生等方面的工作。

4.7.2 建设工程现场文明施工的措施

4.7.2.1 加强现场文明施工的管理

1. 建立文明施工的管理组织

应确立项目经理为现场文明施工的第一责任人,以各专业工程师及施工质量、安全、材料、保卫等现场项目经理部人员为成员的施工现场文明管理组织，共同负责本工程现场文明施工工作。

2. 健全文明施工的管理制度

健全文明施工的管理制度包括建立各级文明施工岗位责任制，将文明施工工作考核列入经济责任制，建立定期的检查制度，实行自检、互检、交接检制度，建立奖惩制度，开展文明施工立功竞赛，加强文明施工教育培训等。

4.7.2.2　落实现场文明施工的各项管理措施

针对现场文明施工的各项要求，落实相应的各项管理措施。

1. 施工平面布置

施工总平面图是现场管理、实现文明施工的依据。施工总平面图应对施工机械设备、材料和构配件的堆场、现场加工场地，以及现场临时运输道路、临时供水供电线路和其他临时设施进行合理布置，并随工程实施的不同阶段进行场地布置和调整。

2. 现场围挡、标牌

（1）施工现场必须实行封闭管理，设置进出口大门，制定门卫制度，严格执行外来人员进场登记制度。沿工地四周连续设置围挡，围挡材料要求坚固、稳定、统一、整洁、美观。

（2）施工现场必须设有"五牌一图"。

（3）施工现场应合理悬挂安全生产宣传和警示牌，标牌悬挂牢固可靠，特别是主要施工部位、作业点和危险区域以及主要通道口都必须有针对性地悬挂醒目的安全警示牌。

3. 施工场地

（1）施工现场应积极推行硬地坪施工，作业区、生活区主干道地面必须用一定厚度的混凝土硬化，场内其他道路地面也应做硬化处理。

（2）施工现场道路畅通、平坦、整洁，无散落物。

（3）施工现场设置排水系统，排水畅通，不积水。

（4）严禁泥浆、污水、废水外流，或未经允许排入河道，严禁堵塞下水道和排水河道。

（5）施工现场适当地方设置吸烟处，作业区内禁止随意吸烟。

（6）积极美化施工现场环境，根据季节变化，适当进行绿化布置。

4. 材料堆放、周转设备管理

（1）建筑材料、构配件及其他料具必须按施工现场施工总平面图堆放，布置合理。

（2）建筑材料、构配件及其他料具等必须做到安全、整齐堆放（存放），不得超高。堆料分门别类，悬挂标牌，标牌应统一制作，标明名称、品种、规格、数量等。

（3）建立材料收发管理制度，仓库、工具间材料堆放整齐，易燃易爆物品分类堆放，专人负责，确保安全。

（4）施工现场建立清扫制度，落实到人，做到工完料尽场地清，车辆进出场应有防泥带出措施。建筑垃圾及时清运，临时存放现场的也应集中堆放整齐、悬挂标牌。不用的施工机具和设备应及时出场。

（5）施工设施、大模板、砖夹等集中堆放整齐，大模板成对放稳、角度正确。钢模及零配件、脚手扣件分类分规格集中存放。竹木杂料分类堆放、规则成方、不散不乱、不作他用。

5. 现场生活设施

（1）施工现场作业区与办公区、生活区必须明显划分，确因场地狭窄不能划分的，要有可靠的隔离栏防护措施。

（2）宿舍内应确保主体结构安全，设施完好。宿舍周围环境应保持整洁、安全。

（3）宿舍内应有保暖、消暑、防煤气中毒、防蚊虫叮咬等措施。严禁使用煤气灶、煤油炉、电饭煲、热得快、电炒锅、电炉等器具。

（4）食堂应有良好的通风和洁卫措施，保持卫生整洁，炊事员持健康证上岗。

（5）建立现场卫生责任制，设卫生保洁员。

（6）施工现场应设固定的男、女简易淋浴室和厕所，并要保证结构稳定、牢固和防风雨。实行专人管理、及时清扫，保持整洁，要有灭蚊蝇措施。

6. 现场消防、防火管理

（1）现场建立消防管理制度，建立消防领导小组，落实消防责任制和责任人员，做到思想重视、措施跟上、管理到位。

（2）定期对有关人员进行消防教育，落实消防措施。

（3）现场必须有消防平面布置图，临时设施按消防条例有关规定搭设，做到标准规范。

（4）易燃易爆物品堆放间、油漆间、木工间、总配电室等消防防火重点部位要按规定设置灭火器和消防沙箱，并有专人负责，对违反消防条例的有关人员进行严肃处理。

（5）施工现场用明火做到严格按动用明火规定执行，审批手续齐全。

7. 医疗急救的管理

展开卫生防病教育，准备必要的医疗设施，配备经过培训的急救人员，有急救措施、急救器材和保健医药箱。在现场办公室的显著位置张贴急救车和有关医院的电话号码等。

8. 社区服务的管理

建立施工不扰民的措施。现场不得焚烧有毒有害物质等。

9. 治安管理

（1）建立现场治安保卫领导小组，有专人管理。

（2）新入场的人员做到及时登记，做到合法用工。

（3）按照治安管理条例和施工现场的治安管理规定搞好各项管理工作。

（4）建立门卫值班管理制度，严禁无证人员和其他闲杂人员进入施工现场，避免安全事故和失盗事件的发生。

4.7.2.3　建立检查考核制度

对于建设工程文明施工，国家和各地大多制定了标准或规定，也有比较成熟的经验。在实际工作中，项目应结合相关标准和规定建立文明施工考核制度，推进各项文明施工措施的落实。

4.7.2.4 抓好文明施工建设工作

（1）建立宣传教育制度。现场宣传安全生产、文明施工、国家大事、社会形势、企业精神、优秀事迹等。

（2）坚持以人为本，加强管理人员和班组文明建设。教育职工遵纪守法，提高企业整体管理水平和文明素质。

（3）主动与有关单位配合，积极开展共建文明活动，树立企业良好的社会形象。

【扫码测试】

4.8 水利工程文明工地创建

为大力弘扬社会主义核心价值观，更好地发挥水利工程在国民经济和社会发展中的重要支撑作用，进一步提高水利工程建设管理水平，推进水利工程建设文明工地创建工作，倡导文明施工、安全施工，营造和谐建设环境，水利部组织对《水利建设工程文明工地创建管理暂行办法》（水精〔2012〕1 号）进行修订，并印发了《水利建设工程文明工地创建管理办法》（水精〔2014〕3 号），该办法共十七条。《水利建设工程文明工地创建管理暂行办法》（水精〔2012〕1 号）同时废止。

4.8.1 文明工地建设标准

4.8.1.1 体制机制健全

工程基本建设程序规范；项目法人责任制、招标投标制、建设监理制和合同管理制落实到位；建设管理内控机制健全。

4.8.1.2 质量管理到位

质量管理体制完善，质量保证体系和监督体系健全，参建各方质量主体责任落实，严格开展质量检测、质量评定，验收管理规范；工程质量隐患排查到位，质量风险防范措施有力，工程质量得到有效控制；质量档案管理规范，归档及时完整，材料真实可靠。

4.8.1.3 安全施工到位

安全生产责任制及规章制度完善；事故应急预案针对性、操作性强；施工各类措施和资源配置到位；施工安全许可手续健全，持证上岗到位；施工作业严格按相关规程规范进行，定期开展安全生产检查，无安全生产事故发生。

4.8.1.4 环境和谐有序

施工现场布置合理有序，材料、设备堆停管理到位；施工道路布置合理，维护常态跟进、交通顺畅；办公区、生活区场所整洁、卫生，安全保卫及消防措施到位；工地生态环境建设有计划、有措施、有成果；施工粉尘、噪声、污染等防范措施得当。

4.8.1.5 文明风尚良好

参建各方关系融洽，精神文明建设组织、措施、活动落实；职工理论学习、思想教育、法制教育常态化、制度化，教育、培训效果好，践行敬业、诚信精神；工地宣传、激励形式多样，安全文明警示标牌等醒目；职工业余文体活动丰富，队伍精神面貌良好；加强党风廉政建设，严格监督、遵纪守法教育有力，保证安全有手段。

4.8.1.6 创建措施有力

文明工地创建计划方案周密，组织到位，制度完善，措施落实；文明工地创建参与面广，活动形式多样，创建氛围浓厚；创建内容、手段、载体新颖，考核激励有效。

有下列情形之一的，不得申报文明工地：

（1）干部职工中发生违纪、违法行为，受到党纪、政纪处分或被刑事处罚的。

（2）发生较大及以上质量事故或生产安全事故的。

（3）被水行政主管部门或有关部门通报批评或进行处罚的。

（4）恶意拖欠工程款、农民工工资或引发当地群众发生群体事件，并造成严重社会影响的。

（5）项目建设单位未严格执行项目法人负责制、招标投标制和建设监理制的。

（6）项目建设单位未按照国家现行基本建设程序要求办理相关事宜的。

（7）项目建设过程中，发生重大合同纠纷，造成不良影响的。

（8）参建单位违反诚信原则，弄虚作假情节严重的。

4.8.2 创建与管理

（1）文明工地创建在项目法人的统一领导下进行。项目法人应将文明工地创建工作纳入工程建设管理的总体规划，负责组织设计、施工、监理单位等参建各方将创建活动贯穿工程建设全过程，并制订创建工作实施计划，采取切实可行的措施，确保各项创建工作落到实处。

（2）开展文明工地创建的单位，应做到组织机构健全、规章制度完善、岗位职责明确、档案资料齐全。

（3）文明工地创建应有扎实的群众基础，广泛开展技能比武、文明班组、青年文明号、岗位能手等多种形式的创建活动。

（4）文明工地创建要加强自身管理，根据新形势、新任务的要求，创新内容、创新手段、创新载体。要搞好日常的检查考核，建立健全激励机制，不断巩固、提高创建水平。

（5）获得文明工地的可作为水利建设市场主体信用评价、中国水利工程优质（大禹）奖和水利安全生产标准化评审的重要参考。

（6）在届期内凡发现有不得申报文明工地情形之一的，撤销其文明工地称号，且该工程不得参加下一届文明工地申报。

4.8.3 文明工地申报

文明工地实行届期制，每两年通报一次。在上一届期已是文明工地的，如符合条件，可继续申报下一届。

文明工地按下列程序申报：

（1）自愿申报。凡满足前述文明工地标准且符合下列申报条件的水利建设工地，即开展文明工地创建活动半年以上；工程项目已完成的工程量，应达全部建筑安装工程量的20％及以上，或在主体工程完工一年以内；工程进度满足总体进度计划要求的均可由项目法人按自愿原则申报。

申报文明工地的项目，原则上是以项目建设管理单位所管辖的一个工程项目或其中的一个或几个标段为单位的工程项目（或标段）为一个文明建设工地。

（2）考核复核。县级以上水行政主管部门负责受理文明工地创建申报申请，对申报单位进行现场考核，并逐级向上一级水行政主管部门推荐。省、自治区、直辖市水利（水务）厅（局）文明办与建管部门进行复核，并本着优中选优的原则提出推荐名单，经本单位精神文明建设指导委员同意后报水利部。

流域机构所属的工程项目，由流域机构文明办与建管部门进行考核，向本单位精神文明建设指导委员提出推荐名单。

中央和水利部直属工程项目由项目法人直接向水利部申报。

4.8.1　水利工程文明工地创建

水利部文明办、建设与管理司负责组织专家对文明工地进行审核，提出文明工地建议名单，报水利部精神文明建设指导委员会审定。

（3）公开公示。水利部精神文明建设指导委员会审议通过后，在水利部相关媒体上进行为期一周的公示，接受公众监督，公示期间有异议的，由水利部文明办、建设与管理司组织复核。

（4）发文通报。对符合条件的文明工地工程项目，正式发文予以通报。

【扫码测试】

4.8　练习题

小　结

本章主要介绍了施工平面布置的原则和划分要求，施工现场场容管理的具体要求；临时设施的种类和布置原则、搭设与使用管理；施工现场社区服务和环境保护，文明工地的建设标准和文明工地的申报；施工现场的卫生和防疫。

第5章　危险源的辨识与风险评价

【学习目标】　掌握危险源、重大危险源、风险的概念及危险源辨识的方法；熟悉并会结合危险源的辨识方法进行危险源的辨识与评价；了解危险源产生的原因。

【知识点】　危险、风险、危险源、重大危险源的概念；危险源辨识的方法；危险源控制的基本原则；危险源的分类；重大危险源辨识的方法。

【技能】　根据危险源的分类及辨识方法能够辨识、评价并有效控制系统中的危险源，尤其是重大危险源。

安全在人类生存、活动空间中永远处于第一位。安全问题之所以存在，一方面因为人类在探索自然、改造自然的过程中有盲区、有无知、有冒险；另一方面因为人的智力、知识的贫乏而引起的种种失误，以及社会的、心理的、教育的等因素影响会不自觉地制造各种危险。因此，危险伴随安全应运而生，随着安全的存在而存在，没有绝对的安全，安全和危险是一个相对的概念，危险也普遍存在于我们的生活和生产当中。

5.1　危险源的基本知识

5.1.1　危险源的相关概念

5.1.1.1　危险

危险是指某一系统、产品或设备或操作的内部和外部的一种潜在的状态，其发生可能造成人员伤害、职业病、财产损失、作业环境破坏的状态。

5.1.1.2　危险源

危险源是指可能造成人员伤害、疾病、财产损失、作业环境破坏的根源和状态，它在《职业健康安全管理体系要求及使用指南》（GB/T 45001—2020）中的定义为：可能导致人身伤害和（或）健康损害的根源、状态或行为，或其组合。

5.1.1.3　事故

事故一般是指造成人员死亡、伤害、职业病、财产损失或者其他损失的意外情况。

5.1.1.4　事故隐患

事故隐患泛指生产系统中可导致事故发生的人的不安全行为、物的不安全状态和管理上的缺陷。

《现代汉语词典》解释隐患为：潜藏着的祸患，即隐藏不露、潜伏的危险性大的事情或灾害。

5.1.1.5　重大危险源

重大危险源是指可能导致重大事故发生的危险源。它是长期或者临时地搬运、储存、使用、生产危险物质，且危险物质的数量等于或者超过了临界量的单元（包括场所和设施）。

也就是说，重大危险源是危险物质、危险设施、危险装置、危险场所，而不是危险源发展到一定的程度或级别后的状态。

单元是指一个（套）装置、设施或场所；或属于同一个工厂且边缘距离小于 500m 的几个（套）装置、设施或场所。

临界量是指对于某种或某类危险物质规定的数量。

5.1.1.6　风险及风险率

风险表示危险的程度。

风险率为衡量风险大小的指标，即事故发生的概率与事故损失严重度的乘积表示风险率。

$$风险率 = \frac{事故次数}{单位时间} \times \frac{事故损失}{事故次数} = \frac{事故损失}{单位时间} \tag{5.1}$$

5.1.1.7　风险评价

风险评价是评价风险程度并确定其是否在可承受范围的全过程。

5.1.2　危险源的产生

虽然危险源的表现形式不同，但从本质上讲其原因都可以归结为存在危险、有害物质或能量和危险，有害物质或能量失去控制。

前者称为第一类危险源，后者称为第二类危险源。例如，工作中发电机、变压器、油罐等，是产生、供给能量的装置、设备，为第一类危险源，能量的载体如带电的导体、行驶中的车辆等也属于第一类危险源。第二类危险源指导致能量或危险物质约束或限制措施破坏或失效的各种因素，因此其产生的主要原因是人的不安全行为、物的不安全状态、环境缺陷、管理缺陷，如人的失误会造成能量或危险物质控制系统故障，使屏蔽破坏或失效，从而导致事故发生；从安全功能的角度看，物的不安全状态也是物的故障。物的故障可能是固有的，由于设计、制造缺陷造成的；也可能由于维修、使用不当，或磨损、腐蚀、老化等造成的；人和物存在的环境，即生产作业环境中的温度、湿度、噪声、振动、照明或通风换气等方面的问题，会促使人的失误或物的故障发生；安全管理等方面的缺陷，也会使危险有害物质和能量失控发生，如管理制度不健全使员工疏忽大意、设备缺陷等。水利施工中常见的可能导致各类伤亡事故的第一类危险源见表 5.1。

表 5.1　　　　　　　　　　　水利事故中常见的危险源

事故类型	能量源或危险物的产生、储存	能量载体或危险物
物体打击	产生物体落下、抛出、破裂、飞散的设备、场所操作	落下、抛出、破裂、飞散的物体
车辆伤害	车辆，使车辆移动的牵引设备、坡道	运动的车辆
机械伤害	机械的驱动装置	机械的运动部分、人体
起重伤害	起重、提升机械	被吊起的重物
触电	电源装置	带电体、高跨步电压区域

事故类型	能量源或危险物的产生、储存	能量载体或危险物
灼烫	热源设备、加热设备、炉、灶、发热体	高温物体、高温物质
火灾	可燃物	火焰、烟气
高处坠落	高度差大的场所，人员借以升降的设备、装置	人体
坍塌	土石方工程的边坡、料堆、料仓、建筑物、构筑物	边坡土（岩）体、物料、建筑物、构筑物、载荷
岩爆（冒顶片帮）	地下洞室开挖（矿山采掘）空间的围岩体	顶板、两帮围岩
放炮、火药爆炸	炸药	
瓦斯爆炸	可燃性气体、可燃性粉尘	
锅炉爆炸	锅炉	蒸汽
压力容器爆炸	压力容器	内部容纳物
淹溺	江、河、湖、海、池塘、洪水、储水容器	水
中毒窒息	产生、储存、聚积有毒有害物质的装置、容器、场所	有毒有害物质

一起事故的发生往往是两类危险源共同作用的结果，所以两类危险源是相互关联、相互依存的。第一类危险源的存在是事故发生的前提，在事故发生时释放出的危险、有害物质和能量是导致人员伤害或财务损坏的主体，决定事故后果的严重程度；第二类危险源是第一类危险源造成事故的必要条件，决定了事故发生的可能性。因此，危险源识别的首要任务是辨识第一类危险源，在此基础上再辨识第二类危险源。

5.1.3 危险源的分类

为了便于危险源的辨识和分析，需要对危险源进行分类，危险源的分类方法多种多样，这里主要介绍按照导致事故和职业危害的直接原因分类、参照企业职工伤亡事故分类标准分类和按照职业健康分类三种分类方法。

5.1.3.1 按照导致事故和职业危害的直接原因分类

根据《生产过程危险和有害因素分类与代码》（GB/T 13861—2009）的规定，生产过程中的危险、有害因素分为以下四大类，此种分析方法所列的危险有害因素具体、详细、科学合理，适用于安全管理人员对危险源的辨识和分析，经过适当的选择和调整后，可作为危险源提示表使用。

1. 人的因素

人的因素包括心理、生理性危险和有害因素，行为性危险和有害因素。

（1）心理、生理性危险和有害因素。

1）负荷超限（体力、听力、视力、其他）。

2）健康状况异常。

3）从事禁忌作业。

4）心理异常（情绪异常、冒险心理、过度紧张、其他心理异常）。

5）辨识功能缺陷（感知延迟、辨识错误）。

6）其他心理、生理性危险、有害因素。

（2）行为性危险和有害因素。

1）指挥错误（指挥失误、违章指挥、其他指挥错误）。

2）操作失误（误操作、违章操作、其他操作失误）。

3）监护失误。

4）其他错误。

5）其他行为性危险、有害因素。

2. 物的因素

物的因素包括物理性危险和有害因素、化学性危险和有害因素、生物性危险和有害因素。

（1）物理性危险和有害因素。

1）设备、设施、工具、附件缺陷（强度不够、刚度不够、稳定性差、密封不良、耐腐蚀性差、应力集中、外形缺陷、外露运动件、操纵缺陷差、制动器缺陷、控制器缺陷、其他）。

2）防护缺陷（无防护、防护装置和设施缺陷、防护不当、支撑不当、防护距离不够、其他防护缺陷）。

3）电（带电部位裸露、漏电、静电、电火花、其他）。

4）噪声（机械性噪声、电磁性噪声、流体动力性、其他）。

5）振动危害（机械性振动、电磁性振动、其他）。

6）电磁辐射（电离辐射：X 射线、γ 射线、α 粒子、β 粒子、质子、中子、高能电子束等；非电离辐射：紫外线，激光、射频辐射、超高压电场、微波、超高频、高频电磁场、工频电场）。

7）运动物［抛射物、飞溅物、坠落物、反弹物、土/岩滑动、料堆（垛）滑动、气流卷动、其他］。

8）明火。

9）能造成灼伤的高温物质（高温气体、高温固体、高温液体、其他）。

10）能造成冻伤的低温物质（低温气体、低温固体、低温液体、其他）。

11）粉尘与气溶胶（不包括爆炸性、有毒性粉尘与气溶胶）。

12）作业环境不良（作业环境乱、基础下沉、安全过道缺陷、采光照明不良、有害光照、通风不良、缺氧、空气质量不良、给排水不良、涌水、强迫体位、气温过高、气温过低、气压过高、气压过低、高温高湿、自然灾害、其他作业环境不良）。

13）信号缺陷（无信号设施、信号选用不当、信号位置不当、信号不清、信号显示不准、其他信号缺陷）。

14）标志缺陷（无标志、标志不清楚、标志不规范、标志选用不当、标志位置缺陷、其他标志缺陷）。

15）其他物理性危险和有害因素。

（2）化学性危险和有害因素。

1）易燃易爆性物质（易燃易爆性气体、易燃易爆性液体、易燃易爆性固体、易燃易爆性粉尘与气溶胶、其他易燃易爆性物质）。

2）自燃性物质。

3）有毒物质（有毒气体、有毒液体、有毒固体、有毒粉尘与气溶胶、其他有毒物质）。

4）腐蚀性物质（腐蚀性气体、腐蚀性液体、腐蚀性固体、其他腐蚀性物质）。

5）其他化学性危险、有害因素。

（3）生物性危险和有害因素。

1）致病微生物（细菌、病毒、其他致病微生物）。

2）传染病媒介物。

3）致害动物。

4）致害植物。

5）其他生物性危险、有害因素。

3. 环境因素

环境因素包括室内作业场所环境不良、室外作业场所环境不良、地下（含水下）作业环境不良、其他作业环境不良。

（1）室内作业场所环境不良。房屋地基下沉，室内安全通道缺陷，房屋安全出口缺陷，采光照明不良，作业场所空气不良，室内温度、湿度、气压不适等。

（2）室外作业场所环境不良。恶劣气候与环境、作业场地和交通设施湿滑、作业场地狭窄、作业场地杂乱、作业场地不平。

（3）地下（含水下）作业环境不良。地下作业面空气不良、地下火、冲击地压。

（4）其他作业环境不良。

4. 管理因素

（1）职业安全卫生组织机构不健全。

（2）职业安全卫生责任制未落实。

（3）职业安全卫生安全管理规章制度不完善。

（4）职业安全卫生投入不足。

（5）职业健康管理不完善。

（6）其他管理因素缺陷。

5.1.3.2 参照企业职工伤亡事故分类标准分类

参照《企业职工伤亡事故分类》（GB 6441—86），综合考虑起因物、引起事故的诱导性原因、致害物、伤害方式等特点，将危险源和危险源造成的事故分为20类。此种分类方法所列的危险源与企业职工伤亡事故处理调查、分析、统计、职业病处理及职工安全教育的规定一致，简单、容易理解。

（1）物体打击。指物体在重力或其他外力的作用下产生运动，打击人体造成人身伤亡事故，不包括因机械设备、车辆、起重机械、坍塌等引发的物体打击。

（2）车辆伤害。指企业机动车辆在行驶中引起的人体坠落和物体倒塌、下落、挤压伤亡事故，不包括起重设备提升、牵引车辆和车辆停驶时发生的事故。

（3）机械伤害。指机械设备运动（静止）部件、工具、加工件直接与人体接触引起的夹击、碰撞、剪切、卷入、绞、碾、割、刺等伤害，不包括车辆、起重机械引起的机械伤害。

（4）起重伤害。指各种起重作业（包括起重机安装、检修、试验）中发生的挤压、坠落（吊具、吊重）、物体打击和触电。

（5）触电。包括雷击伤亡事故。

（6）淹溺。包括高处坠落淹溺，不包括矿山、井下透水淹溺。

（7）灼烫。指火焰烧伤、高温物体烫伤、化学灼伤（酸、碱、盐、有机物引起的体内外灼伤）、物理灼伤（光、放射性物质引起的体内外灼伤），不包括电灼伤和火灾引起的烧伤。

（8）火灾。指各种起火情况造成的伤亡事故及损失。

（9）高处坠落。指在高处作业中发生坠落造成的伤亡事故，不包括触电坠落事故。

（10）坍塌。指物体在外力或重力作用下，超过自身的强度极限或因结构稳定性破坏而造成的事故，如挖沟时的土石塌方、脚手架坍塌、堆置物倒塌等，不适用于矿山冒顶片帮和车辆、起重机械、爆破引起的坍塌。

（11）冒顶片帮。指地下开采作业面空间顶面和边帮岩石冒落、崩塌，是各类矿山、隧道、巷道开采较为直接的地质灾害。

（12）透水。指各种巷道或矿坑作业面突然涌水的现象。

（13）放炮。指爆破作业中发生的伤亡事故。

（14）火药爆炸。指火药、炸药及其制品在生产、加工、运输、储存中发生的爆炸事故。

（15）瓦斯爆炸。

（16）锅炉爆炸。

（17）容器爆炸。

（18）其他爆炸。包括化学性爆炸（指可燃性气体、粉尘等与空气混合形成爆炸性混合物，接触引爆能源时发生的爆炸事故）。

（19）中毒和窒息。包括中毒、缺氧、窒息和中毒性窒息。

5.1.1 危险源的概念及其产生

（20）其他伤害。指除上述以外的危险因素，如摔、扭、挫、擦、刺、割伤和非机动车碰撞、扎伤等。

5.1.3.3　按照职业健康分类

参照《职业危害因素分类目录》，将危害因素分为粉尘、放射性物质、化学物质、物理因素、生物因素、导致职业性皮肤病的危害因素、导致职业性眼病的危害因素、导致职业性耳鼻喉口腔疾病的危害因素、职业性肿瘤的职业危害因素、其他职业危害因素等 10 类。

【扫码测试】

5.1　练习题

5.2 危险源的辨识

利用科学方法对生产过程的危险因素的性质、过程要素、触发因素、危险程度和后果进行分析和研究，并做出科学判断，为控制由危险源引起的事故提供必要的可靠依据。

危险源在没有触发之前是潜在的，常不被人们所发现和重视，危险源辨识就是发现、辨识系统中危险源的工作，主要从物的不安全状态、人的不安全行为、管理缺陷和作业环境缺陷四个方面去发现危险为什么会发生，怎么发生，后果是什么，怎么才能控制此类危险源发展为事故。

5.2.1 危险源辨识的范围

危险源作为能量和危险有害物质的载体，在受控的情况下是安全的，当失去控制时，就可能发展成为隐患进而引起事故的发生，因此要想系统安全，就必须掌握所有的危险源。

这就要求危险源的辨识必须涵盖全公司生产范围，包含所有人员（包括部门员工、合同方与参观访问者）、所有活动（常规活动和非常规活动）以及所有设施（包括自有、业主提供和外界租赁的建筑物、设施、机械设备、生产装置、物资材料等）。同时，要充分考虑各级法律法规和要求。

5.2.2 危险源辨识的方法

识别施工现场危险源的方法有许多，如询问与交换、现场调查、现场观察、信息分析、员工座谈、工作任务分析、安全检查表、作业条件的危险性分析、事件树分析、事故树分析等分析方法。它主要分为两类，即直观经验分析法和系统安全分析法。

5.2.2.1 直观经验分析法

直观经验分析法分为对照法和类比法。

1. 对照法

对照法即对照有关标准、法规、检查表或依靠分析人员的观察分析能力，借助于经验和判断能力直观对评价对象的危险因素进行分析。

2. 类比法

类比法即利用相同或相似工程系统或作业条件的经验和劳动安全卫生的统计资料来类推、分析评价对象的危险、危害因素。

5.2.2.2 系统安全分析法

系统安全分析法是指应用某些系统安全工程评价方法进行危险、危害因素辨识。系统安全分析法常用于复杂、没有事故经历的新开发系统。常用的系统安全分析法有事件树分析法、事故树分析法、作业条件的危险性分析法、安全检查表分析法等。具体参见本书第7章安全评价与安全生产统计分析。

5.2.2.3 危险源辨识的具体方法

1. 现场调查法

通过询问交谈、现场观察、查阅有关记录、获取外部信息，加以分析研究，可辨识出有关的危险源。

2. 现场观察法

对施工现场生产场所条件、设备运行、工艺程序、人员组成、安全管理进行现场察看。

3. 员工座谈法

召集有关安全、技术和作业人员等讨论分析存在的危险源。

4. 工作任务分析法

通过分析施工现场人员工作任务中所涉及的危害，可辨识出有关的危险源。

5. 安全检查表分析法

运用事先编制好的安全检查表，对施工现场和工作人员等进行系统的安全检查，进而去辨识出系统存在的危险源。

6. 事件树分析法

事件树分析法是一种从初始原因时间开始，分析各环节事件在安全对策措施的作用下发展变化的过程，它可以预测出各种由初始原因引发的一系列可能结果，应用这种方法，通过对环节事件的分析，可辨识出有关的危险源。

7. 事故树分析法

事故树分析法根据已知的或者可能的事故去寻找事故发生的原因、条件和规律。这种分析方法也可以准确、全面地辨识出系统的危险源。

5.2.3　危险源辨识的程序

危险源辨识的程序包括前期准备、危险源辨识、风险评价、风险控制，如图 5.1 所示。

5.2.3.1　前期准备

收集国家、地方、行业关于职业健康安全方面的法律法规、文件等资料的现行版本，掌握相关的规定。

划分作业活动，编制一份业务活动表，其内容包括厂房、设备、人员和程序，并收集其信息。

5.2.3.2　危险源辨识

危险源辨识应全面、系统、多角度、不应有漏项，应充分考虑正常、异常、紧急 3 种状态以及过去、现在、将来 3 种时态，重点放在能量主体、危险物资及其控制和影

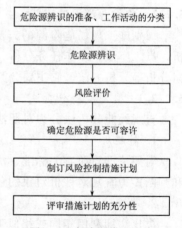

图 5.1　危险源辨识程序

响因素上，应考虑以下范围：①常规活动［如正常的生产活动和非常规的活动（如临时的抢修）］；②所有进入作业场所的人员（包括员工、合同方人员、访问者）；③生产所用的设施，如建筑物、设备、设施（含自有的或租赁的、分包商自带的）。还应特别考虑如下内容：①国家法律法规明确规定的特殊作业工种、特殊行业工种；②国家法律法规明确规定的危险设备、设施和工程；③具有接触有毒有害物质的作业活动和情况；④具有易燃易爆特性的作业活动和情况；⑤具有职业性健康伤害的作业活动和情况；⑥曾经发生和行业内经常发生事故的作业和情况；⑦认为有单独进行评估需要的活动和情况。

危险源辨识可依据的有关标准和法规有《企业职工伤亡事故分类》(GB 6441—86)、《生产过程危险和有害因素分类与代码》(GB/T 13861—2022)、《职业病范围和职业病患者处理办法的规定》。例如,可从以下几个方面入手:

(1) 物(设施)的不安全状态,包括可能导致事故发生和危害扩大的设计缺陷、工艺缺陷、设备缺陷、保护措施和安全装置的缺陷。

(2) 人的不安全行为,包括不采取安全措施、误动作、不按规定的方法操作,某些不安全行为(制造危险状态)。

(3) 管理缺陷,包括安全监督、检查、事故防范、应急管理、作业人员安排、防护用品缺少、工艺过程和操作方法等的管理。

(4) 可能造成职业病、中毒的劳动环境和条件,包括物理的(噪声、振动、湿度、辐射)、化学的(易燃易爆、有毒、危险气体、氧化物等)以及生物因素。

5.2.3.3 风险评价

风险评价是评估风险大小以及确定风险是否可容许的全过程。通常采用定性评价、定量评价的方法来判别风险的大小。根据风险评价法和 LEC 法等系统安全分析的方法,判断现有的或计划的预防措施是否足以把风险控制在可承受的水平。

5.2.3.4 风险控制

制订计划以控制评价中发现的、需要重视的任何风险,尤其是不可承受风险。针对已修正的控制措施,重新评价风险,检查风险是否可承受。

5.2.4 施工生产危险源

5.2.4.1 施工危险源类型

1. 一般危险源

在施工项目中,只要导致事故损失或者预计事故损失小于事故等级规定外的,称为一般危险源,主要是指轻伤事故和部分重伤事故。

2. 重大危险源

重大危险源就是建筑企业在施工过程中各类容易构成等级内事故的不安全因素和隐患。存在于施工过程现场的活动,主要与施工分部分项(工序)工程、施工装置(设施、机械)及物质有关。

5.2.4.2 施工现场危险源

一个施工项目在施工过程中存在若干个危险源。在施工过程中,常见的危险源主要体现在以下方面。

1. 物体打击

在施工现场,由物体打击而造成的伤亡事故在事故中占很高比例。物体打击主要表现包括:高空作业时的坠落物;路基边坡作业面的滚石及物件;爆破作业中的飞石、崩块以及锤击等可能发生的砸伤、碰伤;进入施工现场不戴安全帽、不按规定戴安全帽、安全帽不合格;在建工程外侧未用密目安全网封闭,安全网不符合标准或无准用证;"四口"(楼梯口、电梯井口、预留洞口、通道口)防护不符合要求,工程材料、构件及设备的堆放与搬(吊)运等发生高空坠落、堆放散落、撞击人员等。

2. 高处坠落

高处坠落事故被列为建筑行业施工"五大伤害"中第一大伤害。高处坠落主要表现包括：高度大于2m的作业面（包括高空、洞口、临边作业），安全防护设施不符合规定或无防护设施；攀登与悬空作业的人员未配系防护绳（带）等安全防护不符合规定，造成人员踏空、滑倒、失稳；脚手架（包括落地架、悬挑架、爬架等）、模板和支撑、起重塔吊、物料提升机、施工电梯的安装与运行，操作平台与交叉作业的安全防护不符合规定；作业人员未进行体检。

3. 坍塌事故

坍塌事故主要表现为：土方工程中人工挖孔桩（井）、基坑（槽）施工，边坡不具备放坡条件；掏挖或超挖；堆弃物位置不当（坑边1m范围内堆土、坑边堆土高度超过1.5m）；雨季施工无排除坑内积水措施；隧道掘进方法不对或者围岩突然发生变化而未相应改变施工方法。

4. 机械伤害

建筑机械与工厂内的机械设备相比有很大不同，其安全性比厂内设备差，发生伤害的概率高。

5. 起重伤害

在吊装作业中，由于起重设备使用不当、支撑不稳、连接件强度不够，或者由于人为的操作失误及指挥不当、捆绑不牢等，就有可能造成人身伤害。

6. 触电伤害

触电伤害主要表现为：施工现场用电不规范，乱拉乱接；电闸刀、电动机及传输系统等无可靠的防护；非专业人员从事用电作业；焊接、金属切割等施工及各种施工电气设备的安全保护（如漏电、绝缘、一机一闸）不符合用电安全要求造成的人员触电、火灾事故等。

7. 爆破事故

工程拆除、人工挖孔桩（井）、浅岩基及隧道凿进爆破时因误操作、防护不当造成人员伤亡、建筑及设施损坏；易燃易爆及危险品不按规章制度搬运、使用和保管时易发生安全事故。

8. 中毒事故

人工挖孔桩（井）、隧道凿进等作业时，因通风排气不畅造成人员窒息或气体中毒等。施工用易燃易爆物品临时存放或者使用不符合要求、防护不到位，造成火灾或人员中毒等意外；工地饮食因卫生不符合要求造成集体中毒或疾病等。

5.2.1 危险源的分类

5.2.2 危险源的辨识方法与程序

5.2.3 常见施工生产危险源

【扫码测试】

5.2 练习题

5.3 危险源的风险评价

风险评价要联系实际，参照以往的经验和控制效果，既要评价可能发生的事故后果，更要实事求是地分析发生的可能性，考虑与需要采取措施的能力相适应，制订危险源辨识与评价表。危险源的风险评价方法分为直观经验分析法和系统安全分析法。

优先选用直接经验分析法，也可以采用作业条件危险性评价等方法。对下述情况可直接判定为较高级别的风险：①不符合职业健康安全法律法规和其他要求；②相关方有合理抱怨或要求；③曾经发生过事故，现今未采取防范、控制措施的；④直接观察到可能导致危险的错误，且无适当控制措施的。

对下列 6 类场所、设备，也可直接判定为较高级别的风险：①易燃易爆、有毒有害物质的贮罐区；②易燃易爆、有毒有害物质的库区；③具有火灾、爆炸、中毒危险的生产场所；④企业危险建（构）筑物；⑤压力管道、锅炉、压力容器；⑥变电站、空压站。

5.3.1 风险评价法

5.3.1.1 风险分级

根据后果的严重程度和发生事故的可能性进行评价，其结果从高到低可分为 1 级、2级、3 级、4 级、5 级。分级的标准见表 5.2。

表 5.2 风险分级

风险级别	风险名称	风险说明
1	不可容许风险	事故潜在的危险性很大，并难以控制，发生事故的可能性极大，一旦发生事故将会造成多人伤亡
2	重大风险	事故潜在的危险性较大，较难控制，发生事故的频率较高或可能性较大，容易发生重伤或多人伤害，或会造成多人伤亡 粉尘、噪声、毒物作业危害程度分级达Ⅲ、Ⅳ级
3	中度风险	虽然导致重大事故的可能性小，但经常发生事故或未遂过失，潜伏有伤亡事故发生的风险 粉尘、噪声、毒物作业危害程度分级达Ⅰ、Ⅱ级，高温作业危害程度达Ⅲ、Ⅳ级
4	可容许风险	具有一定的危险性，虽然重伤的可能性较小，但有可能发生一般伤害事故的风险 高温作业危害程度达Ⅰ、Ⅱ级 粉尘、噪声、毒物作业危害程度分级为安全作业，但对职工休息和健康有影响
5	可忽视风险	危险性小，不会伤人的风险

5.3.1.2　事故的后果与可能性的综合评价结果

事故的后果与可能性的综合评价结果见表 5.3。

表 5.3　　　　　　　　　　　　　事故的后果与可能性的综合评价结果

后　　果	可　能　性		
	极不可能	可能	不可能
轻微伤害	5	4	3
一般伤害	4	3	2
严重伤害	3	2	1

5.3.2　LEC 法

采用 LEC 方法进行评估，是一种半定量的评价方法。

LEC 法将作业任务条件的危险性作为因变量，事故或危险事件发生的可能性、暴露于危险环境的频率及危险严重程度为自变量，确定了它们之间的函数式。根据实际经验，给出了 3 个自变量的各种不同情况的分数值，采取对所评价的对象根据情况进行"打分"的办法，然后根据公式计算出其危险性分数值，再按经验将危险性分数值划分的危险程度等级表，查出其危险性的一种评价方法。这是一种简单易行的评价作业条件危险性的方法。

$$D（分数值）＝LEC$$

式中　L——发生事故或危险事件的可能性；

　　　E——暴露于危险环境的频繁程度；

　　　C——发生事故可能产生的后果；

　　　D——危险等级划分。

LEC 不同分数值对应的风险见表 5.4～表 5.7。

表 5.4　　　　　　　　　　　发生事故或危险事件的可能性（L）

分数值	发生事故或危险事件的可能性	分数值	发生事故或危险事件的可能性
10	完全可能预料	0.5	很不可能，可以设想
6	相当可能	0.2	极不可能
3	可能，但不经常	0.1	实际不可能
1	可能性小，完全意外		

表 5.5　　　　　　　　　　　暴露于危险环境的频繁程度（E）

分数值	暴露于危险环境的频繁程度	分数值	暴露于危险环境的频繁程度
10	连续暴露	2	每月一次暴露
6	每天工作时间暴露	1	每年几次暴露
3	每周一次暴露	0.5	非常罕见地暴露

表5.6 发生事故可能产生的后果（C）

分数值	发生事故可能产生的后果	分数值	发生事故可能产生的后果
100	大灾难，许多人死亡	7	严重，重伤
40	灾难，数人死亡	3	重大，致残
15	非常严重，一人死亡	1	引入注目，需要救护

表5.7 危险等级划分（D）

分数值	危害程度	风险级别	分数值	危害程度	风险级别
≥320	极其危险,不能继续作业	1	20～70	一般危险,需要注意	4
160～320	高度危险,要立即整改	2	≤20	稍有危险,可以接受	5
70～160	显著危险,需要整改	3			

$D \geqslant 70$ 的危险源定为重要危险源，$D < 70$ 的危险源定为一般危险源。当发生下列情况时可确定为重大危险源：①违反法律法规和其他要求；②风险评价定为1级、2级风险的危险源。

对应风险评价结果和上述要求，可得表5.8。

表5.8 风险控制措施

风险级别		控制措施
代号	名称	
5	可忽视风险	不需采取措施且不必保留文件记录
4	可容许风险	可保持现有控制措施，即不需另外的控制措施，但应考虑投资效果更佳的解决方案可不增加额外的成本的改进措施，需要检测来确保控制措施得以维持
3	中度风险	应努力采取措施降低风险，但应仔细测定并限定预防成本，应在规定时间内实施风险减少措施，如条件不具备，可考虑长远措施和当前简易控制措施。 在中度风险与严重伤害后果相关的场合，必须进一步评价，更准确地确定伤害的可能性，确定是否需要改进控制措施，是否需要制定目标和管理方案
2	重大风险	直至风险降低后才能开始工作。为降低风险有时必须配给大量的资源，当风险涉及正在进行中的工作时，就应采取应急措施，应制订目标和管理方案
1	不可容许风险	只有当风险已降低时，才能开始或继续工作。即便经无限的资源投入也不能降低风险，就必须禁止工作

5.3.3 专家调查法

专家调查法是通过向有经验的专家咨询、调查、辨识、分析和评价危险源的一类方法，其优点是简便、易行，其缺点是受专家知识、经验和占有资料的限制，可能出现遗漏。常用的专家调查法有头脑风暴法和德尔菲法。头脑风暴法是通过专家创造性的思考，从而产生大量的观点、问题和议题的方法。德尔菲法是采用背对背的方式对专家进行调查，其特点是避免了集体讨论中的从众倾向，更代表专家的真实意见。要求对调查的各种意见进行汇总统计处理，再反馈给专家反复征求意见。

除上述的几种方法外，还可以采用安全检查表分析法、事故树分析法等。

【扫码测试】

5.3 练习题

5.4 危险源的风险控制

风险评价后，应分别列出所有识别的危险源清单，对已经评价出的不可容许风险和重大风险进行优先排序，然后由工程技术主管部门的相关人员进行风险控制策划，进而制订出风险控制措施计划和管理方案。

风险控制措施计划应在实施前针对以下内容予以评审：①计划的控制措施是否使风险降低到可容许水平；②是否产生新的危险源；③是否已选定了投资效果最佳的解决方案；④受影响的人员如何评价计划的预防措施的必要性和可行性；⑤计划的控制措施是否会被应用于实际工作中。

5.4.1 风险控制的基本要求

在考虑、提出风险控制措施时，应满足以下基本要求：

（1）能消除或减弱生产过程中生产的危险、危害。

（2）处置危险和有害物质，并降低到国家规定的限值内。

（3）预防生产装置失灵和操作失误产生的危险、危害。

（4）能有效地预防重大事故和职业危害的发生。

（5）发生意外事故时，能为遇险人员提供自救和互救条件。

5.4.2 制定风险控制应遵循的原则

制定风险控制应遵循的原则是优先选择消除风险的措施，其次是降低风险（如采用技术和管理或增设安全运行监控、报警、连锁、防护或隔离措施）。

5.4.2.1 制订风险控制措施时应遵循的原则

当安全技术措施与经济效益发生矛盾时，应优先考虑安全技术措施上的要求，并应按下列安全技术措施等级顺序选择安全技术措施：

（1）直接安全技术措施。生产设备本身应具有本质安全性能，不出现任何事故和危害。

（2）间接安全技术措施。当不能或不完全能实现直接安全技术措施时，必须为生产设备设计出一种或多种安全防护装置（不得留给用户去承担），最大限度地预防、控制事故或危害的发生。

（3）指示性安全技术措施。当间接安全技术措施也无法实现或实施时，须采取检测报警装置、警示标志等措施，警告、提醒作业人员注意，以便采取相应的对策措施或紧急撤离危险场所。

（4）若间接、指示性安全技术措施仍然不能避免事故、危害发生，则应采取安全操作规程、安全教育、安全培训和个体防护用品等措施来预防、减弱系统的危险、危害程度。

5.4.2.2 根据安全技术措施等级顺序的要求应遵循的具体原则

(1) 消除。通过合理的设计和科学的管理，尽可能从根本上消除危险、有害因素。例如，采用无害化工艺技术，生产中以无害物质代替有害物质，实现自动化、遥控作业等。

(2) 预防。当消除危险、有害因素有困难时，可采取预防性技术措施，预防危险、危害发生，如使用安全阀、安全屏护、漏电保护装置、安全电压、熔断器、防爆膜、事故排风装置等。

(3) 减弱。在无法消除危险、有害因素和难以预防的情况下，可采取降低危险、危害的措施。例如，加设局部通风排毒装置，生产中以低毒性物质代替高毒性物质，采取降温措施，设置避雷、消除静电装置、消声装置等。

(4) 隔绝。在无法消除、预防、减弱的情况下，应将人员与危险、有害因素隔开和将不能共存的物质分开。例如，遥控作业，设安全罩、防护屏、隔离操作室、安全距离、事故发生时的自救装置（如防护服、各类防毒面具）等。

(5) 连锁。当操作者失误或设备运行一旦达到危险状态时，应通过连锁装置终止危险、危害的发生。

(6) 警告。在易发生故障和危险性较大的地方，应设置醒目的安全色、安全标志，必要时设置声、光或声光组合报警装置。

5.4.2.3 风险控制措施应具有针对性、可操作性和经济合理性

(1) 针对性是指针对不同项目的特点和通过评价得出的主要危险、有害因素及其后果，提出对策（风险控制）措施。由于危险、有害因素及其后果具有隐蔽性、随机性、交叉影响性，所以对策措施不仅要针对某项危险、有害因素孤立地采取措施，而且为使系统达到安全的目的，应采取优化组合的综合措施。

(2) 提出的风险控制措施是设计单位、建设单位、生产经营单位进行设计、生产、管理的重要依据，因而风险控制措施应在经济、技术、时间上是可行的，是能够落实和实施的。此外，应尽可能具体指明风险控制措施所依据的法规、标准，说明应采取的具体对策措施，以便应用和操作。

(3) 经济合理性是指不应超越国家及建设项目、生产经营单位的经济、技术水平，按过高的安全要求提出安全对策措施，即在采用先进技术的基础上，考虑到进一步发展的需要，以安全法规、标准和规范为依据，结合评价对象的经济、技术状况，使安全技术装备水平与工艺装备水平相适应，求得经济、技术、安全的合理统一。

(4) 风险控制措施应符合国家有关法规、标准及设计规范的规定；应严格按有关设计规定的要求提出安全风险控制措施。

5.4.3 风险控制措施的内容

风险控制措施的内容主要包括：项目场址及场区平面布局的对策措施；防火、防爆对策措施；电气安全对策措施；机械伤害对策措施；其他安全对策措施（包括高处坠落、物体打击、安全色、安全标志、特种设备等方面）；有害因素控制对策措施（包括粉尘、毒、窒息、噪声和振动等）；安全管理对策措施。

【扫码测试】

5.4　练习题

5.5　重大危险源辨识

5.5.1　危险化学品重大危险源的辨识

危险化学品重大危险源辨识的依据是危险化学品的危险特性及其数量，依据《危险化学品重大危险源辨识》（GB 18218—2018）标准中临界量和企业实际储存量进行计算，即

$$\sum_{i=1}^{n} \frac{q_i}{Q_i} \geqslant 1 \tag{5.2}$$

式中　q_i——第 i 种危险物品的实际储存量；

　　　Q_i——对应危险物品的临界量。

当实际储存量和临界量的比值大于或等于 1 时，即为重大危险源。

5.5.2　生产装置、设施或场所重大危险源的辨识

5.5.2.1　压力管道

符合下列条件之一的压力管道即为重大危险源。

1. 长输管道

（1）输送有毒、可燃、易爆气体介质，且设计压力大于 1.6MPa 的管道。

（2）输送有毒、可燃、易爆液体介质，输送距离不小于 200km 且管道公称直径不小于 300mm 的管道。

2. 公用管道

中压和高压燃气管道，且公称直径不小于 200mm。

3. 工业管道

（1）输送《职业性接触毒物危害程度分级》（GBZ 230—2010）中规定的毒性程度为极度、高度危害气体、液化气体介质，且公称直径不小于 100mm 的管道。

（2）输送《职业性接触毒物危害程度分级》（GBZ 230—2010）中规定的极度、高度危害液体介质，《石油化工企业设计防火规范》（GB 50160—2008），以及《建筑设计防火规范》（2018 年版）（GB 50016—2014）中规定的火灾危险性为甲、乙类可燃气体，或甲类可燃液体介质，且公称直径不小于 100mm、设计压力不小于 4MPa 的管道。

（3）输送其他可燃、有毒流体介质，且公称直径不小于 100mm、设计压力不小于 4MPa、设计温度不低于 400℃的管道。

5.5.2.2　锅炉

符合下列条件之一的锅炉即为重大危险源。

1. 蒸汽锅炉

额定蒸汽压力大于 2.5MPa，且额定蒸发量不小于 10t/h。

2. 热水锅炉

额定出水温度不低于120℃，且额定功率不小于14MW。

5.5.2.3 压力容器

属下列条件之一的压力容器即为重大危险源。

（1）介质毒性程度为极度、高度或中度危害的三类压力容器。

（2）易燃介质，最高工作压力不小于0.1MPa，且 $P \cdot V \geqslant 100MPa \cdot m^3$ 的压力容器（群）。

5.5.2.4 煤矿（井工开采）

符合下列条件之一的矿井即为重大危险源。

（1）高瓦斯矿井。

（2）煤与瓦斯突出矿井。

（3）有煤尘爆炸危险的矿井。

（4）水文地质条件复杂的矿井。

（5）煤层自然发火期不大于6个月的矿井。

（6）煤层冲击倾向为中等及以上的矿井。

5.5.2.5 金属与非金属地下矿山

（1）瓦斯矿井。

（2）水文地质条件复杂的矿井。

（3）有自燃发火危险的矿井。

（4）有冲击地压危险的矿井。

5.5.2.6 尾矿库

全库容不小于100万 m^3 或者坝高不小于30m的尾矿库。

5.5.3 重大危险源的监督、管理及控制

重大危险源按可能发生事故的最严重后果及危害程度分为四级：

（1）一级重大危险源。可能造成特别重大事故的（死亡人数不少于30人或重伤50人以上，或直接经济损失1000万元以上的）。

（2）二级重大危险源。可能造成特大事故的（死亡人数10～29人或重伤30～49人，或直接经济损失500万～1000万元的）。

（3）三级重大危险源。可能造成重大事故的（死亡人数3～9人或重伤10～29人，或直接经济损失100万～500万元的）。

（4）四级重大危险源。可能造成一般事故的（死亡人数1～2人或重伤3～9人，或直接经济损失100万元以下的）。

一级重大危险源应由国家主管部门直接控制；二级重大危险源由省、市直接控制；三级重大危险源由县、市政府控制；四级重大危险源由企业重点管理与控制。

建立健全重大危险源的普查登记、检测评估任务，对重大危险源分级监管，各级明确各自的职责，对重大危险源实施动态监控检测，并制订相应的应急预案，可以有效地预防重大危险源发展成为事故。

5.5.1 水利水电工程施工重大危险源的辨识

171

【扫码测试】

5.5　练习题

小　结

本章主要介绍了危险源的相关定义、危险源的分类和辨识方法，学习者能够根据所学的知识辨识出施工现场可能存在的危险源，并可以对危险源进行分级和控制，尤其是重大危险源。同时，书中也讲述了对于不同的危险源如何进行风险的评价与控制，为决策者提供了何时何地如何去辨识和控制风险的方法。

第6章 安全事故处理及应急救援

【学习目标】 熟悉安全事故的分类；了解安全事故的原因、事故的特征；掌握伤亡事故报告的编制要求、方法；熟悉事故调查程序、内容；掌握事故处理要求；熟悉施工安全事故的应急救援方案的编制。

【知识点】 安全事故的分类；事故处理的原则；事故应急救援。

【技能】 能够对事故等级进行划分；掌握事故调查的流程；编写事故应急救援预案。

6.1 建设工程生产安全事故

6.1.1 建设工程生产安全事故的分类

所谓事故，从广义的角度可理解为个人或集体在为了实现某一意图而采取行动的过程中，突然发生了与人意志相反的情况，迫使这种行动暂时或永久地停止的事件。建设工程施工中，狭义的事故指职业健康安全事故。职业健康安全事故分两大类型，即职业伤害事故与职业病。职业伤害事故是指因生产过程及工作原因或与其相关的其他原因造成的伤亡事故。

6.1.1.1 按事故的原因及性质分类

从建筑活动的特点及事故的原因和性质来看，建筑安全事故可以分为四类，即生产事故、质量问题、技术事故和环境事故。

1. 生产事故

生产事故主要是指在建筑产品的生产、维修、拆除过程中，操作人员违反有关施工操作规程等而直接导致的安全事故。这种事故一般都是在施工作业过程中出现的，事故发生的次数比较频繁，是建筑安全事故的主要类型之一。目前，我国对建筑安全生产的管理主要是针对生产事故。

2. 质量问题

质量问题主要是指由于设计不符合规范或施工达不到要求等导致建筑结构实体或使用功能存在瑕疵，进而引起安全事故的发生。在设计不符合规范、标准方面，主要是一些没有相应资质的单位或个人私自出图和设计本身存在安全隐患。在施工达不到设计要求方面，一是施工过程违反有关操作规程留下的隐患；二是由于有关施工主体偷工减料的行为而导致安全隐患。质量问题可能发生在施工作业过程中，也可能发生在建筑实体的使用过程中。特别是在建筑实体的使用过程中，质量问题带来的危害是极其严重的，如果在外加灾害（如地震、火灾）发生的情况下，其危害后果是不堪设想的。质量问题也是建筑安全事故的主要类型之一。

3. 技术事故

技术事故主要是指由于工程技术因素而导致的安全事故，技术事故的结果通常是毁灭性的。技术是安全的保证，曾被确信无疑的技术可能会在突然之间出现问题，起初微不足道的瑕疵可能导致灾难性的后果，很多时候正是由于一些不经意的技术失误才导致了严重的事故。在工程技术领域，人类历史上曾发生过多次技术灾难，包括人类和平利用核能过程中的俄罗斯切尔诺贝利核事故、美国宇航史上最严重的一次事故——"挑战者"号爆炸事故等。在工程建设领域，这方面惨痛失败的教训同样是深刻的，如 1981 年 7 月 17 日美国密苏里州发生的海厄特摄政通道垮塌事故。技术事故的发生，可能发生在施工生产阶段，也可能发生在使用阶段。

4. 环境事故

环境事故主要是指建筑实体在施工或使用的过程中，由于使用环境或周边环境导致的安全事故。使用环境原因主要是对建筑实体的使用不当，比如荷载超标、静荷载设计按动荷载使用以及使用高污染建筑材料或放射性材料等。对于使用高污染建筑材料或放射性材料的建筑物，一是给施工人员造成职业病危害，二是给使用者的身体带来伤害。周边环境原因主要是一些自然灾害方面的，比如山体滑坡等。在一些地质灾害频发的地区，应该特别注意环境事故的发生。环境事故的发生往往归咎于自然灾害，其实是缺乏对环境事故的预判和防治能力。

6.1.1.2　按事故的类别分类

按照我国《企业职工伤亡事故分类标准》（GB 6441—86）的规定，职业伤害事故分为 20 类，其中与建筑业有关的有以下 12 类：①物体打击；②车辆伤害；③机械伤害；④起重伤害；⑤触电；⑥灼烫；⑦火灾；⑧高处坠落；⑨坍塌；⑩火药爆炸；⑪中毒和窒息；⑫其他伤害。

根据对全国伤亡事故的调查统计分析，建筑业伤亡事故率仅次于矿山行业。其中，高处坠落、物体打击、机械伤害、触电、坍塌是建筑业最常发生的五种事故，近几年来已占到事故总数的 80%～90%，应重点加以防范。

6.1.1.3　按事故的严重程度分类

我国《企业职工伤亡事故分类标准》（GB 6441—86）规定，按事故严重程度分类，事故分为：

（1）轻伤事故。是指造成职工肢体或某些器官功能性或器质性轻度损伤，能引起劳动能力轻度或暂时丧失的伤害的事故，一般每个受伤人员休息 1 个工作日以上（含 1 个工作日），105 个工作日以下。

（2）重伤事故。一般指受伤人员肢体残缺或视觉、听觉等器官受到严重损伤，能引起人体长期存在功能障碍或劳动能力有重大损失的伤害，或者造成每个受伤人损失 105 个工作日以上（含 105 个工作日）的失能伤害的事故。

（3）死亡事故。其中，重大伤亡事故指一次事故中死亡 1～2 人的事故；特大伤亡事故指一次事故死亡 3 人以上（含 3 人）的事故。

6.1.1.4　按事故造成的人员伤亡或者直接经济损失分类

为了规范生产安全事故的报告和调查处理，落实生产安全事故责任追究制度，防止和减少生产安全事故，根据《中华人民共和国安全生产法》和有关法律，国务院制定了《生产安全事故报告和调查处理条例》。该条例第三条规定：根据生产安全事故造成的人员伤亡或者直接经济损失，事故一般分为以下等级：

（1）特别重大事故，是指造成 30 人以上死亡，或者 100 人以上重伤（包括急性工业中毒，下同），或者 1 亿元以上直接经济损失的事故。

（2）重大事故，是指造成 10 人以上 30 人以下死亡，或者 50 人以上 100 人以下重伤，或者 5000 万元以上 1 亿元以下直接经济损失的事故。

（3）较大事故，是指造成 3 人以上 10 人以下死亡，或者 10 人以上 50 人以下重伤，或者 1000 万元以上 5000 万元以下直接经济损失的事故。

（4）一般事故，是指造成 3 人以下死亡，或者 10 人以下重伤，或者 1000 万元以下直接经济损失的事故。

上述条款中所称的"以上"包括本数，所称的"以下"不包括本数。

目前，在建设工程领域中，判别事故等级较多采用的是《生产安全事故报告和调查处理条例》。

6.1.2 建设工程生产安全事故原因的分析

造成生产安全事故原因众多，归纳起来主要有三大方面：一是人的不安全因素；二是物的不安全状态；三是组织管理上的不安全因素等。

6.1.2.1 人的不安全因素

人的不安全因素是指对安全产生影响的人方面的因素，即能够使系统发生问题或发生意外事件的人员、个人的不安全因素，违背设计和安全要求的错误行为。据统计资料分析，88％的事故是由人的不安全行为造成的，而人的生理和心理特点又直接影响人的不安全行为。所以，人的不安全因素可分为个人的不安全因素和人的不安全行为两大类。

1. 个人的不安全因素

个人的不安全因素是指人员的心理、生理、能力中所具有不能适应工作、作业岗位要求的影响安全的因素。

（1）心理上的不安全因素有影响安全的性格、气质和情绪（如急躁、懒散、粗心等）。

（2）生理上的不安全因素大致有以下 5 个方面：①视觉、听觉等感觉器官不能适应作业岗位要求的因素；②体能不能适应作业岗位要求的因素；③年龄不能适应作业岗位要求的因素；④有不适合作业岗位要求的疾病；⑤疲劳和酒醉或感觉朦胧。

（3）能力上的不安全因素包括知识技能、应变能力、资格等不能适应工作和作业岗位要求的影响因素。

2. 人的不安全行为

人的不安全行为指能造成事故的人为错误，是人为地使系统发生故障或发生性能不良事件，是违背设计和操作规程的错误行为。按《企业职工伤亡事故分类标准》（GB 6441—86），人的不安全行为可分为 13 个大类，具体见表 6.1。

表 6.1		人 的 不 安 全 行 为
1	操作错误、忽视安全、忽视警告	未经许可开动、关停、移动机器
		开动、关停机器时未给信号
		开关未锁紧、造成意外转动、通电或泄漏等
		忘记关闭设备
		忽视警告标志、警告信号
		操作错误（指按钮、阀门、扳手、把柄等的操作）
		奔跑作业
		供料或送料速度过快
		机械超速运转
		违章驾驶机动车
		酒后作业
		客货混载
		冲压机作业时，手伸进冲压模
		工件坚固不牢
		用压缩空气吹铁屑
		其他
2	造成安全装置失效	拆除了安全装置
		安全装置堵塞，失掉了作用
		调整的错误造成安全装置失效
		其他
3	使用不安全设备	临时使用不牢固的设施
		使用无安全装置的设备
		其他
4	用手代替工具操作	用手代替手动工具
		用手清除切屑
		不用夹具固定，用手拿工件进行加工
5	物体存放不当	成品、半成品、材料、工具、切屑和生产用品等存放不当
6	冒险进入危险场所	冒险进入涵洞
		接近漏料处（无安全设施）
		采伐、集材、运材、装车时，未离危险区
		未经安全监察人员允许进入油罐或井中
		未"敲帮问顶"便开始作业
		冒进信号
		调车场超速上下车
		易燃易爆场合明火
		私自搭乘矿车
		在绞车道行走
		未及时瞭望

续表

7	攀、坐不安全位置	如平台护栏、汽车挡板、吊车吊钩
8	在起吊物下作业、停留	
9	机器运转时进行加油、修理、检查、调整、焊接、清扫等工作	
10	在分散注意力行为	
11	在必须使用个人防护用品用具的作业或场合中，忽视其使用	未戴护目镜或面罩
		未戴防护手套
		未穿安全鞋
		未戴安全帽
		未佩戴呼吸护具
		未佩戴安全带
		未戴工作帽
		其他
12	不安全装束	在有旋转零件的设备旁作业时穿过肥大服装
		操纵带有旋转零件的设备时戴手套
		其他
13	对易燃易爆等危险物品处理错误	

6.1.2.2 物的不安全状态

物的不安全状态是指能导致事故发生的物质条件，包括机械设备或环境所存在的不安全因素。按《企业职工伤亡事故分类标准》（GB 6441—86）规定，物的不安全状态可分为 4 个大类，具体见表 6.2。

表 6.2　　　　　　　　物 的 不 安 全 状 态

1	防护、保险、信号等装置缺乏或有缺陷	无防护	无防护罩
			无安全保险装置
			无报警装置
			无安全标志
			无护栏或护栏损坏
			（电气）未接地
			绝缘不良
			风扇无消音系统、噪声大
			危房内作业
			未安装防止"跑车"的挡车器或挡车栏
			其他
		防护不当	防护罩未在适当位置
			防护装置调整不当
			坑道掘进、隧道开凿支撑不当

1	防护、保险、信号等装置缺乏或有缺陷	防护不当	防爆装置不当
			采伐、集材作业安全距离不够
			放炮作业隐蔽所有缺陷
			电气装置带电部分裸露
			其他
2	设备、设施、工具、附件有缺陷	设计不当、结构不符合安全要求	通道门遮挡视线
			制动装置有缺陷
			安全间距不够
			拦车网有缺陷
			工件有锋利毛刺、毛边
			设施上有锋利倒棱
			其他
		强度不够	机械强度不够
			绝缘强度不够
			起吊重物的绳索不符合安全要求
			其他
		设备在非正常状态下运行	设备带"病"运转
			超负荷运转
			其他
		维修、调整不良	设备失修
			地面不平
			保养不当、设备失灵
			其他
3	个人防护用品、用具缺少或有缺陷	无个人防护用品、用具	无防护服、手套、护目镜及面罩、呼吸器官护具、听力护具、安全带、安全帽、安全鞋等
		所用的防护用品、用具不符合安全要求	防护服、手套、护目镜及面罩、呼吸器官护具、听力护具、安全带、安全帽、安全鞋等不符合安全要求
4	生产（施工）场地环境不良	照明光线不良	照度不足
			作业场地烟雾（尘）弥漫、视物不清
			光线过强
		通风不良	无通风
			通风系统效率低
			风流短路
			停电停风时放炮作业
			瓦斯排放未达到安全浓度便放炮作业
			瓦斯超限
			其他

续表

4	生产（施工）场地环境不良	作业场所狭窄	
		作业场地杂乱	工具、制品、材料堆放不安全
			采伐时，未开"安全道"
			迎门树、坐殿树、搭挂树未做处理
			其他
		交通线路的配置不安全	
		操作工序设计或配置不安全	
		地面滑	地面有油或其他液体
			冰雪覆盖
			地面有其他易滑物
		贮存方法不安全	
		环境温度、湿度不当	

6.1.2.3 组织管理上的不安全因素

组织管理上的缺陷也是事故潜在的不安全因素，作为间接的原因有以下几个方面：

（1）技术上的缺陷。

（2）教育上的缺陷。

（3）生理上的缺陷。

（4）心理上的缺陷。

（5）管理工作上的缺陷。

（6）由学校教育和社会、历史上的原因造成的缺陷。

6.1.1 建设工程生产安全事故

【扫码测试】

6.1 练习题

6.2 建设工程生产安全事故的调查与处理

一旦事故发生，通过应急预案的实施，尽可能防止事态的扩大和减少事故的损失。通过事故处理程序查明原因，制订相应的纠正和预防措施，避免类似事故的再次发生。

6.2.1 建设工程生产安全事故处理的原则

国家对发生建设工程生产安全事故后的"四不放过"处理原则的具体内容如下：

（1）事故原因未查清不放过。在调查处理伤亡事故时，首先要把事故原因分析清楚，找出导致事故发生的真正原因，未找到真正原因决不轻易放过。直到找到真正原因并搞清各因素之间的因果关系才算达到事故原因分析的目的。

（2）事故责任人未受到处理不放过。这是安全事故责任追究制的具体体现，对事故责任者要严格按照安全事故责任追究的法律法规的规定进行严肃处理，不仅要追究事故直接责任人的责任，同时要追究有关负责人的领导责任。当然，处理事故责任者必须谨慎，避免事故责任追究的扩大化。

（3）事故责任人和周围群众没有受到教育不放过。使事故责任者和广大群众了解事故发生的原因及所造成的危害，并深刻认识到搞好安全生产的重要性，从事故中吸取教训，提高安全意识，改进安全管理工作。

（4）事故没有制订切实可行的整改措施不放过。必须针对事故发生的原因，提出防止相同或类似事故发生的切实可行的预防措施，并督促事故发生单位加以实施。只有这样，才算达到了事故调查和处理的最终目的。

6.2.2 建设工程生产安全事故处理措施

6.2.2.1 生产安全事故报告

事故报告应当及时、准确、完整，任何单位和个人对事故不得迟报、漏报、谎报或者瞒报。《生产安全事故罚款处罚规定》（试行）第五条规定：

（1）报告事故的时间超过规定时限的，属于迟报。

（2）因过失对应当上报的事故或者事故发生的时间、地点、类别、伤亡人数、直接经济损失等内容遗漏未报的，属于漏报。

（3）故意不如实报告事故发生的时间、地点、初步原因、性质、伤亡人数和涉险人数、直接经济损失等有关内容的，属于谎报。

（4）隐瞒已经发生的事故，超过规定时限未向安全监管监察部门和有关部门报告，经查证属实的，属于瞒报。

《生产安全事故报告和调查处理条例》第九条规定：事故发生后，事故现场有关人员应当立即向本单位负责人报告；单位负责人接到报告后，应当于1小时内向事故发生地县级以上人民政府安全生产监督管理部门和负有安全生产监督管理职责的有关部门报告。

由于建设行政主管部门是建设安全生产的监督管理部门，对建设安全生产实行的是统一的监督管理，因此各个行业的建设施工中出现了安全事故，都应当向建设行政主管部门报告。对于专业工程施工中出现生产安全事故的，由于有关的专业主管部门也承担着对建设安全生产的监督管理职能，因此专业工程出现安全事故，还需要向有关行业主管部门报告。

（1）情况紧急时，事故现场有关人员可以直接向事故发生地县级以上人民政府安全生产监督管理部门和负有安全生产监督管理职责的有关部门报告。

（2）监督管理部门和负有安全生产监督管理职责的有关部门接到事故报告后，应当依照下列规定上报事故情况，并通知公安机关、劳动保障行政部门、工会和人民检察院：①特别重大事故、重大事故逐级上报至国务院安全生产监督管理部门和负有安全生产监督管理职责的有关部门；②较大事故逐级上报至省、自治区、直辖市人民政府安全生产监督管理部门和负有安全生产监督管理职责的有关部门；③一般事故上报至设区的市级人民政府安全生产监督管理部门和负有安全生产监督管理职责的有关部门。

安全生产监督管理部门和负有安全生产监督管理职责的有关部门依照前款规定上报事

故情况，应当同时报告本级人民政府。国务院安全生产监督管理部门和负有安全生产监督管理职责的有关部门以及省级人民政府接到发生特别重大事故、重大事故的报告后，应当立即报告国务院。必要时，安全生产监督管理部门和负有安全生产监督管理职责的有关部门可以越级上报事故情况。

（3）安全生产监督管理部门和负有安全生产监督管理职责的有关部门逐级上报事故情况，每级上报的时间不得超过 2h。

（4）事故报告后出现新情况的，应当及时补报。自事故发生之日起 30 日内，事故造成的伤亡人数发生变化的，应当及时补报。道路交通事故、火灾事故自发生之日起 7 日内，事故造成的伤亡人数发生变化的，应当及时补报。

（5）报告事故应当包括下列内容：①事故发生单位概况；②事故发生的时间、地点以及事故现场情况；③事故的简要经过；④事故已经造成或者可能造成的伤亡人数（包括下落不明的人数）和初步估计的直接经济损失；⑤已经采取的措施；⑥其他应当报告的情况。

6.2.2.2 事故救援

《生产安全事故报告和调查处理条例》第十四条规定：事故发生单位负责人接到事故报告后，应当立即启动事故相应应急预案，或者采取有效措施，组织抢救，防止事故扩大，减少人员伤亡和财产损失。

事故发生地有关地方人民政府、安全生产监督管理部门和负有安全生产监督管理职责的有关部门接到事故报告后，其负责人应当立即赶赴事故现场，组织事故救援。

事故发生后，有关单位和人员应当妥善保护事故现场以及相关证据，任何单位和个人不得破坏事故现场、毁灭相关证据。因抢救人员、防止事故扩大以及疏通交通等，需要移动事故现场物件的，应当做出标志，绘制现场简图并做出书面记录，妥善保存现场重要痕迹、物证。

事故发生地公安机关根据事故的情况，对涉嫌犯罪的，应当依法立案侦查，采取强制措施和侦查措施。犯罪嫌疑人逃匿的，公安机关应当迅速追捕归案。安全生产监督管理部门和负有安全生产监督管理职责的有关部门应当建立值班制度，并向社会公布值班电话，受理事故报告和举报。

6.2.2.3 组织调查组，开展事故调查

事故调查处理应当坚持实事求是、尊重科学的原则，及时、准确地查清事故经过、事故原因和事故损失，查明事故性质，认定事故责任，总结事故教训，提出整改措施，并对事故责任者依法追究责任。

1. 事故调查权限

（1）特别重大事故由国务院或者国务院授权有关部门组织事故调查组进行调查。重大事故、较大事故、一般事故分别由事故发生地省级人民政府、设区的市级人民政府、县级人民政府负责调查。省级人民政府、设区的市级人民政府、县级人民政府可以直接组织事故调查组进行调查，也可以授权或者委托有关部门组织事故调查组进行调查。未造成人员伤亡的一般事故，县级人民政府也可以委托事故发生单位组织事故调查组进行调查。

（2）上级人民政府认为必要时，可以调查由下级人民政府负责调查的事故。自事故发生之日起 30 日内（道路交通事故、火灾事故自发生之日起 7 日内），因事故伤亡人数变化导致事故等级发生变化，依照《生产安全事故报告和调查处理条例》规定应当由上级人民政府负责调查的，上级人民政府可以另行组织事故调查组进行调查。

（3）特别重大事故以下等级事故，事故发生地与事故发生单位不在同一个县级以上行政区域的，由事故发生地人民政府负责调查，事故发生单位所在地人民政府应当派人参加。

2. 事故调查组组成

（1）事故调查组的组成应当遵循精简、效能的原则。根据事故的具体情况，事故调查组由有关人民政府、安全生产监督管理部门、负有安全生产监督管理职责的有关部门、监察机关、公安机关以及工会派人组成，并应当邀请人民检察院派人参加。事故调查组可以聘请有关专家参与调查。

（2）事故调查组成员应当具有事故调查所需要的知识和专长，并与所调查的事故没有直接利害关系。事故调查组组长由负责事故调查的人民政府指定。事故调查组组长主持事故调查组的工作。

3. 事故调查组职责

（1）事故调查组履行下列职责：①查明事故发生的经过、原因、人员伤亡情况及直接经济损失；②认定事故的性质和事故责任；③提出对事故责任者的处理建议；④总结事故教训，提出防范和整改措施；⑤提交事故调查报告。

（2）事故调查组有权向有关单位和个人了解与事故有关的情况，并要求其提供相关文件、资料，有关单位和个人不得拒绝。事故发生单位的负责人和有关人员在事故调查期间不得擅离职守，并应当随时接受事故调查组的询问，如实说明有关情况。

（3）事故调查中发现涉嫌犯罪的，事故调查组应当及时将有关材料或者其复印件移交司法机关处理。

（4）事故调查中需要进行技术鉴定的，事故调查组应当委托具有国家规定资质的单位进行技术鉴定。必要时，事故调查组可以直接组织专家进行技术鉴定。技术鉴定所需时间不计入事故调查期限。

（5）事故调查组成员在事故调查工作中应当诚信公正、恪尽职守，遵守事故调查组的纪律，保守事故调查的秘密。未经事故调查组组长允许，事故调查组成员不得擅自发布有关事故的信息。

4. 事故调查程序

（1）现场勘察。事故发生后，调查组应迅速到现场进行及时、全面、准确和客观的勘察，包括现场笔录、现场拍照和现场绘图。

（2）分析事故原因。通过调查分析，查明事故经过，按受伤部位、受伤性质、起因物、致害物、伤害方法、不安全状态、不安全行为等，查清事故原因，包括人、物、生产管理和技术管理等方面的原因。通过直接和间接地分析，确定事故的直接责任者、间接责任者和主要责任者。

（3）制订预防措施。根据事故原因分析，制订防止类似事故再次发生的预防措施。根据事故后果和事故责任者应负的责任提出处理意见。

（4）提交事故调查报告。事故调查组应当自事故发生之日起 60 日内提交事故调查报告；特殊情况下，经负责事故调查的人民政府批准，提交事故调查报告的期限可以适当延长，但延长的期限最长不超过 60 日。事故调查报告应当包括下列内容：①事故发生单位概况。②事故发生经过和事故救援情况。③事故造成的人员伤亡和直接经济损失。④事故发生的原因和事故性质。⑤事故责任的认定以及对事故责任者的处理建议。⑥事故防范和整改措施。

事故调查报告应当附具有关证据材料。事故调查组成员应当在事故调查报告上签名。事故调查报告报送负责事故调查的人民政府后，事故调查工作即告结束。事故调查的有关资料应当归档保存。

6.2.2.4 事故的处理和结案

《生产安全事故报告和调查处理条例》规定：

（1）重大事故、较大事故、一般事故，负责事故调查的人民政府应当自收到事故调查报告之日起 15 日内做出批复；特别重大事故，30 日内做出批复，特殊情况下，批复时间可以适当延长，但延长的时间最长不超过 30 日。

有关机关应当按照人民政府的批复，依照法律、行政法规规定的权限和程序，对事故发生单位和有关人员进行处罚，对负有事故责任的国家工作人员进行处分。

事故发生单位应当按照负责事故调查的人民政府的批复，对本单位负有事故责任的人员进行处理。

负有事故责任的人员涉嫌犯罪的，依法追究其刑事责任。

（2）事故发生单位应当认真吸取事故教训，落实防范和整改措施，防止事故再次发生。防范和整改措施的落实情况应当接受工会和职工的监督。

安全生产监督管理部门和负有安全生产监督管理职责的有关部门应当对事故发生单位落实防范和整改措施的情况进行监督检查。

（3）事故处理的情况由负责事故调查的人民政府或者其授权的有关部门、机构向社会公布，依法应当保密的除外。

6.2.2.5 法律责任

《生产安全事故报告和调查处理条例》规定：

（1）事故发生单位主要负责人有下列行为之一的，处上一年年收入 40%～80% 的罚款；属于国家工作人员的，并依法给予处分；构成犯罪的，依法追究刑事责任：

1）不立即组织事故抢救的。

2）迟报或者漏报事故的。

3）在事故调查处理期间擅离职守的。

（2）事故发生单位及其有关人员有下列行为之一的，对事故发生单位处 100 万元以上 500 万元以下的罚款；对主要负责人、直接负责的主管人员和其他直接责任人员处上一年年收入 60%～100% 的罚款；属于国家工作人员的，并依法给予处分；构成违反治安管理行为的，由公安机关依法给予治安管理处罚；构成犯罪的，依法追究刑事责任：

1）谎报或者瞒报事故的。

2）伪造或者故意破坏事故现场的。

3）转移、隐匿资金、财产，或者销毁有关证据、资料的。

4）拒绝接受调查或者拒绝提供有关情况和资料的。

5）在事故调查中作伪证或者指使他人作伪证的。

6）事故发生后逃匿的。

（3）事故发生单位对事故发生负有责任的，依照下列规定处以罚款：

1）发生一般事故的，处10万元以上20万元以下的罚款。

2）发生较大事故的，处20万元以上50万元以下的罚款。

3）发生重大事故的，处50万元以上200万元以下的罚款。

4）发生特别重大事故的，处200万元以上500万元以下的罚款。

（4）事故发生单位主要负责人未依法履行安全生产管理职责，导致事故发生的，依照下列规定处以罚款；属于国家工作人员的，并依法给予处分；构成犯罪的，依法追究刑事责任：

1）发生一般事故的，处上一年年收入30％的罚款。

2）发生较大事故的，处上一年年收入40％的罚款。

3）发生重大事故的，处上一年年收入60％的罚款。

4）发生特别重大事故的，处上一年年收入80％的罚款。

（5）有关地方人民政府、安全生产监督管理部门和负有安全生产监督管理职责的有关部门有下列行为之一的，对直接负责的主管人员和其他直接责任人员依法给予处分；构成犯罪的，依法追究刑事责任：

1）不立即组织事故抢救的。

2）迟报、漏报、谎报或者瞒报事故的。

3）阻碍、干涉事故调查工作的。

4）在事故调查中作伪证或者指使他人作伪证的。

（6）事故发生单位对事故发生负有责任的，由有关部门依法暂扣或者吊销其有关证照；对事故发生单位负有事故责任的有关人员，依法暂停或者撤销其与安全生产有关的执业资格、岗位证书；事故发生单位主要负责人受到刑事处罚或者撤职处分的，自刑罚执行完毕或者受处分之日起，5年内不得担任任何生产经营单位的主要负责人。

为发生事故的单位提供虚假证明的中介机构，由有关部门依法暂扣或者吊销其有关证照及其相关人员的执业资格；构成犯罪的，依法追究刑事责任。

（7）参与事故调查的人员在事故调查中有下列行为之一的，依法给予处分；

6.2.1 建设工程生产安全事故的调查与处理

构成犯罪的，依法追究刑事责任：

1）对事故调查工作不负责任，致使事故调查工作有重大疏漏的。

2）包庇、袒护负有事故责任的人员或者借机打击报复的。

（8）违反本条例规定，有关地方人民政府或者有关部门故意拖延或者拒绝落实经批复的对事故责任人的处理意见的，由监察机关对有关责任人员依法给予处分。

（9）本条例规定的罚款的行政处罚，由安全生产监督管理部门决定。

法律、行政法规对行政处罚的种类、幅度和决定机关另有规定的，依照其规定。

【扫码测试】

6.2　练习题

6.3　生产安全事故应急管理

关于生产安全事故的应急救援，《中华人民共和国安全生产法》第八十条规定：县级以上地方各级人民政府应当组织有关部门制定本行政区域内生产安全事故应急救援预案，建立应急救援体系。第八十二条规定：危险物品的生产、经营、储存单位以及矿山、金属冶炼、城市轨道交通运营、建筑施工单位应当建立应急救援组织；生产经营规模较小的，可以不建立应急救援组织，但应当指定兼职的应急救援人员。《建设工程安全生产管理条例》第四十七条规定：县级以上地方人民政府建设行政主管部门应当根据本级人民政府的要求，制定本行政区域内建设工程特大生产安全事故应急救援预案。第四十八条规定：施工单位应当制定本单位生产安全事故应急救援预案，建立应急救援组织或者配备应急救援人员，配备必要的应急救援器材、设备，并定期组织演练。

近年来，我国大力推进生产安全事故应急工作，安全生产应急管理"一案三制"（预案、体制机制法制）建设得到明显加强，全国形成了比较完整的安全生产应急救援体系，建设了覆盖矿山、危险化学品、油气田开采、隧道施工等行业领域的国家级安全生产应急救援队伍，显著提升了应对重特大、复杂生产安全事故的能力。为进一步规范指导生产安全事故应急工作，提高应急能力，切实减少事故灾难造成的人员伤亡和财产损失，国务院制定了《生产安全事故应急条例》（自2019年4月1日起施行）。

6.3.1　生产安全事故应急管理

《生产安全事故应急条例》（本节简称《条例》）根据《中华人民共和国安全生产法》和《中华人民共和国突发事件应对法》的立法精神、法律原则、基本要求，总结凝练长期以来生产安全事故应急实践成果，分5章、35条，对生产安全事故应急体制、应急准备、现场应急救援及相应法律责任等内容提出了规范和要求。

6.3.1.1　应急工作体制

《条例》进一步细化了国务院、省、市、县、乡，以及有关部门在事故应急工作中的职责和管理体制，即明确了县级以上人民政府统一领导、行业监管部门分工负责、综合监管部门指导协调的应急工作体制。

第三条规定：国务院统一领导全国的生产安全事故应急工作，县级以上地方人民政府统一领导本行政区域内的生产安全事故应急工作。生产安全事故应急工作涉及两个以上行政区域的，由有关行政区域共同的上一级人民政府负责，或者由各有关行政区域的上一级人民政府共同负责。

县级以上人民政府应急管理部门和其他对有关行业、领域的安全生产工作实施监督管理的部门（以下统称负有安全生产监督管理职责的部门）在各自职责范围内，做好有关行业、领域的生产安全事故应急工作。

县级以上人民政府应急管理部门指导、协调本级人民政府其他负有安全生产监督管理职责的部门和下级人民政府的生产安全事故应急工作。

乡、镇人民政府以及街道办事处等地方人民政府派出机关应当协助上级人民政府有关部门依法履行生产安全事故应急工作职责。

第四条规定：生产经营单位应当加强生产安全事故应急工作，建立、健全生产安全事故应急工作责任制，其主要负责人对本单位的生产安全事故应急工作全面负责。

6.3.1.2　应急准备工作

"居安思危，思则有备，有备无患"。做好应急救援工作，关键在平时的应急准备。《条例》细化了应急救援预案的制定和演练要求，明确了应急救援队伍建设和保障，以及建立应急救援装备和物资储备、应急值班值守制度等要求。

第五条规定：县级以上人民政府及其负有安全生产监督管理职责的部门和乡、镇人民政府以及街道办事处等地方人民政府派出机关，应当针对可能发生的生产安全事故的特点和危害，进行风险辨识和评估，制定相应的生产安全事故应急救援预案，并依法向社会公布。

生产经营单位应当针对本单位可能发生的生产安全事故的特点和危害，进行风险辨识和评估，制定相应的生产安全事故应急救援预案，并向本单位从业人员公布。

第六条规定：生产安全事故应急救援预案应当符合有关法律、法规、规章和标准的规定，具有科学性、针对性和可操作性，明确规定应急组织体系、职责分工以及应急救援程序和措施。

有下列情形之一的，生产安全事故应急救援预案制定单位应当及时修订相关预案：

（一）制定预案所依据的法律、法规、规章、标准发生重大变化；

（二）应急指挥机构及其职责发生调整；

（三）安全生产面临的风险发生重大变化；

（四）重要应急资源发生重大变化；

（五）在预案演练或者应急救援中发现需要修订预案的重大问题；

（六）其他应当修订的情形。

第八条规定：县级以上地方人民政府以及县级以上人民政府负有安全生产监督管理职责的部门，乡、镇人民政府以及街道办事处等地方人民政府派出机关，应当至少每2年组织1次生产安全事故应急救援预案演练。

易燃易爆物品、危险化学品等危险物品的生产、经营、储存、运输单位，矿山、金属冶炼、城市轨道交通运营、建筑施工单位，以及宾馆、商场、娱乐场所、旅游景区等人员密集场所经营单位，应当至少每半年组织1次生产安全事故应急救援预案演练，并将演练情况报送所在地县级以上地方人民政府负有安全生产监督管理职责的部门。

第十一条规定：应急救援队伍的应急救援人员应当具备必要的专业知识、技能、身体素质和心理素质。

应急救援队伍建立单位或者兼职应急救援人员所在单位应当按照国家有关规定对应急救援人员进行培训；应急救援人员经培训合格后，方可参加应急救援工作。应急救援队伍应当配备必要的应急救援装备和物资，并定期组织训练。

6.3.1.3 现场应急救援工作

针对生产安全事故现场应急工作的突出问题，《条例》详细规定了 16 项应急救援措施，创新了事故现场指挥部和总指挥等制度。

第十七条规定：发生生产安全事故后，生产经营单位应当立即启动生产安全事故应急救援预案，采取下列一项或者多项应急救援措施，并按照国家有关规定报告事故情况：

（一）迅速控制危险源，组织抢救遇险人员；

（二）根据事故危害程度，组织现场人员撤离或者采取可能的应急措施后撤离；

（三）及时通知可能受到事故影响的单位和人员；

（四）采取必要措施，防止事故危害扩大和次生、衍生灾害发生；

（五）根据需要请求邻近的应急救援队伍参加救援，并向参加救援的应急救援队伍提供相关技术资料、信息和处置方法；

（六）维护事故现场秩序，保护事故现场和相关证据；

（七）法律、法规规定的其他应急救援措施。

第十八条规定：有关地方人民政府及其部门接到生产安全事故报告后，应当按照国家有关规定上报事故情况，启动相应的生产安全事故应急救援预案，并按照应急救援预案的规定采取下列一项或者多项应急救援措施：

（一）组织抢救遇险人员，救治受伤人员，研判事故发展趋势以及可能造成的危害；

（二）通知可能受到事故影响的单位和人员，隔离事故现场，划定警戒区域，疏散受到威胁的人员，实施交通管制；

（三）采取必要措施，防止事故危害扩大和次生、衍生灾害发生，避免或者减少事故对环境造成的危害；

（四）依法发布调用和征用应急资源的决定；

（五）依法向应急救援队伍下达救援命令；

（六）维护事故现场秩序，组织安抚遇险人员和遇险遇难人员亲属；

（七）依法发布有关事故情况和应急救援工作的信息；

（八）法律、法规规定的其他应急救援措施。

有关地方人民政府不能有效控制生产安全事故的，应当及时向上级人民政府报告。上级人民政府应当及时采取措施，统一指挥应急救援。

第十九条规定：应急救援队伍接到有关人民政府及其部门的救援命令或者签有应急救援协议的生产经营单位的救援请求后，应当立即参加生产安全事故应急救援。

应急救援队伍根据救援命令参加生产安全事故应急救援所耗费用，由事故责任单位承担；事故责任单位无力承担的，由有关人民政府协调解决。

第二十条规定：发生生产安全事故后，有关人民政府认为有必要的，可以设立由本级人民政府及其有关部门负责人、应急救援专家、应急救援队伍负责人、事故发生单位负责人等人员组成的应急救援现场指挥部，并指定现场指挥部总指挥。

第二十一条规定：现场指挥部实行总指挥负责制，按照本级人民政府的授权组织制定并实施生产安全事故现场应急救援方案，协调、指挥有关单位和个人参加现场应急救援。

参加生产安全事故现场应急救援的单位和个人应当服从现场指挥部的统一指挥。

第二十二条规定：在生产安全事故应急救援过程中，发现可能直接危及应急救援人员生命安全的紧急情况时，现场指挥部或者统一指挥应急救援的人民政府应当立即采取相应措施消除隐患，降低或者化解风险，必要时可以暂时撤离应急救援人员。

第二十七条规定：按照国家有关规定成立的生产安全事故调查组应当对应急救援工作进行评估，并在事故调查报告中作出评估结论。

第二十八条规定：县级以上地方人民政府应当按照国家有关规定，对在生产安全事故应急救援中伤亡的人员及时给予救治和抚恤；符合烈士评定条件的，按照国家有关规定评定为烈士。

6.3.2　应急预案体系的构成

应急预案是对特定的潜在事件和紧急情况发生时所采取措施的计划安排，是应急响应的行动指南。编制应急预案的目的，是防止一旦紧急情况发生时出现混乱，能够按照合理的响应流程采取适当的救援措施，预防和减少可能随之引发的职业健康安全和环境影响。应急预案的制订，首先必须与重大环境因素和重大危险源相结合，特别是与这些环境因素和危险源一旦控制失效可能导致的后果相适应，还要考虑在实施应急救援过程中可能产生的新的伤害和损失。

应急预案应形成体系，针对各级各类可能发生的事故和所有危险源制订专项应急预案和现场应急处置方案，并明确事前、事发、事中、事后的各个过程中相关部门和有关人员的职责。生产规模小、危险因素少的生产经营单位，其综合应急预案和专项应急预案可以合并编写。根据 2016 年修订的《生产安全事故应急预案管理办法》，生产经营单位应急预案分为综合应急预案、专项应急预案和现场处置方案。

6.3.2.1　综合应急预案

综合应急预案是从总体上阐述事故的应急方针、政策，应急组织结构及相关应急职责，应急行动、措施和保障等基本要求和程序，是应对各类事故的综合性文件。

6.3.2.2　专项应急预案

专项应急预案是针对具体的事故类别（如基坑开挖、脚手架拆除等事故）、危险源和应急保障而制订的计划或方案，是综合应急预案的组成部分，应按照综合应急预案的程序和要求组织制订，并作为综合应急预案的附件。专项应急预案应制订明确的救援程序和具体的应急救援措施。

6.3.2.3　现场处置方案

现场处置方案是针对具体的装置、场所或设施、岗位所制订的应急处置措施。现场处置方案应具体、简单、针对性强。现场处置方案应根据风险评估及危险性控制措施逐一编制，做到事故相关人员应知应会、熟练掌握，并通过应急演练，做到迅速反应、正确处置。

6.3.3 生产安全事故应急预案编制

6.3.3.1 生产安全事故应急预案编制的原则

应急预案的编制应当遵循以人为本、依法依规、符合实际、注重实效的原则，以应急处置为核心，明确应急职责、规范应急程序、细化保障措施。

6.3.3.2 生产安全事故应急预案编制的要求

（1）符合有关法律法规、规章和标准的规定。

（2）结合本地区、本部门、本单位的安全生产实际情况。

（3）结合本地区、本部门、本单位的危险性分析情况。

（4）应急组织和人员的职责分工明确，并有具体的落实措施。

（5）有明确、具体的事故预防措施和应急程序，并与其应急能力相适应。

（6）有明确的应急保障措施，并能满足本地区、本部门、本单位的应急工作要求。

（7）预案基本要素齐全、完整，预案附件提供的信息准确。

（8）预案内容与相关应急预案相互衔接。

6.3.3.3 成立编制工作小组

编制应急预案应当成立编制工作小组，由本单位有关负责人任组长，吸收与应急预案有关的职能部门和单位的人员，以及有现场处置经验的人员参加。

6.3.3.4 事故风险评估和应急资源调查

编制应急预案前，编制单位应当进行事故风险评估和应急资源调查。

事故风险评估，是指针对不同事故种类及特点，识别存在的危险危害因素，分析事故可能产生的直接后果以及次生、衍生后果，评估各种后果的危害程度和影响范围，提出防范和控制事故风险措施的过程。

应急资源调查，是指全面调查本地区、本单位第一时间可以调用的应急资源状况和合作区域内可以请求援助的应急资源状况，并结合事故风险评估结论制订应急措施的过程。

6.3.3.5 生产经营单位应急预案编制

生产经营单位应当根据有关法律法规、规章和相关标准，结合本单位组织管理体系、生产规模和可能发生的事故特点，确立本单位的应急预案体系，编制相应的应急预案，并体现自救互救和先期处置等特点。生产经营单位风险种类多、可能发生多种类型事故的，应当组织编制综合应急预案。综合应急预案应当规定应急组织机构及其职责、应急预案体系、事故风险描述、预警及信息报告、应急响应、保障措施、应急预案管理等内容。

对于某一种或者多种类型的事故风险，生产经营单位可以编制相应的专项应急预案，或将专项应急预案并入综合应急预案。专项应急预案应当规定应急指挥机构与职责、处置程序和措施等内容。

对于危险性较大的场所、装置或者设施，生产经营单位应当编制现场处置方案。现场处置方案应当规定应急工作职责、应急处置措施和注意事项等内容。

事故风险单一、危险性小的生产经营单位，可以只编制现场处置方案。

生产经营单位在编制应急预案的过程中，还需要注意以下问题：

（1）生产经营单位应急预案应当包括向上级应急管理机构报告的内容、应急组织机构和人员的联系方式、应急物资储备清单等附件信息。附件信息发生变化时，应当及时更新，确保准确有效。

（2）生产经营单位组织应急预案编制过程中，应当根据法律法规、规章的规定或者实际需要，征求相关应急救援队伍、公民、法人或其他组织的意见。

（3）生产经营单位编制的各类应急预案之间应当相互衔接，并与相关人民政府及其部门、应急救援队伍和涉及的其他单位的应急预案相衔接。

（4）生产经营单位应当在编制应急预案的基础上，针对工作场所、岗位的特点，编制简明、实用、有效的应急处置卡。应急处置卡应当规定重点岗位、人员的应急处置程序和措施，以及相关联络人员和联系方式，便于从业人员携带。

6.3.3.6　生产安全事故应急预案编制的内容

1. 综合应急预案编制的主要内容

综合应急预案编制的主要内容见表6.3。

表 6.3　　　　　　　　　　　综合应急预案编制的主要内容

目　　录	主　要　内　容
1 总则	1.1 编制目的 　简述应急预案编制的目的、作用等。 1.2 编制依据 　简述应急预案编制所依据的法律法规、规章，以及有关行业管理规定、技术规范和标准等。 1.3 适用范围 　说明应急预案适用的区域范围，以及事故的类型、级别。 1.4 应急预案体系 　说明本单位应急预案体系的构成情况。 1.5 应急工作原则 　说明本单位应急工作的原则，内容应简明扼要、明确具体
2 施工单位的危险性分析	2.1 施工单位概况 　主要包括单位总体情况及生产活动特点等内容。 2.2 危险源与风险分析 　主要阐述本单位存在的危险源及风险分析结果
3 组织机构及职责	3.1 应急组织体系 　明确应急组织形式、构成单位或人员，并尽可能以结构图的形式表示出来。 3.2 指挥机构及职责 　明确应急救援指挥机构总指挥、副总指挥、各成员单位及其相应职责。应急救援指挥机构根据事故类型和应急工作需要，可以设置相应的应急救援工作小组，并明确各小组的工作任务及职责
4 预防与预警	4.1 危险源监控 　明确本单位对危险源监测监控的方式、方法，以及采取的预防措施。 4.2 预警行动 　明确事故预警的条件、方式、方法和信息的发布程序。 4.3 信息报告与处置 　按照有关规定，明确事故及未遂伤亡事故信息报告与处置办法
5 应急响应	5.1 响应分级 　针对事故危害程度、影响范围和单位控制事态的能力，将事故分为不同的等级。按照分级负责的原则，明确应急响应级别。

目　录	主　要　内　容
5 应急响应	**5.2 响应程序** 　　根据事故的大小和发展态势，明确应急指挥、应急行动、资源调配、应急避险、扩大应急等响应程序。 **5.3 应急结束** 　　明确应急终止的条件。事故现场得以控制，环境符合有关标准，导致的次生、衍生事故隐患消除后，经事故现场应急指挥机构批准后，现场应急结束。结束后明确：事故情况上报事项；需向事故调查处理小组移交的相关事项；事故应急救援工作总结报告
6 信息发布	明确事故信息发布的部门、发布原则。事故信息应由事故现场指挥部及时、准确地向新闻媒体通报
7 后期处置	主要包括污染物处理、事故后果影响消除、生产秩序恢复、善后赔偿、抢险过程和应急救援能力评估及应急预案的修订等内容
8 保障措施	**8.1 通信与信息保障** 　　明确与应急工作相关联的单位或人员的通信联系方式和方法，并提供备用方案。建立信息通信系统及维护方案，确保应急期间信息通畅。 **8.2 应急队伍保障** 　　明确各类应急响应的人力资源，包括专业应急队伍、兼职应急队伍的组织与保障方案。 **8.3 应急物资装备保障** 　　明确应急救援需要使用的应急物资和装备的类型、数量、性能、存放位置、管理责任人及其联系方式等内容。 **8.4 经费保障** 　　明确应急专项经费来源、使用范围、数量和监督管理措施，保障应急状态时生产经营单位应急经费及时到位。 **8.5 其他保障** 　　根据本单位应急工作需求而确定的其他相关保障措施（如交通运输保障、治安保障、技术保障、医疗保障、后勤保障等）
9 培训与演练	**9.1 培训** 　　明确对本单位人员开展应急培训的计划、方式和要求。如果预案涉及社区和居民，要做好宣传教育和告知等工作。 **9.2 演练** 　　明确应急演练的规模、方式、频次、范围、内容、组织、评估、总结等内容
10 奖惩	明确事故应急救援工作中奖励和处罚的条件和内容
11 附则	**11.1 术语和定义** 　　对应急预案涉及的一些术语进行定义。 **11.2 应急预备案** 　　明确应急预案的报备部门。 **11.3 维护和更新** 　　明确应急预案维护和更新的基本要求，定期进行评审，实现可持续改进。 **11.4 制订与解释** 　　明确应急预案负责制订与解释的部门。 **11.5 应急预案实施** 　　明确应急预案实施的具体时间

2. 专项应急预案编制的主要内容

专项应急预案编制的主要内容见表6.4。

表6.4 专项应急预案编制的主要内容

目 录	主 要 内 容
1 事故类型和危害程度分析	在危险源评估的基础上，对其可能发生的事故类型和可能发生的季节及事故严重程度进行确定
2 应急处置基本原则	明确处理安全生产事故应当遵循的基本原则
3 组织机构及职责	3.1 应急组织体系 明确应急组织形式、构成单位或人员，并尽可能以结构图的形式表示出来。 3.2 指挥机构及职责 根据事故类型，明确应急救援指挥机构总指挥、副总指挥以及各成员单位或人员的具体职责。应急救援指挥机构可以设置相应的应急救援工作小组，明确各小组的工作任务及主要负责人职责
4 预防与预警	4.1 危险源监控 明确本单位对危险源监测监控的方式、方法，以及采取的预防措施。 4.2 预警行动 明确具体事故预警的条件、方式、方法和信息的发布程序
5 信息报告程序	主要包括： (1) 确定报警系统及程序； (2) 确定现场报警方式，如电话、警报器等； (3) 确定24h与相关部门的通信、联络方式； (4) 明确相互认可的通告、报警形式和内容； (5) 明确应急反应人员向外救援的方式
6 应急处置	6.1 响应分级 针对事故危害程度、影响范围和单位控制事态的能力，将事故分为不同的等级。按照分级负责的原则，明确应急响应级别。 6.2 响应程序 根据事故的大小和发展态势，明确应急指挥、应急行动、资源调配、应急避险、扩大应急等响应程序。 6.3 处置措施 针对本单位事故类别和可能发生的事故特点、危险性，制订应急处置措施（如煤矿瓦斯爆炸、冒顶片帮、火灾、透水等事故应急处置措施，危险化学品火灾、爆炸、中毒等事故应急处置措施）
7 应急物资与装备保障	明确应急处置所需的物资与装备数量，以及相关管理维护和使用方法等

3. 现场处置方案的主要内容

现场处置方案的主要内容见表6.5。

表6.5 现场处置方案的主要内容

目 录	主 要 内 容
1 事故特征	主要包括： (1) 危险性分析，可能发生的事故类型； (2) 事故发生的区域、地点或装置的名称； (3) 事故可能发生的季节和造成的危害程度； (4) 事故前可能出现的征兆

续表

目　　录	主　要　内　容
2 应急组织与职责	主要包括： （1）基层单位应急自救组织形式及人员结构情况； （2）应急自救组织机构、人员的具体职责、应同单位或车间、班组人员工作职责紧密结合，明确相关岗位和人员的应急工作职责
3 应急处置	主要包括： （1）事故应急处置程序。根据可能发生的事故类别及现场情况，明确事故报警、各项应急措施启动、应急救护人员的引导、事故扩大及同企业应急预案衔接的程序。 （2）现场应急处置措施。针对可能发生的火灾、爆炸、危险化学品泄漏、坍塌、水患、机动车辆伤害等，从操作措施、工艺流程、现场处置、事故控制、人员救护、消防、现场恢复等方面制订明确的应急处置措施。 （3）报警电话及上级管理部门、相关应急救援单位的联络方式和联系人员，事故报告的基本要求和内容
4 注意事项	主要包括： （1）佩戴个人防护器具方面的注意事项； （2）使用抢险救援器材方面的注意事项； （3）采取救援对策或措施方面的注意事项； （4）现场自救和互救注意事项； （5）现场应急处置能力确认和人员安全防护等事项； （6）应急救援结束后的注意事项； （7）其他需要特别警示的事项

6.3.4　生产安全事故应急预案的管理

建设工程生产安全事故应急预案的管理包括应急预案的评审、备案、实施和奖惩。

国家安全生产监督管理总局负责应急预案的综合协调管理工作。国务院其他负有安全生产监督管理职责的部门按照各自的职责负责本行业、本领域内应急预案的管理工作。

县级以上地方各级人民政府安全生产监督管理部门负责本行政区域内应急预案的综合协调管理工作。县级以上地方各级人民政府其他负有安全生产监督管理职责的部门按照各自的职责负责辖区内本行业、本领域应急预案的管理工作。

6.3.4.1　应急预案的评审

地方各级安全生产监督管理部门应当组织有关专家对本部门编制的应急预案进行审定，必要时可以召开听证会，听取社会有关方面的意见。涉及相关部门职能或者需要有关部门配合的，应当征得有关部门同意。

参加应急预案评审的人员应当包括应急预案涉及的政府部门工作人员和有关安全生产及应急管理方面的专家。

评审人员与所评审预案的生产经营单位有利害关系的，应当回避。

应急预案的评审或者论证应当注重应急预案的实用性、基本要素的完整性、预防措施的针对性、组织体系的科学性、响应程序的操作性、应急保障措施的可行性、应急预案的衔接性等内容。

6.3.4.2　应急预案的备案

地方各级安全生产监督管理部门的应急预案，应当报同级人民政府和上一级安全生产监督管理部门备案。

其他负有安全生产监督管理职责部门的应急预案，应当抄送同级安全生产监督管理部门。

中央管理的总公司（总厂、集团公司、上市公司）的综合应急预案和专项应急预案，报国务院国有资产监督管理部门、国务院安全生产监督管理部门和国务院有关主管部门备案；其所属单位的应急预案分别抄送所在地的省、自治区、直辖市或者设区的市人民政府安全生产监督管理部门和有关主管部门备案。

上述规定以外的其他生产经营单位中涉及实行安全生产许可的，其综合应急预案和专项应急预案按照隶属关系报所在地县级以上地方人民政府安全生产监督管理部门和有关主管部门备案；未实行安全生产许可的，其综合应急预案和专项应急预案的备案，由省、自治区、直辖市人民政府安全生产监督管理部门确定。

6.3.4.3　应急预案的实施

各级安全生产监督管理部门、生产经营单位应当采取多种形式开展应急预案的宣传教育，普及生产安全事故预防、避险、自救和互救知识，提高从业人员的安全意识和应急处置技能。

生产经营单位应当制订本单位的应急预案演练计划，根据本单位的事故预防重点，每年至少组织一次综合应急预案演练或者专项应急预案演练，每半年至少组织一次现场处置方案演练。

有下列情形之一的，应急预案应当及时修订：

（1）生产经营单位因兼并、重组、转制等导致隶属关系、经营方式、法定代表人发生变化的。

（2）生产经营单位生产工艺和技术发生变化的。

（3）周围环境发生变化，形成新的重大危险源的。

（4）应急组织指挥体系或者职责已经调整的。

（5）依据的法律法规、规章和标准发生变化的。

（6）应急预案演练评估报告要求修订的。

（7）应急预案管理部门要求修订的。

生产经营单位应当及时向有关部门或者单位报告应急预案的修订情况，并按照有关应急预案报备程序重新备案。

6.3.4.4　奖惩

生产经营单位应急预案未按照有关规定备案的，由县级以上安全生产监督管理部门给予警告，并处三万元以下罚款。

生产经营单位未制订应急预案或者未按照应急预案采取预防措施，导致事故救援不力或者造成严重后果的，由县级以上安全生产监督管理部门依照有关法律法规和规章的规定，责令停产停业整顿，并依法给予行政处罚。

6.3.5　施工现场应急预案实例

6.3.5.1　起重吊装事故应急预案

起重吊装事故应急预案

1　适用范围

本预案适用于大唐雷州项目部范围内因起重吊装及组装、拆卸、检修过程中发生的事故及人员伤亡的应急处理预案，是项目部总体应急预案的子预案。

2　风险分析与事件分级

2.1　风险分析

项目部在大型构件和设备起重吊装工程施工中常见的起重吊装事故类型有起重机械碰撞和倾覆、起吊索具断裂、吊装构件滑落、作业人员高处坠落、电网触电等伤害事故。具体风险分析结果见表6.6。

表 6.6　　　　　　　　　　项目部起重吊装事故风险分析结果

序号	风险来源	特性	危险因素分析	严重程度	影响范围
1	损伤失误、安全装置失效	物理性、行为性	操作人员不按规程操作、设备缺陷运行、安全防护装置失效或不全、交叉作业、恶劣天气	起重伤害、机械倾覆	机械使用区域
2	起重索具不合格	物理性	使用不合格产品或未经检验、超负荷使用或使用方法错误	起重伤害、机械倾覆	起重作业区域
3	起重司索操作不当	行为性	起重司索操作方法错误	物体打击、机械倾覆、起重伤害	起重作业区
4	安全防护不到位	物理性	安全保护措施不到位	起重伤害	起重作业区

2.2　事件分级

事件分级见表6.7。

表 6.7　　　　　　　　　　　事　件　分　级

事件分级	分级标准
一级（特别重大）	死亡 30 人以上，或重任 100 人以上；或直接经济损失 1 亿元以上
二级（重大）	死亡 10 人以上 30 人以下；或重伤 50 人以上 100 人以下；或直接经济损失 5000 万元以上 1 亿元以下
三级（较大）	死亡 3 人以上 10 人以下；或重伤 10 人以上 50 人以下；或直接经济损失 1000 万元以上 5000 万元以下
四级（一般）	死亡 1 人以上 3 人以下；或重伤 3 人以上 10 人以下；或直接经济损失 100 万元以上 1000 万元以下
五级（轻微）	重伤 3 人以下；或直接经济损失 100 万元以下

3　组织机构及职责

项目部应急组织机构由现场应急指挥部、应急救援工作组构成。项目部现场应急指挥部是负责现场应急工作的临时指挥中心。在上级、建设方或政府成立现场应急指挥部前，是事故现场应急处置的最高决策指挥机构。

3.1　现场应急指挥部

项目部在应急领导小组的领导下，成立起重吊装事故现场应急指挥部，指挥现场处置工作，成员如下：

指挥长：项目经理。

副指挥长：项目副经理、项目总工、项目安全总监。

成员：综合管理部主任、工程管理部主任、安全环保部主任、设备物资管理部主任、商务合同部主任、财务资金部主任、各工区负责人、各作业队负责人。

主要职责如下：

(1) 向上级应急领导机构汇报事件及应急救援情况，落实上级应急领导机构的决策部署。

(2) 决定启动和终止起重吊装事故应急预案。

(3) 领导、指挥起重吊装事故的应急处置、抢救和恢复工作。

(4) 研究起重吊装事故应急处置重大决策和部署等工作。

3.2 应急救援工作组

在应急指挥部的统一领导下成立起重吊装事故应急救援工作组，包括现场救援组（救援、疏散、警戒等）、后勤保障组、善后处理组、事故调查组。

3.2.1 现场救援组

组长：项目副经理。

成员：工程管理部主任、安全环保部主任、各工区负责人。

职责：负责制订现场救援方案；负责现场营救伤员，疏散人员，设置警戒区域；负责协助外部救援队伍、医疗队伍开展工作。

3.2.2 后勤保障组

组长：项目副经理。

成员：工程管理部主任、综合管理部主任、财务资金部主任、设备物资管理部主任、各工区负责人。

职责：负责应急抢险所需物资、设备以及车辆的供应；负责应急用电、通信、供水；保障应急救援资金。

3.2.3 善后处理组

组长：项目安全总监。

成员：综合管理部主任、商务合同部主任、各工区负责人、各作业队负责人。

职责：负责受伤人员的后续医疗救治；负责核实伤亡人员情况及其亲属的接待、安抚工作；负责伤亡赔偿洽谈以及死亡人员善后工作；负责保险索赔事宜；负责恢复现场办公、生活等基本功能。

3.2.4 事故调查组

组长：项目安全总监。

成员：安全环保部主任、工程管理部主任、综合管理部主任、商务合同部主任、财务资金部主任。

职责：负责保护事故现场，收集事故资料；负责事故调查，确定事故损失、性质、原因、主要责任人，提出预防措施和处理意见等；配合外部事故调查组。

3.2.5 各应急救援工作组组长不在现场时，由指挥长指定工作组负责人。

4 监测与预警

4.1 风险监测

4.1.1 项目部根据起重吊装事故风险分析结果，开展如表6.8所示的风险监测工作。

表 6.8   风险监测工作

序号	风险来源	监测方法	监 测 范 围	监测频次	责任部门或人员
1	起重索具缺陷	拉力试验、外观检测	钢丝绳、链条葫芦、卡环等起重索具	每月一次	起重索具拥有部门
2	大风	风速检测	起重作业区域	实时	起重作业部门

4.1.2 风险监测部门或人员发现风险超出可控范围应及时向部门负责人报告，部门负责人上报至项目部应急办公室，应急办公室上报项目部应急领导小组组长。

4.2 预警发布

项目部应急办公室接到预警信息后，根据监控判断危险源状态，研判可能造成的后果，确定预警级别，由应急办公室采用移动电话、固定电话、QQ平台、微信平台、短信等方式发布，预警信息包括事件发生时间、地点、可能影响的范围以及应采取的措施等。

4.3 预警行动

4.3.1 项目部应采取紧急措施消除风险或将风险控制在可接受范围内，并做好如下防范措施：

(1) 风速达到6级（10.8m/s）时停止吊装作业，风速达到5级（8m/s）时停止受风面大的吊装作业。

(2) 对经检测不合格的钢丝绳、链条葫芦、卡环等起重索具禁止使用。

4.3.2 各应急救援工作组接到预警信息后进入待命状态，做好应急响应准备。

4.4 预警调整和结束

4.4.1 当现场风速变化，项目部应急办公室按规定报请应急领导小组调整防范措施。

4.4.2 当现场风速低于5级并处于可控状态时，项目部应急办公室按规定报请应急领导小组解除预警信息。

5 处置程序

5.1 信息报告

5.1.1 一旦发生起重吊装事故，现场人员应立即向部门负责人报告，或直接向项目部应急办公室报告，并明确以下内容：

(1) 报告人的姓名和联系方式。

(2) 事故发生时间、具体位置。

(3) 是否涉及危险品。

(4) 是否有人员伤亡。

(5) 事故简要经过。

5.1.2 应急办公室人员做好记录，立即向应急领导小组组长报告。

5.1.3 当应急响应级别达到Ⅱ级及以上时，应向上级应急办公室报告。

5.2 启动响应

应急领导小组启动起重吊装事故专项应急预案，成立起重吊装事故现场应急指挥部，按照各应急救援工作组职责分配任务，调配资源开展救援工作。

5.3 现场救援

指挥长根据实际情况组织制订科学的救援方案（通用应急处置措施见表 6.9），全面领导现场救援工作。

表 6.9   通 用 应 急 处 置 措 施

序 号	风险来源	处 置 措 施
1	起重伤害	1. 设置警戒区，安排专人监护。将现场人员疏散至安全区域。 2. 做好受伤人员的现场救护工作。如受伤人员出现骨折、休克或昏迷状况，应采取临时包扎止血措施，进行人工呼吸或胸外心脏按压，尽量努力抢救伤员。 3. 对有可能导致次生灾害的风险采取措施控制
2	物体打击	1. 做好受伤人员的现场救护工作。如受伤人员出现骨折、休克或昏迷状况，应采取临时包扎止血措施，进行人工呼吸或胸外心脏按压，尽量努力抢救伤员。 2. 对上方有可能坠落的物品进行清理
3	机械倾覆	1. 必须立即停止运转的机械。 2. 现场人员应当立即采取警戒措施，切断或隔离机械危险影响区域，防止救援过程中发生次生灾害。 3. 立即采取营救措施，将受伤人员转移至安全地带

各应急救援工作组在现场指挥部的统一指挥下，按照机械设备事故应急预案分工，相互配合、密切协作，共同开展应急处置和救援工作。

5.4 扩大响应

当前应急措施难以应对时，由现场应急指挥部请示上级应急领导小组调整响应级别，向上级单位请求支援，同时充分寻求当地政府或救援机构的支援。

5.5 响应解除

当起重吊装事故得到有效控制，危险消除时，由应急指挥部现场验证，确认隐患消除后，下达应急状态解除令，解除现场警戒。

6 处置措施

6.1 先期处置

当发生起重吊装事故后，操作人员应立即停止作业，保护事故现场，并立即上报。在确认安全的前提下，现场人员及操作人员立即采取自救互救措施，减少损失并防止事故扩大。

6.2 应急处置

6.2.1 现场应急指挥部成立后，各应急救援工作组在指挥长统一指挥下，根据职责与分工，按照现场应急救援方案全面开展应急救援工作。

6.2.2 现场救援组根据现场情况，组织抢险队伍开展抢险救援工作，监控和保护周边危险点，防止事故扩大；清点现场人员，对现场受伤人员进行营救、寻找、救护，并转移到安全区；通过信号、广播，组织和引导人员进行疏散、自救互救。在抢险救援过程中，应及时跟踪灾情进展，做好次生灾害预防措施，优先保证人员安全，将事故对人员、财产和环境造成的损失降到最低程度。

6.2.3 后勤保障组及时保障物资、设备、车辆以及食品的供应；负责各类应急设备的抢修工作；为救援保证充足的资金支持。

6.2.4 开展应急处置工作时，要做好与地方政府的对接和协同工作，扩大响应时请求外部救援力量支援，并安排专人接应。

6.3 后期处置

6.3.1 善后处理组组织受伤人员开展后续医疗救治，核实伤亡人员情况及其亲属的接待、安抚、住宿及日常生活工作，洽谈伤亡赔偿及善后工作，与保险公司联络洽谈索赔事宜，组织恢复现场办公、生活等基本功能。

6.3.2 事故调查组保护现场、收集资料、调查事故、提出预防措施和处理意见，组织对事故应急处置情况进行总体评估，完成评估报告，并提出改进建议。

7 预案附件

7.1 组织机构成员名单

7.1.1 现场应急指挥部

指挥长：×××

副指挥长：×××

成员：×××

7.1.2 应急救援工作组

（1）现场救援组。

组长：×××

成员：×××

（2）后勤保障组。

组长：×××

成员：×××

（3）善后处理组。

组长：×××

成员：×××

（4）事故调查组。

组长：×××

成员：×××

7.2 应急通讯录

（略）

7.3 应急物资储备清单

（略）

7.4 相关应急预案

（略）

6.3.1 生产安全事故应急预案

6.3.5.2 应急处置方案实例

×××项目部高处坠落现场处置方案见表6.10。

表 6.10　　　　　×××项目部高处坠落现场处置方案

作业种类或部位	风 险 分 析		
事故风险	1. 临边作业〔坑（槽）沟及深基础周边、平台或阳台边、屋面周边、楼梯侧边、楼层周边等〕； 2. 洞口作业（楼梯口、电梯口、预留洞口、通道口等）； 3. 攀登作业（脚手架搭拆、钢结构构件安装、边坡支护等）； 4. 悬空作业（脚手架搭拆、钢结构吊装、模板支拆、线路架设等）； 5. 操作平台作业（移动式操作平台、卸料平台、烟塔作业平台、脚手架作业平台、升降作业平台等）； 6. 交叉作业（边坡支护、锚索施工、模板及脚手架搭拆等）	事故原因类别	人的不安全行为	（1）作业人员未正确使用个人安全防护用品； （2）作业人员违反操作规程； （3）作业人员健康状况不良、情绪不稳，或存在职业禁忌症
			物的不安全状态	（1）脚手架、防护栏、通道、作业平台等设施设置不符合规范要求，使用的材料存在缺陷； （2）梯子等登高工具存在质量问题； （3）个人防护用品不合格
			作业环境	（1）作业现场光线不足； （2）大风大雨等气象条件差
			管理方面	（1）未制订安全技术措施方案或方案未审核批准； （2）未按要求进行安全检查排队隐患； （3）违章指挥； （4）作业人员不具备相关安全技能
应急工作职责	人　员	职　责		
	现场作业人员	发现高处坠落事故应及时向现场管理人员报告，及时拨打急救电话，并应保护受伤人员，防止其受到二次伤害		
	现场管理人员（生产经理、安全总监、作业队长、技术员、调度员、安全员）	发现或接到高处坠落事故后，应及时组织现场其他人员按照该方案应急处置和注意事项要求，对受伤人员实施救援		
	其他其他人员	按项目总体应急救援职责分工，做好后勤、善后等相关工作		
应急处置	程　序	措　施		
	1. 报告	（1）发生事故后，现场人员应第一时间上报现场负责人。 （2）现场负责人组织自救互救，同时拨打现场应急电话（现场应急电话与应急办公室保持联动状态），当发现有人员受伤时，拨打项目医务室院长电话×××，医务室情况与当地急救中心取得联系，详细说明事故地点、严重程度、联系电话，并派人到路口接应，有关人员赶赴现场，协助求助。 （3）应急救援联络电话。项目部应急救援管理办公室电话：×××，项目部安全管理部门负责人联系人电话：×××，当地医院电话：×× ×		
	2. 自救互救	（1）作业人员发生高处坠落后，应大声呼救，寻求现场其他人员救援。 （2）发生高空坠落事故后，现场人员应当立即采取措施，切断或隔离危险源，防止救援过程中发生次生灾害。 （3）现场人员应做好受伤人员的现场救护工作。如受伤人员出现骨折、休克或昏迷状况，应采取临时包扎止血措施，进行人工呼吸或胸外心脏按压，尽量努力抢救伤员		
	3. 处置及救护	在伤员转送之前必须进行急救处理，避免伤情扩大，途中做进一步检查，进行病史采集，以便发现一些隐蔽部位的伤情，做进一步处理，减轻患者伤情。转送途中密切观察患者的瞳孔、意识、体温、脉搏、呼吸、血压等情况，有异常应及早做出相应的处理措施		

续表

	程　序	措　施
应急处置	4. 警戒疏散	应急领导小组召集应急救援领导小组成员，事故发生后应在第一时间赶到现场，要了解和掌握事故实况，制订抢险抢救方案，防止事故扩大，维护现场秩序，严格保护事故现场，实施抢救。当伤者坠落在高处或悬挂在高空时，尽快使用绳索或其他工具将坠落者解救至地面
	5. 应急扩大	当事故超出本单位应急处置能力时，应向当地政府有关部门及上级单位请求支援
注意事项		1. 进入抢救现场作业人员必须按要求佩戴安全帽、安全绳等必要的安全防护用品。 2. 备齐必要的应急救援物资，如车辆、医药箱、担架、氧气袋、止血带、通信设备等。 3. 当发生高处坠落事故后，应优先对呼吸道梗阻、休克、骨折和出血者进行处理，应先救命，后治伤。 4. 重伤员运送应用担架，腹部创伤及脊柱损伤者，应用卧位运送；颅脑损伤者一般取仰卧偏头或侧卧位。 5. 抢救失血者，应先进行止血；抢救休克者，应采取保暖措施，防止热损耗；抢救脊柱受伤者，应将伤者平卧放在帆布担架或硬板上，严禁只抬伤者的两肩与两腿或单肩背运。 6. 对坠落在危险位置，一时不能对其进行有效救援且神志清醒的高处坠落者，应由救援负责人或医生对高坠者进行心理安慰，劝其平静、不要乱动，避免其不当的动作造成二次坠落。 7. 应保护好高处坠落事故现场，等待事故调查组进行调查处理

【扫码测试】

6.3　练习题

6.4　水利生产安全事故应急预案

根据 2005 年 1 月 26 日国务院第 79 次常务会议通过的《国家突发公共事件总体应急预案》，按照不同的责任主体，国家突发公共事件应急预案体系设计为国家总体应急预案、专项应急预案、部门应急预案、地方应急预案、企事业单位应急预案五个层次。

《水利部生产安全事故应急预案（试行）》（水安监〔2016〕443 号）属于部门应急预案，是水利行业关于事故灾难的应急预案［与单位内部职能部门生产安全事故专业（专项）应急工作方案、各法人单位的应急预案共同构成水利行业生产安全事故应急预案体系］，其主要内容如下。

6.4.1　编制应急预案目的

规范水利部生产安全事故应急管理和应急响应程序，提高防范和应对生产安全事故的能力，最大限度地减少人员伤亡和财产损失，保障人民群众生命财产安全。

6.4.2　应急管理工作原则

（1）以人为本，安全第一。把保障人民群众生命安全、最大限度地减少人员伤亡作为首要任务。

（2）属地为主，部门协调。按照国家有关规定，生产安全事故救援处置的领导和指挥以地方人民政府为主，水利部发挥指导、协调、督促和配合作用。

（3）分工负责，协同应对。综合监管与专业监管相结合，安全监督司负责统筹协调，各司局和单位按照业务分工负责，协同处置水利生产安全事故。

（4）专业指导，技术支撑。统筹利用行业资源，协调水利应急专家和专业救援队伍，为科学处置提供专业技术支持。

（5）预防为主，平战结合。建立健全安全风险分级管控和隐患排查治理双重预防性工作机制，坚持事故预防和应急处置相结合，加强教育培训、预测预警、预案演练和保障能力建设。

6.4.3　事故分级

生产安全事故分为特别重大事故、重大事故、较大事故和一般事故4个等级。

（1）特别重大事故。是指造成30人以上死亡，或者100人以上重伤（包括急性工业中毒，下同），或者直接经济损失1亿元以上的事故。

（2）重大事故。是指造成10人以上30人以下死亡，或者50人以上100人以下重伤，或者直接经济损失5000万元以上1亿元以下的事故。

（3）较大事故。是指造成3人以上10人以下死亡，或者10人以上50人以下重伤，或者直接经济损失1000万元以上5000万元以下的事故。

（4）一般事故。是指造成3人以下死亡，或者3人以上10人以下重伤，或者直接经济损失100万元以上1000万元以下的事故。

所谓较大涉险事故，是指发生涉险10人以上，或者造成3人以上被困或下落不明，或者需要紧急疏散500人以上，或者危及重要场所和设施（电站、重要水利设施、危化品库、油气田和车站、码头、港口、机场及其他人员密集场所）的事故。

6.4.4　预警管理

预警管理包括发布预警（预警信息由地方人民政府按照有关规定发布）、预警行动、预警终止（当险情得到有效控制后，由预警信息发布单位宣布解除预警）。

6.4.5　事故信息报告与先期处置

事故信息报告方式分快报（快报可采用电话、手机短信、微信、电子邮件等多种方式，但须通过电话确认）和书面报告。

快报内容应包含事故发生单位名称、地址、负责人姓名和联系方式，发生时间、具体地点、已经造成的伤亡、失踪、失联人数和损失情况，可视情况附现场照片等信息资料。书面报告内容应包含事故发生单位概况，发生单位负责人和联系人姓名及联系方式，发生时间、地点以及事故现场情况，发生经过，已经造成伤亡、失踪、失联人数，初步估计的直接经济损失，已经采取的应对措施，事故当前状态以及其他应报告的情况。

接到生产安全事故或较大涉险事故信息报告后，有关单位应做好核实事故情况，预判事故级别，根据事故情况及时报告有关领导，提出响应建议等先期处置工作。

6.4.6 报告程序和时限

水利部直属单位（工程）或地方水利工程发生特别重大事故，各单位应力争 20min 内快报、40min 内书面报告水利部；水利部在接到事故报告后 30min 内快报、1h 内书面报告国务院总值班室。

水利部直属单位（工程）发生较大事故和有人员死亡的一般事故、地方水利工程发生较大事故，应在事故发生 1h 内快报、2h 内书面报告至安全监督司。

接到国务院总值班室要求核报的信息，电话反馈时间不得超过 30min，要求报送书面信息的，反馈时间不得超过 1h。各单位接到水利部要求核报的信息，应通过各种渠道迅速核实，按照时限要求反馈相关情况。原则上，电话反馈时间不得超过 20min，要求报送书面信息的，反馈时间不得超过 40min。

事故报告后出现新情况的，应按有关规定及时补报相关信息。

除上报水行政主管部门外，各单位还应按照相关法律法规将事故信息报告地方政府及其有关部门。

6.4.7 生产安全事故应急响应

（1）应急响应分级。应急响应设定为一级、二级、三级 3 个等级。

（2）应急响应流程：①启动响应；②成立应急指挥部；③会商研究部署；④派遣现场工作组；⑤跟踪事态进展；⑥调配应急资源（应急专家、专业救援队伍和有关物资、器材）；⑦及时发布信息；⑧配合政府或有关部门开展工作；⑨其他应急工作（配合有关单位或部门做好技术甄别工作等）；⑩响应终止。

6.4.8 信息公开与舆情应对

及时跟踪社会舆情态势，及时组织向社会发布有关信息。采取适当方式，及时回应生产安全事故引发的社会关切。

6.4.9 后期处置

（1）善后处置。做好伤残抚恤、修复重建和生产恢复工作。

（2）应急处置总结。

6.4.10 保障措施

保障措施包括信息与通信保障、人力资源保障、应急经费保障、物资与装备保障。

各地、各单位应根据有关法律法规和专项应急预案的规定，组织工程有关施工单位配备适量应急机械、设备、器材等物资装备，配齐救援物资，配好救援装备，做好生产安全事故应急救援必需保护、防护器具储备工作；建立应急物资与装备管理制度，加强应急物资与装备的日常管理。

各地、各单位生产安全事故应急预案中应包含与地方公安、消防、卫生以及其他社会资源的调度协作方案，为第一时间开展应急救援提供物资与装备保障。

6.4.1 水利生产安全事故应急预案

6.4.11 培训与演练

培训与演练主要包括预案、应急知识、自救互救和避险逃生技能的培训。预案应定期演练，确保相关工作人员了解应急预案内容和生产安全事故避险、自救互救知识，熟悉应急职责、应急处置程序和措施。

【扫码测试】

6.4　练习题

小　结

本章主要介绍了建设工程生产安全事故的分类、安全事故发生的原因、安全事故的调查和处理、施工安全事故应急预案的内容和编制。

第7章 安全评价与安全生产统计分析

【学习目标】 掌握安全评价方法、安全生产统计分析的方法；熟悉并会运用安全评价方法进行现场安全的评价与预测，会根据企业事故资料，预测出企业的安全状况和事故发生趋势；了解安全生产统计分析中分析方法依据的数理统计知识。

【知识点】 安全评价概念；职业卫生及事故统计指标体系组成；安全评价方法及其分类；事故统计分析常用的分析方法；经济损失的计算。

【技能】 根据不同的系统选择适当的分析方法进行评价；能够运用事故统计分析法预测企业的安全状况及企业各类事故的发展趋势。

安全评价在解决安全与风险、投入与效益问题上，是一种行之有效的管理方法。随着科技的进步和经济的发展，生产规模日益扩大，新工艺、新产品、新材料的不断涌现和应用，系统也变得越来越复杂，系统中微小的差错就可能引起巨大能量的意外释放，甚至造成灾难性事故的发生。如何以最优的安全投资获得最低事故率与事故损失，已成为人们日益关注的问题。安全评价技术的出现使这些问题的解决成为可能。

7.1 安 全 评 价 概 述

7.1.1 安全评价的定义及目的

7.1.1.1 安全评价的定义

安全评价是以实现工程、系统安全为目的，应用安全系统工程的原理和方法，对工程、系统中存在的危险、有害因素进行识别与分析，判断工程、系统发生事故和急性职业危害的可能性及其严重程度，提出安全对策建议，从而为工程、系统制订防范措施和管理决策提供科学依据。

7.1.1.2 安全评价的目的

（1）促进实现本质安全化生产。系统地对工程或系统的设计、建设、运行等过程中存在的事故和事故隐患进行科学分析，针对事故和事故隐患发生的各种可能原因事件和条件，提出消除危险源和降低风险的最佳安全技术措施方案；特别是从设计上采取相应措施，设置多重安全屏障，实现生产过程的本质安全化。

（2）实现全过程安全控制。从计划、设计、建设、生产等全过程中考虑安全技术和管理问题，辨识生产过程中的危险有害因素，及早采取改进和预防措施，降低事故发生的频率。

（3）建立系统安全的最优方案，为决策提供依据。通过分析系统存在的危险源及分布部位、数目，预测事故发生的概率、事故严重度，提出应采取的安全对策、措施等，为决策者选择系统安全最优方案和管理决策提供依据。

（4）为实现安全技术、安全管理的标准化和科学化创造条件。通过对设备、设施或系统在生产过程中的安全性是否符合有关技术标准、规范相关规定的评价，对照技术标准、规范，查找系统存在的问题和不足，以实现安全技术和安全管理的标准化、科学化。

7.1.2　安全评价的内容

安全评价的内容包括危险性辨识和危险度评价两部分。

安全评价是一个利用安全系统工程原理和方法辨识及评价系统、工程存在的风险的过程，这一过程包括危险和有害因素辨识及危险和危害程度评价两部分。危险和有害因素辨识的目的在于辨识危险来源；危险和危害程度评价的目的在于确定和衡量来自危险源的危险性、危险程度和应采取的控制措施，以及采取控制措施后仍然存在的危险性是否可以被接受。在实际的安全评价过程中，这两个方面是不能截然分开、孤立进行的，而是相互交叉、相互重叠于整个评价工作中。安全评价的内容如图 7.1 所示。

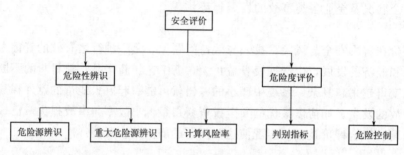

图 7.1　安全评价的内容

7.1.3　安全评价程序

安全评价程序包括前期准备，危险和有害因素辨识与分析，定性、定量评价，提出安全对策措施及建议，做出安全评价结论，编制安全评价报告，如图 7.2 所示。

7.1.3.1　前期准备

明确被评价对象和范围，通过现场的勘察收集国内外相关法律法规、技术标准及工程、系统的技术资料等。

7.1.3.2　危险和有害因素辨识与分析

根据被评价的工程、系统的情况，辨识和分析危险和有害因素，确定危险和有害因素存在的部位、存在的方式、事故发生的途径及其变化的规律。

7.1.3.3　定性、定量评价

在危险和有害因素辨识与分析的基础上划分评价单元，选择合理的评价方法，对工程、系统发生事故和职业危害的可能性和严重程度进行定性、定量评价。

7.1.3.4　提出安全对策措施及建议

根据定性、定量评价结果，提出消除、减弱或者预防危险和有害因素的技术和管理措施及建议。

7.1.3.5　做出安全评价结论

简要地列出主要危险和有害因素的评价结果，指出工程、系统应重点防范的重大危险

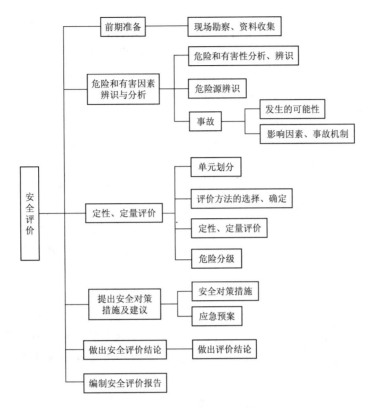

图 7.2 安全评价的程序

因素，明确企业应重视的重要安全措施。

7.1.3.6 编制安全评价报告

依据安全评价的结果编制相应的安全评价报告。

7.1.4 安全评价的依据及原理

虽然安全评价的领域、种类、方法、手段繁多，而且评价系统的属性、特征及事件的随机性千变万化、各不相同，究其思维方式和依据的理论却是一致的。

7.1.1 安全评价的内容及程序

7.1.4.1 安全评价的依据

安全评价的依据有：国家及地方的法律法规，相关的标准、规范，现场勘察情况等资料；法规、标准等也会随法规、标准条文的修改或新法规、标准的出台而变动。如《中华人民共和国宪法》、《中华人民共和国劳动法》、《中华人民共和国安全生产法》、《建设项目（工程）职业安全卫生设施和技术措施验收办法》、《生产设备安全卫生设计总则》（GB 5083—1999）、《建筑设计防火规范》（GB 50016—2014）、《爆炸危险环境电力装置设计规范》（GB 50058—2014）等。

7.1.4.2 安全评价的原理

安全评价的原理可归纳为以下四个基本原理，即相关性原理、类推原理、惯性原理、量变到质变原理。

1. 相关性原理

它是指一个系统，其属性、特征与事故和职业危害存在着因果的相关性。这是系统因果评价方法的理论基础。这个原理告诉我们，在分析和处理问题时，要恰当地分析和处理系统内外因素、各层次之间的联系，以达到强化整体效应的目的。

2. 类推原理

类推原理是人们经常使用的一种逻辑思维方法，常用来作为推出一种新知识的方法。在人们认识世界和改造世界的活动中，类推原理有着非常重要的作用，在安全生产、安全评价中同样也有着特殊的意义和重要的作用。

它主要是根据两个或两类对象之间存在着某些相同或相似的属性，从一个已知对象具有某个属性来推出另一个对象具有此种属性的一种推理过程。

常用的类推方法是概率推算法。根据有限的实际统计资料，采用概率论和数理统计方法可求出随机事件出现各种状态的概率。可以用概率值来预测未来系统发生事故可能性的大小，以此来衡量系统危险性的大小、安全程度的高低。

3. 惯性原理

任何事物在其发展过程中，从过去到现在以及延伸至将来，都具有一定的延续性，这种延续性就叫惯性。利用惯性可以研究事物或评价一个系统的未来发展趋势。如从一个单

7.1.2 安全评价的依据及原理

位过去的安全生产状况、事故统计资料找出安全生产及事故发展变化趋势，以推测其未来安全状态。

4. 量变到质变原理

任何一个事物在发展变化过程中都存在着从量变到质变的规律，同样，在一个系统中许多有关安全的因素也都存在着从量变到质变的过程。在评价一个系统的安全时，也应用量变到质变的原理评价。

7.1.5　安全评价方法分类

安全评价方法有很多种，可以根据评价结果的量化程度、评价的逻辑推理过程、项目的实施阶段等分类。

7.1.5.1　按评价结果的量化程度分类

1. 定性安全评价方法

定性安全评价方法主要是根据经验和直观判断能力对施工现场或者生产系统的工艺、设备、设施、环境、人员和管理等方面的状况进行定性分析。安全评价的结果是一些定性的指标，如是否达到了某项安全指标、事故类别和导致事故发生的因素等。

定性安全评价方法的特点是容易理解、便于掌握、评价过程简单。但定性安全评价方法往往依靠经验，带有一定的局限性，安全评价结果有时因参加评价人员的经验和经历等有相当的差异以及评价结果不能给出量化的危险度，所以不同类型的对象之间安全评价结果可比性差。例如，安全检查表、专家现场询问观察法、作业条件危险性评价法、故障类型和影响分析、危险可操作性研究等都属于定性安全评价。

2. 定量安全评价方法

定量安全评价方法是运用基于大量的试验结果和广泛的事故资料统计分析获得的指标

或规律（数学模型），对生产系统的工艺、设备、设施、环境、人员和管理等方面的状况进行定量的计算，安全评价的结果是一些定量的指标，如事故发生的概率、事故的伤害（或破坏）范围、定量的危险性、事故致因因素的事故关联度或重要度等。

7.1.5.2 按评价的逻辑推理过程分类

1. 归纳推理评价法

归纳推理评价法是从事故原因推论结果的评价方法，即从最基本危险和有害因素开始，逐渐分析导致事故发生的直接因素，最终分析到可能的事故的一类评价方法。

2. 演绎推理评价法

演绎推理评价法是从结果推论原因的评价方法，即从事故开始，推论导致事故发生的直接因素，再分析与直接因素相关的因素，最终分析和查找出致使事故发生的最基本危险、有害因素的一类评价方法。

7.1.5.3 按项目的实施阶段分类

按照国家安全生产行业标准《安全评价通则》（AQ 8001—2007），安全评价按照实施阶段的不同分为安全预评价、安全验收评价和安全现状评价三类。

1. 安全预评价

安全预评价是在建设项目可行性研究阶段、工业园区规划阶段或生产经营活动组织实施之前，根据相关的基础资料，辨识与分析建设项目、工业园区、生产经营活动潜在的危险和有害因素，确定其与安全生产法律法规、规章、标准、规范的符合性，预测发生事故的可能性及其严重程度，提出科学、合理、可行的安全对策措施及建议，做出安全评价结论的活动。

通过安全预评价形成的安全预评价报告，将作为建设项目报批的文件之一，向政府安全生产监管、监察部门、行业主管部门提供的同时，也提供给建设单位、设计单位、业主，作为项目最终设计的重要依据文件之一。建设单位、设计单位、业主在项目设计阶段、建设阶段和运营时期，必须落实安全预评价所提出的各项措施，切实做到建设项目在设计中的"三同时"。

2. 安全验收评价

安全验收评价是为安全验收进行的技术准备。它是在建设项目竣工后正式生产运行前，或工业园区建设完成后，通过检查建设项目安全设施与主体工程同时设计、同时施工、同时投入生产和使用的情况，或工业园区内的安全设施、设备、装置投入生产和使用的情况，检查安全生产管理措施到位情况，检查安全生产规章制度健全情况，检查事故应急救援预案建立情况，审查确定建设项目、工业园区建设满足安全生产法律法规、规章、标准、规范要求的符合性，从整体上确定建设项目、工业园区的运行状况和安全管理情况，做出安全验收评价结论的活动。

7.1.3 安全评价的方法

3. 安全现状评价

安全现状评价是针对生产经营活动中、工业园区内的事故风险、安全管理等情况，辨识与分析其存在的危险和有害因素，审查确定其与安全生产法律法规、规章、标准、规范要求的符合性，预测发生事故或造成职业危害的可能性及其严重程度，提出科学、合理、可行的安全对策措施及建议，做出安全现状评价结论的活动。

7.1.6　安全评价方法选择

任何一种安全评价方法都有其适用条件和范围，在安全评价中如果使用了不适用的安全评价方法，不仅浪费工作时间，影响评价工作正常开展，而且导致评价结果严重失真，使安全评价失败。因此，唯有切实掌握各种安全评价方法的特点，才能选择正确的评价方法评价，才能使评价结果接近于实际，更真实有效。

7.1.6.1　安全评价方法的选择原则

在认真分析并熟悉被评价系统的前提下，选择安全评价方法还应遵循充分性、适应性、系统性、针对性和合理性这五个原则。

1. 充分性原则

充分性是指在选择安全评价方法之前，应该充分分析评价的系统，掌握足够多的安全评价方法，并充分了解各种安全评价方法的优缺点、适应条件和范围，同时为安全评价工作准备充分的资料。也就是说，在选择安全评价方法之前，应准备好充分的资料。

2. 适应性原则

适应性是指选择的安全评价方法应该适应被评价的系统。被评价的系统可能是由多个子系统构成的复杂系统，评价的重点各子系统可能有所不同，各种安全评价方法都有其适应的条件和范围，应该根据系统和子系统、工艺的性质和状态，选择适应的安全评价方法。

3. 系统性原则

安全评价方法要获得可信的安全评价结果，必须建立在真实、合理和系统的基础数据之上的，被评价的系统应该能够提供所需的系统化数据和资料。

4. 针对性原则

针对性是指所选择的安全评价方法应该能够提供所需的结果。由于评价的目的不同，需要安全评价提供的结果也不同，因此应该选用能够给出所要求结果的安全评价方法。

5. 合理性原则

在满足安全评价目的、能够提供所需的安全评价结果的前提下，应该选择计算过程最简单、所需基础数据最少和最容易获取的安全评价方法，使安全评价工作量和要获得的评价结果都是合理的。

7.1.4 安全评价方法选择

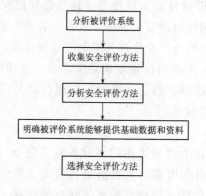

图 7.3　安全评价方法选择过程

7.1.6.2　安全评价方法的选择过程

不同的被评价系统，选择不同的安全评价方法，具体如图 7.3 所示。

在选择安全评价方法时，应首先详细分析被评价的系统，明确通过安全评价要达到的目标，即通过安全评价需要给出哪些、什么样的安全评价结果；然后应收集尽量多的安全评价方法；将安全评价方法进行分类整理；明确被评价的系统能够提供的基础数据、工艺和其他资料；根据安全评价要达到的目标以及所需的基础数据、工艺和其他资料，选择适用的安全评价方法。

【扫码测试】

7.1 练习题

7.2 常用的安全评价方法

目前，人们结合不同的领域已研究开发了许多安全评价方法，不同评价方法的适应范围不尽相同。

7.2.1 安全检查 (Safety Review，SR)

安全检查可以说是第一个安全评价方法，它有时也称为工艺安全审查或设计审查及损失预防审查。它可以用于建设项目的任何阶段。对现有装置（在役装置）进行评价时，传统的安全检查主要包括巡视检查、正规日常检查或安全检查。

安全检查方法的目的是辨识可能导致事故、引起伤害、重要财产损失或对公共环境产生重大影响的装置条件或操作规程。一般安全检查人员主要包括与装置有关的人员，即操作人员、维修人员、工程师、管理人员、安全员等，视评价对象的组织情况而定。

安全检查目的是提高整个装置的安全操作度，而不是干扰正常操作或对发现的问题采取处罚。完成了安全检查后，评价人员对亟待改进的地方应提出具体的措施及建议。

7.2.2 安全检查表分析 (Safety Checklist Analysis，SCA)

为了查找工程、系统中各种设备设施、物料、工件、操作、管理和组织措施中的危险和有害因素，事先把检查对象加以分解，将大系统分割成若干小的子系统，以提问或打分的形式，将检查项目列表逐项检查，避免遗漏，这种表称为安全检查表。

安全检查表分析是最基础、最简便、应用最为广泛的安全评价方法。安全检查表是由对工艺、设备和操作情况熟悉并富有安全技术、安全管理经验的人员，通过对分析对象进行详细分析和充分讨论，列出检查单元和部位、检查项目、检查要求、各项赋分标准、评定系统等级分值等标准的表格。

安全检查表基本上属于定性评价方法，可以适用于不同行业。

7.2.3 危险指数 (Risk Rank，RR)

危险指数是一种分析方法。通过评价人员对几种工艺现状及运行的固有属性（是以作业现场危险度、事故概率和事故严重度为基础，对不同作业现场的危险性进行鉴别）进行比较计算，确定工艺危险特性重要性大小及是否需要进一步研究。

危险指数评价可以运用在工程项目的各个阶段（可行性研究、设计、运行等），或在详细的设计方案完成之前，或在现有装置危险分析计划制订之前。当然它也可用于在役装置，作为确定工艺操作危险性的依据。

目前，已有许多危险等级方法得到广泛的应用。此类方法使用起来可繁可简，既可定性又可定量。例如，道化学的火灾、爆炸危险指数法；蒙德法等。

7.2.4　预先危险分析 (Preliminary Hazard Analysis, PHA)

预先危险分析也称为初始危险分析，此方法是一项实现系统安全危害分析的初步或初始的工作，在设计、施工和生产前，首先对系统中存在的危险性类别、出现条件、导致事故的后果进行分析。其目的是识别系统中的潜在危险，确定其危险等级，防止危险发展成事故。

预先危险分析方法通常用于对潜在危险了解较少和无法凭经验觉察的工艺项目的初期阶段。通常用于初步设计或工艺装置的研究和开发阶段，当分析一个庞大现有装置或当环境无法使用更为系统的方法时，常优先考虑 PHA 法。

7.2.5　故障假设分析 (What…If, WI)

故障假设分析是一种对系统工艺过程或操作过程的创造性分析方法。使用该方法的人员应对工艺熟悉，通过提问（故障假设）来发现可能的潜在的事故隐患（实际上是假想系统中一旦发生严重的事故，找出促成事故的潜在因素，在最坏的条件下，这些导致事故的可能性）。

故障假设分析一般要求评价人员用"what…if"作为开头对有关问题进行考虑，任何与工艺安全有关的问题，即使它与之不太相关也可提出加以讨论。然后，将所有的问题都记录下来，并分门别类地进行讨论。

7.2.6　危险与可操作性研究 (Hazard and Operability Analysis, HAZOP)

危险与可操作性研究是一种定性的安全评价方法。它的基本过程是以关键词为引导，找出过程中工艺状态的变化（偏差），然后分析找出偏差的原因、后果及可采取的对策。

危险与可操作性研究技术是基于这样一种原理，即背景各异的专家们如若在一起工作，就能够在创造性、系统性和风格上互相影响和启发，能够发现和鉴别更多的问题，要比他们独立工作并分别提供工作结果更为有效。虽然，危险与可操作性研究技术起初是专门为评价新设计和新工艺而开发的技术，但是，这一技术同样可以用于整个工程、系统项目生命周期的各个阶段。危险与可操作性研究技术与其他安全评价方法的明显不同之处在于：其他方法可由某人单独去做，而危险与可操作性研究则必须由一个多方面的、专业的、熟练的人员组成的小组来完成。

7.2.7　故障类型和影响分析 (Failure Mode and Effects Analysis, FMEA)

故障类型和影响分析是系统安全工程的一种方法，根据系统可以划分为子系统、设备和元件的特点，按实际需要，将系统进行分割，然后分析各自可能发生的故障类型及其产生的影响，以便采取相应的对策，提高系统的安全可靠性。

故障类型和影响分析的目的是辨识单一设备和系统的故障模式及每种故障模式对系统或装置的影响。故障类型和影响分析的步骤是明确系统本身的情况，确定分析程度和水平，绘制系统图和可靠性框图，列出所有的故障类型并选出对系统有影响的故障类型，整理出造成故障的原因。

7.2.8 故障树分析（Fault Tree Analysis，FTA）

故障树是一种描述事故因果关系的有方向的"树"，是安全系统工程中的重要分析方法之一。它能对各种系统的危险性进行识别评价，既能进行定性分析，又能进行定量分析，具有简明、形象化的特点，体现了以系统工程方法研究安全问题的系统性、准确性和预测性。此方法在各领域中均得到广泛的运用。

FTA 不仅能分析出事故的直接原因，而且能深入提示事故的潜在原因，因此在工程或设备的设计阶段、在事故查询或编制新的操作方法时，都可以使用 FTA 对它们的安全性做出评价。

7.2.9 事件树分析（Event Tree Analysis，ETA）

事件树分析是用来分析普通设备故障或过程波动（称为初始事件）导致事故发生的可能性。事故是典型设备故障或工艺异常（称为初始事件）引发的结果。与故障树分析不同，事件树分析是使用归纳法（而不是演绎法），事件树可提供记录事故后果的系统性的方法，并能确定导致事件后果事件与初始事件的关系，是一种可以动态观察到事故方式过程的一种评价方法。

事件树分析适合被用来分析那些产生不同后果的初始事件。事件树强调的是事故可能发生的初始原因以及初始事件对事件后果的影响，事件树的每一个分支都表示一个独立的事故序列。对一个初始事件而言，每一独立事故序列都清楚地界定了安全功能之间的功能关系。

7.2.10 作业条件危险性评价（Job Risk Analysis，JRA）

美国的 K.J. 格雷厄姆和 G.F. 金尼研究了人们在具有潜在危险环境中作业的危险性，提出了以所评价的环境与某些作为参考环境的对比为基础，将作业条件的危险性作为因变量（D），事故或危险事件发生的可能性（L）、暴露于危险环境的频率（E）及危险严重程度（C）作为自变量，确定了它们之间的函数式。根据实际经验给出了 3 个自变量的各种不同情况的分数值，采用对所评价的对象根据情况进行"打分"的办法，根据公式计算出其危险性分数值，再在按经验将危险性分数值划分的危险程度等级表或图上，查出其危险程度。这是一种简单易行的评价作业条件危险性的方法。

【扫码测试】

7.2 练习题

7.3 安全生产统计分析

安全生产统计分析是安全管理要研究的重要内容，它是通过对大量的安全生产相关的资料、数据加工、整理和综合分析，运用数理统计的方法研究系统安全状况和事故发生的规律和分布特征。科学、准确的统计分析结果能够描述一个部门、企业当前的安全状况，能够用来判断和确定问题的范围，能够作为观察事故发生趋势、探定事故原因、制订事故预防措施、预测未来事故等依据。安全生产统计分析对搞好安全管理和安全生产有十分重要的作用。

7.3.1　统计基础知识

社会的迅速发展产生大量的信息，数据作为信息的主要载体广泛存在，从纷乱复杂的数据中发现规律、认识问题，要借助统计学这个工具来完成。

安全生产统计主要包括生产安全事故统计、职业卫生统计、安全生产行政执法统计。

7.3.1.1　统计工作的基本步骤

完整的统计工作一般包括设计、收集资料（现场调查）、整理资料、统计分析 4 个基本步骤。

（1）设计。制订计划，对整个过程进行安排，是整个工作的关键。

（2）收集资料（现场调查）。根据计划取得可靠、完整的资料，同时要注重资料的真实性。收集资料的方法有 3 种：统计报表、日常性工作、专题调查。

（3）整理资料。原始资料的整理、清理、核实、查对，使其条理化、系统化，便于计算和分析。可借助于计算机软件进行（常用软件有 Excel、EPl、Epidata 等）核对整理。

（4）统计分析。运用统计学的基本原理和方法，分析与计算有关的指标和数据，揭示事物内部的规律。这是统计学的关键所在。

7.3.1.2　统计学基本知识

1. 统计资料（或称统计数据）的类型

统计资料有 3 种类型：计量资料、计数资料和等级资料。

（1）计量资料。定义：通过度量衡的方法，测量每一个观察单位的某项研究指标的量的大小，得到的一系列数据资料。例如，质量与长度。

特点：有度量衡单位、可通过测量得到、多为连续性资料。

（2）计数资料。定义：将全体观测单位按照某种性质或特征分组，然后分别清点各组观察单位的个数。

特点：没有度量衡单位、通过枚举或计数得来、多为间断性资料。

（3）等级资料。定义：介于计量资料和计数资料之间的一种资料，通过半定量方法测量得到。

特点：每一个观察单位没有确切值，各组之间有性质上的差别或程度上的不同。

2. 统计学中的重要概念

（1）变量。研究者对每个观察单位的某项特征进行观察和测量，这种特征称为变量，变量的测得值叫变量值（也叫观察值）。

（2）变异。变异是指同质事物个体间的差异。变异来源于一些未加控制或无法控制甚至不明原因的因素，变异是统计学存在的基础，从本质上说，统计学就是研究变异的科学。

（3）总体与样本。总体：根据研究目的确定的研究对象的全体。当研究有具体而明确的指标时，总体是指该项变量值的全体。

样本：总体中有代表性的一部分。

实际研究中，直接研究总体的情况是很困难或者不可能的，因此实际工作中往往从总体中抽取部分样本，目的是通过样本信息来推断总体的特征。

（4）随机抽样。随机抽样是指按随机的原则从总体中获取样本的方法，以避免研究者有意或无意地选择样本而带来偏性。随机抽样是统计工作中常用的抽样方法。

（5）概率。概率是描述随机事件发生的可能性大小的数值，常用 P 来表示。概率的大小在 0 和 1 之间，越接近 1，说明发生的可能性越大；越接近 0，说明发生的可能性越小。统计学中的许多结论是带有概率性质的，通常一个事件的发生小于 5%，就叫小概率事件。

（6）误差。统计上所说的误差泛指测量值与真值之差，样本指标与总体指标之差。误差主要有以下两种：

1）系统误差。数据收集和测量过程中由于仪器不准确、标准不规范等，造成观察结果呈倾向性的偏大或偏小，这种误差称为系统误差。

特点：具有累加性。

2）随机误差。随机误差是指由于一些非人为的偶然因素使得结果或大或小。它是不确定、不可预知的。

特点：随测量次数的增加而减小。

随机误差包括随机测量误差和抽样误差。

a. 随机测量误差。在消除了系统误差的前提下，由于非人为的偶然因素，对于同一样本多次测定结果不完全一样，结果有时偏大、有时偏小，没有倾向性，这种误差叫随机测量误差。特点：没有倾向性，多次测量计算平均值可以减小甚至消除随机测量误差。

b. 抽样误差。是由于抽样造成的样本指标与总体指标之间的差别。特点：抽样误差不可避免。统计上可以估计抽样误差，并在一定范围内控制抽样误差。通常可以通过改进抽样方法和增加样本量等方法来减小抽样误差。

7.3.1.3 统计图表的编制

统计表与统计图是统计描述的重要工具。在日常工作报告、科研论文中，常将统计分析的结果通过图表的形式列出。

1. 统计表

统计表是将要统计分析的事物或指标以表格的形式列出来，以代替烦琐文字描述的一种表现形式。

（1）统计表的组成。标题：表的名称。

标目：横标目说明每一行要表达的内容，相当于句子的主语；纵标目说明每一列要表达的内容，相当于句子的谓语。

（2）统计表的种类。简单表：表格只有一个中心意思，即二维以下的表格。

复合表：表格有多个中心意思，即三维以上的表格。

（3）制表原则和基本要求。制表原则是重点突出、简单明了、主谓分明、层次清楚。

基本要求如下：

1）标题：位置在表格的最上方，应包括时间、地点和要表达的主要内容。

2）标目：标目所表达的性质相当于"变量名称"，要有单位。

3）线条：不宜过多，一般三根横线条，不用竖线条。

4）数字：小数点要上下对齐，缺失时用"—"代替。

5）备注：表中用"＊"标出，再在表的下方注出。

2．统计图

统计图是一种形象的统计描述工具，它是用直线的升降、直条的长短、面积的大小、颜色的深浅等各种图形来表示统计资料的分析结果。

统计图通常用点、线、面的位置、升降或大小来表达统计资料的数量关系。

（1）制图的原则和基本要求。

1）按资料的性质和分析目的选用适合的图形，见表 7.1。

表 7.1　　　　　　　　　　统计图的一般选用原则

资料的性质和分析目的	宜选用的统计图
比较分类资料各类别数值大小	条图
分析事物内部各组成部分所占比例（构成比）	圆图或百分条图
描述事物随时间变化趋势或描述两现象相互变化趋势	线图、半对数线图
描述双变量资料的相互关系的密切程度或相互关系的方向	散点图
描述连续性变量的频数分布	直方图
描述某现象的数量在地域上的分布	统计地图

2）标题。要概括图形所要表达的主要内容，标题一般写在图形的下端中央。

3）统计图一般有横轴和纵轴。用横轴标目和纵轴标目说明横轴和纵轴的指标和度量单位。一般将两轴的起始点即原点处定为 0，但也可以不定为 0。横轴尽量从左向右，纵轴尽量从下到上。纵轴、横轴的比例一般为 5∶7。

4）统计图用不同线条和颜色表达不同事物或对象的统计指标时，需要在图的右上角空隙处或图的下方与图标题中间位置附图例加以说明。

（2）统计图的类型。

1）条图。又称直条图，表示独立指标在不同阶段的情况，有两维或多维，图例位于右上方。

2）圆图或百分条图。描述百分比（构成比）的大小，用颜色或各种图形将不同比例表达出来。

3）线图。用线条的升降表示事物的发展变化趋势，主要用于计量资料，描述两个变量之间的关系。

4）半对数线图。纵轴用对数尺度，描述一组连续性资料的变化速度及趋势。

5）散点图。描述两种现象的相关关系。

6）直方图。描述计量资料的频数分布。

7）统计地图。描述某种现象的地域分布。

7.3.2 职业卫生统计基础

7.3.2.1 职业卫生常用的统计指标

1. 发病（中毒）率

发病（中毒）率表示在观察期内，可能发生某种疾病（中毒）的一定人群中新发生该病（中毒）的频率，计算公式为

$$发病（中毒）率 = \frac{同期内新发生例数}{观察期内可能发生某病（中毒）的平均人口数} \times 100\% \qquad (7.1)$$

通常情况下，发病（中毒）率的分母泛指一般平均人口数。

发病（中毒）率是反映某病（中毒）在人群中发生频率大小的指标，常用于衡量疾病的发生，研究疾病发生的因果关系和评价预防措施的效果。

2. 患病率

患病率表示在某时点检查时可能发生某病的一定人群中患有某病的病人总数，计算公式为

$$患病率 = \frac{检查时发现的现患某病病例总数}{该时点受检人口数} \times 100\% \qquad (7.2)$$

其中，某病病例总数包括新病例和旧病例，凡患该病的一律统计在内。同一人不应同时成为同一疾病的两个病例。

这一指标最适用于病程较长的疾病的统计研究，用于衡量疾病的存在，反映某病在一定人群中的流行规模或水平。

3. 病死率

在规定的观察时间内，某病患者中因该病而死亡的频率，计算公式为

$$病死率 = \frac{同期因该病死亡人数}{观察期间内某病患者数} \times 100\% \qquad (7.3)$$

式（7.3）分母中患病情况不同，指标的概念也不同，如住院病人的病死率，分母为住院人数。某一地区某病病死率的分母则包括该地区所有患该病的病人。因此，医院的病死率不能代表地区的病死率。

4. 粗死亡率

粗死亡率简称死亡率，是指某年平均每千名人口中的死亡数，反映当地居民总的死亡水平，计算公式为

$$粗死亡率 = \frac{某地区某时期全部死亡人数}{该地区该时期内的平均人口数} \times 1000\% \qquad (7.4)$$

粗死亡率和粗出生率一样，具有资料易获得、计算简单的优点，但其高低受人口年龄构成的影响，故只能粗略地反映人口的死亡水平，不能用来衡量和评价一个国家的卫生文化水平。

7.3.2.2 职业卫生常用的统计方法

职业卫生（危险资料）的统计分析与其他资料一样，应按照资料类型和统计分析方法条件的要求进行，如计量资料的统计分析，常采用集中趋势和离散趋势指标计算，常采用的分析方法有 t 检验、u 检验、方差分析、相关与回归。计数资料的统计分析，常采用的

分析方法有相对数计算、二项分布、χ^2 检验。

7.3.3　事故统计

7.3.1 职业卫生统计基础

　　认真做好事故的调查、统计和分析工作对企业安全生产有着非常重要的意义。通过统计与分析，可以掌握企业的安全生产情况。统计数据使人们了解在某段时间内事故的发生情况和经济损失情况，在一定程度上反映了企业、部门安全生产工作的成绩和问题。通过事故分析，可以发现本系统、本单位事故发生的规律，查找事故隐患，有的放矢地采取措施，强化制度管理，改进安全技术管理，消除事故隐患，保护职工的安全健康，促进生产发展。

7.3.3.1　事故统计的基本任务及目的

　　事故统计的基本任务包括三个方面：第一，对每起事故进行统计调查，弄清事故发生的情况和原因；第二，对一定时间内、一定范围内事故发生的情况进行测定；第三，根据大量统计资料，借助数理统计手段，对一定时间内、一定范围内事故发生的情况、趋势以及事故参数的分布进行分析、归纳和推断。

　　事故统计的任务与事故调查是一致的。统计建立在事故调查的基础上，没有成功的事故调查，就没有正确的统计。调查要反映有关事故发生的全部详细信息，统计则抽取那些能反映事故情况和原因的最主要的参数。

　　事故调查从已发生的事故中得到预防相同或类似事故的发生经验，是直接的、局部性的。而事故统计对于预防作用既有直接性，又有间接性，是总体性的。

　　事故统计分析的目的包括三个方面：第一，进行企业外的对比分析。依据伤亡事故的主要统计指标进行部门与部门之间、企业与企业之间、企业与本行业平均指标之间的对比。第二，对企业、部门不同时期的伤亡事故发生情况进行对比，用来评价企业安全状况是否有所改善。第三，发现企业事故预防工作存在的主要问题，研究事故发生原因，以便采取措施防止事故发生。

7.3.3.2　事故统计的步骤

　　事故统计工作一般分为以下 3 个步骤。

　　1. 资料收集

　　资料收集又称统计调查，是根据统计分析的目的，对大量零星的原始材料进行技术分组。它是整个事故统计工作的前提和基础。资料收集是根据事故统计的目的和任务制订调查方案，确定调查对象和单位，拟定调查项目和表格，并按照事故统计工作的性质选定方法。我国伤亡事故统计是一项经常性的统计工作，采用报告法，下级按照国家制定的报表制度，逐级将伤亡事故报表上报。

　　2. 资料整理

　　资料整理又称统计汇总，是将收集的事故资料进行审核、汇总，并根据事故统计的目的和要求计算有关数值。汇总的关键是统计分组，就是按一定的统计标志，将分组研究的对象划分为性质相同的组。例如，按事故类别、事故原因等分组，然后按组进行统计计算。

　　3. 综合分析

　　综合分析是将汇总整理的资料及有关数据填入统计表或绘制统计图，使大量的零星资料系统化、条理化、科学化，是统计工作的结果。

事故统计结果可以用统计指标、统计表、统计图等形式表达。

7.3.3.3 事故统计指标体系

目前，我国安全生产涉及工矿企业、道路交通、水上交通、施工等行业。各有关行业主管部门针对本行业特点，制定并实施了各自的事故统计报表制度和统计指标体系来反映本行业的事故情况。指标体系通常分为绝对指标和相对指标。绝对指标是指反映伤亡事故全面情况的绝对数值，如死亡人数、轻伤人数、直接经济损失、损失工作日等。相对指标是指伤亡事故的两个相联系的绝对指标之比，表示事故的比例关系，如千人死亡率、万人死亡率等，具体如图 7.4 所示。

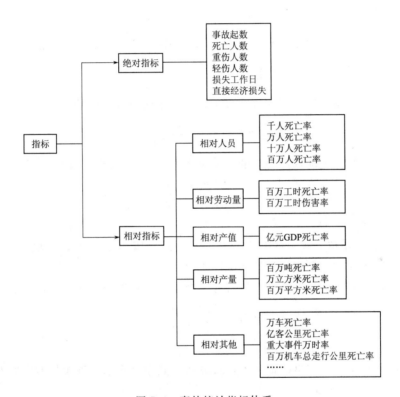

图 7.4 事故统计指标体系

为了便于统计、分析、评价企业、部门的伤亡事故发生情况，需要规定一些通用的、统一的统计指标。在 1948 年 8 月召开的国际劳工组织会议上，确定了以伤亡事故频率和伤害严重率为伤亡事故统计指标。

1. 伤亡事故频率

生产过程中发生的伤亡事故次数与参加生产的职工人数、经历的时间及企业的安全状况等因素有关。在一定时间内，参加生产的职工人数不变的场合，伤亡事故发生次数主要取决于企业的安全状况。于是，可以用伤亡事故频率作为表征企业安全状况的指标。

$$\alpha=\frac{A}{NT} \tag{7.5}$$

式中　α——伤亡事故频率；

　　　A——伤亡事故发生次数，次；

　　　N——参加生产的职工人数，人；

　　　T——统计时间。

世界各国的伤亡事故统计指标的规定不尽相同。《企业职工伤亡事故分类》（GB 6441—86）规定，按千人死亡率、千人重伤率和伤害频率计算伤亡事故频率。

（1）千人死亡率。某时期内平均每千名职工中因工伤事故造成死亡的人数。

$$千人死亡率=\frac{死亡人数}{平均职工数}\times10^3 \tag{7.6}$$

（2）千人重伤率。某时期内平均每千名职工中因工伤事故造成重伤的人数。

$$千人重伤率=\frac{重伤人数}{平均职工数}\times10^3 \tag{7.7}$$

（3）伤害频率。某时期内平均每百万工时由于工伤事故造成的伤害人数。

$$伤害频率=\frac{伤害人数}{实际总工时}\times10^6 \tag{7.8}$$

目前，我国仍沿用劳动部门规定的千人负伤率作为统计指标，即

$$工伤事故频率=\frac{本时期内工伤事故人次}{本时期内在册职工人数}\times10^3 \tag{7.9}$$

2. 伤害严重率

《企业职工伤亡事故分类》（GB 6441—86）规定，按伤害严重率、伤害平均严重率和按产品产量计算的死亡率等指标计算事故严重率。

（1）伤害严重率。某时期内平均每百万工时由于事故造成的损失工作日数。

$$伤害严重率=\frac{总损失工作日}{实际总工时}\times10^6 \tag{7.10}$$

国家标准中规定了工伤事故损失工作日算法，其中规定永久性全失能伤害或死亡的损失工作日为 6000 个工作日。

（2）伤害平均严重率。受伤害的每人次平均损失工作日数。

$$伤害平均严重率=\frac{总损失工作日}{伤害人数} \tag{7.11}$$

（3）按产品产量计算的死亡率。这种统计指标适用于以 t、m³ 为产量计算单位的企业、部门。例如：

$$百万吨死亡率=\frac{死亡人数}{实际产量(t)}\times10^6 \tag{7.12}$$

7.3.3.4　事故统计分析方法

（1）事故统计分析方法通常可以分为描述统计和推断统计两部分。

1）描述统计。主要是指在获得数据之后，通过分组有关图表等对现象加以描述。常

用的描述统计有频数分布、图形或图表、算数平均值及相关分析等。

2）推断统计。是指通过抽样调查等非全面调查，在获得样本数据的基础上，以概率论和数理统计为依据，对总体情况进行科学推断。通过建立回归模型对现象的依存关系进行模拟、对未来情况进行预测。它的目的是使人们能够用数量来表示可能的论述。

（2）常用的事故统计分析方法如下：

1）综合分析法。将大量的事故资料进行总结分类，将汇总整理的资料及有关数值，形成书面分析材料或填入统计表或绘制统计图，使大量的零星资料系统化、条理化、科学化。从各种变化的影响中找出事故发生的规律。

2）分组分析法。按伤亡事故的有关特征进行分类汇总，研究事故发生的有关情况。例如，按事故发生的经济类型、事故发生单位所在行业、事故发生原因、事故类别、事故发生所在地区、事故发生时间和伤害部位等进行分组汇总统计伤亡事故数据。

3）算数平均法。

4）相对指标比较法。例如，各省之间、各企业之间由于企业规模、职工人数等不同，很难比较，但采用相对指标（如千人死亡率、百万吨死亡率等指标）则可以互相比较，并在一定程度上说明安全生产的情况。

5）统计图表法。

a. 柱状图。能够直观地反映不同分类项目所造成的伤亡事故指标大小比较。柱状图比较容易绘制、清晰醒目，如图 7.5 所示。

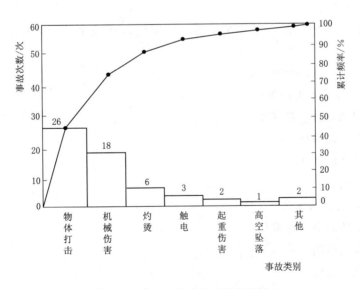

图 7.5　伤亡事故发生次数的排列

b. 趋势图（折线图）。直观地展示伤亡事故的发生趋势，如图 7.6 所示。

c. 饼图（比例图）。可以形象地反映不同分类项目所占的百分数。

6）伤亡事故管理图，也叫伤亡事故控制图。把质量管理控制图中的不良率控制图方

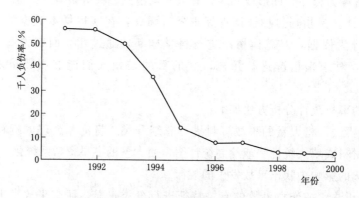

图 7.6　伤亡事故发生趋势

法引入伤亡事故发生情况的测定中，可以及时察觉伤亡事故发生的异常情况，有助于及时消除不安定因素，起到预防事故重复发生的作用。

　　7) 回归分析法。

7.3.4　事故经济损失计算方法

　　伤亡事故经济损失 C_T 可由直接经济损失与间接经济损失之和求出，即 $C_T = C_D + C_I$（C_D 为直接经济损失；C_I 为间接经济损失）。

7.3.4.1　直接经济损失

　　直接经济损失指因事故造成人身伤亡及善后处理支出的费用和财产损失价值。

7.3.4.2　间接经济损失

　　间接经济损失指因事故导致产值减少、资源破坏和受事故影响而造成其他损失的价值。

7.3.4.3　直接经济损失的统计范围

　　1. 人身伤亡后所支出的费用

　　(1) 医疗费用（含护理费用）。

　　(2) 丧葬及抚恤费用。

　　(3) 补助及救济费用。

　　(4) 歇工工资。

　　2. 善后处理支出的费用

　　(1) 处理事故的事务性费用。

　　(2) 现场抢救费用。

　　(3) 清理现场费用。

　　(4) 事故罚款和赔偿费用。

　　3. 财产损失价值

　　(1) 固定资产损失价值。

　　(2) 流动资产损失价值。

7.3.4.4 间接经济损失的统计范围

（1）停产、减产损失价值。

（2）工作损失价值。

（3）资源损失价值。

（4）处理环境污染的费用。

（5）补充新职工的培训费用。

（6）其他损失费用。

7.3.2 事故
统计

【扫码测试】

7.3 练习题

小　结

本章讲述了安全评价的概念、原理、程序及安全评价的方法，通过对安全评价方法的介绍和原则的介绍，学习者应该能够根据不同的分析对象选择适当的安全评价方法对系统进行评价。通过介绍安全生产统计的基本知识和职业卫生统计及事故统计的相关知识，学生能够使用简单的统计分析方法对企业的安全状况进行统计分析和预测，这为企业安全管理人员有效的控制和预防事故奠定了一定的基础。

第8章 消防安全管理

【学习目标】 通过本章学习，读者应了解消防安全管理的发展过程，熟悉消防安全管理的性质和特性，掌握消防安全管理的六要素，熟悉消防安全管理的主体和管理对象，掌握消防安全管理的依据和原则，掌握消防安全管理的方法。

【知识点】 消防安全基本知识及消防安全管理的特性；消防安全管理的要素及六大对象；消防安全管理的方法；施工现场的火灾风险以及管理职责；施工现场总平面图的布置；施工现场内建筑的防火要求；常用消防器具的使用方法。

【技能】 根据消防安全管理的特性、方法、要素、对象等将施工现场的消防安全管理到位，合理布置施工现场总平面图，熟练掌握常见消防器具的使用方法。

随着我国改革开放和社会主义现代化建设事业的不断深入，我国消防事业也进入了一个改革和发展的新时期，我国已基本建立政府统一领导、部门依法监督、单位全面负责、公民积极参与的消防工作局面，全面施行了消防安全责任制。

顾名思义，消防安全管理就是指对各类消防事务的管理，其具体含义通常是指依照消防法律法规及规章制度，遵循火灾发生、发展的规律及国民经济发展的规律，运用管理科学的原理和方法，通过各种消防管理职能，合理有效地利用各种管理资源，为实现消防安全目标所进行的各种活动的总和。社会上的一切组织及个人都应遵守消防法规各负其责地对本单位内部的消防安全工作进行管理。

8.1 消防安全管理概述

8.1.1 消防安全基本知识

8.1.1.1 火的危害与消防安全管理的发展

人类用火的实践证明，火既可以服从于人们的意志，造福于人类，也会违背人们的意愿，给人类带来极大的灾难，商代人看到火在屋门内燃烧将整个房屋烧毁造成灾害，由此产生了"灾"字的象形文字。《韩诗外传》中记载了晋平公时"藏宝台烧，救火三日三夜乃胜之"。

我国曾经发生两起震惊世人的特大火灾：其一是 1949 年 9 月 2 日重庆市发生的一起特大火灾，火灾持续 3 个昼夜，死亡 2865 人，重伤 152 人，轻伤 3935 人，受灾 9601 户，灾民达 42295 人。其二是 1987 年 5 月 6 日在黑龙江大兴安岭发生的森林特大火灾，火灾过火面积约 101 万 hm^2，死亡 193 人，受伤 170 人，经济损失（不含森林资源损失）约 5.26 亿元，受灾 10834 户，灾民达 44975 人，参加灭火的人员达 58000 人，经过 25 个昼夜才扑灭这起特大火灾。

8.1.1.2 消防安全管理的发展

我国消防安全管理的发展大致经历了古代消防安全管理、近代消防安全管理和现代消防安全管理三个阶段。

1. 古代消防安全管理阶段

此阶段是指先秦时代至鸦片战争之前的历史阶段。这一时期的消防安全管理主要是通过设立火官和火兵等消防组织、制定火禁和火宪等消防法规而实现的。

2. 近代消防安全管理阶段

此阶段是指鸦片战争后至中华人民共和国成立前的历史阶段。这一时期内由于国内近代工业和交通运输的兴起和发展，消防工作出现的近代管理方式，主要表现在建立消防组织机构、制定消防法规以及采用近代消防技术等方面。

3. 现代消防安全管理阶段

此阶段是指中华人民共和国成立后至今这一历史阶段。中华人民共和国成立后，在党和人民政府的领导下，我国消防工作在组织机构、器材装备、法制建设和教学科研等方面都取得了全面的发展。

8.1.2 消防安全管理的性质和特征

消防安全管理具有自然属性和社会属性，并具有全方位性、全天候性、全过程性、全员性和强制性等特征。

8.1.2.1 消防安全管理的性质

1. 自然属性

消防安全管理活动是人类与火灾这种自然灾害做斗争的活动，这是消防安全管理的自然属性。这一属性决定了消防安全管理活动是要解决人类如何利用科学技术去战胜火灾。在消防安全管理实践活动中，要依据国家的消防技术规范和标准来限制建筑物、机械设备、物质材料等自然物的状态并调整它们之间的关系。

2. 社会属性

消防安全管理活动是一种管理社会的活动，这是消防安全管理的社会属性。这一属性决定了消防安全管理活动要维护统治阶级的利益，依据法律调整人们的行为，保障社会公共安全。在消防安全管理实践活动中，要利用国家的法律、法规和规章来调整人们的行为并调整人与自然物之间的关系。

8.1.2.2 消防安全管理的特征

消防安全管理活动与其他管理活动相比较，大致有以下几点特征。

1. 全方位性

从消防安全管理的空间范围上看，消防安全管理活动具有全方位的特征。在日常生产和生活中，可燃物、助燃物和着火源可以说是无处不在。凡是有需要用火或是容易形成燃烧条件的场所，都是容易造成火灾的场所，也正是消防安全管理活动应该涉及的场所。

2. 全天候性

从消防安全管理的时间范围上看，消防安全管理活动具有全天候性的特征。人们用火的无时限性决定了燃烧条件的偶然性及火灾发生的偶然性，所以消防安全管理在每一年的任何一个季节、月份、日期，甚至每一天的任何时刻都不应该放松警惕。

3. 全过程性

从某一系统的诞生、运转、维护、消亡的生存发展进程上看，消防安全管理活动具有全过程性的特征。例如，某一个厂房的生产系统，从计划、设计、制造、储存、运输、安装、使用、保养、维修直到报废消亡的整个过程中，都应该实施有效的消防安全管理活动。

4. 全员性

从消防安全管理人员上看是不分男女老幼的，具有全员性的特征。

5. 强制性

从消防安全管理的手段上看，消防安全管理活动具有强制性的特征。因为火灾的破坏性很大，所以必须严格管理。如果疏于管理，不足以引起人们的高度重视。

8.1.3 消防安全管理的要素

通过对我国消防安全管理工作的产生、发展以及消防安全管理工作的性质和特征的研究，做好消防安全管理工作的基本出发点应该围绕消防安全管理要素开展，而消防安全管理的要素可由消防安全管理的概念引出，即消防安全管理的要素大致包括消防安全管理的主体、消防安全管理的对象、消防安全管理的依据、消防安全管理的原理、消防安全管理的方法、消防安全管理的目标 6 大方面。

8.1.3.1 消防安全管理的主体

从《中华人民共和国消防法》确定的我国消防工作的原则，即"政府统一领导、部门依法监督、单位全面负责、公民积极参与"，可以看出，政府、部门、单位和公民这四者都是消防工作的主体，是消防安全管理活动的主体。

1. 政府

消防安全管理是政府进行社会管理和公共服务的重要内容，是社会稳定和经济发展的重要保证。各级地方人民政府应当将当地的消防工作纳入国民经济和社会发展计划，保障消防工作与经济建设和社会发展相适应，提高公民消防安全意识，消除消防安全隐患，建立和管理各种形式的消防队伍，规划和建设各类公共消防基础设施等。

2. 部门

政府有关部门对消防工作齐抓共管，这是消防工作的社会化属性所决定的。《中华人民共和国消防法》在明确公安机关及其消防机构职责的同时，也规定了安全监管、建设、工商、质监、教育、人力资源等部门应当依据有关法律法规和政策规定，依法履行相应的消防安全管理职责。

3. 单位

单位是社会的基本单元，也是社会消防安全管理的基本单元。单位对消防安全和致灾因素的管理能力反映了社会公共消防安全管理水平，也在很大程度上决定了一个城市、一个地区的消防安全形式，各类社会单位是本单位消防安全管理工作的具体执行者，必须全面负责和落实消防安全管理职责。

4. 公民

公民是消防工作的基础，是各项消防安全管理工作的重要参与者和监督者，没有广大人民群众的参与，消防工作就不会发展和进步，全社会抗御火灾的能力就不会提高。在日常的社会生活中，公民在享受消防安全权利的同时必须履行相应的消防义务。

8.1.3.2 消防安全管理的对象

消防安全管理的对象，即消防安全管理资源，主要包括人、财、物、信息、时间、事务 6 个方面。

1. 人

人即安全管理系统中被管理的人员。任何管理活动和消防工作都需要人的参与和实施，在消防管理活动中也需要规范和管理人的不安全行为。

2. 财

财即开展消防安全管理的经费支出。开展和维持正常的消防安全管理活动必然会产生经费开支，在管理活动中也需要必要的经济奖励等方法。

3. 物

物即消防安全管理的建筑设施、机器设备、物质材料和能源等。物应该是严格控制的消防安全管理对象，也是消防技术标准所要调整和需要规范的对象。

4. 信息

信息即开展消防安全活动的文件、资料、数据和消息等。应充分利用消防安全管理系统中的安全信息流，发挥它们在消防安全管理中的作用。

5. 时间

时间即消防安全管理活动的工作顺序、程序、时限及效率等。

6. 事务

事务即消防安全管理活动的工作任务、职责和指标等。消防安全管理应明确工作岗位，确定岗位工作职责，建立健全逐级岗位责任制。

8.1.3.3 消防安全管理的依据

消防安全管理的依据大致包括法律政策依据和规章制度依据两大类。

法律政策依据是指消防安全管理活动中运用的各种法律、法规、规章以及技术规范等规范性文件。主要包括以下几个方面。

1. 法律

法律由全国人民代表大会及其常务委员会批准或颁布。例如，《中华人民共和国消防法》《中华人民共和国治安管理处罚法》《中华人民共和国国家赔偿法》等。

2. 行政法规

行政法规由国务院批准或颁布。例如，《仓库防火安全管理规则》《化学危险品安全管理条例》等。

3. 地方性法规

地方性法规由省、自治区、直辖市、省会、自治区首府及国务院批准的较大市的人民代表大会及其常务委员会批准或颁布。例如，《北京市消防条例》《福州市消防安全管理办法》等。

4. 部门规章

部门规章由国务院各部、委、局批准或颁布。例如《机关、团体、企业、事业单位消防安全管理规定》（公安部令第 61 号）、《公安部关于修改〈消防监督检查规定〉的决定》（公安部令第 120 号）等。

5. 政府规章

政府规章由省、自治区、直辖市、省会、自治区首府及国务院批准的较大市的人民政府批准或颁布。例如，《北京市建设工程施工现场消防安全管理规定》（北京市人民政府令第 84 号）等。

6. 消防技术规范

在消防管理活动中，凡是涉及消防技术的管理活动，均应以有关消防技术的国家标准或本地的消防技术规范为管理依据。国家标准如《建筑设计防火规范》（GB 50016—2014），地方标准如北京市《简易自动喷水灭火系统设计规程》（DB 11/1022—2013）等。

同时，有些法律依据往往不够健全或具有滞后性，所以应该以党和国家制定的有关政策作为指导原则和依据。

《机关、团体、企业、事业单位消防安全管理规定》（公安部令第 61 号）规定："单位应当落实逐级消防安全责任制和岗位消防安全责任制，明确逐级和岗位消防安全职责，确定各级、各岗位的消防安全责任人。"为了将消防安全责任制和岗位消防安全责任制落到实处，社会单位开展和实施消防安全管理活动时，应当制定适合自身单位实际情况的各项规章制度。例如，单位内部的消防安全管理规定、消防安全操作流程、防火巡查制度、消防安全培训计划、标准化管理方法等。

8.1.3.4 消防安全管理的原则

1. 谁主管谁负责的原则

"谁主管谁负责"的基本意思是：谁主管哪项工作，谁就对哪项工作中的消防安全负责，即一个地区、一个系统、一个单位的消防安全工作是由本地区、本系统、本单位自己负责。单位的法定代表人或主要负责人要对本单位的消防安全全面负责，分管其他工作的领导和各业务部门要对分管业务范围内的消防安全工作负责，车间、班组领导要对本车间、班组的消防安全工作负责。

2. 依靠群众的原则

消防工作是一项具有广泛群众性的工作，只有依靠群众、调动广大群众的积极性，才能使消防工作社会化。消防安全管理工作的基础是做好群众工作，采用各种方式方法，向群众普及消防知识，提高群众消防意识和防灾抗灾能力；要组织群众中的骨干，建立义务消防组织，开展群众性防火、灭火工作。

3. 依法管理的原则

依法管理，就是单位的领导和主管或职能部门依照国家立法机关和行政机关制定颁发的法律、法规和规章，对消防安全事务进行管理。要依照法规办事，加强对职工群众的遵纪守法教育，对违反消防管理的行为和火灾事故责任者严肃追究，认真处理。

消防法规不仅具有引导、教育、评价、调整人们行为的规范作用，而且具有制裁、惩罚犯罪行为的强制作用。因此，任何单位都应组织群众学习消防法规，根据本单位的实际情况进行处罚，依照消防法规的基本要求，制定相应的消防管理规章制度或工作规程，并严格执行，做到有法必依、执法必严、违法必究，使消防安全管理走上法制的轨道。

4. 科学管理的原则

科学管理，就是运用管理科学的理论，规范管理系统的机构设置、管理程序、管理方法、管理途径、规章制度和工作方法等，从而有效地实施管理，提高管理效率。消防安全管理要实行科学管理，使之科学化、规范化。消防安全管理唯有依照客观规律办事，才能富有成效。首先，必须遵循火灾发生、发展的规律。要意识到火灾发生的因素会随着经济的发展，生产、技术领域的扩大和物质生活的提高而增加的规律；火灾成因与人们心理和行为相关的规律；火灾的发生与行业、季节、时间相关的规律。要与实践经验有机地结合起来。其次，要学习和运用管理科学的理论和方法提高工作效率和管理水平，并与实践经验有机地结合起来，还要逐步采用现代化的技术手段和管理手段，以取得最佳的管理效果。

5. 综合治理的原则

消防安全管理在其管理方式、管理手段、管理所涉及的要素以及管理的内容上都表现出较强的综合性。消防管理不能单靠哪一个部门，只使用某一种手段，而要与行业、单位的整体管理统一起来。管理中不仅要运用行政手段，还要运用法律、经济、技术和思想教育等手段进行治理管理中要考虑各种有关安全的因素，即对人、物、事、时间、信息等进行综合治理。

8.1.3.5 *消防安全管理的方法*

消防安全管理的方法是指消防安全管理主体对消防安全管理对象施加作用的基本方法或者是消防安全管理主体行使消防安全管理职能的基本手段，可分为基本方法和技术方法两大类。

基本方法主要包括行政方法、法律方法、行为激励方法、咨询顾问方法、经济奖励方法、宣传教育方法及舆论监督方法。

1. 行政方法

行政方法主要指依靠行政（包括国家行政和内部行政）机构及其领导者的职权，通过强制性的行政命令，直接对管理对象产生影响，按照性质组织系统来进行消防安全管理的方法。其优点在于有利于统一领导、统一步调，缺点是要求行政管理机构的层次不能过多。行政方法通常和法律方法、宣传教育方法、经济奖励方法等结合起来使用。

2. 法律方法

法律方法主要指运用国家制定的法律法规等所规定的强制性手段，来处理、调解、制裁一切违反消防安全行为的管理方法。

3. 行为激励方法

行为激励方法主要指设置一定的条件和刺激，把人的行为动机激发起来，有效地达到行为目标，并应用于消防安全管理活动中，激励消防安全管理活动的参与者更好地从事管理活动，或者深入应用于消除人的不安全行为等领域。

4. 咨询顾问方法

咨询顾问方法主要指消防安全管理者借助专家顾问的智慧进行分析、论证和决策的管理方法。

5．经济奖励方法

经济奖励方法主要指利用经济利益去推动消防安全管理对象自觉自愿地开展消防安全工作的管理方法。实施时应注意奖励和惩罚并用，奖励幅度应该适宜，同其他管理方法一同使用。

6．宣传教育方法

宣传教育方法主要指利用各种信息传播手段，向被管理者传播消防法规、方针、政策、任务和消防安全知识以及技能，使被管理者树立消防安全意识和观念，激发正确的行为，去实现消防安全管理目标的方法。

7．舆论监督方法

舆论监督方法主要指针对被管理者的消防安全违法违规行为，利用各种舆论媒介进行曝光和揭露，制止违法行为，以伸张正义，并通过反面教育达到警醒世人的消防安全管理目标的方法。

技术方法主要包括安全检查表分析法、因果分析法、事故树分析法及消防安全状况评估法等。

8．安全检查表分析法

安全检查表分析法主要是将消防安全管理的全部内容按照一定的分类划分为若干个子项，对各子项进行分析，并根据有关规定以及经验，查出容易发生火灾的各种危险因素，并将这些危险因素确定为所需检查项目，编制成表后在安全检查时使用。

9．因果分析法

因果分析法主要指用因果分析图分析各种问题产生的原因及可能导致的后果的一种管理方法。

10．事故树分析法

事故树分析法主要是一种从结果到原因描绘火灾事故发生的树形模型图。利用这种事故树图可以对火灾事故因果关系进行逻辑推理分析。应当包括以下三项内容：

1）系统可能发生的火灾事故，即终端事件。

2）系统内固有的或者潜在的危险因素。

3）系统可能发生的灾害事故与各种危险因素之间的逻辑因果关系。

11．消防安全状况评估法

通常应首先将社会上公认或允许的防火安全指标作为防火安全评价的衡量标准，将自身的结果与安全指标进行比较，从而发现自身工作的不足与优势，以采取相应的技术或者管理措施予以加强。

8.1.3.6　消防安全管理的目标

8.1.1　消防安全知识及管理要素

消防安全管理的过程就是选择最佳消防目标的过程。其最佳目标就是在一定的条件下，通过消防安全管理活动将火灾发生的危险性和火灾造成的危害性降到最低限度。

世界上不存在绝对消防安全的单位、场所，不可能要求其永远不发生火灾事故。在使用功能、运转时间等方面都正常的条件下，只要是火灾发生的频率和火灾造成的损失降到最低限度或社会公众能容许的限度，即达到了消防安

230

全管理工作的消防安全目标。

【扫码测试】

8.1　练习题

8.2　施工现场的火灾危险以及消防管理职责

8.2.1　施工现场的火灾危险性

"施工现场"顾名思义,指在建的、未完工的建筑现场。所以,施工现场的火灾危险性与一般居民住宅、厂矿、企事业单位的有所不同。由于尚未完工,尚处于施工期间,正式的消防设施,诸如消火栓系统、自动喷水灭火系统、火灾自动报警系统均未投入使用,且施工现场内的众多现场施工人员及大量施工材料,都在一定程度上增加了施工现场的火灾危险性。

8.2.1.1　易燃、可燃材料多

由于施工要求,很难避免施工现场存放有可燃材料,如木材、油毡纸、沥青、汽油等。这些材料一部分存放在条件较差的临建库房内;另一部分为了施工方便,就会露天堆放在施工现场。此外,施工现场还经常会遗留如废刨花、锯末、油毡纸头等易燃、可燃的施工尾料,不能及时清理。以上物质的存在,使施工现场具备了燃烧产生的一个必备条件——可燃物。

8.2.1.2　临时设施多,防火标准低

为了施工需要,施工现场会临时搭设大量的作业棚、仓库、宿舍、办公室、厨房等临时用房,考虑到简易快捷和节省成本,这些临时用房多数会使用耐火性能较差的金属夹芯板房(俗称彩钢板房),甚至有些施工现场还会采用可燃材料搭设临时用房。同时,因为施工现场面积相对狭小,上述临时用房往往相互连接,缺乏应有的防火间距,一旦一处起火,很容易蔓延扩大。

8.2.1.3　动火作业多

施工现场会存在大量的电气焊、防水、切割等动火作业,这些动火作业,使施工现场具备了燃烧产生的另一个必备条件——火源。一旦动火作业不慎,使火星引燃施工现场的可燃物,极易引发火灾。另外,施工现场一旦缺乏统筹管理或失管、漏管,形成立体交叉动火作业,甚至出现违章动火作业,所带来的后果及造成的损失便会难以计量。

8.2.1.4　临时电气线路多

随着现代化建筑技术的不断发展,以墙体、楼板为中心的预制设计标准化、构件生产工厂化和施工现场机械化得到了普遍采用,施工现场的电焊、对焊机以及大型机械设备增多,再加上施工人员大多吃、住在施工现场,这些使施工场地的用电量大增,常常会造成

过负荷用电。另外，因为是临时用电，一些施工现场用电系统没有经过正规的设计，甚至违反规定任意敷设电气线路，常常导致电气线路接触不良、短路、过负荷、漏电等引发火灾。

8.2.1.5 施工临时员工多，流动性强，素质参差不齐

由于建筑施工的工艺特点，各工序之间往往相互交叉、流水作业。一方面，施工人员常处于分散、流动状态，各作业工种之间相互交接，容易遗留火灾隐患；另一方面，施工现场外来人员较多，施工人员的素质参差不齐，经常出入工地，乱动机械、乱丢烟头等现象时有发生，给施工现场安全管理带来不便，往往会因遗留的火种未被及时发现而酿成火灾。

8.2.1.6 既有建筑进行扩建、改建火灾危险性大

既有建筑进行扩建、改建施工一般是在建筑物正常使用的情况下作业，场地狭小、操作不便。有的建筑物隐蔽部位多，墙体、顶棚构造往往因缺图样资料而存在先天隐患，如果用焊、用火、用电等管理不严，极易因火种落入房顶、夹壁、洞孔或通风管道的可燃保温材料中埋下火灾隐患。

8.2.1.7 隔音、保温材料用量大

目前，大型工程中保温、隔音及空调系统等工程中使用保温材料的地方越来越多，保温材料的种类繁多，然而在隔音、保温效果较好的聚氨酯泡沫材料成为几次影响较大的火灾元凶后，工程上转而寻找其耐火替代产品，如橡塑板、玻璃棉、岩棉、复合硅酸盐等。目前，市场上最具代表性的就是橡塑保温材料，它以丁腈橡胶、聚氯乙烯为主要原料，虽然具有一定的耐火性，但是"难燃"终究不可避免在一定条件下变"可燃"。

8.2.1.8 现场管理及施工过程受外部环境影响大

施工现场经常会因为抢工期、抢进度而进行冒险施工，甚至是违章施工，给施工现场的消防安全管理带来较大影响。另外，建设单位指定的施工分包单位不服从施工总承包单位管理、分包单位层层分包等现象比比皆是，给施工现场消防安全带来先天隐患。

8.2.2 施工现场常见的火灾成因

通过调查施工现场火灾原因发现，施工现场火灾主要因用火、用电不慎和遗留火种初期不能及时扑灭所导致。

8.2.2.1 焊接、切割

电焊、普通切割等产生的高温焊渣、火星是引发火灾的元凶。焊接（图8.1）、切割（图8.2）施工过程中稍有不慎，便会引燃周围的可燃物。电焊引发火灾，主要有以下几点原因：

（1）金属火花飞溅引燃周围可燃物。

（2）产生的高温因热传导引燃其他房间或部位的可燃物。

（3）焊接导线与电焊机、焊钳连接接头处理不当，松动打火。

（4）焊接导线（焊把线）选择不当，截面过小，使用过程中超负荷使绝缘损坏造成短路打火。

（5）焊接导线受压、磨损造成短路或铺设不当、接触高温物体或打卷使用造成涡流，过热失去绝缘短路打火。

（6）电焊回路线（搭铁线或接零线）过热引燃易燃物、可燃物。

（7）电焊回路线与电器设备或电网零线相连，电焊时大电流通过，将保护零线或电网零线烧断。

图 8.1 焊接作业

图 8.2 切割作业

8.2.2.2 电器、电路

在施工现场，大功率电器的使用、生活区内私拉乱接导致电线出现短路故障从而引发的火灾也不在少数。

漏电电流的热效应是引起火灾的元凶，漏电电流的电阻性发热和击穿性电弧作用，常常会引燃其作用点处的可燃物造成火灾。施工现场漏电的原因主要是电器安装不当、电气设备装备不当、线路缺乏维修保养而使绝缘老化，或长期受到雨水、腐蚀气体的侵蚀、机械损伤等。例如，施工现场的输送机等大型露天用电设备，室外敷设的配电盘、电源开关、插座、电气线路等都容易发生漏电情况。某些施工现场会有如图 8.3～图 8.6 所示现象。

图 8.3 配电箱周边无安全通道，堆放易燃品

图 8.4 配电箱内线路混乱

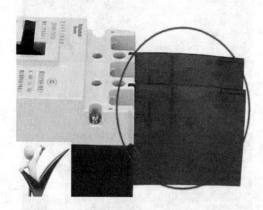

图 8.5 相线连接端子之间安装隔弧片

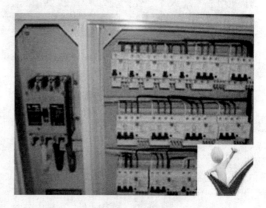

图 8.6 配电箱内配线整齐、无绞线

8.2.2.3 用火不慎、遗留火种

施工人员的生活设施如烹饪、取暖、照明设备等使用不慎，或因吸烟乱丢烟头引燃周围可燃物起火，从而引发火灾。

8.2.3 施工现场消防安全管理职责

根据《中华人民共和国建筑法》《中华人民共和国消防法》《建设工程安全生产管理条例》《机关、团体、企业、事业单位消防安全管理规定》以及一些地方法规、规章规定的要求，施工现场的消防安全管理应由施工单位负责。

施工现场实行施工总承包的，由总承包单位负责。总承包单位应对施工现场防火实施统一管理，并对施工现场总平面布局、现场防火、临时消防设施、防火管理等进行总体规划、统筹安排，确保施工现场防火管理落到实处。分包单位应向总承包单位负责，并应服从总承包单位的管理，同时应承担国家法律、法规规定的消防责任和义务。监理单位应对施工现场的消防安全管理实施监理。

施工单位应根据建设项目规模、现场消防安全管理的重点，在施工现场建立消防安全管理组织机构及义务消防组织，并应确定消防安全负责人和消防安全管理人，同时应落实相关人员的消防安全管理责任。

8.2.1 施工现场的火灾危险

【扫码测试】

8.2　练习题

8.3　施工现场消防安全管理的总平面布置

为了保证施工现场的消防安全，应在源头消除先天隐患，在施工前，就应对施工现场的临时用房、临时设施、临时消防车通道等总平面布局进行整体规划。

8.3.1　总平面布置的原则

总平面布置包括总平面布局、临时用房及临时设施的设置，此外还要划定重点区域等内容。

8.3.1.1　明确总平面布局内容

施工现场总平面布局应明确与现场防火、灭火及人员疏散密切相关的临建设施的具体位置，以满足现场防火、灭火及人员疏散的要求。下列临时用房和临时设施应纳入施工现场总平面布局：

（1）施工现场的出入口、围墙、围挡。

（2）施工现场内的临时道路。

（3）给水管网或管路，以及配电线路敷设或架设的走向、高度。

（4）施工现场办公用房、宿舍、发电机房、配电房、可燃材料库房、易燃易爆危险品库房、可燃材料堆场及其加工场、固定动火作业场等。

（5）临时消防车通道、消防救援场地和消防水源。

8.3.1.2　合理布置临时用房和临时设施位置

施工现场临时用房和临时设施的布置常受气象、地形地貌及水文地质、地上地下管线及周边建（构）筑物、场地大小、周边道路及消防设施等现场客观条件的制约，而不同施工现场的客观条件又千差万别。施工现场的总平面布局应综合考虑在建工程及现场情况，因地制宜，按照"临时用房及临时设施占地面积少、场内材料及构件二次运输少、施工生产及生活相互干扰少、临时用房及设施建造费用少，并满足施工、防火、节能、环保、安全、保卫、文明施工等需求"的基本原则进行，明确施工场地平面布局的主要内容，确定施工现场出入口的设置及现场办公、生活、生产、物料储存区域的分布原则，规范可燃物、易燃易爆危险品存放场所及动火作业场所的布置要求，针对施工现场的火源和可燃、易燃物实施重点管控，保证临时用房和临时设施的布置满足施工现场防火、灭火及人员安全疏散的要求。

8.3.1.3　重点区域的布置原则

1. 施工现场设置出入口的基本原则

施工现场出入口的设置应满足消防车通行的要求，并宜布置在不同方向，其数量不宜少于 2 个，当确有困难只能设置 1 个出入口时，应在施工现场内设置满足消防车通行的环形道路。

2. 固定动火作业场的布置原则

固定动火作业场应布置在可燃材料堆场及其加工厂、易燃易爆危险品库房等全年最小频率风向的上风侧，宜布置在临时办公用房、宿舍、可燃材料库房、在建工程全年最小频率风向的上风侧。

3. 危险品库房的布置原则

易燃易爆危险品库房应远离明火作业区、人员密集区和建筑物的相对集中区。可燃材料堆场及其加工场、易燃易爆危险品库房不应布置在架空中电力线下。

8.3.2 防火间距

保持临时用房、临时设施与在建工程的防火间距是防止施工现场火灾相互蔓延的关键。

8.3.2.1 临时用房、临时设施与在建工程的防火间距

（1）人员住宿、可燃材料及易燃易爆危险品储存等场所严禁设置于在建工程内。

（2）易燃易爆危险品库房与在建工程应保持足够的防火间距。

（3）可燃材料堆场及其加工场、固定动火作业场与在建工程的防火间距不应小于 10m。

（4）其他临时用房、临时设施与在建工程的防火间距不应小于 6m。

8.3.2.2 临时用房、临时设施间的防火间距

（1）施工现场主要临时用房、临时设施间的防火间距不应小于表 8.1 的规定。

表 8.1　　　　　　　　施工现场主要临时用房、临时设施间的防火间距　　　　　单位：m

名　称	办公用房、宿舍	发电机房、变配电房	可燃材料库房	厨房操作间、锅炉房	可燃材料堆场及其加工厂	固定动火作业场	易燃易爆危险品库房
办公用房、宿舍	4	4	5	5	7	7	10
发电机房、变配电房	4	4	5	5	7	7	10
可燃材料库房	5	5	5	5	7	7	10
厨房操作间、锅炉房	5	5	5	5	7	7	10
可燃材料堆场及其加工厂	7	7	7	7	10	10	10
固定动火作业场	7	7	7	7	10	10	10
易燃易爆危险品库房	10	10	10	10	10	12	12

1）临时用房、临时设施间的防火间距应按临时用房外墙外边线或堆场、作业场、作业棚边线间的最小距离计算，当临时用房外墙有突出可燃构件时，应从其突出可燃构件的

外缘算起。

2）两栋临时用房相邻较高一面的外墙为防火墙时，防火间距不限。

3）表8.1未规定的，可按同等火灾危险性的临时用房、临时设施间的防火间距确定。

（2）当办公用房、宿舍成组布置时，其防火间距可适当减小，但应符合以下要求：

1）每组临时用房的栋数不应超过10栋，组与组之间的防火间距不应小于8m。

2）组内临时用房之间的防火间距不应小于3.5m，当建筑构件燃烧性能等级为A级时，可减小到3m。

8.3.2.3 临时消防车通道

施工现场需要设置消防车通道，同时布置相应的消防救援场地。

1．临时消防车通道设置要求

（1）施工现场内应设置临时消防车通道。同时，考虑灭火救援的安全性以及供水的可靠性，临时消防车通道与在建工程、临时用房、可燃材料堆场及其加工场的距离不宜小于5m，且不宜大于40m。

（2）施工现场周边道路满足消防车通行及灭火救援要求时，施工现场内可不设置临时消防车通道。

（3）临时消防车通道宜为环形，如设置环形车道确有困难，应在消防车通道尽端设置尺寸不小于12m×12m的回车场。

（4）临时消防车通道的净宽度和净空高度均不应小于4m。

（5）临时消防车通道的右侧应设置消防车行进路线指示标志。

（6）临时消防车通道路基、路面及其下部设施应能承受消防车通行压力及工作荷载。

2．临时消防救援场地的设置

（1）需设临时消防救援场地的施工现场有：

1）建筑高度大于24m的在建工程；

2）建筑工程单体占地面积大于3000m^{2}的在建工程；

3）超过10栋，且为成组布置的临时用房。

（2）临时消防救援场地的设置要求如下：

1）临时消防救援场地应在在建工程装饰装修阶段设置。

2）临时消防救援场地应设置在成组布置的临时用房场地的长边一侧及在建工程的长边一侧。

8.3.1 施工现场总平面布置

3）场地宽度应满足消防车正常操作要求且不应小于6m，与在建工程外脚手架的净距不宜小于2m，且不宜超过6m。

【扫码测试】

8.3 练习题

8.4 施工现场内建筑的防火要求

现场内搭建的临时用房以及在建工程应采取相应的防火措施，一旦发生火灾后，有利于延迟火势蔓延，为施工现场内的人员赢得宝贵的疏散时间。

8.4.1 施工现场内建筑的设置原则

施工现场内的建筑防火主要包括临时用房及在建工程两方面的内容。

8.4.1.1 临时用房的防火设置原则

施工现场内的临时用房一般包括办公、宿舍、厨房、锅炉房等施工人员的生活用房及库房等存放施工材料的用房。整个临时用房的防火设置应根据其使用性质及火灾危险性等情况进行确定：一是不同危险性的临时用房应采取防火分隔措施，可以在一定程度上延迟火灾蔓延，为临时用房使用人员赢得宝贵的疏散时间；二是需考虑人员疏散的设置，对人员疏散距离、疏散走道宽度、疏散楼梯等疏散指标应满足相关规范要求。

8.4.1.2 在建工程的防火设置原则

由于在建工程内有大量的施工人员，且根据施工阶段的不同，动火作业、现场的施工材料等都会加大火灾风险，一旦发生火灾，现场施工人员的安全撤离，是在建工程防火设置的关键，所以在建工程内应尽量设置能够保证现场施工人员安全疏散的通道，同时在建工程应根据施工性质、建筑高度、建筑规模及结构特点等情况进行相应的防火设置。

8.4.2 临时用房的防火要求

临时用房主要包括宿舍、办公用房等。此外，施工现场还有诸如发电机房、变配电房、厨房操作间、锅炉房、可燃材料和易燃易爆危险品库房等。

8.4.2.1 宿舍、办公用房的防火要求

在施工现场生活区一般会搭建大量供人员办公、住宿的临时用房，平时会有大量的现场工作人员活动及休息。一般这些临时用房都不能按照正式的办公楼、宿舍楼等进行防火设计，由此给施工现场消防安全带来隐患。所以，本着既经济合理又能确保消防安全基本要求的原则，对临时搭建的宿舍、办公用房提出下列防火要求：

（1）建筑构件的燃烧性能等级应为 A 级。当临时用房是金属夹芯板房时，其芯材的燃烧性能等级应为 A 级，材料的燃烧性能严格按照现行国家标准《建筑材料及制品燃烧性能分级》（GB 8624—2012），由具有相应资质的检测机构进行检测，出具合格的检测报告。

（2）建筑层数不应超过 3 层，每层建筑面积不应大于 300m²。

（3）建筑层数为 3 层或每层建筑面积大于 200m²，应设置不少于 2 部的疏散楼梯，房间疏散门至疏散楼梯的最大距离不应大于 25m。

（4）单面布置用房时，疏散走道的净宽度不应小于 1.0m；双面布置用房时，疏散走道的净宽度不应小于 1.5m。

（5）疏散楼梯的净宽度不应小于疏散走道的净宽度。

（6）宿舍房间的建筑面积不应大于 $30m^2$，其他房间的建筑面积不宜大于 $100m^2$。

（7）房间内任一点至最近疏散门的距离不应大于 $15m$，房门的净宽度不应小于 $0.8m$。房间建筑面积超过 $50m^2$ 时，房门的净宽度不应小于 $1.2m$。

（8）隔墙应从楼地面基层隔断至顶板基层底面。

8.4.2.2 特殊用房的防火要求

除宿舍、办公用房外，施工现场内诸如发电机房、变配电房、厨房操作间、锅炉房、可燃材料和易燃易爆危险品库房，是施工现场火灾危险性较大的临时用房，对这些用房提出防火要求，有利于火灾风险的控制。

（1）《建筑材料及制品燃烧性能分级》（GB 8624—2012）规定，由具有相应资质的检测机构进行检测，出具合格的检测报告。

（2）建筑层数应为 1 层，建筑面积不应大于 $200m^2$，可燃材料、易燃易爆物品库房应分别布置在不同的临时用房内，每栋临时用房的面积均不应超过 $200m^2$。

（3）可燃材料库房应采用不燃材料将其分隔成若干间库房，如施工过程中某种易燃易爆物品需用量大，可分别存放于多间库房内。单个房间的建筑面积不应超过 $30m^2$，易燃易爆危险品库房单个房间的建筑面积不应超过 $20m^2$。

（4）房间内任一点至最近疏散门的距离不应大于 $10m$，房门的净宽度不应小于 $0.8m$。

8.4.2.3 组合建造功能用房的防火要求

施工现场的临时用房较多，且其布置受现场条件制约多，不同使用功能的临时用房可按以下规定组合建造。组合建造时，两种不同使用功能的临时用房之间应采用不燃材料进行防火分隔，其防火要求应以等级要求较高的临时用房为准。一般应满足以下要求：

（1）宿舍、办公用房不应与厨房操作间、锅炉房、变配电房等组合建造。

（2）现场办公用房、宿舍不宜组合建造。若现场办公用房与宿舍的规模不大，两者的建筑面积和不超过 $300m^2$，则可组合建造。

（3）发电机房、变配电房可组合建造；厨房操作间、锅炉房可组合建造；餐厅与厨房操作间可组合建造。

（4）会议室与办公用房可组合建造；文化娱乐室、培训室与办公用房或宿舍可组合建造；餐厅与办公用房或宿舍可组合建造。

（5）施工现场人员较为密集的如会议室、文化娱乐室、培训室、餐厅等房间应设置在临时用房的第一层，其疏散门应向疏散方向开启。

8.4.2.4 在建工程的防火要求

在建工程的防火主要包括临时疏散通道（图 8.7）以及针对既有建筑进行扩建、改建施工等的防火要求。

1. 临时疏散通道的防火要求

在建工程火灾常发生在作业场所，因此在建工程疏散通道应与在建工程结构施工保持同步，并与作业场所相连通，以满足人员疏散需要。基于经济、安全的考虑，也可利用在

图 8.7　临时疏散通道

建工程施工完毕的水平结构、楼梯。为满足人员迅速、有序、安全地撤离火场及避免在疏散过程中发生人员拥挤、踩踏疏散通道垮塌等次生灾害，在建工程作业场所临时疏散通道的设置应符合下列规定：

（1）在建工程作业场所的临时疏散通道应采用不燃材料、难燃材料建造，并与在建工程结构施工同步设置，临时疏散通道应具备与疏散要求相匹配的耐火性能，其耐火极限不应低于 0.5h。

（2）临时疏散通道应具备与疏散要求相匹配的通行能力。设置在地面上的临时疏散通道，其净宽度不应小于 1.5m。利用在建工程施工完毕的水平结构、楼梯做临时疏散通道，其净宽度不应小工 1.0m。

（3）临时疏散通道为坡道，且坡度大于 25°时，应修建楼梯或台阶踏步或设置防滑条。

（4）临时疏散通道应具备与疏散要求相匹配的承载力。临时疏散通道不宜采用爬梯，确实需采用爬梯时，应有可靠的固定措施。

（5）临时疏散通道应保证疏散人员安全，侧面如为临空面，必须沿临空面设置高度不小于 1～2m 的防护栏杆。

（6）临时疏散通道如搭设在脚手架上，脚手架作为疏散通道的支撑结构，其承载力和耐火性能应满足相关要求。进行脚手架强度、刚度、稳定性验算时，应考虑人员疏散荷载。脚手架应采用不燃材料搭设，其耐火等级不能低于疏散通道的耐火等级。

2. 既有建筑进行扩建、改建施工的防火要求

既有建筑居住、营业、使用期间进行改建、扩建及改造施工时，考虑到施工现场本身引发火灾的危险因素就较多，会具有更大的火灾风险，一旦发生火灾，容易造成群死群伤事故，所以必须采取多种防火技术和管理措施，严防火灾发生，施工中还应结合具体工程及施工情况，采取切实有效的防范措施。

既有建筑进行扩建、改建施工时，必须明确划分施工区和非施工区。施工区不得营

业、使用和居住;非施工区继续营业、使用和居住时,应符合下列要求:

(1) 施工区和非施工区之间应采用不开设门、窗、洞口的耐火极限不低于 3h 的不燃烧体隔墙进行防火分隔,如图 8.8 所示。

(2) 非施工区内的消防设施应完好和有效,疏散通道应保持畅通,并应落实日常值班及消防安全管理制度,如图 8.9 所示。

图 8.8 防火分隔

图 8.9 保持消防通道畅通

(3) 施工区的消防安全应配有专人值守,发生火情应能立即处置。

(4) 施工单位应向居住和使用者进行消防宣传教育,告知建筑消防设施、疏散通道的位置及使用方法,同时应组织疏散演练。

(5) 外脚手架搭设不应影响安全疏散、消防车正常通行及灭火救援操作,如图 8.10 和 8.11 所示。

图 8.10 搭设在脚手架上的临时疏散通道

图 8.11 消防通道两侧搭设围挡

3. 其他防火要求

(1) 外脚手架、支模架。脚手架既是在建工程的外防护架,也是施工人员的外操作架。支模架既是混凝土模板的支撑架体,也是施工人员操作平台的支撑架体。

为保护施工人员免受火灾伤害，外脚手架、支模架的架体宜采用不燃或难燃材料搭设，其中高层建筑和既有建筑改造工程的外脚手架、支模架的架体应采用不燃材料搭设。

（2）安全网。外脚手架的安全防护立网将整个在建工程包裹或封闭其中，动火作业产生的火焰、火花、火星一旦引燃可燃安全网，火势便会迅速蔓延。既有建筑外立面改造时，一般难以停止使用，室内可燃物品多、人多并有一定比例逃生能力相对较弱的人群，外脚手架安全网的燃烧极可能蔓延至室内，火势难以控制，危害则会更大。另外，临时疏散通道的安全防护网一旦燃烧，施工人员将会走投无路，安全设施便会成为不安全的设施。所以，下列安全防护网应采用阻燃型安全防护网（图8.12）：①高层建筑外脚手架的安全防护网；②既有建筑外墙改造时，其外脚手架的安全防护网；③临时疏散通道的安全防护网。

图 8.12　安全网

4. 疏散指示标志

为了让作业人员在紧急、慌乱时刻迅速找到疏散通道，便于人员有序疏散，作业场所应设置明显的疏散指示标志，其指示方向应指向最近的临时疏散通道入口，如图8.13所示。

图 8.13　疏散指示标志

5. 安全疏散示意图

在建工程施工期间，可视条件一般较差，因此作业层的醒目位置应设置安全疏散示意图，如图8.14所示。

8.4.1 施工现场内建筑的防火要求

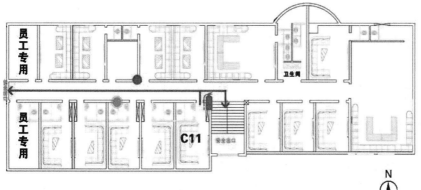

图 8.14 安全疏散示意图

【扫码测试】

8.4 练习题

8.5 施工现场临时消防设施设置

施工现场发生火情后，初期的扑救和及时疏散是避免财产损失和保证施工人员安全的有效途径，所以在施工现场设置灭火器、临时消防给水系统和临时消防应急照明等临时消防设施是施工现场常用且最为有效的临时消防设施。

8.5.1 临时消防设施的设置原则

临时消防设施的设置需要遵循同步设置、合理设置等原则。

8.5.1.1 同步设置原则

临时消防设施应与在建工程的施工同步设置。对于房屋建筑工程，新近施工的楼层因混凝土强度等可能出现模板及支模架不能及时拆除、临时消防设施的设置难以及时跟进、与主体结构工程施工进度存在3层左右的差距等问题，所以房屋建筑工程中，临时消防设施的设置与在建工程主体结构施工进度的差距不应超过3层。

8.5.1.2 合理设置原则

基于经济和务实的考虑，在建工程的永久性消防设施或经过保护和处理能够满足如临时消防给水系统等临时消防设施的设置要求，应合理利用已具备使用条件的消防设施兼作施工现场的临时消防设施；当永久性消防设施无法满足使用要求时，应增设临时消防设施，并应满足相应设施的设置要求。

8.5.2 灭火器设置

施工现场灭火器的设置要满足下列要求。

8.5.2.1 设置场所

施工现场内的在建工程及临时用房根据其危险性，在适当位置配置灭火器，以保证初期消防扑救的需要。下列场所应配置灭火器：

（1）易燃易爆危险品存放及使用场所。

（2）固定动火作业场所。

（3）可燃材料存放、加工及使用场所。

（4）厨房操作间、锅炉房、自备发电机房、变配电房、设备用房、办公用房、宿舍等临时用房。

（5）其他具有火灾危险的场所。

8.5.2.2 设置要求

施工现场灭火器配置应符合下列规定：

（1）施工现场的某些场所，既可能发生固体火灾，也可能发生液体、气体或电气火灾，在选配灭火器时，应选用能扑灭多类火灾的灭火器。不同种类的灭火器如图 8.15 所示。灭火器的类型应与配备场所可能发生的火灾类型相匹配。

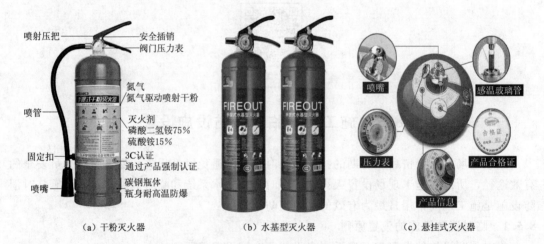

（a）干粉灭火器　　　　　　（b）水基型灭火器　　　　　　（c）悬挂式灭火器

图 8.15　不同种类的灭火器

（2）灭火器的最低配置标准应符合表 8.2 的规定。

表 8.2	灭火器的最低配置标准			
项　　目	固体物质火灾		液体或可融化固体火灾、气体火灾	
	单具灭火器最小灭火级别	单位灭火器最大保护面积/(m²/A)	单具灭火器最小灭火级别	单位灭火器最大保护面积/(m²/B)
易燃易爆危险品存放及使用场所	3A	50	89B	0.5
固定动火作业场所	3A	50	89B	0.5
临时动火作业点	2A	50	55B	0.5

续表

项 目	固 体 物 质 火 灾		液体或可融化固体火灾、气体火灾	
	单具灭火器 最小灭火级别	单位灭火器最大 保护面积/(m²/A)	单具灭火器 最小灭火级别	单位灭火器最大 保护面积/(m²/B)
可燃材料存放、 加工及使用场所	2A	75	55B	1.0
厨房操作间、锅炉房	2A	75	55B	1.0
自备发电机房	2A	75	55B	1.0
变配电房	2A	75	55B	1.0
办公用房、宿舍	1A	100	—	—

（3）灭火器的配置数量应按照《建筑灭火器配置设计规范》（GB 50140—2005）经计算确定，且每个场所的灭火器数量不应少于2具。

（4）灭火器的最大保护距离应符合表8.3的规定。

表8.3　　　　　　　　　　　　灭火器的最大保护距离　　　　　　　　　单位：m

灭火器配置场所	固体物质火灾	液体或可融化固体火灾、气体火灾
易燃易爆危险品存放及使用场所	15	9
固定动火作业场所	15	9
临时动火作业点	10	6
可燃材料存放、加工及使用场所	20	12
厨房操作间、锅炉房	20	12
自备发电机房、变配电房	20	12
办公用房、宿舍等	25	—

8.5.2.3　临时消防给水系统设置

临时消防给水系统的设置需要满足下列要求。

1. 临时消防用水要求

施工现场发生火灾，最根本的原因是初期火灾未能及时扑灭。而初期火灾未能及时扑灭的主要原因是现场人员不能及时处置，或者初期火灾发生地点的附近既无灭火器又无临时消防用水。实际上，初期发现火情，进行扑救所需的用水量并不大，要做好施工现场的火灾防控工作，首先就应该保证施工现场有临时消防用水，其次是保证消防水量。

（1）消防水源。

1）消防水源是设置临时消防给水系统的基本条件，要求施工现场或其附近应设置稳定、可靠的水源，并应能满足施工现场临时消防用水的需要。

2）消防水源可采用市政给水管网或天然水源。当采用天然水源时，应采取措施确保冰冻季节、枯水期最低水位时顺利取水，并满足临时消防用水量的要求。

（2）消防用水量。施工现场的临时消防用水量应包含临时室外消防用水量和临时室内消防用水量的总和，消防水源应满足临时消防用水量的要求。

临时室外消防用水量应按临时用房和在建工程的临时室外消防用水量的较大者确定，施工现场火灾次数可按同时发生一次确定。

2. 临时室外消防给水系统设置要求

施工现场临时室外消防给水系统的设置，通过大量的火灾实例及依据相应规范的要求进行确定，是便于现场及时处置、消防人员及时扑救的有力保障。

（1）设置条件。施工现场的大小不同，所带来的火灾危险性也各有大小，应综合考虑施工现场在建工程及临时用房的规模，来选择设置施工现场的临时室外给水系统。临时用房建筑面积之和大于 $1000m^2$ 或在建工程单体体积大于 $10000m^3$ 时，应设置临时室外消防给水系统。当施工现场处于市政消火栓 150m 保护范围内且市政消火栓的数量满足室外消防用水量要求时，可不设置临时室外消防给水系统。

（2）室外消防用水量。

1）临时用房的临时室外消防用水量。通过施工现场临时用房火灾发现，大部分施工现场临时用房火灾发生在生活区。因此，施工现场未布置临时生活用房时，也可不考虑临时用房的消防用水量。一般规定临时用房的临时室外消防用水量不应小于表 8.4 的要求。

表 8.4 临时用房的临时室外消防用水量

临时用房的建筑面积之和	火灾延续时间/h	消火栓用水量/(L/s)	每支消防水枪最小流量/(L/s)
$1000m^2 <$ 面积 $\leqslant 5000m^2$	1	10	5
面积 $> 5000m^2$		15	5

2）在建工程的临时室外消防用水量。在建工程设置临时室外消防系统，既可以使施工现场工作人员在发现火情后第一时间进行处置，又可以使消防扑救人员赶到现场后有水源进行扑救作业，所以室外消防用水量的保证，是确保施工现场火灾损失的重要措施。在建工程的临时室外消防用水量不应小于表 8.5 的规定。

表 8.5 在建工程的临时室外消防用水量

临时用房的建筑面积之和	火灾延续时间/h	消火栓用水量/(L/s)	每支消防水枪最小流量/(L/s)
$10000m^2 <$ 面积 $\leqslant 30000m^2$	1	15	5
面积 $> 30000m^2$	2	20	5

（3）设置要求。在建工程、临时用房、可燃材料堆场及其加工场是施工现场的重点防火区域，以这些施工现场的防火区域位于其保护范围是设置室外消防给水系统的基本原则，均匀、合理地布设室外消火栓。施工现场临时室外消防给水系统的设置应符合下列要求：

1）考虑给水系统的需要与施工系统的实际情况，一般临时给水管网宜布置成环状。

2）临时室外消防给水干管的管径应根据施工现场临时消防用水量和干管内水流计算速度进行计算确定，且最小管径不应小于 DN100。

3）室外消火栓应沿在建工程、临时用房及可燃材料堆场及其加工场均匀布置。距在建工程、临时用房及可燃材料堆场及其加工场的外边线不应小于5m。

4）室外消火栓的间距不应大于120m。

5）室外消火栓的最大保护半径不应大于150m。

3. 临时室内消防给水系统设置要求

（1）设置条件。施工现场除设置室外消防给水系统外，对于一些建筑高度较高或体量较大的在建工程，也需设置室内消防给水系统（图8.16），便于在建工程发生火灾后，现场施工人员能够在第一时间处置，也便于消防人员到达火灾现场后，通过内攻的方式对在建工程进行火灾扑救。通过综合考虑，要求建筑高度大于24m或单体体积超过30000m³的在建工程，应设置临时室内消防给水系统。

图8.16 室内消火栓

（2）室内消防用水量。临时室内消防给水系统的消防用水量设置，应整体考虑火灾延续时间及在建工程的建筑规模来确定在建工程临时室内消防用水量计取标准。在建工程的临时室内消防用水量不应小于表8.6的规定。

表8.6   在建工程的临时室内消防用水量

建筑高度、在建工程体积（单体）	火灾延续时间/h	消火栓用水量/(L/s)	每支消防水枪最小流量/(L/s)
24m＜建筑高度≤50m 或 30000m³＜体积≤50000m³	1	10	5
建筑高度＞50m 或 体积＞50000m³	1	15	5

（3）设置要求。

1）管网设置要求：在建工程的临时消防竖管是在建工程室内消防给水的干管，消防竖管在检修或接长时，应按先后顺序依次进行，确保有一根消防竖管正常工作。当建筑封顶时，应将两条消防竖管连接成环。当单层建筑面积较大时，水平管网也应设置成环状。在建工程室内临时消防竖管的设置应符合下列要求：①消防竖管的设置位置应便于消防人员操作，其数量不应少于 2 根，当结构封顶前，应将消防竖管设置成环状；②消防竖管的管径应根据在建工程临时消防用水量、竖管内水流计算速度进行计算确定，且不应小于 DN100。

2）水泵接合器设置要求：水泵接合器设置可以保证在发生火灾时，消防救援人员到场后，通过利用水泵接合器向临时管网内供水，实施扑救。所以，要求设置室内消防给水系统的在建工程，应设消防水泵接合器。消防水泵接合器应设置在室外便于消防车取水的部位，与室外消火栓或消防水池取水口的距离宜为 15～40m。

3）室内消火栓快速接口及消防软管设置要求：施工现场作为在建工程，如果完全按照建成工程来要求室内消火栓的设置，则不够合理。结合施工现场特点，每个室内消火栓处只设接口，不设消防水带、消防水枪，是综合考虑初起火灾的扑救及管理性和经济性要求，但要做好保护措施。综合考虑，设置临时室内消防给水系统的在建工程，各结构层均应设置室内消火栓接口及消防软管接口，并应符合下列要求：①在建工程的室内消火栓接口及软管接口应设置在位置明显且易于操作的部位；②消火栓接口的前端应设置截止阀；③消火栓接口或软管接口的间距，多层建筑不大于 50m、高层建筑不大于 30m。

4）消防水带、消防水枪及软管设置要求：为确保消防水带、消防水枪及软管的设置既可以满足初起火灾的扑救要求，又可以减少消防水带和消防水枪的配置，便于维护和管理，要求在建工程结构施工完毕的每层楼梯处，应设置消防水带、消防水枪及软管，且每个设置点不应少于 2 套。

5）中转水池及加压水泵设置要求如下：

a. 对于在建高层建筑来说，消防水源的给水压力一般不能满足灭火要求，而需要一次或多次加压来保证供水。为实现在建高层建筑的临时消防给水，可在其底层或首层设置贮水池并配备加压水泵。

b. 对于建筑高度超过 100m 的在建工程，还需在楼层上增设楼层中转水池和加压水泵，进行分段加压，分段给水。为保证中转水池无补水的最不利情况下，其水量可满足 2 支消防水枪（进水口径 50mm、喷嘴口径 19mm）同时工作不少于 15min 的要求，楼层中转水池的有效容积不应小于 $10m^3$。

c. 上、下两个楼层中转水池的高差越大，对水泵扬程、给水管的材质及接头质量等方面的要求越高，相应的投入费用也就越高；相反，上、下两个楼层中转水池的高差过小，则需要增多楼层中转水池及加压水泵的数量，同样不够经济合理，且设施越多，系统风险也越多。所以，要求上、下两个中转水池的高差不宜超过 100m。

4. 其他设置要求

（1）临时消防给水系统的给水压力应满足消防水枪充实水柱长度不小于 10m 的要求；给水压力不能满足要求时，应设置消火栓泵（图 8.17），消火栓泵不应少于 2 台，且应互为备用消火栓泵，宜设置自动启动装置。

图 8.17 消防泵、消防栓

（2）对于建筑高度超过 10m，但不足 24m，且体积不足 30000m³ 的在建工程，可不设置室内临时消防给水系统。在此情况下，应通过加压水泵，增大室外临时给水系统的给水压力，以满足在建工程火灾扑救的要求。

（3）当外部消防水源不能满足施工现场的临时消防用水量要求时，应在施工现场设置临时贮水池。临时贮水池宜设置在便于消防车取水的部位，其有效容积不应小于施工现场火灾延续时间内一次灭火的全部消防用水量。

（4）施工现场临时消防给水系统应与施工现场生产、生活给水系统合并设置，但应设置将生产、生活用水转为消防用水的应急阀门。应急阀门不应超过 2 个，且应设置在易于操作的场所，并设置明显标志。

（5）严寒和寒冷地区的现场临时消防给水系统，应采取防冻措施。

8.5.2.4 临时应急照明设置

1. 临时应急照明设置场所

为保证火灾情况下，能够满足火灾初期扑救和人员疏散的要求，施工现场的下列场所应配备临时应急照明：

（1）自备发电机房及变配电房。

（2）水泵房。

（3）无天然采光的作业场所及疏散通道。

（4）高度超过 100m 的在建工程的室内疏散通道。

（5）发生火灾时仍需坚持工作的其他场所。

2. 临时应急照明设置要求

（1）作业场所应急照明的照度不应低于正常工作所需照度的 90%，疏散通道的照度值不应小于 0.5lx。

（2）临时消防应急照明灯具，宜选用自备电源的应急照明灯具，自备电源的连续供电时间不应小于 60min。

8.5.1 施工现场临时消防设施设置

8.5.2.5 临时消防用电

施工现场供用电设施的设计、施工、运行、维护应符合现行国家标准《建设工程施工现场供用电安全规范》（GB 50194—2014）的要求。为避免火灾发生时，为施工现场临时消防给水系统使用的消火栓泵因电力中断而无法运行，导致消防用水难以保证的情况，要求施工现场的消火栓泵应采用专用消防配电线路。专用消防配电线路应自施工现场总配电箱的总断路器上端接入，且应保持不间断供电。

【扫码测试】

8.5 练习题

8.6 施工现场的消防安全管理要求

施工现场的消防安全管理的重点是从制度管理方面实现施工现场的火灾预防，同时应加强可燃物及易燃易爆危险品管理和用火、用电、用气管理。

8.6.1 施工现场消防安全管理内容

施工现场消防安全管理包括消防管理制度、防火技术方案、施工现场灭火及应急疏散预案、消防安全教育与培训、消防安全技术交底、消防安全检查和消防档案管理等内容。

8.6.1.1 消防安全管理制度

消防安全管理制度的重点是从管理方面实现施工现场的火灾预防。施工单位应根据现场实际情况和需要制定其他防火管理制度，如临时消防设施管理制度、防火工作考评及奖惩制度等。施工单位应针对施工现场可能导致火灾发生的施工作业及其他活动，制定消防安全管理制度。消防安全管理制度应包括下列主要内容：

（1）消防安全教育与培训制度。

（2）可燃及易燃易爆危险品管理制度。

（3）用火、用电、用气管理制度。

（4）消防安全检查制度。

（5）应急预案演练制度。

8.6.1.2 防火技术方案

防火技术方案的重点是从技术方面实现施工现场的火灾预防，即通过技术措施实现防火目的。施工现场的防火技术方案可结合施工现场和各分部分项工程施工的实际情况编制，用以具体安排并指导施工人员消除或控制火灾危险源、扑灭初期火灾，避免或减少火灾发生和危害。施工现场防火技术方案应作为施工组织设计的一部分，也可单独编制。

施工单位应编制施工现场防火技术方案，并应根据现场情况变化及时对其修改、完善。防火技术方案应包括下列主要内容：

（1）施工现场重大危险源辨识。

（2）施工现场防火技术措施，即施工人员在具有火灾危险的场所进行施工作业或实施具有火灾危险的工序时，在"人、机、料、环、法"等方面应采取的防火技术措施。

（3）临时消防设施、临时疏散设施配备应具体明确以下相关内容：明确配置灭火器的场所、选配灭火器的类型和数量及最小灭火级别；确定消防水源，临时消防给水管网的管径、敷设线路、给水工作压力，以及消防水池、水泵、消火栓等设施的位置、规格、数量等；明确设置应急照明的场所及应急照明灯具的类型、数量、安装位置等；在建工程永久性消防设施临时投入使用的安排及说明；明确安全疏散的线路（位置）、疏散设施搭设的方法及要求等。

（4）临时消防设施和消防警示标志布置图。

8.6.1.3 施工现场灭火及应急疏散预案

施工单位应编制施工现场灭火及应急疏散预案，并依据预案，定期开展灭火及应急疏散的演练。灭火及应急疏散预案应包括下列主要内容：

（1）应急灭火处置机构及各级人员应急处置职责。

（2）报警、接警处置的程序和通信联络的方式。

（3）扑救初期火灾的程序和措施。

（4）应急疏散及救援的程序和措施。

8.6.1.4 消防安全教育与培训

消防安全教育与培训应侧重于普遍提高施工人员的防火安全意识和扑灭初期火灾、自我防护的能力。防火安全教育与培训的对象为全体施工人员。

施工人员进场前，施工现场的消防安全管理人员应向施工人员进行消防安全教育与培训。防火安全教育与培训应包括下列内容：

（1）施工现场消防安全管理制度、防火技术方案、灭火及应急疏散预案的主要内容。

（2）施工现场临时消防设施的性能及使用、维护方法。

（3）扑灭初期火灾及自救逃生的知识和技能。

（4）报火警、接警的程序和方法。

8.6.1.5 消防安全技术交底

消防安全技术交底是安全技术交底的一部分，可与安全技术交底一并进行，也可单独进行。消防安全技术交底的对象为在具有火灾危险场所作业的人员或实施具有火灾危险工序的人员。交底应针对具有火灾危险的具体作业场所或工序，向作业人员传授如何预防火灾、扑灭初期火灾、自救逃生等方面的知识、技能。

施工作业前，施工现场的施工管理人员应向作业人员进行消防安全技术交底。消防安全技术交底应包括下列主要内容：

（1）施工过程中可能发生火灾的部位或环节。

（2）施工过程应采取的防火措施及应配备的临时消防设施。

（3）初期火灾的扑救方法及注意事项。

（4）逃生方法及路线。

8.6.1.6 消防安全检查

在施工现场的不同施工阶段或时段，现场消防安全检查应有所侧重，检查内容可依据当时当地的气候条件、社会环境和生产任务适当调整。例如，工程开工前，施工单位应对现场消防管理制度的制定、防火技术方案、现场灭火及应急疏散预案的编制、消防安全教育与培训、消防设施的设置与配备情况进行检查。施工过程中，施工单位按本条规定每月组织一次检查，此外，施工单位应在每年劳动节、国庆节、春节等重要节日或冬季风干物燥的特殊时段到来之际，根据实际情况组织相应的专项检查或季节性检查。

施工过程中，施工现场的消防安全负责人应定期组织消防安全管理人员对施工现场的消防安全进行检查。消防安全检查应包括下列主要内容：

（1）可燃物及易燃易爆危险品的管理是否落实。

（2）动火作业的防火措施是否落实。

（3）用火、用电、用气是否存在违章操作，电气焊及保温防水施工是否执行操作规程。

（4）临时消防设施是否完好有效。

（5）临时消防车通道及临时疏散设施是否畅通。

8.6.1.7 消防档案管理

施工单位应做好并保存施工现场消防安全管理的相关文件和记录，建立现场消防安全管理档案。施工现场防火安全管理档案包括以下文件和记录：

（1）施工单位组建施工现场防火安全管理机构及聘任现场防火管理人员的文件。

（2）施工现场防火安全管理制度及其审批记录。

（3）施工现场防火安全管理方案及其审批记录。

（4）施工现场防火应急预案及其审批记录。

（5）施工现场防火安全教育与培训记录。

（6）施工现场防火安全技术交底记录。

（7）施工现场消防设备、设施、器材验收记录。

（8）施工现场消防设备、设施、器材台账及更换、增减记录。

（9）施工现场灭火和应急疏散演练记录。

（10）施工现场防火安全检查记录（含防火巡查记录、定期检查记录、专项检查记录、季节性检查记录、防火安全问题或隐患整改通知单、问题或隐患整改回复单、问题或隐患整改复查记录）。

（11）施工现场火灾事故记录及火灾事故调查报告。

（12）施工现场防火工作考评和奖惩记录。

8.6.2 可燃材料及易燃易爆危险品管理

在建工程所用保温、防水、装饰、防火、防腐材料的燃烧性能等级、耐火极限符合设计要求，既是满足建设工程施工质量验收标准的要求，也是减少施工现场火灾风险的基本条件。

可燃材料及易燃易爆危险品应按计划限量进场。进场后，可燃材料宜存放于库房内。

当露天存放时，应分类成垛堆放，垛高不应超过 2m，单垛体积不应超过 50m³，垛与垛之间的最小间距不应小于 2m，且应采用不燃或难燃材料覆盖。易燃易爆危险品应分类专库储存，库房内通风良好，并设置禁火标志。

室内使用油漆及其有机溶剂、乙二胺、冷底子油或其他可燃、易燃易爆危险品的物资作业时，这些易燃易爆危险品如果在空气中达到一定浓度，极易遇明火发生爆炸。因此，应保持良好通风，作业场所严禁明火，并应避免产生静电。

施工产生的可燃、易燃建筑垃圾或余料，应及时清理。

8.6.3 用火、用电、用气管理

8.6.3.1 用火管理

1. 动火作业管理

动火作业是指在施工现场进行明火、爆破、焊接、气割或采用酒精炉、煤油炉、喷灯、砂轮、电钻等工具进行可能产生火焰、火花和赤热表面的临时性作业。

从统计数据发现，大量的施工现场火灾均是由于动火作业引起的，其原因是施工现场动火作业多，动火管理缺失和动火作业不慎，引燃动火点周边的易燃物、可燃物所致。为保证动火作业安全，施工现场动火作业应符合下列要求：

（1）施工现场动火作业前，应由动火作业人提出动火作业申请。动火作业申请至少应包含动火作业的人员、内容、部位或场所、时间、作业环境及灭火救援措施等内容。

（2）《动火许可证》的签发人收到动火申请后，应前往现场查验并确认动火作业的防火措施落实后，方可签发《动火许可证》。

（3）动火操作人员应按照相关规定，具有相应资格，并持证上岗作业。

（4）焊接、切割、烘烤或加热等动火作业前，应对作业现场的可燃物进行清理。作业现场及其附近无法移走的可燃物，应采用不燃材料对其覆盖或隔离。

（5）施工作业安排时，宜将动火作业安排在使用可燃建筑材料的施工作业前进行。确需在使用可燃建筑材料的施工作业之后进行动火作业，应采取可靠的防火措施。

（6）严禁在裸露的可燃材料上直接进行动火作业。

（7）焊接、切割、烘烤或加热等动火作业，应配备灭火器材，并设动火监护人进行现场监护，每个动火作业点均应设置一个监护人。

（8）5级（含5级）以上风力时，应停止焊接、切割等室外动火作业。

（9）动火作业后，应对现场进行检查，确认无火灾危险后，动火操作人员方可离开。

2. 其他用火管理

（1）施工现场存放和使用易燃易爆物品的场所（如油漆间、液化气间等），严禁明火。

（2）冬季风大物燥，施工现场采用明火取暖极易引起火灾，因此施工现场不应采用明火取暖。

（3）厨房操作间炉灶使用完毕后，应将炉火熄灭，排油烟机及油烟管道应定期清理油垢。

8.6.3.2 用电管理

施工现场常因电气线路短路、过载、接触电阻过大、漏电，或现场长时间使用高热灯

具，且高热灯具距可燃物、易燃物距离过小或室内散热条件太差，烤燃附近可燃物、易燃物等原因发生火灾。为保证施工现场消防安全，避免因上述用电引发施工现场火灾，施工现场用电应符合下列要求：

（1）施工现场的发电、变电、输电、配电、用电的设备、电器、线路及相应的保护装置等供用电设施的设计、施工、运行、维护应符合现行国家标准《建设工程施工现场供用电安全规范》（GB 50194—2014）的要求。

（2）电气线路应具有相应的绝缘强度和机械强度，严禁使用绝缘老化或失去绝缘性能的电气线路，严禁在电气线路上悬挂物品。破损、烧焦的插座、插头应及时更换。

（3）电气设备特别是易产生高热的设备，应与可燃物、易燃易爆危险品和腐蚀性物品保持一定的安全距离。

（4）有爆炸和火灾危险的场所，按危险场所等级选用相应的电气设备。

（5）配电屏上每个电气回路应设置漏电保护器、过载保护器，距配电屏 2m 范围内不应堆放可燃物，5m 范围内不应设置可能产生较多易燃易爆气体、粉尘的作业区。

（6）可燃材料库房不应使用高热灯具，易燃易爆危险品库房内应使用防爆灯具。

（7）普通灯具与易燃物距离不宜小于 300mm，聚光灯、碘钨灯等高热灯具与易燃物距离不宜小于 500mm。

（8）电气设备不应超负荷运行或带故障使用。

（9）禁止私自改装现场供用电设施，现场供用电设施的改装应经具有相应资质的电气工程师批准，并由具有相应资质的电工实施。

（10）应定期对电气设备和线路的运行及维护情况进行检查。

8.6.3.3　用气管理

施工现场常用的瓶装氧气、乙炔、液化气等气体，一旦储装气体的气瓶及其附件不合格或违规储装、运输、储存、使用气体，便极易导致火灾、爆炸等危害。因此，施工现场用气应符合下列要求：

（1）储装气体的罐瓶及其附件应合格、完好和有效，严禁使用减压器及其他附件缺损的氧气瓶，严禁使用乙炔专用减压器、回火防止器及其他附件缺损的乙炔瓶。

（2）气瓶运输、存放、使用时，应符合下列规定：

1）气瓶应保持直立状态，并采取防倾倒措施，乙炔瓶严禁横躺卧放。

2）严禁碰撞、敲打、抛掷、滚动气瓶。

3）气瓶应远离火源，距火源距离不应小于 10m，并应采取避免高温和防止暴晒的措施。

4）燃气储装瓶罐应设置防静电装置。

（3）气瓶应分类储存，库房内通风良好；空瓶和实瓶同库存放时，应分开放置，两者间距不应小于 1.5m。

（4）气瓶使用时，应符合下列规定：

1）使用前，应检查气瓶及气瓶附件的完整性，检查连接气路的气密性，并采取避免气体泄漏的措施，严禁使用已老化的橡胶气管。

2）氧气瓶和乙炔瓶的间距不应小于5m，气瓶与明火作业的间距不应小于10m。

3）冬季使用气瓶时，若气瓶的瓶阀、减压器等发生冻结，严禁用火烘烤或用铁器敲击瓶阀，禁止猛拧减压器的调节螺栓。

4）氧气瓶内剩余气体的压力不应小于0.1MPa。

5）气瓶用后，应及时归库。

8.6.3.4 其他施工管理

施工现场要设置防火标志，同时做好临时消防设施的维护管理。

1. 设置防火标志

施工现场的临时发电机房、变配电房、易燃易爆危险品库房和使用场所、可燃材料堆场及其加工场、宿舍等重点防火部位或区域，应在醒目位置设置防火警示标志。施工现场严禁吸烟，应设置禁烟标志。

2. 做好临时消防设施的维护管理

8.6.1 施工现场的消防安全管理要求

（1）施工现场的临时消防设施受外部环境、交叉作业影响，易失效、损坏或丢失，施工单位应做好施工现场临时消防设施的日常维护工作，对已失效、损坏或丢失的消防设施，应及时更换、修复或补充。

（2）临时消防车通道、临时疏散通道、安全出口应保持畅通，不得遮挡、挪动疏散指示标志，不得挪用消防设施。

（3）施工现场尚未完工前，临时消防设施及临时疏散设施不应被拆除，并应确保其有效使用。

【扫码测试】

8.6 练习题

8.7 常用消防器具的使用方法

8.7.1 火灾报警器

当发生火灾时，在消防火灾探测器没有探测到火灾时，人员手动按下手动火灾报警按钮，按下手动报警按钮3~5s，手动报警按钮上的火警确认灯会点亮，报告火灾信号，如图8.18所示。

8.7.2 消火栓

当发生火灾时，找到离火场距离最近的消火栓，打开消火栓箱门，取出水带，将水带的一端接在消火栓出水口上，另一端接好水枪，拉到起火点附近后方可打开消火栓阀门。消火栓的使用示意如图8.19所示。

8.7.3 灭火器

1. 空气泡沫灭火器

在距燃烧物 6m 左右，先拔出保险销，一只手握住开启压把，另一只手握住喷枪，紧握开启压把，将灭火器密封开启，空气泡沫即从喷枪喷出。泡沫喷出后对准燃烧最猛烈处喷射。

图 8.18　火灾报警器图

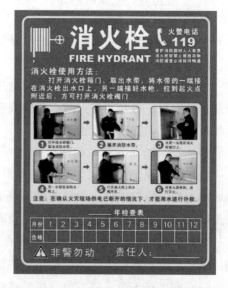

图 8.19　消火栓使用示意图

2. 二氧化碳灭火器

使用时，手提灭火器的提把或把灭火器扛在肩上，迅速赶到火场，在距起火点大约 5m 处放下灭火器。一只手握住喇叭形喷筒根部的手柄，把喷筒对准火焰，另一只手压下压把，二氧化碳就会喷射出来。

3. 干粉灭火器

使用前先把灭火器上下颠倒几下，使筒内干粉松动。先拔下保险销，一只手握住喷嘴，另一只手用力按下压把，干粉便会从喷嘴射出来。

4. 水基灭火器

水基灭火器，药剂主要成分表面活性剂等物质和处理过的纯净水搅拌。以液态形式存在，因此简称水基型灭火器，分为水基型泡沫灭火器、水基型水雾灭火器。

水基型泡沫灭火器适用于扑救易燃固体或液体的初起火灾，广泛应用于油田、油库、轮船、工厂、商店等场所，是预防火灾发生保障人民生命财产的必备消防装备。水型灭火器内部装有 AFFF 水成膜泡沫灭火剂和氮气，具有操作简单、灭火效率高，使用时不需倒置、有效期长、抗复燃、双重灭火等优点，能扑灭可燃固体、液体的初起火灾，是木竹类、织物、纸张及油类物质的开发加工、贮运等场所的消防必备品。

水基型水雾灭火器在喷射后，呈水雾状，瞬间蒸发火场大量的热量，迅速降低火场温度，抑制热辐射，表面活性剂在可燃物表面迅速形成一层水膜，隔离氧气，降温、隔离双重作用，同时参与灭火，从而达到快速灭火的目的。

注意，使用灭火器时要观察其压力表指针指示的颜色区域，判断灭火器能否正常使用。灭火器压力表分三段：

第一段是红色区，指针指到红色区，表示灭火器内干粉压力小，不能喷出，已经失效。

第二段是绿色区，指针指在该区，表示压力正常，可以正常使用。

第三段黄色区，表示灭火器内的干粉压力过大，可以喷出干粉。但却有爆破、爆炸的危险。

8.7.1　常用消防器具的使用方法

8.7.4　防火门

8.7.4.1　疏散通道上的常开防火门

由防火门、闭门器和防火门释放装置三部组成，或由防火门、防火门联动闭门器两部分组成，平时呈开启状态，火灾时自动关闭。

常开防火门除应设普通的闭门器及顺序器外，特别要求设置防火门释放开关，在防火门任一侧的烟感探测器动作后，由联动模块接通防火门释放开关的 DC24V 线圈，释放被锁定的防火门，也可以用手强行拉出释放防火门，防火门在闭门器及顺序器的作用下自动关闭，从而阻断烟火，同时将防火门被关闭的信号反馈给消防控制室。

8.7.4.2　常闭的防火门中具有防盗功能的防火门

有些疏散通道，单位的管理者平时要求防盗及保安，常闭的防火门就需要上锁，若没有消防技术措施，一旦把门锁死，火灾时人员将无法疏散而酿成惨祸，这样的例子相当的普遍。目前，这样的安全隐患仍大量存在。不是防火检查不到位，而是防盗保安对管理者来说同样非常重要，检查人员提出的禁止锁住防火门的要求难以得到管理者的配合，这种情况下防火门就必须采取联动控制措施。

有简单功能的可以设推闩式电磁锁，有复杂功能要求的可以选择安全疏散门控制器，此类产品平时用电磁锁锁门，有防撬报警功能。当发生火灾时，可通过消防联动模块控制安全疏散门控制器开启防火门，专用的安全疏散门控制器发出声光报警信号，引导人员疏散。现场还设有消火栓按钮，紧急时人员可敲碎玻璃直接启动安全疏散门控制器开启防火门，并发出声光报警信号。一台安全疏散门控制器可以控制 8 台以下的防火门。

8.7.5　防火卷帘

《火灾自动报警系统设计规范》（GB 50116—2013）规定火灾确认后关闭有关部位的防火卷帘。在系统设计上，"用探测器组或两种不同类别的火灾探测器同时报警后的与门信号作为火灾的确认"。由此可见，按《火灾自动报警系统设计规范》（GB 50116—2013）要求若两个或两个以上感烟探测同时报警后，卷帘即可降低，火灾初期人员尚未疏散，显然这是卷帘关闭得过早造成的。若两种不同类别的探测器（如一个烟感探测器与一个温感探测器）同时报警后，再让卷帘降低，那么在火灾初期，将有大量烟雾通过卷帘，显然卷帘关闭得又过晚。因此，应根据防火卷帘设置的场所及用途的不同选择合理的控制方式。

8.7.5.1 设置在疏散通道上的防火卷帘

火灾发生后,人员需通过疏散通道进行疏散,由于在火灾紧急情况下,人们往往会惊慌失措,若由于卷帘关闭使疏散路线被堵,会增加人们的惊慌程度,导致意想不到的伤亡,既不利于安全疏散,也不利于消防人员进入火场灭火。所以,应尽量避免在疏散通道上设置卷帘,代之以防火门(图 8.20)。

图 8.20 设置在疏散通道上的防火卷帘

若必须在疏散通道上设置防火卷帘,则应满足《高层建筑混凝土结构技术规程》(JGJ 3—2010)中"设在疏散通道上防火卷帘应在卷帘两侧设置启闭装置,并具有自动、手动和机械控制的功能"的要求。在联动设计上应采取两次控制下落方式,即在卷帘两侧设专用的烟感及温感两种探测器。第一次由烟感探测器控制下落至距地 1.8m 处停止,用以防止烟雾扩散至另一防火分区;第二次由温感探测器控制下落到底,以防止火灾蔓延。

8.7.5.2 设置在防火分区处的防火卷帘

8.7.2 防火门及防火卷帘门的联动控制的设置

由于设置在此处的防火卷帘不影响火灾应急状态下的疏散,所以完全可采用一步降底的控制方式(图 8.21)。以自动扶梯四周的防火卷帘为例,可在每个防火卷帘外侧设一个或两个专用的烟感探测器。在编程时,设计成任意两个专用烟感探测器形成与门报警,联动四周防火卷帘一步下降到底。此时不设烟感及温感探头组,以简化系统并降低造价。

图 8.21 设置在防火分区处的防火卷帘

另外，由于防火卷帘的重要性，只设置程序联动控制尚不能满足其动作可靠性的要求，应在消防控制室对防火卷帘进行集中管理，并设手动紧急下降防火卷帘的控制按钮。

【扫码测试】

8.7 练习题

小 结

本章着重介绍了消防安全管理的基本知识、消防安全管理的方法、施工现场的火灾危险性以及管理职责、施工现场总平面的布置、施工现场内建筑的防火要求、常用消防器具的使用方法。通过学习，使学生了解施工现场消防安全管理的内容，为今后工作实践和成为一个合格的建设工程行业消防安全管理人员奠定一定的理论基础。

第9章　施工现场临时用电安全管理

【学习目标】　熟悉触电事故急救的原则和处置方法；掌握常用的触电防护技术和施工现场临时用电的安全管理。

【知识点】　电的基本知识；人体被电击的方式；防止直接触电的基本措施；防止间接触电的基本措施；施工现场临时用电管理。

【技能】　掌握触电防护技术和施工现场临时用电管理，能初步对施工现场的临时用电进行安全检查与管理，并能进行简单的触电事故急救。

9.1　用 电 安 全 基 本 知 识

9.1.1　电的基本知识

9.1.1.1　电流

自然界存在两种性质不同的电荷，即正电荷和负电荷。导体中的自由电荷在电场力的作用下做有规则的定向运动就形成了电流。人们习惯规定以正电荷运动的方向作为电流的方向。电流用符号 I 表示，以 A（安培）作为单位，简称安，$1A=1000mA$。

9.1.1.2　电压

带电物体具有电位，正电荷从高电位移向低电位。电路中任意两点之间的电位差称为两点间的电压，负载两端存在的电位差称为负载的端电压。电压（用符号 U 表示）的单位是 V（伏特），简称伏，根据需要也可用 kV、mV（千伏、毫伏）来表示。

9.1.1.3　电阻

导体具有传导电的能力，但在传导电流的同时有阻碍电流通过的作用，这种阻碍作用称为导体的电阻（用符号 R 表示），单位是 Ω（欧姆），简称欧。

9.1.1.4　欧姆定律

在电路中，电流的大小与电路两端电压的高低成正比，而与电阻的大小成反比。用公式表示如下：

$$I=\frac{U}{R} \tag{9.1}$$

在电路中，一般情况下，导线本身的电阻总是比较小的，而负载部分（如灯泡、电动机、电热丝等）的电阻是全电路电阻的主要组成部分。如果导线断裂或电路打开，称为开路，电流 $I=0$；如果两根导线相碰，电阻为零，称为短路，电流就变得很大，出现很大的短路电流。

9.1.1.5　直流电和交流电

电流分直流电和交流电两种。直流电是指大小和方向始终保持不变的电流。交流电是指大小和方向随时间做周期性交变的电流。每秒钟交变的次数叫作频率。我国通常应用的交流电每秒钟交变 50 次,即重复 50 个周期,其频率即为 50Hz,这个频率习惯上称为工频。

工频交流电有单相电和三相电之分。一般电灯用的是单相交流电,电压为 220V;电动机用的是三相交流电,电压为 380V。

9.1.2 触电事故

触电事故泛指人体触及带电体。电流对人体的伤害有两种类型,即电伤和电击。

9.1.2.1 电伤

电伤是指由于电流的热效应、化学效应和机械效应对人体的外表造成的局部伤害,如电灼伤、电烙印、皮肤金属化等。

1. 电灼伤

电灼伤一般分为接触灼伤和电弧灼伤两种。接触灼伤发生在高压电击事故中电流流过的人体皮肤进出口处,一般进口处要比出口处灼伤严重,灼伤处呈现黄色或褐黑色,并可累及皮下组织、肌腱、肌肉及血管,进而使骨骼出现碳化状态,一般需要治疗的时间较长。

当发生带负荷误拉、合隔离开关及带地线合隔离开关时所产生强烈的电弧都可能引起电弧灼伤,其情况与火焰烧伤相似,会使皮肤发红、起泡,组织烧焦、坏死。

2. 电烙印

电烙印发生在人体与带电体之间有良好的接触部位处,在人体不被电击的情况下,在皮肤表面留下与带电接触体形状相似的肿块痕迹。电烙印往往造成局部的麻木和失去知觉。

3. 皮肤金属化

皮肤金属化是由于高温电弧使周围金属熔化、蒸发并飞溅渗透到皮肤表面形成的伤害。电伤在不是很严重的情况下,一般无致命危险。

9.1.2.2 电击

电击是指电流通过人体造成人体内部伤害。电流对呼吸、心脏及神经系统的伤害,使人出现痉挛、呼吸窒息、心颤、心搏骤停等症状,严重时会造成死亡。

电击伤害的影响因素主要有如下几个方面:

(1) 电流强度及电流持续时间。电流对人体的伤害与流过人体电流的持续时间有着密切的关系。电流持续时间越长,对人体的危害越严重。一般工频电流 15~20mA 以下及直流 50mA 以下对人体是安全的,但如果持续时间很长,即使电流小到 8~10mA,也可能使人丧命。

(2) 人体电阻。人体被电击时,流过人体的电流在接触电压一定时由人体的电阻决定,人体电阻越小,流过的电流越大,人体所遭受的伤害也越大。一般情况下,人体电阻可按 1000~2000Ω 考虑。

(3) 作用于人体的电压。当人体电阻一定时,作用于人体的电压越高,流过人体的电流越大,其危险性也越大,对人体的伤害也就越严重。

(4) 电流路径。当电流路径通过人体心脏时,其电击伤害程度最大。左手至右脚的电流路径中，心脏直接处于电流通路内，因而是最危险的；而右手至左脚的电流路径的危险性相对较小；左脚至右脚的电流路径危险性小，但人体可能因痉挛而摔倒，导致电流通过全身或发生二次事故而产生严重后果。

（5）电流种类及频率。当电压在 250～300V 以内时，人体触及频率为 50Hz 的交流电，比触及相同电压的直流电的危险性大 3～4 倍。但高频率的电流通常以电弧的形式出现，因此有灼伤人体的危险。

（6）人体状态。电流对人体的作用与人的年龄、性别、身体及精神状态有很大关系。

9.1.3　人体被电击的方式

在低压情况下，人体被电击的方式有两种类型：直接接触电击和间接接触电击。

9.1.3.1　直接接触电击

直接接触电击是由于人体触碰到设备正常运行时带电的部件而导致的。

直接接触电击可分为单相电击和两相电击两类。

1. 单相电击

单相电击是指人体在地面或其他接地导体上，人体某一部位触及某一相带电体的触电事故。大部分触电事故都是单相电击事故。

（1）中性点直接接地系统的单相电击如图 9.1（a）所示。当人体触及某一相导体时，相电压作用于人体，电流经过人体、大地、系统中性点接地装置、中性线形成闭合回路，由于中性点接地装置的电阻 R_0 比人体电阻小得多，所以相电压几乎全部加在人体上。设人体电阻 R_r 为 1000Ω，电源相电压 U_{ph} 为 220V，则通过人体的电流 I_r 约为 220mA，这足以致命。一般情况下，人脚上穿有鞋子，它有一定的限流作用；人体与带电体之间以及站立点与地之间也有接触电阻，所以实际电流比 220mA 要小，人体遭受电击后，有摆脱的可能。但人体由于突然遭受电击，易因惊吓造成二次伤害事故，如空中作业人员突然被电击而坠落地面等。因此，电气工作人员工作时应穿合格的绝缘鞋，在配电室的地面上应垫有绝缘橡胶垫，以防电击事故的发生。

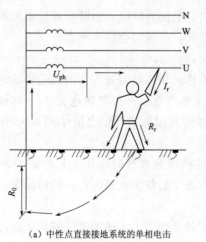
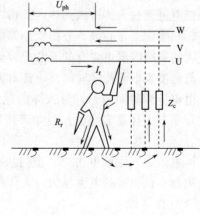

（a）中性点直接接地系统的单相电击　　　　（b）中性点不接地系统的单相电击

图 9.1　单相电击示意图

（2）中性点不接地系统的单相电击如图9.1(b)所示。当人站立在地面上，接触到该系统的某一相导体时，由于导线与地之间存在对地阻抗 Z_c（由线路的绝缘电阻 R 和对地电容 C 组成），则电流以人体接触的导体、人体、大地、另两相导线对地阻抗 Z_c 构成回路，通过人体的电流与线路的绝缘电阻及对地电容的数值有关。在低压系统中，对地电容 C 很小，通过人体的电流主要取决于线路的绝缘电阻 R。正常情况下，R 相当大，通过人体的电流很小，一般不会对人体造成伤害；但当线路绝缘下降，R 减小时，单相电击对人体的危害仍然存在。在高压系统中，线路对地电容较大，则通过人体的电容电流较大，这将危及被电击者的生命。

2. 两相电击

当人体同时接触带电设备或线路中的两相导体时，电流从一相导体经人体流入另一相导体，构成闭合回路，这种电击方式称为两相电击，如图9.2所示。此时，施加在人体上的电压为线电压，它是相电压的 3 倍，因此两相电击比单相电击的危险性更大。例如，380/220V 低压系统线电压为 380V，设人体电阻 R_r 为 1000Ω，则通过人体的电流 I_r 可达 380mA，足以

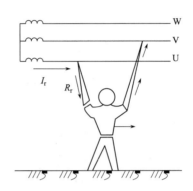

9.1.1 人体直接接触电击的方式

图9.2 两相电击示意图

致人死亡。电气工作中两相电击多在带电作业时发生，由于相间距离小，安全措施不周全，使人体直接或通过作业工具同时触及两相导体，造成两相电击。

9.1.3.2 间接接触电击

间接接触电击是由于电气设备绝缘损坏发生接地故障，设备金属外壳及接地点周围出现对地电压引起的，它包括跨步电压电击和接触电压电击。

1. 跨步电压电击

当电气设备或载流导体发生接地故障时，接地电流将通过接地体流向大地，并在地中接地体周围做半球形的散流，如图9.3所示。在以接地故障点为球心的半球形散流场中，靠近接地点处的半球面上电流密度线密，离开接地点的半球面上电流密度线疏，且越远越疏；另外，靠近接地点处的半球面的截面面积较小，电阻较大，离开接地点处的半球面的截面面积变大，电阻减小，且越远电阻越小。当离开接地故障点20m以外时，两点间的电位差趋于零，将两点间的电位差为零的地方称为电位的零点，即电气上的"地"。该接地体周围，对"地"而言，接地点处的电位最高（为 U_d），离开接地点处，电位逐步降低，其电位分布呈伞形下降。此时，人在有电位分布的故障区域内行走时，两脚之间呈现出电位差，此电位差称为跨步电压 U_{kb}。跨步电压的大小受接地电流大小、鞋和地面特征、两脚之间的跨距、两脚的方位以及离接地点的远近等很多因素的影响，人的跨距一般按 0.8m 考虑，如图9.3所示，由跨步电压引起的电击叫跨步电压电击。人在受到跨步电压的作用时，电流将从一只脚经腿、胯部到另一只脚，经过大地形成回路，虽然电流没有通过人体的全部重要器官，但当跨步电压较高时，

被电击者会脚发麻、抽筋跌倒在地，跌倒后，电流可能会改变路径（如从手至脚）而流经人体的重要器官，使人丧命。因此，发生高压设备、导线接地故障时，室内不得接近接地故障点 4m 以内（因室内狭窄，地面较为干燥，4m 之外一般不会遭到跨步电压的伤害），室外不得接近接地故障点 8m 以内。如果要进入此范围内工作，为防止跨步电压电击，进入人员应穿绝缘鞋。

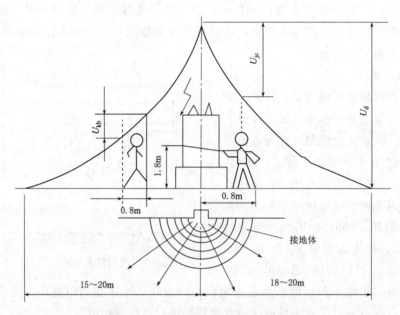

图 9.3　接地电流的散流场、地面电位分布

U_d—接地短路电压；U_{jc}—接触电压；U_{kb}—跨步电压

　　当避雷针或者避雷器动作时，其接地体周围的地面也会出现伞形电位分布，同样会发生跨步电压电击。

　　2. 接触电压电击

　　电气设备由于绝缘损坏、设备漏电，使设备的金属外壳带电。接触电压是指人触及漏电设备的外壳后，加于人手与脚之间的电位差。脚距漏电设备 0.8m、手触及设备处距地面垂直距离 1.8m 时，由接触电压引起的电击叫接触电压电击。若设备外壳不接地，在此接触电压下的电击情况与单相电击情况相同；若设备外壳接地，则接触电压为设备外壳对地电位与人站立点的对地电位之差。当人需要接近漏电设备时，为防止接触电压电击，应戴绝缘手套、穿绝缘鞋。

【扫码测试】

9.1　练习题

9.2 触电防护技术

防止直接触电的基本原则是使危险的带电部分不会被有意或无意地触及。常用的防止直接触电的措施有绝缘、屏护和间距。它们的作用都是防止人体触及或过分接近带电体而造成触电事故以及防止短路、故障接地等电气事故。

9.2.1 防止直接触电的基本措施

9.2.1.1 绝缘

绝缘指利用绝缘材料将带电体封闭起来，实现带电体之间、带电体与其他物体之间的电气隔离，防止人体触电，确保电气设备和线路正常工作。它是防止人身直接触电的基本措施之一。

任何电气设备和装置都应根据其使用环境和条件，对带电部分进行绝缘防护，绝缘性能必须满足该设备国家现行的绝缘标准。绝缘性能主要通过试验来检验，包括测绝缘电阻、耐压试验、测泄漏电流和介质损失角等。通常情况下，油漆、普通纸、棉织物、金属氧化膜及类似材料极易在应用环境和自然条件下改变其绝缘性能。因此，由它们构成的覆盖层均不能作为单独的绝缘防护层。绝缘层应足够牢固。绝缘设计还必须考虑在运行中绝缘层长期经受的机械、化学、电气及热应力的影响（如摩擦、碰撞、拉压、扭曲、高低温及变化、电蚀、大气污秽、电解液等产生的应力），因为这些影响均可能使绝缘失效。

绝缘材料被击穿有三种基本形式，即热击穿、电击穿和电化学击穿。热击穿是绝缘材料在外加电压作用下，产生的泄漏电流使绝缘材料发热，若发热量大于散热量，材料的温度就要升高，又因绝缘材料一般具有负的电阻温度系数，使得绝缘电阻随温度的升高而减小，泄漏电流增大，而增大的电流又使绝缘材料进一步发热。如此恶性循环，最终导致绝缘被击穿，甚至出现绝缘材料局部被熔化和烧毁的现象。电击穿是绝缘材料在强电场的作用下，其内部存在的少量自由电子产生碰撞游离，使传导电子增多，电流增大，如此激烈地发展下去，最后导致击穿。电击穿主要和电场强度及电场分布形式有关。电化学击穿一般发生在设备运行很长时间以后，在运行中绝缘体受到腐蚀性气体、蒸汽、潮湿、粉尘、机械损伤等多种因素的作用，从而使绝缘性能逐渐变坏，称为老化。为了防止这些击穿情况的发生，除改善制造工艺、定期做预防性试验外，改善绝缘的工作条件，如防止潮气侵入、加强散热冷却、防止臭氧及有害气体与绝缘材料接触等都是很重要的。

9.2.1.2 间距

为了防止人体触及或接近带电体造成触电事故，避免车辆、器具碰撞或过分接近带电体造成放电和短路事故，在带电体与地面之间、带电体与其他设施及设备之间、带电体与带电体之间，必须保持一定的安全距离。规程上对不同情况的安全距离均做了明确规定，设计或安装时都必须遵守这些规定。安全距离的大小取决于电压的高低、设备的类型和其安装的方式等因素。

1. 线路安全距离

(1) 架空线路。架空线路的导线与地面、各种工程设施、建筑物、树木、其他线路之间，以及同一线路的导线与导线之间，均应保持一定的安全距离。架空线路导线与地面或水面的最小距离不应低于表 9.1 所列数值。

线路经过地区	线 路 电 压 /kV				
	1 以下	10	35~110	154~220	330
居民区	6	6.5	7	7.5	8.5
非居民区	5	6.5	6	6.5	7.5
不能通航或浮运的河、湖（至冬季水面）	5	5	5.5	6	7
不能通航或浮运的河、湖（至 50 年一遇的洪水水面）	3	3	3	3.5	4.5
交通困难地区	4	4.5	5	5.5	6.5

表 9.1　　架空线路导线与地面或水面的最小距离　　单位：m

架空线路应尽量不跨越建筑物，如需跨越，导线与建筑物的最小距离应不低于表 9.2 的数值。

表 9.2　　架空线路导线与建筑物的最小距离　　单位：m

线路电压/kV	1 以下	10	35~110	154~220	330
垂直距离	2.5	3	4	6	7
水平距离	1.0	1.5	3.5		

架空线路导线与街道或厂区树木的最小距离，不应低于表 9.3 的数值。校验导线与树木之间的垂直距离，应考虑树木在修剪周期内的生长高度。

表 9.3　　架空线路导线与街道或厂区树木的最小距离　　单位：m

线路电压/kV	1 以下	10	35~110	154~220	330
垂直距离	1.0	1.5	4.0	4.5	5.5
水平距离	1.0	2.0			

架空线路与道路、通航河流、管道、索道、人行天桥及其他架空线路交叉或接近的距离，有关规程中都有规定，可参考相关规程规范。

架空线路的防护区为导线边线向两侧延伸一定距离所形成的两平行线内的区域，延伸距离：10kV 及以下线路为 5m，35~110kV 线路为 10m，154~330kV 线路为 15m。架空线路经过工厂、矿山、港口、码头、车站、城镇等人口密集的地区，不规定防护区。

在未考虑做交通道路的地点，直接在架空线路下面通过的运输车辆或农业机械及人员与导线间的距离：10kV 及以下线路为 1.5m，35~110kV 线路为 2m，154~220kV 线路为 2.5m，330kV 线路为 3.5m。若通过的车辆或机械（包括机上人员）的高度超过 4m，则应事先取得电力线路运行单位的同意。

（2）低压配电线路。从配电线路到用户进线处第一个支持点之间的一段架空导线称为接户线；从接户线引入室内的一段导线称为进户线。接户线对地最小距离应符合表 9.4 中的规定。

表 9.4 接户线对地最小距离 单位：m

接 户 线 电 压		最 小 距 离
高压接户线		4
低压接户线	一般	2.5
	跨越通车街道	6
	跨越通车困难街道、人行道	3.5
	跨越胡同（里、弄、巷）	3

低压接户线与建筑物、弱电回路的最小距离应符合表 9.5 的规定。

表 9.5 低压接户线与建筑物、弱电回路的最小距离 单位：mm

敷 设 方 式		最小允许距离
水平敷设	距下方窗户的垂直距离	300
	距上方窗户的垂直距离	800
	距下方弱电线路的交叉距离	600
	距上方弱电线路的交叉距离	300
	垂直敷设时至阳台、窗户的水平距离	750
	沿墙或构架敷设时至墙或构架的距离	50

户内低压配电线路与地面、生产设备和建筑物之间的距离在相关规程中都有要求，在此不再赘述。

2. 变配电装置安全距离

（1）室外配电装置安全距离。

1）室外配电装置的各项最小安全净距不应小于表 9.6 中的规定。

表 9.6 室外配电装置的各项最小安全净距 单位：mm

额定电压/kV	0.4	1～10	15～20	35	60	110J	110	154J	154	220J
带电部分至接地部分（A_1）	75	200	300	400	650	900	1000	1300	1450	1800
不同相的带电部分之间（A_2）	75	200	300	400	650	1000	1100	1450	1600	2000
带电部分至栅栏（B_1）	825	950	1050	1150	1350	1650	1750	2050	2150	2550
带电部分至网状栅栏（B_2）	175	300	400	500	700	1000	1100	1400	1500	1900
无遮栏裸导体至地面（C）	2500	2700	2800	2900	3100	3400	3500	3800	3900	4300
不同时停电检修的无遮栏裸导体之间的水平距离（D）	2000	2200	2300	2400	2600	2900	3000	3300	3400	3800

注 1. 额定电压数字后带"J"字指中性点直接接地电网，下同。

2. 海拔超过 1000m 时，A 值应按每升高 1000m 增大 1% 进行修正，B、C、D 值应分别增加 A_1 值的修正值。35kV 及以下的 A 值，可在海拔超过 2000m 时进行修正。

2）当电气设备的套管和绝缘子最低绝缘部位距地面小于 2.5m 时，应装设固定围栏。

3）围栏向上延伸线距地 2.5m 处与围栏上方带电部分的安全净距不应小于表 9.6 中的 A_1 值。

4）设备运输时，其外廓至无遮栏裸导体的净距不应小于表 9.6 中的 B_1 值。

5）不同时停电检修的无遮栏裸导体之间的垂直交叉安全净距不应小于表 9.6 中的 D 值。

6）带电部分至建筑物和围栏顶部的安全净距不应小于表 9.6 中的 B_2 值。

室外配电装置、变压器的附近若有冷水塔或喷水池，则其位置宜布置在冷水塔或喷水池冬季主导风向的上风侧，最小距离分别为 25m 和 30m。若布置在下风侧，最小距离为 40m 和 50m。

变压器与露天固定油罐之间无防火墙时，其防火净距不应小于 15m，与其他火灾危险场所的距离不应小于 10m。

（2）室内配电装置安全距离。室内配电装置各项安全净距不应小于表 9.7 中的数值。

表 9.7　　　　　　　　　　　室内配电装置各项安全净距　　　　　　　　单位：mm

额 定 电 压 /kV	0.4	1～3	6	10	16	20	35	60	110J	110
带电部分至接地部分（A_1）	20	75	100	125	150	180	300	550	850	950
不同相的带电部分之间（A_2）	20	75	100	125	150	180	300	550	900	1000
带电部分至栅栏（B_1）	800	825	850	875	900	930	1050	1300	1600	1700
带电部分至网状栅栏（B_2）	100	175	200	225	250	280	400	650	950	1050
带电部分至板状栅栏（B_3）	50	105	130	155	180	210	330	580	880	980
无遮栏裸导体至地面（C）	2300	2375	2400	2425	2450	2480	2600	2850	3150	3250
不同时停电检修的无遮栏裸导体之间的水平距离（D）		1875	1900	1925	1950	1980	2100	2350	2600	2750
出线套管至室外通道路面（E）	3650	4000	4000	4000	4000	4000	4000	4500	5000	5000

（3）通道安全距离。控制屏及配电装置的布置应考虑设备搬运、检修、操作和试验的便利。为了工作人员的安全，必须留有安全通道。控制室各控制屏间与通道间的安全距离见表 9.8。

表9.8 控制室各控制屏间与通道间的安全距离 单位：m

设 施 部 位	屏 正 面	屏 背 面	墙
屏正面	1.6～1.8(2.0～2.2)	1.3～1.5	1.3～1.5(1.5～1.7)
屏背面	—	0.8 (1.0)	1.0～1.2
屏边		—	1.0～1.2

注 直流屏和低压屏采用括号内数字。

当采用成套手车式开关柜时，操作通道的最小宽度（净距）不应小于下列数值：一面有开关柜时，单车长＋900mm；两面有开关柜时，双车长＋600mm。

室内安装的变压器，其外廓与变压器室四壁之间的最小距离应不小于表9.9中的数值。

表9.9 变压器外廓与变压器室四壁之间的最小距离 单位：m

设 施 部 位	变压器容量 /kVA	
	≤1000	≥1250
变压器与后壁、侧壁之间	0.6	0.8
变压器与变压器室门之间	0.8	1.0

室外安装的变压器，其外廓之间的距离一般不应小于1.5m，外廓与围栏或建筑物的间距应不小于0.8m，室外配电箱底部离地面的高度一般为1.3m。

通道内的裸导体高度低于2.2m时应加遮栏，遮栏与地面的垂直距离应不小于1.9m。通道的一面装有配电装置，其裸露导电部分离地面低于2.2m且没有遮栏时，裸露导电部分与对面的墙或无裸露导电部分的设备之间的距离不应小于1m；通道的两面均装有配电装置，或一面装有配电装置，另一面装有其他设备，其裸露导电部分离地面低于2.2m且没有遮栏时，两裸露导电部分之间的距离不应小于1.5m；高压配电装置宜与低压配电装置分室安装，若在同一室内单列布置，两者之间的距离不应小于2m。

配电装置的排列长度大于6m时，其维护通道应有两个出口，但当维护通道的净宽为3m及以上时，不受此限制。两个出口的距离不宜大于15m。

3. 检修安全距离

为防止运行及检修人员接近带电体而发生触电事故，《电力安全工作规程 发电厂和变电站电气部分》（GB 26860—2011）中规定了有关的安全距离。在带电区域中的非带电设备上进行检修时，工作人员正常活动范围与带电设备的安全距离应大于表9.10中的规定。用绝缘杆进行电气操作时，人体与带电体之间的安全距离应大于表9.11中的规定。

表9.10 工作人员正常活动范围与带电设备的安全距离

电压等级/kV	10 及以下	20～35	44	60～110	154	220	330	500
安全距离/m	0.35	0.60	0.90	1.50	2.00	3.00	4.00	5.00

表 9.11　　　　　　　　　　　　　人体与带电体之间的安全距离

电压等级/kV	10 及以下	35(20~44)	60	110	154	220	330
安全距离/m	0.40	0.60	0.70	1.00	1.40	1.80	2.60

　　在带电线路杆塔上工作时的安全距离见表 9.12。使用钳形电流表测量电流时，其电压等级应与被测对象的电压相等。测量时应戴绝缘手套。测量高压电缆的线路电流时，钳形电流表与高压裸露部分间的距离不应小于表 9.13 中的规定。

表 9.12　　　　　　　　　　　　在带电线路杆塔上工作时的安全距离

电压等级/kV	10 及以下	20~35	44	60~110	154	220	330
安全距离/m	0.70	1.00	1.20	1.50	2.00	3.00	4.00

表 9.13　　　　　　　　　　　钳形电流表与高压裸露部分间最小允许距离

电压等级/kV	1~3	6	10	20	35	60	110
安全距离/m	500	500	500	700	800	1000	1300

9.2.1.3　屏护

1. 屏护的应用

　　屏护是用屏护装置控制不安全因素，即采用遮栏、护罩、箱匣等将带电体与外界隔离开。屏护包括屏蔽和障碍。前者能防止人体无意识或有意识触及或过分接近带电体；后者只能防止人体无意识触及或过分接近带电体，而不能防止有意识移开或越过该障碍触及或过分接近带电体。

　　屏护装置有永久性的，如配电装置的遮栏、开关的罩盖等；也有临时性的，如检修工作中使用的临时屏护装置和临时设备的屏护装置。有固定屏护装置，如母线的护网；也有移动屏护装置，如跟随起重机移动的滑触线的屏护装置。

　　开关电器的可动部分一般不能包以绝缘，而需要屏护。其中，防护式开关电器本身带有屏护装置，如胶盖闸刀开关的胶盖、铁壳开关的铁壳等；开启式石板闸刀开关要另加屏护装置。开启裸露的保护装置或其他电气设备也需要加设屏护装置。某些裸露的线路，如人体能触及或接近的天车滑线或母线也需要加设屏护装置。对于高压设备，不论是否有绝缘，均应采取屏护或其他防止接近的措施。开关电器的屏护装置除作为防止触电的措施外，还是防止电弧伤人、防止电弧短路的重要措施。

　　变配电设备应有完善的屏护装置。安装在室外地上的变压器，以及安装在车间或公共场所的配变电装置，均需装设遮栏和栅栏作为屏护。在临近带电体的作业中，经常采用可移动的遮栏作为防止触电的重要措施。这种检修遮栏用干燥的木材或其他绝缘材料制成。使用时将其置于过道、入口或置于工作人员与带电体之间，可保证检修工作的安全。对于一般固定安装的屏护装置，因其不直接与带电体接触，对所用材料的电气性能没有严格要求。屏护装置所用材料应有足够的机械强度和良好的耐火性能。可根据具体情况，采用板状屏护装置或网眼屏护装置。网眼屏护装置的网眼不应大于 20mm×20mm~40mm×40mm。

2. 屏护安全条件

屏护装置是最简单，也是很常见的安全装置。为了保证其有效性，屏护装置须符合以下安全条件：

（1）屏护装置应有足够的尺寸和强度。遮栏高度不应低于 1.7m，下部边缘离地不应超过 0.1m。对于低压设备，网眼遮栏与裸导体的距离不宜小于 0.15m；10kV 设备不宜小于 0.35m，20～30kV 设备不宜小于 0.6m。户内栅栏高度不应低于 1.2m，户外不应低于 1.5m。屏护装置应紧固到位，其材料和结构必须具有足够的稳定性和耐久性，以承受在正常使用中可能出现的机械应力、碰撞和不当操作引起的应力应变。

（2）保证足够的安装距离。对于低压设备，栅栏与裸导体的距离不宜小于 0.8m。栏条间距离应不超过 0.2m。户外变电装置围墙高度一般不应低于 2.5m。装设在现场的临时阻挡物不必采取特殊的固定措施，但应防止有人无意碰倒或移位。

（3）接地。只用金属材料制成的屏护装置，为了防止屏护装置意外带电造成触电事故，必须将屏护装置接地（或接零）。

（4）标志。遮栏、栅栏等屏护装置上，应根据被屏护对象挂上"高压，生命危险""止步！高压危险""禁止攀登！高压危险"等标示牌。

（5）信号或连锁装置。应配合采用信号装置或连锁装置。前者一般使用灯光或信号、表计指示有电，后者是采用专门装置，当人体越过屏护装置可能接近带电体时，被屏护的装置自动断电。屏护装置上锁的钥匙应由专人保管。

9.2.1 防止直接触电的基本措施

对于遮栏内的储能设备或部件，当打开遮栏有可能触及这些部分时，必须采取能量释放措施，并保证在触及这些部分之前将电压降至 50V 以下。在需要偶尔开启更换熔断器、指示灯等部件的地方，可以设置中间遮栏，这个遮栏不用钥匙或工具应不能开启或除去。

9.2.2 防止人身触及意外带电体的基本措施

为了防止在系统运行中人身触及意外带电体而发生触电事故，需要采取一些有效措施来保证人身及设备的安全。

9.2.2.1 保护接地

保护接地就是将正常情况下不带电，而在绝缘材料损坏后或其他情况下可能带电的电器金属部分（即与带电部分相绝缘的金属结构部分）用导线与接地体可靠连接起来的一种保护接线方式。

电力系统的接地有正常接地和故障接地之分。正常接地是为了满足电气装置系统的运行需要角和安全防护的要求，将电气装置和系统的某一部分与大地作可靠的电气连接。正常接地按其目的不同可分为工作接地、保护接地和保护接零、防雷接地、防静电接地等。工作接地是为了保证电气设备在正常和事故情况下可靠地工作而进行的接地，如变压器和旋转电机的中性点接地。根据接地方式的不同又分为中性点直接接地和中性点非直接接地。而保护接地和保护接零，是为了当电气设备的金属外壳、钢筋混凝土杆和金属杆塔等因带电导体绝缘损坏而成为意外带电体时，避免其危及人身安全。

凡是在正常情况下不带电，而当绝缘损坏、碰壳短路或发生其他故障时，有可能带电的电气设备外露金属部分及其附件，都应实行保护接地或保护接零。其主要包括以下一些场合：

（1）变压器、电机、断路器和其他设备的金属外壳、基座以及传动装置。

（2）配电屏（盘）和控制屏（台）的框架，变配电所的金属构架及靠近带电部分的金属遮栏和金属门，钢筋混凝土构件中的钢筋。

（3）导线、电缆的金属保护管和金属外皮，交、直流电力电缆的接线盒和终端盒的金属外皮，母线的保护罩和保护网等。

（4）照明灯具、电扇及电热设备的金属底座和外壳，起重机的轨道。

（5）架空地线和架空线路的金属杆塔，以及安装在杆塔上的开关、电容器等的外壳和支架。

（6）超过安全电压而未采用隔离变压器的手持电动工具或移动式电气设备的金属外壳等。

系统是采用保护接地还是保护接零，可根据电网的结构特点、运行方式、工作条件、安全要求等方面的情况进行合理选择。

1. 基本原理

在中性点不接地系统中，当电气设备绝缘损坏发生一相碰壳故障时，设备外壳电位将上升为相电压，如果有人体接触设备，故障电流 I_{jd} 将全部通过人体流入地中，这显然是很危险的。若此时电气设备外壳经电阻 R_d 接地，R_d 与人体电阻 R_r 形成并联电路，则流过人体的电流将是 I_{jd} 的一部分，如图 9.4 所示。

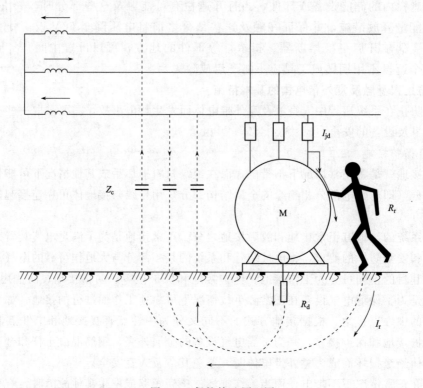

图 9.4　保护接地原理图

接地电流 I_{jd} 通过人体、接地体和电网对地绝缘阻抗 Z_c 形成回路，流过每一条并联支路的电流与电阻大小成反比，即

$$\frac{I_r}{I_{jd}}=\frac{R_d}{R_r} \tag{9.2}$$

式中 I_r——流经人体的电流，A；

I_{jd}——流经接地体的电流，A；

R_d——接地体的电阻，Ω；

R_r——人体的电阻，Ω。

从式（9.2）可知，接地体的电阻 R_d 越小，流经人体的电流也就越小。此时，漏电设备对地电压主要取决于接地体电阻 R_d 的大小。由于 R_d 和 R_r 并联，且 $R_d \ll R_r$，故可认为漏电设备外壳对地电压为

$$U_d=\frac{2U_\varphi R_d}{3R_d+Z_c}=I_{jd}R_d$$

式中 U_d——漏电设备外壳对地电压，V；

U_φ——电网的相电压，V；

Z_c——电网对地绝缘阻抗，由电网对地绝缘电阻和对地分布电容组成，Ω。

又因 $R_d < Z_c$，所以漏电设备对地电压大为下降，只要适当控制 R_d 的大小（一般不大于4Ω），就可以避免人体触电的危险，起到保护的作用。

2. 保护接地方式和保护特点

配电系统中的接地方式有 TT、IT 和 TN 三种类型。TT、IT 或 TN 表示三相电力系统和电气装置可导电部分的对地关系。第一个字母表示电力系统的对地关系，即 T 表示系统一点直接接地（通常指中性点直接接地）；I 表示所有带电部分不接地或通过阻抗及通过等值线路接地。第二个字母表示电气装置外露可导电部分的对地关系，即 T 表示独立于电力系统的可接地点直接接地；N 表示外露可导电部分与低压系统可接地点直接进行电气连接。一般将 TT、IT 系统称为保护接地，TN 系统称为保护接零，下面将分别进行讨论。

（1）TT 系统。电力系统有一个直接接地点（中性点接地），电气装置的外壳、底座等外露可导电部分接到电气上与电力系统接地点无关的独立接地装置上，称为 TT 系统，如图9.5所示。

在 TT 系统中保护接地的特点是：当设备发生一相碰外壳接地故障时，接地电流流过设备的接地电阻和系统的接地电阻形成回路，在两电阻上产生压降，因此设备外壳的对地电压将远比相电压小。当人触及外壳时，承受的接触电压变小，从而起到保护作用。但是通常低压配电系统的相电压为220V，而设备的接地电阻和系统的接地电阻一般均不超过4Ω，若都按4Ω考虑，则可以得到设备外壳的对地电压为

$$U_d \approx 220 \times \frac{4}{4+4}=110(V)$$

这个电压对人体仍然是很危险的。也就是说，在 TT 系统中，保护接地降低了接触电压，但对人身还存在着很大的危险。所以，必须限制接触电压值，此时一般可使用剩余电流动作保护器（RCD）或过电流保护器做保护。

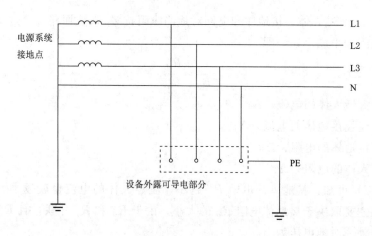

图 9.5　TT 系统

（2）IT 系统。电力系统的可接地点不接地或通过阻抗（电阻器或电抗器）接地，电气装置的外露可导电部分单独直接接地或通过保护导体接到电力系统的接地极上，称为 IT 系统，如图 9.6 所示。

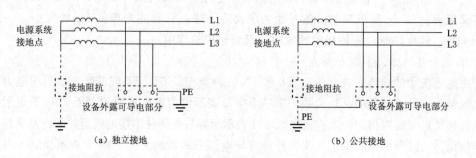

（a）独立接地　　　　　　　　　　　　　　　（b）公共接地

图 9.6　IT 系统

IT 系统保护接地的特点是：对于中性点不接地的电力系统，当发生相间接地短路时，情况和中性点接地的系统基本相同；但如果只发生一相接地，两者将有很大差别。在中性点接地系统中，单相接地电流的大小与电网的绝缘好坏及规模大小等因素无关；而中性点不接地系统则不然，它与电网的绝缘状况以及对地电容值有着密切关系。如果电网绝缘良好和对地电容电流很小，设备发生一相碰外壳接地时电流也会很小，人体触及时其危险性要比中性点直接接地系统小得多。如果电网的绝缘能力降低，或因线路较长使得对地电容电流很大，漏电设备的单相接地电流也会很大，人体触及时也是很危险的。

低压电网的中性点一般可直接接地或不接地。当安全要求较高，且装有迅速而可靠的自动切除接地故障的装置时，电网宜采用中性点不接地的方式；从经济方面考虑，低压配电系统通常采用中性点直接接地方式，以三相四线或三相五线制供电。经验表明，保护接地适用于中性点不接地系统。在中性点直接接地系统中，如果用电设备较少、分散，采用保护接零有困难，且土壤电阻率较低，也可采用保护接地，并装设剩余电流保护器来切除故障。在 IT 系统中发生单相接地时，两非故障相的对地电压将升高到线电压，因此一般还应装设绝缘监视装置以及在两相接地时能自动切断电源的保护器。

保护接地的另一个作用是：可防止金属外壳和构架等产生感应电压，这对高压设备和高压配电装置来说是十分必要的。

9.2.2.2 保护接零

1. 工作原理

为防止因电气设备绝缘损坏而使人身遭受触电的危险，将电气设备的金属外壳和底座与电力系统的中性线相连接，称为保护接零。

保护接零的原理如图9.7所示。在三相四线制中性点直接接地的低压系统中，当电气装置的某一相绝缘损坏使相线碰壳时，短路电流将通过该相和零线构成回路。由于零线的阻抗很小，所以单相短路电流很大，它足以使线路上的保护装置（如熔断器、自动空气断路器等）迅速动作，从而将漏电设备与电源断开，既消除触电的危险，又使低压系统迅速恢复正常工作，起到保护作用。

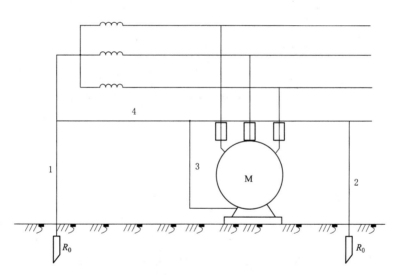

图9.7 保护接零原理图

1—工作接地；2—重复接地；3—接零；4—零线

2. 保护接零的三种形式及其保护特点

保护接零一般是指电力系统有一点直接接地（通常是中性点直接接地），电气装置的外露可导电部分通过保护导体与该点直接连接，称为 TN 系统。按保护线 PE 和中性线（零线）N 的组合情况，TN 系统可分为以下三种形式。

9.2.2 IT
系统

（1）TN-S 系统。这种系统采用三相五线制供电，保护线 PE 和零线 N 在整个系统中是分开的，如图9.8所示。由于有一条专用的保护线贯穿在整个系统之中，因此保护的可靠性较高。

（2）TN-C 系统。在这种系统中，保护线 PE 和零线 N 在整个系统中是合二为一的，如图9.9所示。

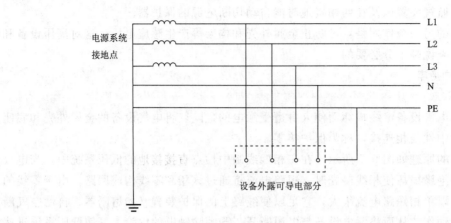

图 9.8　TN-S 系统

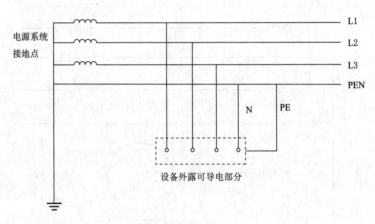

图 9.9　TN-C 系统

（3）TN-C-S 系统。系统中 PE 和 N 导体一部分截然分开，一部分合二为一，如图 9.10所示。该系统的保护特点是：当电气设备发生接地故障时，接地电流经 PE 线和 N 线构成回路，形成金属性单相短路，产生足够大的短路电流，使保护装置能可靠动作，切断电源。中性点直接接地系统宜采用保护接零，且应装设能够迅速自动切除接地短路电

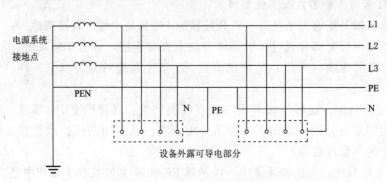

图 9.10　TN-C-S 系统

流的保护装置。采用保护接零时,为了保证其可靠性,除电源变压器的中性点必须采用工作接地外,必须将保护线一处或多处通过接地装置与大地再次连接,称为重复接地。重复接地的目的是防止零干线断线时,断线点后若发生设备碰壳事故而导致断线点后所有采用保护接零设备的外壳均带电,从而发生人身触电事故。

Ⅱ类电工产品具有双重绝缘或加强绝缘的功能,可以起到防止间接接触触电的作用,因而不需要再采取保护接地或保护接零的措施。双重绝缘是指既有基本绝缘(也叫作工作绝缘),又具有保护绝缘(也叫作附加绝缘);加强绝缘是将基本绝缘加以加强改进而成,用于设备结构上不能做成双重绝缘的部分,对于防止触电来说,它与双重绝缘具有同样的机械及电气的防护作用动作。

9.2.3 TN系统

9.2.2.3 剩余电流保护器

低压配电线路的故障主要是三相短路、两相短路及接地故障。由于相间短路产生很大的短路电流,故可用熔断器、断路器等开关设备来自动切断电源。由于其保护动作值按躲过正常负荷电流整定,动作值较大,故人体触电等接地故障靠熔断器、断路器一般难以自动切除,或者说其灵敏度满足不了要求。剩余电流动作保护器是一种利用发生单相接地故障时产生的剩余电流来切断故障线路或设备电源的保护电器,动作灵敏,切断电源时间短,故可对低压电网中的直接触电和间接触电进行有效的防护。

剩余电流动作保护器按其工作原理可分为电压动作型、电流动作型、交流脉冲型等,目前普遍应用的是电流动作型,称作剩余电流动作保护器。由于是利用发生人体触电等单相接地故障时产生的剩余电流而动作,所以称为剩余电流动作保护器。其主要形式有漏电开关、漏电继电器、剩余电流保护插座等。

1. 基本工作原理

剩余电流动作保护器的原理方框图和工作原理图如图 9.11 和图 9.12 所示。零序电流互感器的一次侧绕组为三相电源线和零线(另一条为试验和指示灯回路),在正常情况下,三相电流全部从零线返回,电流互感器铁芯中感应的磁通量之和等于零,二次侧无输出电流,开关不会动作。当电路中发生触电或漏电故障时,将有一部分电流通过大地回到电源中性点,而不是全部从零线返回,即三相电流之和与零线中的电流不再相等,两者之差,即剩余电流将在互感器的环形铁芯中产生磁通,二次回路将有感应电流流过,如大于保护器的预定动作电流,执行元件被起动,开关跳闸。

在实际使用中,剩余电流动作保护器的比较元件有电磁式和电子式两大类。

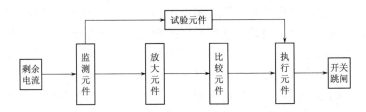

图 9.11 剩余电流动作保护器原理方框图

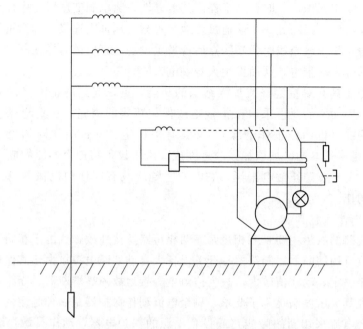

图 9.12　剩余电流动作保护器工作原理图

2. 常见形式分类

根据剩余电流动作保护器所具有的保护功能和结构特征，大体上可分为以下几类。

（1）漏电继电器。只具备监测和判断功能而不具备开断供电主电路功能的剩余电流保护装置通常称为漏电继电器。漏电继电器由监测元件——零序电流互感器、放大元件与比较元件——漏电脱扣器，还有输出信号的辅助触点构成。把这三个部分组装在一个绝缘外壳中的产品称为组装式漏电继电器；把零序电流互感器和其余两部分分开安装在两个外壳中的产品称为分装式漏电继电器。

漏电继电器通常可以与带有分励脱扣器的自动开关或电磁接触器组成分装式的漏电开关。由漏电继电器检测漏电信号，其辅助触点控制自动开关或电磁接触器开断主电路，从而达到剩余电流保护的目的。这种分装式漏电继电器一般容量比较大，动作电流也较大，适宜于作为低压电网的总保护或主干线保护。

漏电继电器也可控制指示灯或蜂鸣器等声光元件，组成漏电报警装置，当发生漏电时仅发出声、光指示，不断开主回路，告诉操作人员应及时进行检修。这种漏电报警装置通常可用于要求连续供电的流水工艺过程中，或一些重要负载的供电回路上。

（2）漏电开关。将零序电流互感器、漏电脱扣器和自动开关组装在一个绝缘外壳中，同时具备检测、判断和分断主电路功能的漏电保护装置称为漏电开关。根据漏电开关的保护功能，又可分为带过电流保护、带过电压保护和不带其他保护功能的漏电开关。

带过电流保护的漏电开关除具有剩余电流保护功能外，还兼有过载或短路，或两者均兼之的保护功能；同样带过电压保护功能的漏电开关还兼有工频过电压保护功能；而不带其他保护功能的漏电开关则为漏电保护专用开关。漏电开关按主开关的级数和电流回路数可分为单相单极、单相双极、三相三极、三相四极等多种类型。在低压供电线路末级保护中多采用漏电开关。

（3）剩余电流保护插座。根据触电事故分析，在插座回路较易引起触电事故，所以许多国家规定了家用或类似设备使用的带有插座的供电回路，必须安装漏电开关。把漏电开关和插座组合在一起的剩余电流保护装置称为剩余电流保护插座。该保护装置特别适用于移动用电设备和家用电器。

3. 剩余电流动作保护器的应用

目前，对低压电网进行剩余电流保护的方式大致有两种：一种是在电路末端或小分支回路中普遍安装动作电流在 30mA 及以下的高灵敏度漏电开关；另一种是在低压电网的出线端、主干线、分支回路和线路末端，按照线路和负载的重要性以及不同的要求，全面安装各种额定电流、各种漏电动作电流和动作时间特性的漏电开关，实行分级保护。

（1）必须安装剩余电流保护器的设备和场所如下：

1）属于Ⅰ类的移动式及手持式用电设备。

2）安装在潮湿、强腐蚀性等环境恶劣场所的用电设备。

3）建筑施工工地的用电设备。

4）由 TT 系统供电的用电设备。

5）机关、企业、住宅等建筑物内的插座回路。

6）医院中直接接触人体的电气医用设备。

（2）剩余电流保护装置的选用。剩余电流保护装置的选用应根据系统保护方式、使用目的、安装场所、电压等级、被控制回路的泄漏电流以及用电设备的接地电阻值等因素来确定。

对于全网总保护或主干线保护，剩余电流保护装置动作电流一般为 100～500mA，动作时间为 0.1～0.2s。对于分支回路和末端保护，安装在前述需要进行保护的场所和用电设备的供电回路中，剩余电流保护装置动作电流一般在 30mA 及以下，动作时间为 0.1s。

对于额定电压为 220V 或 380V 的固定式用电设备，如水泵、磨粉机等，以及其他容易和人接触的电气设备，当这些设备的金属外壳接地电阻在 500Ω 以下时，单机配用可选择动作电流为 30～50mA 的剩余电流保护装置。对于额定电流在 100A 以上的大型电气设备，或者带有多台电气设备的供电线路，可以选用动作电流为 50～100mA 的漏电开关；当用电设备的接地电阻在 100Ω 以下时，可以选用动作电流为 200～500mA 的漏电开关。一般可以选用动作时间小于 0.1s 的快速动作型产品，有些较重要的电气设备，为了减少偶然停电事故，也可以选用 0.2s 的延时性保护装置。

对于额定电压为 220V 的家用电器，由于经常要和没有经过安全用电专业训练的居民接触，发生触电的危险性更大，因此应在家庭进户线的电度表后面安装动作电流为 30mA 和 0.1s 以内动作的小容量漏电开关或剩余电流保护插座。

在潮湿或环境恶劣的用电场所以及Ⅰ类移动式电动工具和设备等，可安装动作电流为 15mA 和 0.1s 以内动作的剩余电流保护装置，或动作电流为 6～10mA 的反时限特性漏电开关。一般建筑施工工地的用电设备，可选择 15～30mA 和 0.1s 以内动作的剩余电流保护装置。

在医院中使用的医疗电气设备，可在供电回路中选用动作电流为 6mA 和 0.1s 以内动作的漏电开关。

9.2.2.4　安全电压

在一些触电危险性较大的场所，使用移动的或手持的电气设备（如行灯、电钻等）时，为了预防人身触电事故，可用安全低电压作为电源。把可能加在人身上的电压限制在某一范围之内，使得在该电压下通过人体的电流不超过允许的范围，这一不危及人身安全的电压被称为安全电压，也叫作安全特低电压或安全超低电压。采用安全电压供电，是一种对直接和间接触电兼顾的防护措施。

安全电压值取决于人体允许电流和电阻的大小。

触电的特定条件和场合不同，触电后的危险程度也不同，因此确定允许电流的原则以及允许电流的大小也就各不相同。例如，在某些情况下，触电后电源的存在是十分短暂的，经过一定时间后即能自动消除，而触电的后果又和电流的持续时间有密切的关系，这就使得确定允许电流值时必须考虑触电时间长短的影响，大接地电流系统的接触电压和跨步电压引起的触电就属于这种情况。式（9.3）表达了引起人的心室颤动的极限电流和触电持续时间的关系，可作为触电电源能自动消除情况下的允许电流表达式，即

$$I_y = \leqslant \frac{165}{\sqrt{t}} \tag{9.3}$$

式中　I_y——允许电流，mA；

　　　t——触电持续时间，$t = 8.3 \times 10^{-3} \sim 5s$。

在这种情况下，与其对应的安全电压也是随着时间而变化的，如接地电流系统的接触电压和跨步电压的允许值，即为按以上原则确定的。

大多数情况下，触电电源不会自动消除，可不计及触电时间的影响。但可能由于触电场合不同，而对触电后果产生影响。在有些场合下，发生触电还会产生其他形式的伤害，即所谓二次伤害。但考虑到触电持续时间可能较长，因此将人所能忍受的极限电流作为允许电流值，交流可按 30mA、直流可按 80mA 考虑。而在另一些场合，触电则有可能发生二次伤害，如游泳池、浴池等场所，发生触电后可能招致溺死。对于这些特别危险的场所，则应以摆脱电流作为允许电流值，交流可按 5mA、直流可按 50mA 考虑。

人体电阻受接触电压、皮肤潮湿程度等多种因素的影响。当人体皮肤处于干燥、洁净和无损伤的状态下时，人体电阻可高达 40~100kΩ；而当皮肤处于严重潮湿状态，如湿手、出汗或受到损伤时，人体电阻会降到 1000Ω 左右；如皮肤完全遭到破坏，人体电阻将下降到 600~800Ω。人体电阻和接触电压之间是一种非线性关系，接触电压越高，人体电阻越小。另外，人体电阻还将随频率的增加而降低。

在触电电源不会自动消除的情况下，我国规定的基本安全电压为 50V（交流有效值），这个电压称作约定接触极限电压，它是允许长期保持的接触电压最大值。这一限值是根据人体允许电流 30mA 和人体电阻 1700Ω 的条件确定的。同时，考虑到人所处的环境不同，又对四种不同接触状态下的安全电压做了规定，见表 9.14。

表 9.14 　　　　　　　　　　　**不同接触状态下的安全电压值**

类 别	接 触 状 态	通过人体允许电流/mA	人体电阻/Ω	安全电压/V
第一种	人体大部分浸入水中的状态	5	500	2.5 以下
第二种	人体显著淋湿，人体一部分经常接触到电气装置金属外壳和构造物的状态	50	500	25 以下
第三种	除一、二两种状态外的情况，对人体加有接触电压后，危险性高的状态	30	1700	50 以下
第四种	除一、二两种状态外的情况，对人体加有接触电压后，危险性低或无危险性的状态	不规定		无限制

　　我国还规定工频有效值 42V、36V、24V、12V、6V 为安全电压的额定值。若无特殊安全结构或安全措施，则应采用 42V 或 36V 安全电压；金属容器内、隧道内、矿井内等潮湿、工作地点狭窄、行动不便，以及周围有大面积接地导体的环境，应采用 24V 或 12V 安全电压。当电气设备采用 24V 以上的安全电压时，必须采取直接接触电击的防护措施。

　　国际电工委员会还规定了直流安全电压的上限值为 120V。

9.2.2.5　电气隔离

　　电气隔离指工作回路与其他回路实现电气上的隔离。电气隔离是通过采用 1:1，即原、副边电压相等的隔离变压器来实现的。其保护原理是在隔离变压器副边构成了一个不接地的电网，因而阻断了在副边工作的人员单相触电时电击电流的通路。

【扫码测试】

9.2　练习题

9.3　施工现场临时用电管理

9.3.1　电气设备接零或接地

9.3.1.1　一般规定

　　(1) 在施工现场专用变压器供电时 TN-S 接零保护系统中，电气设备的金属外壳必须与保护零线连接。保护零线应由工作接地线、配电室（总配电箱）电源侧零线或总漏电保护器电源侧零线处引出，如图 9.13 所示。

　　(2) 当施工现场与外电线路共用同一供电系统时，电气设备的接地、接零保护应与原系统保持一致，不得一部分设备做保护接零，另一部分设备做保护接地。

　　(3) 采用 TN 系统做保护接零时，工作零线（N 线）必须通过总漏电保护器，保护零

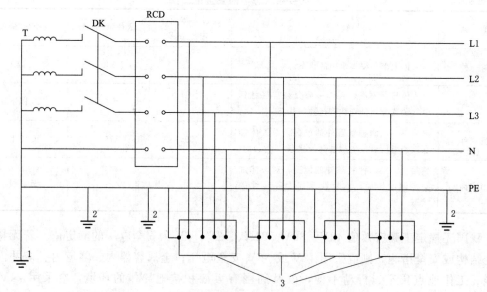

图 9.13 专用变压器供电时 TN-S 接零保护系统

1—工作接地；2—PE 线重复接地；3—电气设备金属外壳（正常不带电的外露可导电部分）；

L1、L2、L3—相线；N—工作零线；PE—保护零线；DK—总电源隔离开关；

RCD—总漏电保护器（兼有短路、过载、漏电保护功能的漏电断路器）；

T—变压器

线（PE 线）必须由电源进线零线重复接地处或总漏电保护器电源侧零线处引出，形成局部 TN-S 接零保护系统，如图 9.14 所示。

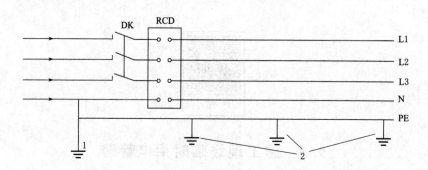

图 9.14 三相四线供电时局部 TN-S 接零保护系统

1—工作接地；2—PE 线重复接地；L1、L2、L3—相线；N—工作零线；

PE—保护零线；DK—总电源隔离开关；RCD—总漏电保护器

（兼有短路、过载、漏电保护功能的漏电断路器）

（4）在 TN 接零保护系统中，通过总漏电保护器的工作零线与保护零线之间不得再做电气连接。

（5）在 TN 接零保护系统中，PE 零线应单独敷设。重复接地线必须与 PE 线相连接，严禁与 N 线相连接。

（6）使用一次侧由 50V 以上电压的接零保护系统供电。二次侧为 50V 及以下电压的安全隔离变压器时，二次侧不得接地，并应将二次线路用绝缘管保护或采用橡皮护套软线。

（7）当采用普通隔离变压器时，其二次侧一端应接地，且变压器正常不带电的外露可导电部分应与一次回路保护零线相连接。

（8）变压器应采取防直接接触带电体的保护措施。

（9）施工现场的临时用电电力系统严禁利用大地做相线或零线。

（10）TN 系统中的保护零线除必须在配电室或总配电箱处做重复接地外，还必须在配电系统的中间处和末端处做重复接地。

（11）在 TN 系统中，严禁将单独敷设的工作零线再做重复接地。

（12）接地装置的设置应考虑土壤干燥或冻结及季节变化的影响，并遵照表 9.15 的规定，接地电阻值在四季中均应符合要求，但防雷装置的冲击接地电阻值只考虑在雷雨季节中土壤干燥状态的影响。

表 9.15　　　　　　　　　　　　　接地装置的季节系数

埋　深/m	水 平 接 地 体	长 2～3m 的垂直接地体
0.5	14～1.8	1.2～1.4
0.8～1.0	1.25～1.45	1.15～1.3
2.5～3.0	1.0～1.1	1.0～1.1

注　大地比较干燥时，取表中较小值；大地比较潮湿时，取表中较大值。

（13）PE 线所用材质与相线、工作零线（N 线）相同时，其最小截面面积见表 9.16。

表 9.16　　　　　　　PE 线截面面积与相线截面面积的关系　　　　　　　单位：mm^2

相线芯线截面面积 S	PE 线最小截面面积	相线芯线截面面积 S	PE 线最小截面面积
$S \leqslant 16$	S	$S > 35$	$S/2$
$16 < S \leqslant 35$	16		

（14）保护零线必须采用绝缘导线。

（15）配电装置和电动机械相连接的 PE 线应为截面面积不小于 2.5mm^2 的绝缘多股铜线，手持式电动工具的 PE 线应为截面面积不小于 1.5mm^2 的绝缘多股铜线。

（16）PE 线上严禁装设开关或熔断器，严禁通过工作电流，且严禁断线。

（17）相线、N 线、PE 线的颜色标记必须符合以下规定：相线 L1（A）、L2（B）、L3（C）相序的绝缘颜色依次为黄、绿、红；N 线的绝缘颜色为淡蓝色；PE 线的绝缘颜色为绿/黄双色。任何情况下，上述颜色标记严禁混用和互相代用。

（18）移动式发电机系统接地应符合电力变压器系统接地的要求，下列情况可不另做保护接零：

1）移动式发电机和用电设备固定在同一金属支架上，且不供给其他设备用电时。

2）不超过两台的用电设备由专用的移动式发电机供电，供电、用电设备间距不超过 50m，且供用电设备的金属外壳之间有可靠的电气连接。

9.3.1.2 安全检查要点

1. 保护接零

（1）在 TN 系统中，下列电气设备不带电的外露可导电部分应做保护接零：

1）电机、变压器、电器、照明器具、手持式电动工具的金属外壳。

2）电气设备传动装置的金属部件。

3）配电柜与控制柜的金属框架。

4）配电装置的金属箱体、框架及靠近带电部分的金属围栏和金属门。

5）电力线路的金属保护管、敷线的钢索、起重机的底座和轨道、滑升模板金属操作平台等。

6）安装在电力线路杆（塔）上的开关、电容器等电气装置的金属外壳及支架。

（2）城防、人防、隧道等潮湿或条件特别恶劣的施工现场的电气设备必须采用保护接零。

（3）在 TN 系统中，下列电气设备不带电的外露可导电部分可不做保护接零：

1）在木质、沥青等不良导电地坪的干燥房间内，交流电压 380V 及以下的电气装置金属外壳（当维修人员可能同时触及电气设备金属外壳和接地金属物件时除外）。

2）安装在配电柜、控制柜金属框架和配电箱的金属箱体上，且与其可靠电气连接的电气流量仪表、电流互感器、电器的金属外壳。

2. 接地与接地电阻

（1）单台容量超过 100kVA 或使用同一接地装置并联运行，且总容量超过 100kVA 的电力变压器或发电机的工作接地电阻值不得大于 4Ω。

（2）单台容量不超过 100kVA 或使用同一接地装置并联运行，且总容量不超过 100kVA 的电力变压器或发电机的工作接地电阻值不得大于 10Ω。

（3）在土壤电阻率大于 $1000\Omega \cdot m$ 的地区，当接地电阻值达到 10Ω 有困难时，工作接地电阻值可提高到 30Ω。

（4）在 TN 系统中，保护零线每一处重复接地装置的接地电阻值不应大于 10Ω；在工作接地电阻值允许达到 10Ω 的电力系统中，所有重复接地的等效电阻值不应大于 10Ω。

（5）每一接地装置的接地线应采用两根及以上导体，在不同点与接地体做电气连接。

（6）不得采用铝导体做接地体或地下接地线。垂直接地体宜采用角钢、钢管或光面圆钢，不得采用螺纹钢。

（7）接地可利用自然接地体，但应保证其电气连接和热稳定。

（8）移动式发电机供电的用电设备，其金属外壳或底座应与发电机电源的接地装置有可靠的电气连接。

9.3.2 配电室

9.3.2.1 一般规定

（1）配电室应靠近电源，并应设在灰尘少、潮气少、振动小、无腐蚀介质、无易燃易爆物及道路畅通的地方。

（2）成列的配电柜和控制柜两端，应与重复接地线及保护零线做电气连接。

（3）配电室和控制室应能自然通风，并应采取防止雨雪侵入和动物进入的措施。

（4）配电室内的母线涂刷有色油漆，以标志相序。以柜正面方向为基准，其涂色见表 9.17。

表 9.17 母 线 涂 色

相 别	颜 色	垂直排列	水平排列	引下排列
L1（A）	黄	上	后	左
L2（B）	绿	中	中	中
L3（C）	红	下	前	右
N	淡蓝	—	—	—

（5）配电室的建筑物和构筑物的耐火等级不低于 3 级，室内配置沙箱和可用于扑灭电气火灾的灭火器。

（6）配电室的门向外开，并配锁。

（7）配电室的照明分别设置正常照明和事故照明。

（8）配电柜应编号，并应有用途标记。

（9）配电柜或配电线路停电维修时，应挂接地线，并应悬挂"禁止合闸、有人工作"停电标志牌。停送电必须由专人负责。

（10）配电室应保持整洁，不得堆放任何妨碍操作、维修的杂物。

9.3.2.2 安全检查要点

（1）配电柜正面的操作通道宽度，单列布置或双列背对背布置不小于 1.5m，双列面对面布置不小于 2m。

（2）配电柜后面的维护通道宽度，单列布置或双列面对面布置不小于 0.8m，双列背对背布置不小于 1.5m，若个别地点有建筑物结构凸出的地方，则此点通道宽度可减小 0.2m。

（3）配电柜侧面的维护通道宽度不小于 1m。

（4）配电室的顶棚与地面的距离不小于 3m。

（5）配电室内设置值班室或检修室时，该室边缘距配电柜的水平距离大于 1m，并采用屏障隔离。

（6）配电室内的裸母线与地面垂直距离小于 2.5m 时，采用遮栏隔离，遮栏下面通道的高度不小于 1.9m。

（7）配电室围栏上端与其正上方带电部分的净距不小于 0.075m。

（8）配电装置的上端距顶棚不小于 0.5m。

（9）配电柜应装设电度表，并应装设电流表、电压表。电流表与计费电度表不得共用一组电流互感器。

（10）配电柜应装设电源隔离开关及短路、过载、漏电保护电器。电源隔离开关分断时应有明显可见分断点。

9.3.3 配电箱及开关箱

9.3.3.1 一般规定

（1）配电箱、开关箱应装设在干燥、通风及常温场所，不得装设在有严重损伤作用的瓦斯、烟气、潮气及其他有害介质中，也不得装设在易受外来固体物撞击、强烈振动、液体浸溅及热源烘烤场所；否则，应予以清除或做防护处理。

（2）配电箱、开关箱周围应有足够两人同时工作的空间和通道，不得堆放任何妨碍操作、维修的物品，不得有灌木、杂草。

（3）总配电箱应设在靠近电源的区域，分配电箱应设在用电设备或负荷相对集中的区域。

（4）动力配电箱与照明配电箱若合并设置为同一配电箱，动力和照明应分路配电；动力开关箱与照明开关箱必须分设。

（5）配电箱、开关箱应采用冷轧钢板或阻燃绝缘材料制作，钢板厚度应为1.2～2.0mm，其中开关箱箱体钢板厚度不得小于1.2mm，配电箱箱体钢板厚度不得小于1.5mm，箱体表面应做防腐处理。

（6）配电箱、开关箱内的连接线必须采用铜芯绝缘导线。导线绝缘的颜色标志应按要求配置并排列整齐；导线分支接头不得采用螺栓压接，应采用焊接并做绝缘包扎，不得有外露带电部分。

（7）配电箱、开关箱的金属箱体、金属电器安装板以及电器正常不带电的金属底座、外壳等必须通过PE线端子板与PE线做电气连接，金属箱门与金属箱体必须通过采用编织软铜线做电气连接。

（8）配电箱、开关箱中导线的进线口和出线口应设在箱体的下底面。

（9）配电箱、开关箱的进出线口应配置固定线卡，进出线应加绝缘护套并成束卡固在箱体上，不得与箱体直接接触。移动式配电箱、开关箱的进出线应采用橡皮护套绝缘电缆，不得有接头。

（10）配电箱、开关箱外形结构应能防雨、防尘。

9.3.3.2 安全检查要点

（1）每台用电设备必须有各自专用的开关箱，严禁用同一个开关箱直接控制两台及两台以上用电设备（含插座）。

（2）配电箱、开关箱应装设端正、牢固。固定式配电箱、开关箱的中心点与地面的垂直距离应为1.4～1.6m。移动式配电箱、开关箱应装设在坚固、稳定的支架上，其中心点与地面的垂直距离为0.8～1.6m。

（3）配电箱、开关箱内的电器（含插座）应先安装在金属或非木质阻燃绝缘电器安装板上，然后方可整体紧固在配电箱、开关箱箱体内。金属电器安装板与金属箱体应做电气连接。

（4）配电箱、开关箱内的电器（含插座）应按其规定位置紧固在电器安装板上，不得歪斜和松动。

（5）配电箱的电器安装板上必须分设N线端子板和PE线端子板。N线端子板必须与金属电器安装板绝缘，PE线端子板必须与金属电器安装板做电气连接。进出线中的N线必须通过N线端子板连接，PE线必须通过PE线端子板连接。

（6）配电箱、开关箱的箱体尺寸应与箱内电器的数量和尺寸相适应，箱内电器安装板板面电器安装尺寸见表 9.18。

表 9.18   **配电箱、开关箱内电器安装尺寸选择值**

间 距 名 称	最 小 净 距 /mm
并列电器（含单极熔断器）间	30
电器进出线瓷管（塑胶管）孔与电器边沿间	15A，30
	20～30A，50
	60A 及以上，80
上、下排电器进出线瓷管（塑胶管）孔间	25
电器进、出线瓷管（塑胶管）孔至板边	40
电器至板边	40

9.3.4 施工用电线路

9.3.4.1 一般规定

（1）架空线和室内配线必须采用绝缘导线或电缆。

（2）架空线导线截面的选择应符合下列要求：

1）导线中的计算负荷电流不大于其长期连续负荷允许载流量。

2）线路末端电压偏移不大于其额定电压的 5%。

3）三相四线制线路的 N 线和 PE 线截面面积不小于相线截面面积的 50%，单相线路的零线截面面积与相线截面面积相同。

4）按机械强度要求，绝缘铜线截面面积不小于 10mm²，绝缘铝线截面面积不小于 16mm²。

5）在跨越铁路、公路、河流、电力线路挡距内，绝缘铜线截面面积不小于 16mm²，绝缘铝线截面面积不小于 25mm²。

（3）架空线路相序排列应符合下列规定：

1）动力、照明线在同一横担上架设时，导线相序排列是面向负荷从左侧起依次为 L1、N、L2、L3、PE。

2）动力、照明线在两层横担上分别架设时，导线相序排列是：上层横担面向负荷从左侧起依次为 L1、L2、L3；下层横担面向负荷从左侧起依次为 L1、L2、L3、N、PE。

（4）架空线路宜采用钢筋混凝土杆或木杆。钢筋混凝土杆不得有露筋、宽度大于 0.4mm 的裂纹和扭曲；木杆不得腐朽，其梢径不应小于 140mm。

（5）电杆埋设深度宜为杆长的 1/10 加 0.6m，回填土应分层夯实。在松软土质处宜加大埋入深度或采用卡盘等工具加固。

（6）电缆中必须包含全部工作芯线和用作保护零线或保护线的芯线。需要三相四线制配电的电缆线路必须采用 5 芯电缆。5 芯电缆必须包含淡蓝、绿/黄两种颜色绝缘芯线。淡蓝色芯线必须用作 N 线；绿/黄双色芯线必须用作 PE 线，严禁混用。

（7）电缆线路应采用埋地或架空敷设，严禁沿地面明设，并应避免机械损伤和介质腐蚀。埋地电缆路径应设方位标志。

（8）电缆埋地敷设宜选用铠装电缆，当选用无铠装电缆时，应能防水、防腐。架空敷设宜选用无铠装电缆。

（9）埋地电缆在穿越建筑物、构筑物、道路、易受机械损伤或介质腐蚀场所，以及引出地面从 2.0m 高到地下 0.2m 处，必须加设防护套管，防护套管内径不应小于电缆外径的 1.5 倍。

（10）在建工程内的电缆线路必须采用电缆埋地引入，严禁穿越脚手架引入。电缆垂直敷设应充分利用在建工程的竖井、垂直孔洞等，并宜靠近用电负荷中心，固定点每楼层不得少于一处。电缆水平敷设宜沿墙或门口刚性固定，最大弧垂距地不得小于 2.0m。

（11）装饰装修工程或其他特殊阶段，应补充编制单项施工用电方案。电源线可沿墙脚、地面敷设，但应采取防机械损伤和电火措施，可采用穿阻燃绝缘管或线槽等遮护的办法。

（12）室内配线应根据配线类型采用瓷瓶、瓷（塑料）夹、嵌绝缘槽、穿管或钢索敷设。

（13）潮湿场所或埋地非电缆配线必须穿管敷设，管口和管接头应密封；当采用金属管敷设时，金属管必须做等电位连接，且必须与 PE 线相连接。

（14）架空线路、电缆线路和室内配线必须有短路保护和过载保护。

1）采用熔断器做短路保护时，其熔体额定电流不应大于明敷绝缘导线长期连续负荷允许载流量的 1.5 倍。

2）采用断路器做短路保护时，其瞬动过流脱扣器脱扣电流整定值应小于线路末端单相短路电流。

3）采用熔断器或断路器做过载保护时，绝缘导线长期连续负荷允许载流量不应小于熔断器熔体额定电流或断路器长延时过流脱扣器脱扣电流整定值的 1.25 倍。

4）对穿管敷设的绝缘导线线路，其短路保护熔断器的熔体额定电流不应大于穿管绝缘导线长期连续负荷允许载流量的 2.5 倍。

9.3.4.2　安全检查要点

1. 架空线路

（1）架空线必须架设在专用电杆上，严禁架设在树木、脚手架及其他设施上。

（2）架空线在一个挡距内，每层导线的接头数不得超过该层导线条数的 50%，且一条导线应只有一个接头。在跨越铁路、公路、河流、电力线路的挡距内，架空线不得有接头。

（3）架空线路的挡距不得大于 35m。

（4）架空线路的线间距不得小于 0.3m，靠近电杆的两导线的间距不得小于 0.5m。

（5）架空线路横担间的最小垂直距离不得小于表 9.19 所列数值；横担宜采用角钢或方木，方木横担截面应按 80mm×80mm 选用；横担长度见表 9.20。

表 9.19　　　　横担间的最小垂直距离　　　　单位：m

排列方式	直线杆	分支或转角杆	排列方式	直线杆	分支或转角杆
高压与低压	1.2	1.0	低压与低压	0.6	0.3

表 9.20　　　　横担长度　　　　单位：m

二　线	三线、四线	五　线
0.7	1.5	1.8

（6）架空线路与邻近线路或固定物的距离见表9.21。

表 9.21　　　　架空线路与邻近线路或固定物的距离　　　　单位：m

项目	距离类别				
最小净空距离	架空线路的过引线、接下线与邻线	架空线与架空线电杆外缘		架空线与摆动最大树梢	
	0.13	0.05		0.50	
最小垂直距离	架空线同杆架设下方的通信、广播线路	架空线最大弧垂与地面		架空线最大弧垂与暂设工程顶端	架空线与邻近电力线路交叉
		施工现场 / 机动车道 / 铁路轨道			1kV以下 / 1～10kV
	1.0	4.0 / 6.0 / 7.5		2.5	1.2 / 2.5
最小水平距离	架空线电杆与路基边缘	架空线电杆与铁路轨道边缘		架空线边线与建筑物凸出部分	
	1.0	杆高＋3.0		1.0	

（7）直线杆和15°以下的转角杆，可采用单横担单绝缘子，但跨越机动车道时应采用单横担双绝缘子；15°～45°的转角杆应采用双横担双绝缘子；45°以上的转角杆应采用十字横担。

（8）电杆的拉线宜采用不少于3根 $D4.0\text{mm}$（D 为直径）的镀锌钢丝。拉线与电杆的夹角应为30°～45°。拉线埋设深度不得小于1m。电杆拉线若从导线之间穿过，则应在高于地面2.5m处装设拉线绝缘子。

（9）因受地形环境限制，不能装设拉线时，可采用撑杆代替拉线，撑杆埋设深度不得小于0.8m，其底部应垫底盘或石块，撑杆与电杆夹角宜为30°。

（10）接户线在挡距内不得有接头，进线处离地高度不得小于2.5m。接户线的最小截面面积见表9.22。接户线路间与邻近线路间的距离见表9.23。

表 9.22　　　　接户线的最小截面面积

接户线架设方式	接户线长度/m	接户线截面面积/mm²	
		铜线	铝线
架空或沿墙敷设	10～25	6.0	10.0
	≤10	4.0	6.0

表 9.23　　　　　　　　　　接户线路间与邻近线路间的距离

接户线架设方案	接户线档距 /m	接户线线间距离 /mm
架空敷设	≤25	150
	>25	200
沿墙敷设	≤6	100
	>6	150
架空接户线与广播电话线交叉时的距离 /mm		接户线在上部，600
		接户线在下部，300
架空或沿墙敷设的接户线零线和各相线交叉时的距离 /mm		100

2. 电缆线路

（1）电缆直接埋地敷设的深度不应小于 0.7m，并应在电缆紧邻上、下、左、右侧均匀敷设不小于 50mm 厚的细砂，然后覆盖砖或混凝土板等硬质保护层。

（2）埋地电缆与其附近外电电缆和管沟的平行间距不得小于 2m，交叉间距不得小于 1m。

（3）埋地电缆的接头应设在地面上的接线盒内，接线盒应能防水、防尘、防机械损伤，并应远离易燃易爆、易腐蚀场所。

（4）架空电缆应沿电杆、支架或墙壁敷设，并采用绝缘子固定，绑扎线必须采用绝缘线，固定点间距应保证电缆能承受自重所带来的荷载，敷设高度应符合《施工现场临时用电安全技术规范》（JG 46—2005）中架空线路敷设高度的要求，但沿墙壁敷设时最大弧垂距地不得小于 2.0m。

（5）架空电缆严禁沿脚手架、树木或其他设施敷设。

3. 室内配线

（1）室内明敷主干线，距地面高度不得小于 2.5m。

（2）架空进户线的室外端应采用绝缘子固定，过墙处应穿管保护，距地面高度不得小于 2.5m，并应采取防雨措施。

（3）室内配线所用导线或电缆的截面面积应根据用电设备或线路的计算负荷确定，但铜线截面面积不应小于 $1.5mm^2$，铝线截面面积不应小于 $2.5mm^2$。

（4）钢索配线的吊架间距不宜大于 12m。采用瓷夹固定导线时，导线间距不应小于 35mm，瓷夹间距不应大于 800mm；采用瓷瓶固定导线时，导线间距不应小于 100mm，瓷瓶间距不应大于 1.5m；采用护套绝缘导线或电缆时，可直接敷设于钢索上。

9.3.5　施工照明

9.3.5.1　一般规定

（1）现场照明宜选用额定电压为 220V 的照明器，采用高光效、长寿命的照明光源。对需大面积照明的场所，应采用高压汞灯、高压钠灯或混光用的卤钨灯等。

（2）照明变压器必须使用双绕组型安全隔离变压器，严禁使用自耦变压器。

（3）照明系统宜使三相负荷平衡，其中每一单相回路上，灯具和插座数量不宜超过 25 个，负荷电流不宜超过 15A。

（4）路灯的每个灯具应单独装设熔断器保护。灯头线应做防水弯。

（5）荧光灯管应采用管座固定或用吊链悬挂。荧光灯的镇流器不得安装在易燃的结构物上。

（6）投光灯的底座应安装牢固，应按需要的光轴方向将枢轴拧紧固定。

（7）灯具内的接线必须牢固，灯具外的接线必须做可靠的防水绝缘包扎。

（8）灯具的相线必须经开关控制，不得将相线直接引入灯具。

（9）对夜间影响飞机或车辆通行的在建工程及机械设备，必须设置醒目的红色信号灯，其电源应设在施工现场总电源开关的前侧，并应设置外电线路停止供电时的应急自备电源。

（10）无自然采光的地下大空间施工场所，应编制单项照明用电方案。

9.3.5.2 安全检查要点

（1）室外220V灯具距地面不得小于3m，室内220V灯具距地面不得小于2.5m。

（2）普通灯具与易燃物距离不宜小于300mm；聚光灯、碘钨灯等高热灯具与易燃物距离不宜小于500mm，且不得直接照射易燃物。达不到规定安全距离时，应采取隔热措施。

（3）碘钨灯及钠、铊、铟等金属卤化物灯具的安装高度宜在3m以上，灯线应固定在接线柱上，不得靠近灯具表面。

（4）螺口灯头及其接线应符合下列要求：

1）灯头的绝缘外壳无损伤、无漏电。

2）相线接在与中心触头相连的一端，零线接在与螺纹口相连的一端。

（5）暂设工程的照明灯具宜采用拉线开关控制，开关安装位置宜符合下列要求：

1）拉线开关距地面高度为2～3m，与出入口的水平距离为0.15～0.2m，拉线的出口向下。

2）其他开关距地面高度为1.3m，与出入口的水平距离为0.15～0.2m。

（6）携带式变压器的一次侧电源线应采用橡皮护套或塑料护套铜芯软电缆，中间不得有接头，长度不宜超过3m，其中绿/黄双色线只可做PE线使用，电源插销应有保护触头。

（7）下列特殊场所应使用安全特低电压照明器：

1）隧道、人防工程、高温、有导电灰尘、比较潮湿或灯具离地面高度小于2.5m等场所的照明，电源电压不应大于36V。

2）潮湿和易触及带电体场所的照明，电源电压不得大于24V。

3）特别潮湿场所、导电良好的地面、锅炉或金属容器内的照明，电源电压不得大于12V。

（8）使用行灯应符合下列要求：

1）电源电压不大于36V。

2）灯体与手柄应坚固、绝缘良好并耐热耐潮湿。

3）灯头与灯体结合牢固，灯头无开关。

4）灯泡外部有金属保护网。

5）金属网、反光罩、悬吊挂钩固定在灯具的绝缘部位上。

【扫码测试】

9.3　练习题

9.4　触电事故的急救

虽然采取了一系列防止电气事故的措施，但是也只能减少事故的发生，在生产中往往难以杜绝各类意外事故的发生，伤员往往因救治不及时而伤势加重，甚至死亡。因此，施工现场工作人员掌握一定的救护知识是必要的。

9.4.1　触电事故的急救方法

9.4.1.1　脱离低压电源的方法

脱离低压电源的方法可以用以下 5 个字来概括：

（1）拉。指就近拉开电源开关、拔出插销或瓷插熔断器。

（2）切。指用带有绝缘柄的利器切断电源线。

（3）挑。如果导线搭落在触电者身上或压在身下，这时可用干燥的木棒、竹竿等挑开导线或用干燥的绝缘绳套拉导线或触电者，使之脱离电源。

（4）拽。救护人可戴上手套或在手上包缠干燥的衣物等绝缘物品拖拽触电者，或直接用一只手抓住触电者不贴身的干燥衣裤，使之脱离电源。拖拽时切勿触及触电者的体肤。

（5）垫。如果触电者由于痉挛，手指紧握导线或导线缠绕在身上，救护人可先用干燥的木板塞进触电者身下使其与地绝缘来隔断电源，然后采用其他办法把电源切断。

9.4.1.2　脱离高压电源的方法

9.4.1　脱离低压电源的方法

立即电话通知有关供电部门拉闸停电。若电源开关离触电现场不很远，则可戴上绝缘手套，穿上绝缘靴，拉开高压断路器，或用绝缘棒拉开高压熔断器以切断电源。往架空线路抛挂裸金属软导线，人为造成线路短路，迫使继电保护装置动作，使电源开关跳闸。如果触电者触及断落在地上的带电高压导线，尚未确定线路无电之前，救护人不可进入断线落地点 8～10m 的范围内，以防止跨步电压触电。

9.4.2　现场触电救护

9.4.2　脱离高压电源的方法

现场救护触电者脱离电源后，应立即就地进行抢救。同时派人通知医务人员到现场，并做好将触电者送往医院的准备工作。

（1）如果触电者所受的伤害不太严重，神志尚清醒，未失去知觉，应让触电者在通风暖和的处所静卧休息，并派人严密观察，同时请医生前来或送往医院诊治。

（2）如果触电者已失去知觉，但呼吸和心跳尚正常，则应使其平卧，解开衣服以利呼吸，四周保持空气流通，冷天应注意保暖，同时立即请医生前来或送往医院诊察。若发现触电者呼吸困难或心跳失常，应立即施行人工呼吸或胸外心脏按压。

（3）如果触电者呈现"假死"（电休克）现象，如心跳停止，但尚能呼吸；或呼吸停止，但心跳尚存，脉搏很弱；或呼吸和心跳均停止，应立即按心肺复苏法就地抢救。"假死"症状的判定方法是"看""听""试"。"看"是观察触电者的胸部、腹部有无起伏动作；"听"是用耳贴近触电者的口鼻处，听他有无呼气声音；"试"是用手或小纸条试测口鼻有无呼吸的气流，再用两手指轻压喉结旁凹陷处的颈动脉有无搏动感觉。所谓心肺复苏法，就是支持生命的 3 项基本措施，即通畅气道、口对口（鼻）人工呼吸、胸外按压（人工循环）。

1）采用仰头抬颌法通畅气道。若触电者呼吸停止，最重要的是让其始终保持气道通畅，操作要领是：清除口中异物，使触电者仰躺，迅速解开其领扣和裤带。救护人的一只手放在触电者前额，另一只手的手指将其颏颌骨向上抬起，两手协同将头部推向后仰，舌根自然随之抬起，气道即可畅通。

2）口对口（鼻）人工呼吸。完成气道通畅的操作后，应立即对触电者施行口对口或口对鼻人工呼吸。口对鼻人工呼吸用于触电者嘴巴紧闭的情况。人工呼吸的操作要领如下：

先大口吹气刺激起搏。救护人蹲跪在触电者的一侧；用放在触电者额上的手的手指捏住其鼻翼，另一只手的食指和中指轻轻托住其下巴，救护人深吸气后，与触电者口对口紧合，在不漏气的情况下，先连续大口吹气两次，每次 1～1.5s；然后用手指试测触电者颈动脉是否有搏动，如仍无搏动，可判断心跳确已停止；在施行人工呼吸的同时应进行胸外按压。

正常口对口人工呼吸。大口吹气两次试测动脉搏动后，立即转入正常的口对口人工呼吸阶段。正常的吹气频率是每分钟约 12 次。正常的口对口人工呼吸吹气量不能过大，以免引起胃膨胀，如触电者是儿童，吹气量宜小些，以免肺泡破裂。救护人换气时，应将触电者的鼻或口放松，让他借自己胸部的弹性自动吐气。吹气和放松时要注意触电者胸部有无起伏的呼吸动作。吹气时如有较大的阻力，可能是头部后仰不够，应及时纠正，使气道保持畅通。

触电者如牙关紧闭，可改行口对鼻人工呼吸。吹气时要将触电者嘴唇紧闭，防止漏气。

（4）胸外按压是借助人力使触电者恢复心脏跳动的急救方法，其操作要领简述如下：

确定正确的按压位置的步骤：右手的食指和中指沿触电者的右侧肋弓下缘向上，找到肋骨和胸骨接合处的中点，右手两手指并齐，中指放在切迹中点（剑突底部），食指平放在胸骨下部，左手的掌根紧挨食指上缘置于胸骨上，掌根处即为正确按压位置。

正确的按压姿势：使触电者仰躺并解开其衣服，仰卧姿势与口对口（鼻）人工呼吸法相同。救护人员跪在触电者肩旁一侧，两肩位于触电者胸骨正上方，两臂伸直，肘关节固定不屈，两手掌相叠，手指翘起，不接触触电者胸壁。以髋关节为支点，利用上身的重力，垂直将正常成人胸骨压陷 5～6cm（儿童和瘦弱者酌减）。压至要求程度后，立即全部放松，但救护人员的掌根不得离开触电者的胸壁。按压有效的标志是在按压过程中可以触到颈动脉搏动。

胸外恰当的按压频率是 100～120 次/分。当胸外按压与口对口（鼻）人工呼吸同时进行时，操作的节奏为 30∶2，也就是胸外按压 30 次，然后人工呼吸 2 次。

【扫码测试】

9.4　练习题

小　结

本章讲述了用电安全的相关基本知识，防止直接触电和间接触电的基本措施，在此基础上详细讲解了施工现场临时用电的安全管理，包括临时用电安全管理的基本要求、电气设备接零或接地、配电室、配电箱及开关箱、施工用电线路、施工照明和用电档案管理。通过本章的学习，应掌握用电安全的相关基本概念、防止触电的基本措施、施工现场临时用电的安全管理，并能进行简单的触电急救。

附录 典型工程事故案例剖析

【学习目标】 了解工程常见工程事故类型；熟悉常见事故触发原因；掌握常见事故预防措施。

【知识点】 ①物体打击事故分析及预防措施；②机械伤害事故分析及预防措施；③起重伤害事故分析及预防措施；④火灾事故分析及预防措施；⑤触电事故分析及预防措施；⑥高处坠落事故分析及预防措施；⑦坍塌事故分析及预防措施；⑧爆炸事故分析及预防措施；⑨中毒事故分析及预防措施；⑩车辆伤害事故分析及预防措施；⑪工程危险源分析。

【技能】 掌握各类常见事故的分析要点及预防措施。

1 物体打击典型工程事故案例

1.1 钢管高空坠落伤人事故

1. 背景

2007 年 4 月 18 日 16 点在某二期工程 3 号住宅楼工程，施工单位机械工贾某与同班组人员进行砂浆搅拌作业。作业期间，砂浆搅拌机未搭设防护棚，工人直接在距楼梯口 6.3m 处进行工作。当时屋面和室内都有工人在进行施工。16 点 40 分，从 12 层掉下一根约 2m 长 φ48mm 的钢管，将机械工贾某安全帽击穿，击中头部死亡。

2. 问题

(1) 事故原因分析。

(2) 杜绝此类事故的措施。

3. 分析

(1) 事故原因：施工单位未按照《北京市建设工程施工现场安全防护标准》中的规定给砂浆搅拌机搭设防砸、防雨的操作棚；总包单位对交叉作业的各分包单位协调不力；施工单位安全教育不到位，导致现场施工人员安全意识淡薄，在施工过程中安全监督检查不到位。

(2) 防范措施：

1) 按照《建筑施工高处作业安全技术规范》的要求，支模、粉刷、砌墙等各工种进行上下立体交叉作业时，不得在同一垂直方向上操作。下层作业的位置，必须处于依上层高度确定的可能坠落范围半径之外。不符合以上条件时，应设置安全防护层。

2) 按照《北京市建设工程施工现场安全防护标准》的要求，施工交叉作业时，应当制定相应的安全措施，并指定专职人员进行检查和协调。

3) 施工现场的砂浆搅拌机必须搭设封闭式机棚。

1.2　木板高空坠落伤人事故

1. 背景

2002 年 8 月 24 日上午，在上海某建筑公司总包、某建筑有限公司分包的某高层工地，分包单位外墙粉刷班为图操作方便，经班长同意后，拆除机房东侧外脚手架顶排朝下第四步围挡密目网，搭设了操作小平台。在 10 时 50 分左右，粉刷工张某在取用粉刷材料时，觉得小平台上料口空档过大，就拿来了一块 180cm×20cm×5cm 的木板，准备放置在小平台空档上。在放置时，因木板后段绑着一根 20 号铁丝钩住了脚手架密目网，张某想用力甩掉铁丝的钩挂，不料用力太大而失手，木板从 100m 高度坠落，正好击中运送建筑垃圾至工地东北角建筑垃圾堆场途中的普工杨某脑部。事故发生后，现场立即将杨某送往医院抢救，终因杨某伤势过重，抢救无效，于 8 月 29 日 7 时 30 分死亡。

2. 问题

(1) 事故原因分析。

(2) 此类事故的预防及控制措施。

(3) 应如何处理该起事故？

3. 分析

(1) 事故原因分析。

1) 直接原因。

粉刷工在小平台上放置 180cm×20cm×5cm 木板时，因用力过大失手，导致木板从 100m 高度坠落，击中底层推车的清扫普工杨某，是造成本次事故的直接原因。

2) 间接原因。

a. 分包单位管理人员未按施工实际情况落实安全防护措施，导致作业班组擅自搭设不符规范的操作平台。

b. 缺乏对作业人员的遵章守纪教育和现场管理不力。

c. 总包单位对分包单位管理不严，对现场的动态管理检查不力。

d. 事故主要原因外墙粉刷班长为图操作方便，擅自同意作业人员拆除脚手架密目网，违章在脚手架外侧搭设操作小平台。是造成本次事故的主要原因。

(2) 事故预防及控制措施。

1) 分包单位召开全体管理人员和班组长参加的安全会议，通报事故情况，并进行安全意识和遵章守纪教育，重申有关规章制度，加强内部管理和建立相互监督检查制度，牢记血的教训始终绷紧安全生产这根弦，消除隐患，杜绝各类事故发生。

2) 分包单位决定清退肇事班组，其所在分队列为今年下半年 C 档队伍，半年内停止参加公司内部任务招投标。

3) 总包单位召开全体员工大会，通报事故情况，并重申项目安全管理有关要求。组织有关人员对施工现场进行全面检查，对查出的事故隐患，按条线落实人员限期整改，并组织复查。

4) 总包单位进一步加强对施工队伍的安全管理，和监督力度。项目部要结合装饰装潢施工特点，安全员要组织好专（兼）职安全监控人员，加强施工现场安全检查、巡视和执法力度，做到文明施工、安全生产。

（3）事故处理。本起事故直接经济损失约为 17.8 万元。事故发生后，根据事故调查小组的意见，总、分包单位对本次事故负有责任者进行了相应的处理：

1）分包单位粉刷工张某，不慎将木板坠落，造成事故，对本次事故负有直接责任，决定给予公告除名，并处以罚款。

2）分包单位粉刷班长丁某，违章操作，事发后又安排作业人员擅自拆除操作小平台，对本次事故负有主要责任，决定给予公告除名，并处以罚款。

3）分包单位项目施工负责人高某，默认施工班组违章搭设操作小平台，对本次事故负有管理责任，决定给予行政记过处分，并处以罚款。

4）分包单位项目负责人高某，平时缺乏对管理人员和作业人员的安全和纪律教育，对本次事故负有管理责任，决定给予行政警告处分，并处以罚款。

5）分包单位公司副经理金某，对项目管理缺乏安全生产的考核和安全意识的教育，对本次事故负有管理责任，决定给予行政警告处分，并处以罚款。

6）总包单位项目部卫某，对本次事故负有管理责任，决定给予行政警告处分，并处以罚款。

7）总包单位项目部生产副经理张某，对本次事故负有管理责任，决定其作出公开检查，并处以罚款。

8）总包单位项目部副经理孙某，对本次事故负有管理责任，决定其作出公开检查，并处以罚款。

2 机械伤害典型工程事故案例

2.1 某县燃料公司蜂窝煤生产车间搅拌机伤人事故

1. 背景

一日，某县燃料公司蜂窝煤生产车间，王某和曾某操作搅拌机，另有 3 人负责捡蜂窝煤。约 8 时 30 分，曾某有事离开，由王某单独操作。8 时 50 分，王某见搅拌机不能正常将煤料送上运输皮带，便站在搅拌机有旋转齿轮的一侧，用铁锹将机内煤料铲到出口处。在铲料过程中，搅拌机一对离地约 80cm、直径约 15cm、相向啮合的齿轮将王某的衣袖夹住，王某拼命想把衣袖拉出，因自身力量太小不能成功。而离他仅 7m 远的 3 个捡煤工人，竟无一人看见。事故导致王某右肘以下粉碎。据调查，该公司搅拌机投入运行 10 多年来，其齿轮一直没有安装防护罩。在运行过程中，多次将上机操作的工人衣服夹住，但因其转速较慢且工人采取的措施得当，一般只将衣服夹烂，未出现伤人事故，未引起企业的重视。事故发生后，公司领导立即派人安装了防护罩。但对于右臂仅存 10cm 的王某来说，一条手臂换了一个安全防护罩，代价太大了。在机械传动装置中的各零件所造成的伤害事故中，齿轮所造成的伤害占很大比例。在齿轮传动中，齿轮啮合处以及各轮辐间的空隙是最大危险点，工人的手或身体其他部位极易被卷入而造成伤害事故。本案例中，工人王某的衣袖就是被齿轮啮合处咬住，导致右肘以下粉碎。

2. 问题

（1）根据《企业职工工伤事故分类》（GB 6441—1986）。确定这起事故的事故类型，并列举人机系统中常见的事故。

（2）试分析造成该事故的原因。

3．分析

（1）这起事故的事故类型是：机械伤害。人机系统中常见的事故有：

1）物体打击。

2）机械伤害。

3）触电。

4）灼烫。

5）其他伤害。

（2）直接原因：齿轮部位没有安装安全防护装置；操作人员忽视安全，凭以往经验做事。间接原因：企业领导不重视安全防护投入；工人缺乏或不懂安全操作技术知识。

2.2　某工程施工升降机吊笼冒顶事故

1．背景

郑州市某工程，建筑面积 32487m²，高 33 层，建筑高度 109m，框架剪力墙结构。该工程由中建某局一公司总承包，工程监理单位为河南某工程建设监理公司，土建由南通市某建筑公司分包，施工机械由南通市某建筑公司负责提供，垂直运输采用了人货两用的外用电梯。2002 年 6 月工程主体进行到第 24 层，6 月 28 日电梯司机上午运输人员至下午上班后，见电梯无人使用便擅自离岗回宿舍睡觉，但电梯没有拉闸上锁。此时有几名工人需乘电梯，因找不到司机，其中一名机械工便私自操作，当吊笼运行至 24 层后发生冒顶，从 66m 高处出轨坠落，造成 5 人死亡，1 人受伤的重大事故。

2．问题

（1）事故发生的原因分析。

（2）事故主要结论及教训。

（3）该类事故的预防措施及警示。

3．分析

（1）事故发生原因分析。

1）技术方面。

a. 未能及时接高电梯导轨架。事故发生时建筑物最高层作业面为 72.5m，而施工升降机导轨架安装高度为 75m，此高度已不能满足吊笼运行安全距离的要求，如不及时接高导轨架，当施工最上层时吊笼容易发生冒顶事故。

b. 未按规定正确安装安全装置。按《施工升降机安全规则》（GB 10055—96）规定，升降机"应安装上、下极限开关"，当吊笼向上运行超过越层的安全距离时，极限开关动作切断提升电源，使吊笼停止运行……"吊笼应设置安全钩"，防止在出事故时吊笼脱离导轨架。

2）管理方面。

a. 分包单位南通市某建筑公司管理混乱。施工升降机安装后不进行验收。对施工升降机的安装、使用国家及行业早已颁发标准，而南通市某建筑公司在电梯安装前不制定方案，电梯安装后不经验收确认，在安装不合格及安全装置无效的情况下冒险使用。

b. 对作业人员缺乏严格管理。该公司对电梯司机没有严格的管理制度,致使工作时间内司机擅自离岗且不锁好配电箱,导致他人随意动用。公司对其他工种人员缺少安全培训教育和严格的约束制度,致使无证人员擅自操作电梯。由于存在诸多安全隐患的施工电梯由无证人员随意操作,当吊笼发生意外时,安全装置又失去作用导致发生事故。

c. 总包单位和监理单位工作失职。《建设工程安全生产管理条例》明确规定,建设工程项目实行总承包的,由总承包单位对施工现场的安全生产负责。工程监理应按照规范,监督安全技术措施的实施。该工程电梯安装前没有编制实施方案,安装后也不报验,自5月8日安装至6月28日发生事故前的50天中无人检查无人过问,致使电梯未安装上极限限位挡板,当吊笼越程运行无安全限位保障;电梯安全钩安装不正确,吊笼发生脱轨时保险装置失效。以上重大隐患,未能在总包管理、监理监督下得以发现和提早解决,导致电梯原有的安全装置因失效未能起到避免意外事故和减少事故损失的作用。

d. 市场管理混乱。郑州市存在有两套管理机构,一个是郑州市建设行政主管部门,另一个是郑州市政府有关部门,从而导致管理矛盾和漏洞,影响了执行建筑法的严肃性,给市场管理造成混乱。

(2) 事故结论与教训。

1) 事故主要原因。本次事故发生的表面原因是因电梯司机离岗,非司机擅自操作电梯造成,但实质上完全是由于施工管理混乱而发生的事故。电梯从安装无施工方案,到安装后不经验收试验便冒险使用,因安全装置不合格未能及早发现导致失效。另外,司机不经批准便擅自离岗睡觉,非司机人员操作(非司机人员操作现象不会是偶然发生,因为第一次不可能就会操作,既会操作一定不是第一次,只是过去操作未造成事故,未引起注意。司机敢于离岗去放心睡觉,这也不可能是第一次离岗)等等违章混乱长期存在无人管理,直到发生事故方引起关注。

2) 事故性质。本次事故属于责任事故。该工程建筑面积32487m^2,建筑高度109m,这在郑州市应该算是较大的工程项目,在施工管理上应该引起各级重视,不但从开工准备时应引起重视,在整个施工过程中,也会有分包公司自查、总包检查、监理的监督检查、市安监站的检查,如果各级切实严肃认真地监督检查,本应该可以及早发现隐患,避免如此重大事故,然而事故仍然发生了。可见各级的检查效果不能说全是走过场,至少对设备检查,尤其这种外用电梯较大设备的检查,是走了过场,是工作失职的见证。

3) 主要责任。南通市某建筑公司的项目负责人对施工升降机的安装、使用、管理违反规定,严重失职,应负违章指挥责任。该施工公司主要负责人对基层如此混乱和管理失控,应负全面管理责任。

(3) 事故的预防措施及警示。

1) 应加强对机械设备的管理。机械设备、施工用电等管理工作在土建项目经理的日常管理中属于弱项,由于专业性强,不十分熟悉,尤其对相关标准不清楚,往往会疏于管理,不能预见问题,工作容易被动。为此,应适当配备机械设备专业人员协助项目进行管理,这些专业管理人员应该熟悉相关标准、规范,赋予相关权利和责任,尤其较大工程项目,像塔吊、外用电梯、物料提升机以及混凝土泵车等,设备品种多、数量多,应针对不同设备特点加强机械设备管理,使各种机械设备得以合理使用,提高机械设备完好率,不仅有利于安全施工同时也会促进生产任务的顺利完成。

2）应加强对各司机、操作手的培训管理。各种机械设备的最直接使用者就是司机和操作手，他们不仅是操作者，同时还是机械设备的保养和监护人，许多机械事故的发生都与司机和操作手分不开，一个单位的机械设备的面貌如何，实际上也从另一角度展示了这个单位的管理水平和能力。应该健全制度，定期培训，经常检查，使操作机械的司机成为遵章守纪的第一人，不能成为违章违纪的带头人。

3）事故警示。施工升降机、塔式起重机、物料提升机是目前建筑施工中的主要垂直运输设备，由于危险大，管理上存在问题多，所以《建筑施工安全检查标准》（JGJ 59—2021）中已将其列入专项检查内容要求各单位认真管理。

由于这些设备高大，所以每次转移工地时必须拆除后运输，运到新工地重新组装，因此，重新组装后的检查验收是非常重要的，不能带"病"运转、冒险作业。按载重 1t 的吊笼每次可载 10 人计算，如果万一发生事故那将是重大损失，所以万万不可忽视。

为防止安装及拆除过程中发生事故，建设部规定了必须由具有相应资质的专业队伍进行，安装、拆除前必须按说明书规定和现场条件编制作业方案。为保证安全运行，施工升降机专门设计了安全装置，包括限速器、上下限位、安全钩、门联锁等，重新组装后必须逐项试验（包括吊笼坠落试验），每班使用前应进行检查。为确认重新组装后已达到原机械性能，规定必须做运行试验，包括静载、动载及超载试验。在做运行试验的同时，检验各安全装置。除此之外，还要培训专门的司机，要技术好、责任心强的人员担任，并有专人管理，定期检查、维修。

施工升降机是属于定型设备，如何使用、如何检验，如果我们各施工单位切实遵照执行国家颁发的施工升降机标准，绝大多数事故都是可以避免的。

3 起重伤害典型工程事故案例

3.1 某建筑公司起重伤害事故分析及防范措施

1. 背景

C 建筑工程公司原有从业人员 650 人，为减员增效，2009 年 3 月将从业人员裁减到 350 人。质量部、安全部合并为质安部，原安全部的 8 名专职安全管理人员转入下属二级单位，原安全部的职责转入质安部，具体工作由 2 人承担。2010 年 5 月，C 公司获得某住宅楼工程的承建合同，巾标后转包给长期挂靠的包工头甲某，从中收取管理费。2010 年 11 月 5 日，甲找 C 公司负责人借用起重机，吊运 1 台 800kN·m 的塔式起重机组件，并借用了有 A 类汽车驾驶执照的员工乙和丙，2010 年 11 月 6 日中午，乙把额定起重量 8t 的汽车式起重机开到工地，丙用汽车将塔式起重机塔身组件运至工地，乙驾驶汽车式起重机开始作业，C 公司机电队和运输队 7 名员工开始组装塔身。当日 18 时，因起重机油料用完且天黑无照明，丙要求下班，甲不同意。甲找来汽油后，继续组装。20 时，发现塔式起重机的塔身首尾倒置，无法与塔基对接。随后，甲找来 3 名临时工，用钢绳绑定、人拉钢绳的方法扭转塔身，转动中塔身倾斜倒向地面，作业人员躲避不及，造成 3 人死亡、4 人重伤。

2．问题

（1）确定此次事故类别并说明理由。

（2）指出 C 公司主要负责人应履行的安全生产职责。

（3）分析本次事故暴露出的现场安全管理问题。

（4）提出为防止类似事故发生应采取的安全措施。

3．分析

（1）起重伤害。发生在吊塔（起重机械）的安装过程中。

（2）建立健全安全生产责任制；组织制定本单位安全生产规章制度和操作规程；保证安全生产投入的有效使用；督促、检查本单位安全生产工作，及时消除生产安全事故隐患；组织制定并实施本单位生产安全事故应急救援预案；及时、如实汇报生产安全事故。

（3）现场安全管理问题，起重机械的安装和拆卸应由具有相应资质的单位承担；没有制定具有针对性的施工组织方案和安全技术措施；施工中没有派专业技术人员监督；在作业环境不良的条件下违章指挥，强令冒险作业；临时工未经培训上岗，特种专业人员未持证上岗；相关方管理混乱，存在着非法分包、转包的现象。

（4）采取的安全管理措施，建立健全安全生产责任制；制定有针对性的安全施工方案和安全措施；杜绝违章指挥、违章操作；加强相关方管理，严格审核相关单位的资质和条件；加强从业人员岗前安全教育培训，树立良好的安全意识；现场派专业技术人员监督，保证操作规程的遵守和安全措施的落实。

3.2 特大吊装事故分析

1．背景

某年某月某日上午 8：00 左右，在某市造船厂船坞工地，由某公司、某中心等单位承担安装 600t 起重量、跨度为 170m 的巨型龙门起重机，在吊装主梁过程中发生倒塌，造成 36 人死亡的特大事故。

（1）起重机吊装过程。事故前 3 个月，该工程公司施工人员进入造船厂开始进行龙门起重机结构吊装工程，2 个月后，完成了刚性腿整体吊装竖立工作。

事故前 12 日，该中心进行主梁预提升，通过 60%～100% 负荷分步加载测试后，确认主梁质量良好，塔架应力小于允许应力。

事故前 4 日，该中心将主梁提程式离开地面，然后分阶段逐步提升，至事故前一日 19：00，主梁被提升至 47.6m 高度。因此时主梁上小车与刚性腿内侧缆风绳相碰，阻碍了提升。该公司施工现场指挥考虑天色已晚，决定停止作业，并给起重班长留下局面工作安排，明确事故当日早晨放松刚性腿内侧缆风绳，为该中心 8：00 正式提升主梁做好准备。

（2）事故发生经过。事故当日 7：00，公司施工人员按现场指挥的布置，通过陆侧（远离江河一侧）和江侧（靠近江河一侧）卷扬机先后调整刚性腿的两对内、外两侧缆风绳，现场测量员通过经纬仪监测刚性腿顶部的基准靶标志（调整时，控制靶位标志内外允许摆动 20mm），并通过对讲机指挥两侧卷扬机操作工进行放缆作业。放缆时，先放松陆侧内缆风绳，当刚性腿出现外偏时，通过调松陆侧外缆风绳减小外侧拉力进行修偏，直至恢复至原状态。通过 10 余次放松及调整后，陆侧内缆风绳处于完全松弛状态并已被推出上小车机房顶棚。此后，又使用相同方法和相近的次数，将江侧内缆风绳放松调整为完全松弛状态。约 7：55，当地面人员正要通知上面工作人员推移江侧内缆风绳时，测量员发现基准标志逐渐外移，并逸出经纬仪观察范围，还有现场人员也发现刚性腿不断地在向外侧倾斜，直到刚性腿倾覆，主梁被拉动横向平移并坠落，另一端的塔架也随之倾倒。

（3）人员伤亡和经济损失情况。事故造成 36 人死亡，2 人重伤，1 人轻伤。死亡人员中，公司 4 人，中心 9 人（其中有副教授 1 人，博士后 2 人，在职博士 1 人），造船厂 23 人。

事故造成经济损失约 1 亿元，其中直接经济损失 8000 多万元。

2. 问题

（1）分析这起事故的原因。

（2）责任划分及处理。

（3）事故教训及整改措施。

3. 分析

（1）原因分析。事故发生后，党中央和国家十分重视。国家安全生产监督管理局立即组成调查组赶赴现场进行调查处理。

1）刚性腿在缆风绳调整过程中受力失衡是事故的直接原因。事故调查组在听取工程情况介绍、现场勘查、查阅有关各方提供的技术文件和图纸、收集有关物证和陈述笔录的基础上，对事故原因做了认真的排查和分析。在逐一排除了自制塔架首先失稳、支承刚性腿的轨道基础沉陷移位、刚性腿结构本体失稳破坏、刚性腿缆风绳超载断裂或地锚拔起、荷载状态下的提升承重装置突然破坏断裂及不可抗力（地震、飓风等）的影响等可能引起事故的多种其他原因后，重点对刚性腿在缆风绳调整过程中受力失衡问题进行了深入分析，经过有关专家对吊装主梁过程中刚性腿处的力学机理分析及受力计算，提出了《市某特大事故技术原因调查报告》，认定造成这起事故的直接原因是：在吊装主梁过程中，由于违规指挥、操作，在未采取任何安全保障措施情况下，放松了内侧缆风绳，致使刚性腿向外侧倾倒，并依次拉动主梁、塔架向同一侧倾坠、垮塌。

2）施工作业中违规指挥是事故的主要原因。该公司施工现场指挥在发生主梁上小车碰到缆风绳需要更改施工方案时，违反吊装工程方案中关于"在施工过程中，任何人不得随意改变施工方案的作业要求。如有特殊情况进行调整必须通过一定的程序以保证整个施工过程安全"的规定，未按程序编制修改局面作业指令和逐级报批，在未采取任何安全保障措施的情况下，下令放松刚性腿内侧的两根缆风绳，导致事故发生。

3）吊装工程方案不完善、审批把关不严是事故的重要原因。由该公司编制，其上级公司批复的吊装工程方案中提供的施工阶段结构倾覆稳定验算资料不规范、不齐全；对造船厂 600t 龙门起重机刚性腿的设计特点，特别是刚性腿顶部外倾 710mm 后的结构稳定性没有予以充分的重视；对主梁提升到 47.6m 时，主梁上小车碰刚性腿内侧缆风绳这一可以预见的问题未予考虑，对此情况下如何保持刚性腿稳定的这一关键施工过程更无定量的控制要求和操作要领。

吊装工程方案及作业指导书编制后，虽经规定程序进行了审核和批准，但有关人员及单位均未发现存在的上述问题，使得吊装工程方案和作业指导书在重要环节上失去了指导作用。

4）施工现场缺乏统一严格的管理，安全措施不落实是事故伤亡扩大的原因。

a. 施工现场组织协商不力。在吊装工程中，施工现场甲、乙、丙三方立体交叉作业，但没有及时形成统一、有效的组织协调机构对现场进行严格管理。在主梁提升前 10 日成立的"600t 龙门起重机提升组织体系"，由于机构职责不明、分工不清，并没有起到施工现场总体的调度及协调作用，致使施工各方不能相互有效沟通。乙方在决定更改施工方案，决定放松缆风绳后，未正式告知现场施工各方采取相应的安全措施；甲方也未明确将事故当日的作业具体情况告知乙方。导致造船厂 23 名在刚性腿内作业的职工死亡。

b. 安全措施不具体、不落实。事故发生前 1 个多月，由工程各方参加的"确保主梁、柔性腿吊装安全"专题安全工作会议，在制定有关安全措施时没有针对吊装施工的具体情况由各方进行充分研究并提出全面、系统的安全措施，有关安全要求中既没有对各单位在现场必要人员作出明确规定，也没有关于现场人员如何进行统一协调管理的条款。施工各方均未制定相应程序及指定具体人员对会上提出的有关规定进行具体落实。例如，为吊装工程制定的工作牌制度就基本没有落实。

综上所述，此起特大事故是一起由于吊装施工方案不完善，吊装过程中违规指挥、操作，并缺乏统一严格的现场管理而导致的重大责任事故。

（2）责任划分及处理。这起事故发生的主要原因是施工作业中的违规指挥所致。

起重机结构吊装施工现场由该公司担负指挥和施工现场指挥。在发生主梁上小车碰到缆风绳情况时，未修改局面作业指令和执行逐级报批程序，违章指挥导致事故发生，该公司应负主要方面责任。

1）该公司职工，600t 龙门起重机吊装工程事故当日施工现场指挥，作为当日的施工现场指挥，不按施工规定进行作业，对于主梁受阻问题，自行决定，在没采取任何安全措施的情况下，就安排人放松刚性腿内侧缆风绳，导致事故发生。该职工是造成这次事故的直接责任者，犯有重大工程安全事故罪，给予开除公职处分，交司法机关依法处理。

2）公司副经理，作为 600t 龙门起重机吊装工程项目经理，忽视现场管理，未制定明确、具体的现场安全措施；明知 7 月 17 日要放刚性腿内侧缆风绳，也未提出采取有效保护措施，且事发时不在现场。对事故负有主要领导责任，犯有重大工程安全事故罪，给予开除公职、开除＊＊＊籍处分，交司法机关依法处理。

3）对其他 12 名特大事故相关责任人，根据职务、职责，分别给以开除＊＊＊籍、留＊＊＊察看、＊＊＊内严重警告、撤销＊＊＊内职务等 ＊＊违纪处分和开除公职、行政撤职、行政降级、行政记过、行政警告处分等行政处罚，对涉嫌犯有重大工程安全事故罪的，移交司法机关依法处理。责成该三个单位的行政主管部门依据调查结论对与事故有关的其他责任人给予严肃处理。

（3）事故教训及整改措施。

1）工程施工必须坚持科学的态度，严格按照规章制度办事，坚决杜绝有章不循、违章指挥、凭经验办事和侥幸心理。

此次事故的主要原因是现场施工违规指挥所致，而施工单位在制定、审批吊装方案和实施过程中都未对 600t 龙门起重机刚性腿的设计特点给予充分的重视，只凭以往在大吨位门吊施工中曾采用过的放松缆风绳的"经验"处理这次缆风绳的干涉问题。对未采取任何安全保障措施就完全放松刚性腿内侧缆风绳的做法，现场有关人员均未提出异议，致使该公司现场指挥人员的违规指挥得不到及时纠正。此次事故的教训证明，安全规章制度是长期实践经验的总结，是用鲜血和生命换来的，在实际工作中，必须进一步完善安全生产的规章制度，并坚决贯彻执行，以改变那种纪律松弛、管理不严、有章不循的情况。不按科学态度和规定的程序办事，有法不依、有章不循，想当然、凭经验、靠侥幸是安全生产的大敌。

今后在进行起重吊装等危险性较大的工程施工时，应当明确禁止其他与吊装工程无关的交叉作业，无关人员不得进入现场，以确保施工安全。

2）必须落实建设项目各方的安全责任，强化建设工程中外来施工队伍和劳动力的管理。

这次事故的最大教训是以包代管。为此，在工程的承发包中，要坚决杜绝以包代管、包而不管的现象。首先是严格市场的准入制度，对承包单位必须进行严格的资质审查。在多单位承包的工程中，发包单位应当对安全生产工作进行统一协调管理。在工程合同的有关内容中必须对业主及施工各方的安全责任做出明确的规定，并建立相应的管理和制约机制，以保证其在实际工作中得到落实。

同时，在社会主义市场经济条件下，由于多种经济成分共同发展，出现利益主体多元化、劳动用工多样化趋势。特别是在建设工程中目前大量使用外来劳动力，增加了安全管理的难度。为此，一定要重视对外来施工队伍及临时用工的安全管理和培训教育，必须坚持严格的审批程序；必须坚持先培训后上岗的制度，对特种作业人员要严格培训考核、发证，做到持证上岗。此外，中央管理企业在进行重大施工之前，应主动向所在地安全生产监督管理机构备案，各级安全生产监督管理机构应当加强监督检查。

3）要重视和规范高等院校参加工程施工时的安全管理，使产、学、研相结合走上健康发展的轨道。

在高等院校科技成果向产业化转移过程中，高等院校以多种形式参加工程项目技术咨询、服务或直接承接工程的现象越来越多。但从这次调查发现的问题来看，高等院校教职员工介入工程时一般都存在工程管理及现场施工管理经验不足，不能全面掌握有关安全规定，施工风险意识、自我保护意识差等问题，而一旦发生事故，善后处理难度最大，极易成为引发社会不稳定的因素。有关部门应加强对高等院校所属单位承接工程的资质审核，在安全管理方面加强培训；高等院校要对参加工程的单位加强领导，加强安全方面的培训和管理，要求其按照有关工程管理及安全生产的法规和规章制订完善的安全规章制度，并实行严格管理，以确保施工安全。

4 火灾典型工程事故案例

4.1 某大学学生公寓楼工程火灾事故案例

1. 背景

乌鲁木齐市某大学学生公寓楼工程由新疆建工集团某建筑公司承建。2001 年 8 月 2 日晚上，在调配聚氨酯底层防水涂料时，使用汽油代替二甲苯作稀释剂，调配过程中发生爆燃，引燃室内堆放着的防水（易燃）材料，造成火灾并产生有毒烟雾，致使5人中毒窒息死亡，1人受伤。

2.问题

(1) 事故发生的原因分析。

(2) 事故主要结论及教训。

(3) 该类事故的预防措施及警示。

3.分析

(1) 事故原因分析。

1) 技术方面。调制油漆、防水涂料等作业应准备专门作业房间或作业场所，保持通风良好，作业人员佩戴防护用品，房间内备有灭火器材，预先清除各种易燃物品，并制定相应的操作规程。

此工地作业人员在堆放易燃材料附近，使用易挥发的汽油，未采取任何必要措施，违章作业导致发生火灾，是本次事故的直接原因。

2) 管理方面。该施工单位对工程进入装修阶段和使用易燃材料施工，没有制定相关的安全管理措施，也未配有专业人员对作业环境进行检查和配备必要的消防器材，以致发生火险后未能及时采取援救措施，最终导致火灾。

作业人员未经培训交底，没有掌握相关知识，由于违章作业无人制止，导致发生火灾。

(2) 事故结论与教训。

1) 事故主要原因。本次事故主要是由于施工单位违章操作，在有明火的作业场所使用汽油引起的火灾事故。在安全管理与安全教育上失误，施工区与宿舍区没有进行隔离且存放大量易燃材料无人制止，重大隐患导致了重大事故。

2) 事故性质。本次事故属于责任事故。由于该企业片面强调经济效益，忽视安全管理，既没制定相应的安全技术措施，也没对作业现场环境进行检查和配备必需的防护用品、灭火器材，盲目施工导致发生火灾事故。

3) 主要责任。①施工项目负责人事前不编制方案、不进行作业环境检查，对施工人员不进行交底、不做危险告知，以致违章作业造成事故，且没有灭火器材进行自救，导致严重损失，应负直接领导责任；②施工企业主要负责人平时不注重抓企业管理和对作业环境不进行检查，导致基层违章指挥、违章作业，负有主要领导责任。

(3) 事故的预防措施及警示。

1) 施工前应编制安全技术措施。《中华人民共和国建筑法》和《建设工程安全生产管理条例》都有明确规定，对危险性大的作业项目应编制分项施工方案和安全技术措施，要对作业环境进行勘察了解，按照施工工艺对施工过程中可能发生的各种危险，预先采取有效措施加以防止，并准备必要的救护器材防止事故延伸扩大。

2) 先培训后上岗。对使用危险品的人员，必须学习储存、使用、运输等相关知识和规定，经考核合格后上岗，在具体施工操作前，需根据实际情况进行安全技术交底，并教会使用人员使用救护器材，较大的施工工程应配有专业消防人员进行检查指导。

3) 落实各级责任制。对于危险品的使用除应配备专业人员外，还应建立各级责任制度，并有针对性地进行检查，使这一工作切实从思想上、组织上及措施上得到落实。

4）事故警示。本次事故违反了《化学危险品管理条例》的相关规定，要求对危险品的储存、使用远离生活区、远离易燃品，配备必要的应急救援器材和施工前编制分项工程专项施工方案并派人监督实施。易燃易爆物品的主要防范是要严格控制火源。使用各种易挥发、燃点低等材料时，必须了解其含量、性质，存放保持隔离、通风，作业环境应有灭火器材和无关人员应远离易燃物品，严禁火源。

建筑施工过程中的防水工程、油漆装饰等作业，常常使用的稀释剂中，不仅含有毒有害物质，同时因挥发性强、燃点低也属易燃物品。在施工中必须预先考虑危险品材料存放库，随用随领；使用场所应远离木材、保温等易燃材料；专门设置油漆配制等工序的作业区，下班后将剩余少量的稀释剂妥善存放防止发生意外。

本次事故是因明火场所使用汽油，这是严格禁止的，对于装修专业队伍本是基本知识，而此次事故说明该施工单位平时疏于管理，再加上现场混乱，易燃材料随意堆放，使火灾发生且扩大，导致火灾事故。

4.2 某特别重大危化品燃爆事故分析

1. 背景

2014年3月1日14时45分，山西省某市某县的某高速公路山西晋城段岩后隧道内，两辆运输甲醇的铰接列车追尾相撞，前车甲醇泄漏起火燃烧，隧道内滞留的另外两辆危险化学品运输车和31辆煤炭运输车等车辆被引燃引爆，造成40人死亡、12人受伤和42辆车烧毁，直接经济损失8197万元。

2. 问题

（1）试分析该燃爆事故的直接原因。

（2）试分析该燃爆事故的间接原因。

3. 分析

（1）该燃爆事故的直接原因。两辆铰接列车追尾相撞，造成前车甲醇泄漏，后车发生电气短路，引燃周围可燃物，进而引燃泄漏的甲醇。

（2）该燃爆事故的间接原因。

1）企业安全生产主体责任不落实。

a. 肇事车辆属于山西省某市福安达物流有限公司，该企业应急预案及应急演练不符合规定要求，不按照设计及批准要求充装介质，对从业人员安全培训教育不落实，行车记录仪发生故障后仍然违规从事运营活动。

b. 被追尾车辆属于河南省某市某汽车运输有限责任公司，企业存在"以包代管"问题，不按照设计及批准要求充装介质，驾驶员和押运员习惯性违章操作。

c. 某高速公路煤焦管理站违规设置指挥岗加重了车辆拥堵，其上级主管单位某市公路煤炭有限公司对管理站的监督检查和工作指导不力。

2）政府及相关部门履职不到位。

a. 山西省某市和某县政府及其交通运输管理部门对危险货物道路运输安全监管不力，存在安全生产大检查和专项检查工作不深入，隐患排查整改不到位，重审批、轻监管，执法不严等问题。

b. 河南省某市交通运输管理部门和孟州市政府及其交通运输管理部门对危险货物道路运输安全监管不到位，存在安全生产大检查和专项检查工作不深入，对企业隐患问题督促整改不力，未能及时纠正企业违规经营等问题。

c. 山西省高速公路管理局履行高速公路安全运营监管职责不到位，对下级单位安全运营工作指导督促不力，应急预案针对性和可操作性不强，对拥堵信息处置不到位。

d. 山西省公安高速交警部门履行道路交通安全监管责任不到位，存在对事故路段交通巡查、疏导不力，业务培训教育不到位等问题。

3）其他方面责任。

a. 湖北东特车辆制造有限公司（肇事车辆销售单位）、河北昌骅专用汽车有限公司（被追尾车辆销售单位）生产销售的半挂车的罐体未安装紧急切断阀，属于不合格产品。

b. 山西省锅炉压力容器监督检验研究院违规为未安装紧急切断阀的肇事车辆出具了"允许使用"委托检验报告。

c. 河南省某检测服务有限公司违规为未安装紧急切断阀、罐体壁厚不达标的被追尾车辆出具了"允许使用"年度检验报告。

5 触电典型工程事故案例

5.1 高压线路电弧伤人事故案例

1. 背景

赣州市某商住楼位于市滨江大道东段，建筑面积 $147000m^2$，8 层框混结构，基础采用人工挖孔桩共 106 根。该工程的土方开挖、安放孔桩钢筋笼及浇筑混凝土工程，由某建筑公司以包工不包料形式转包给何某个人之后，何某又转包给民工温某施工。

在该工地的上部距地面 7m 左右处，有一条 10kV 架空线路经东西方向穿过。2000 年 5 月 17 日开始土方回填，至 5 月底完成土方回填时，架空线路距离地面净空只剩 5.6m，期间施工单位曾多次要求建设单位尽快迁移，但始终未得以解决，而施工单位就一直违章在高压架空线下方不采取任何措施冒险作业。当 2000 年 8 月 3 日承包人温某正违章指挥 12 名民工，将 6m 长的钢筋笼放入桩孔时，由于顶部钢筋距高压线过近而产生电弧，11 名民工被击倒在地，造成 3 人死亡，3 人受伤的重大事故。

2. 问题

（1）事故发生的原因分析。

（2）事故主要结论及教训。

（3）该类事故的预防措施及警示。

3. 分析

（1）事故原因分析。

1）技术方面。由于高压线路的周围空间存在强电场，导致附近的导体成为带电体，因此电气规范规定禁止在高压架空线路下方作业，在一侧作业时应保持一定安全距离，防止发生触电事故。

该施工现场桩孔钢筋笼长 6m，上面高压线路距地面仅剩 5.6m，在无任何防护措施下又不能保证安全距离,因此必然发生触电事故。

2)管理方面。①建筑市场管理失控,私自转包,无资质承包,从而造成管理混乱,违章指挥导致发生事故;②建设单位不重视施工环境的安全条件,高压架空线路下方不允许施工,然而建设单位未尽到职责办理线路迁移,从而发生触电事故也是重要原因。

(2)事故结论与教训。

1)事故主要原因。本次事故是由于违法发包给无资质个人施工,致使现场管理混乱,违章指挥,在不具备安全条件的情况下冒险施工导致的触电事故。

2)事故性质。本次事故属责任事故。从建设单位违法发包、无资质个人承包、现场高压架空线不迁移就施工、违章指挥冒险作业等都是严重的不负责任,最终发生事故。

3)主要责任。①个人承包人是现场违章指挥造成事故的直接责任者;②建设单位和某建筑公司违反《中华人民共和国建筑法》规定,不按程序发包和将工程发包给无资质的个人,造成现场混乱。建筑公司不加管理,建设单位不认真解决事故隐患,他们都是这次事故的主要责任者,建设单位负责人和某建筑公司法人代表应负责任。

(3)事故的预防措施及警示。

1)地区的行政主管部门应进一步加强对建筑市场的管理工作,不单要注意做好形式上的工程建设招投标工作,更应该注意认真贯彻施工许可证制度,并注意检查地区施工现场实施情况,发现私自转包和无资质承包等违法行为应严肃处理。

2)认真落实建筑工程监理工作,对承包单位的施工进行全过程依法监督,发现问题及时解决,做到预防为主。

3)建设单位对提供施工现场安全作业条件应在相关法规中明确。

4)事故警示。高压架空线触电事故近年已有下降,本次事故完全由于冒险蛮干,指挥人员对工人生命不负责所造成。由于高压线路一般无绝缘防护,其周围有强电场,当导体接近高压线路时即发生放电现象导致触电事故。《施工现场临时用电安全技术规范》规定,在架空线路下方禁止作业,在一侧作业时必须保证安全操作距离。当不能满足安全操作距离时,必须采取搭设屏护架或采取停电作业,严禁冒险作业。

该工程桩的钢筋笼长6m,而地面垫土后距高压架空线只有5.6m,在已经明显的危险环境下,施工方仍强令作业人员冒险作业。另外,建设单位的责任也不可推却,明知架空线路危险,施工单位也一再催促,直到发生事故时供电部门仍未收到关于架空线路的迁移报告。

由此可见,今后此类工程应该极力避免不规范管理、不规范施工的错误做法,严格按照正确操作程序、规程进行施工。

5.2　施工现场触电伤亡事故案例

1. 背景

2002年12月19日下午,在上海某总公司承包、浙江某建筑公司分包的高层工地上,木工班根据施工员和大班长的安排及12月17日的交底,在裙房7层进行模板的制作工作。黄某在制作梁模板。14时30分左右,黄某在使用220V移动开关箱时,发现连接上一级分配电箱的电源插头已损坏,见现场电工不在,就没有通知电工进行维修和接线,而是自己找了一只新的单相三眼插头,将电源裸线直接缠绕在插片上,因不熟悉用电知识,而误将绿/黄双色专用保护零线的裸铜线绕在相线插片上，并将此插头插入爬式塔式起重机旁的分配电箱的插座内，然后使用开关箱去制作模板，在移动该开关箱时，黄某戴着潮湿的手套没有拎电箱的绝缘把手，而是一手抓住打开门的电箱外壳，另一手触及柱头钢筋，形成回路发生电击伤，导致休克，急送附近的上海电力医院，经抢救无效死亡。

2. 问题

（1）分析该起事故的原因。

（2）提出事故预防措施。

3. 分析

（1）事故原因分析。

1）直接原因。施工现场所使用的开关箱的电源插头损坏而未及时修复，黄某违章私接电线将绿/黄双色专用保护零线的裸铜线绕在带电的相线插片上，当黄某一手触及带电的开关箱，另一手碰及柱头钢筋时形成回路。因此，违章作业是造成本次事故的直接原因。

2）间接原因。①现场施工员和木工班长安全技术交底不够，特别是对施工中必须严格遵守安全用电的规定交底不够，而且又未能及时阻止黄某违章用电；②项目部现场安全检查不力，督促不严、不细，未在现场监督施工；③现场维修电工巡视检查不到位，未能及时发觉隐患并更换单相插头；④施工人员安全意识薄弱，自我保护意识不强，尤其是对违章作业所产生的严重后果缺乏应有的警觉。

3）主要原因。施工现场监控不严，黄某违章作业，是造成本次事故的主要原因。

（2）事故预防措施。

1）加强职工日常的安全生产系统教育，增强安全意识及自我保护的基本能力，杜绝违章作业，确保安全施工。

2）加强对现场管理人员的安全教育，严格现场管理，提高管理人员的法制意识，严格遵守各项安全生产的法律法规，杜绝违章指挥、违章作业。

3）组织全体职工进行各种岗位责任制、操作规程学习。严格执行安全技术交底制度及特种作业人员持证上岗制度。

5.3　某建筑工地触电事故分析

1. 背景

2002年7月某天，上海某建设实业发展中心承包的某学林苑4号房工地上，水电班班长朱某、副班长蔡某，安排普工朱某、关某二人到4号房东单元4至5层开凿电线管墙槽工作。下午1时上班后，朱某、关某二人分别随身携带手提切割机、榔头、凿头、开关箱等工具继续作业。朱某去了4层，关某去了5层。当关某在东单元西套卫生间开墙槽时，由于操作不慎，切割机切破电线，关某触电倒地。下午2时20分左右，木工陈某路过东单元西套卫生间，发现关某躺倒在地坪上，不省人事。事故发生后，项目部立即叫来工人宣某、曲某将关某送往医院，经抢救无效死亡。

2. 问题

（1）试分析该触电事故的原因。

（2）针对该事故提出事故预防及整改措施。

3．分析

（1）触电事故的原因。可以从直接原因、间接原因、主要原因三方面进行分析：

直接原因：关某在工作时，使用手提切割机操作不当，以致割破电线造成触电，是造成本次事故的直接原因。

间接原因：① 项目部对职工安全教育不够严格，缺乏强有力的监督；② 工地安全对施工班组安全操作交底不细，现场安全生产检查监督不力；③ 职工缺乏相互保护和自我保护意识。

主要原因：施工现场用电设备、设施缺乏定期维护、保养，开关箱漏电保护器失灵，是造成本次事故的主要原因。

（2）事故预防及整改措施：

1）企业召开安全现场会，对事故情况在全企业范围内进行通报，并传达到每个职工，认真吸取教训，举一反三，深刻检查，提高员工自我保护和相互保护的安全防范意识，杜绝重大伤亡事故的发生。

2）立即组织安全部门、施工部门、技术部门以及现场维修电工等对施工现场全面的安全检查，不留死角。对查出的机械设备、电器装置等各种事故隐患马上定人、定时、定措施落实整改不留隐患。

3）进一步坚决落实各级人员的安全生产岗位责任制，进一步加强对职工进行有针对性的安全教育、安全技术交底，并加强安全动态管理，加强危险作业和过程的监控，进一步规范、完善施工现场安全设施。

5.4　某建筑工地触电事故分析

1．背景

事故经过：某船厂有一位年轻的女电焊工正在船舱内焊接，因舱内温度高加之通风不良，身上大量出汗将工作服和皮手套湿透。在更换焊条时触及焊钳口因痉挛后仰跌倒，焊钳落在颈部未能摆脱，造成电击事故。后经抢救无效死亡。

2．问题

（1）试分析该事故的主要原因。

（2）针对此次事故提出相应预防措施。

3．分析

（1）事故原因分析。

1）焊机的空载电压较高超过了安全电压。

2）船舱内温度高，焊工大量出汗，人体电阻降低，触电危险性增大。

3）触电后未能及时发现，电流通过人体的持续时间较长，使心脏、肺部等重要器官受到严重破坏，抢救无效。

（2）主要预防措施：

1）船舱内焊接时，要设通风装置，使空气对流。

2）舱内工作时要设监护人，随时注意焊工动态，遇到危险征兆时，立即拉闸进行抢救。

6　高处坠落典型工程事故案例

6.1　建筑施工高处坠落事故分析

1. 背景

某建筑安装公司承包了某市某街 3 号楼（6 层）建筑工程项目，并将该工程项目转包给某建筑施工队。该建筑施工队在主体施工过程中不执行《建筑安装工程安全技术规程》和有关安全施工之规定，未设斜道，工人爬架杆、乘提升吊篮进行作业。某年 4 月 12 日，施工队队长王某发现提升吊篮的钢丝绳有点毛，但未及时采取措施，继续安排人施工。15 日，工人向副队长徐某反映钢丝绳"毛得厉害"，徐某检查发现有约 30cm 长的毛头，便指派钟某更换钢丝绳。而钟某为了追求进度，轻信钢丝绳不可能马上断，决定先把 7 名工人送上楼施工，再换钢丝绳。当吊篮接近 4 层时，钢丝绳突然断裂，导致重大人员伤亡事故的发生。

2. 问题

（1）简述建筑施工企业主要的伤亡事故类型。

（2）如何防止施工过程中发生高处坠落事故？

（3）简述钢丝绳的正确使用和维护方法。

3. 分析

（1）建筑施工行业伤亡事故类型主要有以下五类：高处坠落、物体打击、触电事故、机械伤害、坍塌。

（2）防止高处坠落事故的安全措施有，脚手架搭设符合标准；临边作业时设置防护栏杆，架设安全网，装设安全门；施工现场的洞口设置围栏或盖板，架网防护；高处作业人员定期体检；高处作业人员正确穿戴工作服和工作鞋；6 级以上强风或大雨、雪、雾天不得从事高处作业；无法架设防护设施时，采用安全带。

（3）钢丝绳的正确使用和维护方法有，使用检验合格的钢丝绳，保证其机械性能和规格符合设计要求；保证足够的安全系数，必要时使用前要做受力计算，不得使用报废钢丝绳；坚持每个作业班次对钢丝绳的检查并形成制度；使用中避免两钢丝绳的交叉、叠压受力，防止打结、扭曲、过度弯曲和划磨；应注意减少钢丝绳弯折次数，尽量避免反向弯折；不在不洁净的地方拖拉，防止外界因素对钢丝绳的损伤、腐蚀，使钢丝绳性能降低；保持钢丝绳表面的清洁和良好的润滑状态，加强对钢丝绳的保养和维护。

6.2　某建筑工地高处坠落事故分析

1. 背景

2002 年 4 月 6 日，在江苏某建设集团下属公司承接的某高层 5 号房工地上，项目部安排瓦工薛某、唐某拆除西单元楼内电梯井隔离防护。由于木工在支设 12 层电梯井时少预留西北角一个销轴洞，因而在设置十二层防护隔离时，西北角的搁置点采用一根 $\phi48$ 钢管从 11 层支撑至 12 层作为补救措施。由于薛某、唐某在作业时，均未按要求使用安全带操作，而且颠倒拆除程序，先拆除 11 层隔离（薛某将用于补救措施的钢管亦一起拆掉），后拆除 12 层隔离。上午 10 时 30 分，薛某在进入电梯井西北角拆除防护隔离板时，三个搁置点的钢管框架发生倾翻，人随防护隔离一起从 12 层（32m 处）高空坠落至电梯：井底。事故发生后，工地负责人立即派人将薛某急送至医院，但因薛某伤势严重，经抢救无效，于当日 12 时 30 分死亡。

2. 问题

（1）分析该起事故的原因。

（2）提出事故预防及控制措施。

3. 分析

（1）该起事故的原因。

1）直接原因：安全防护隔离设施在设置时有缺陷，规定四根固定销轴只设三根，而补救钢管已先予拆除，是造成本次事故的直接原因。

2）间接原因：施工现场监督、检查不力，未能及时发现存在的隐患。施工现场组织不合理，安排瓦工拆除电梯井防护隔离设施。安全教育不力，造成职工安全意识和自我防范能力差。

3）主要原因：项目负责人违章指挥，操作人员违章作业，违反先上后下的作业程序，自我保护意识差，高空作业未系安全带，加之安全防护设施存在隐患，是造成本次事故的主要原因。

（2）事故预防及控制措施。

1）组织全体施工人员召开事故现场会，单一反三进行系统的安全生产教育，增强安全意识及自我保护的基本能力，杜绝违章作业。

2）组织架子工对施工现场脚手架、电梯井设置隔离设施；临边防护栏杆、通道防护棚等安全防护设施进行全面检查，对查出的问题按规定原则进行整改。

3）预留洞口安排木工加盖并固定。

4）加强对现场管理人员的安全教育，提高管理人员的法制意识，严格遵守各项安全生产的法律法规，杜绝违章指挥、违章作业。

5）组织全体职工进行各种岗位责任制、操作规程学习。确定专职监督人员。从思想上、管理上提高安全生产意识和水平，确保安全施工。

7　坍塌典型工程事故案例

7.1　青海省西宁市"4.27"边坡坍塌事故分析

1. 背景

2007 年 4 月 27 日，青海省西宁市某公司基地边坡支护工程，施工现场发生一起坍塌事故，造成 3 人死亡、1 人轻伤，直接经济损失 60 万元。

该工程拟建场地北侧为东西走向的自然山体，坡体高 12～15m，长 145m，自然边坡坡度 1：0.5～1：0.7。边坡工程 9m 以上部分设计为土钉喷锚支护，9m 以下部分为毛石挡土墙，总面积为 2000m²。其中毛石挡土墙部分于 2007 年 3 月 21 日由施工单位分包给私人劳务队（无法人资格和施工资质）进行施工。

4 月 27 日上午，劳务队 5 名施工人员人工开挖北侧山体边坡东侧 5m×1m×1.2m 毛石挡土墙基槽。下午4时左右，自然地面上方5m处坡面突然坍塌，除在基槽东端作业的1人逃离之外，其余4人被坍塌土体掩埋。

根据事故调查和责任认定，对有关责任方作出以下处理：项目经理、现场监理工程师等责任人分别受到撤职、吊销执业资格等行政处罚；施工、监理等单位分别受到资质降级、暂扣安全生产许可证等行政处罚。

2. 问题

（1）分析该起事故的原因。

（2）从该事故中我们可以得到什么警示？

3. 分析

（1）事故原因。

1）直接原因。

a. 施工地段地质条件复杂，经过调查，事故发生地点位于河谷区与丘陵区交接处，北侧为黄土覆盖的丘陵区，南侧为河谷地2级及3级基座阶地。上部土层为黄土层及红色泥岩夹变质砂砾，下部为黄土层黏土。局部有地下水渗透，导致地基不稳。

b. 施工单位在没有进行地质灾害危险性评估的情况下，盲目施工，也没有根据现场的地质情况采取有针对性的防护措施，违反了自上而下分层修坡、分层施工工艺流程，从而导致了事故的发生。

2）间接原因。

a. 建设单位在工程建设过程中，未做地质灾害危险性评估，且在未办理工程招投标、工程质量监督、工程安全监督、施工许可证的情况下组织开工建设。

b. 施工单位委派不具备项目经理执业资格的人员负责该工程的现场管理。项目部未编制挡土墙施工方案，没有对劳务人员进行安全生产教育和安全技术交底。在山体地质情况不明、没有采取安全防护措施的情况下冒险作业。

c. 监理单位在监理过程中，对施工单位资料审查不严，对施工现场落实安全防护措施的监督不到位。

（2）事故警示。

1）《建设工程安全生产管理条例》（以下简称《条例》）已明确规定建设、施工、监理和设计等单位在施工过程中的安全生产责任。参建各方认真履行法律法规明确规定的责任是确保安全生产的基本条件。

2）这起事故的发生，首先是施工单位没有根据《条例》的要求任命具备相应执业资格的人担任项目经理；其次是施工单位没有根据《条例》的要求编制安全专项施工方案或安全技术措施。

3）监理单位没有根据《条例》的要求审查施工组织设计中的安全专项施工方案或者安全技术措施是否符合工程建设强制性标准。对于施工过程中存在的安全隐患，监理单位没有要求施工单位予以整改。

7.2 某湖北省荆州市"12.21"模板坍塌事故

1. 背景

2007年12月21日，湖北省荆州市某综合楼工程施工现场，发生一起阳台预制板断裂导致支撑坍塌的事故，造成 3 人死亡、1 人重伤，直接经济损失约 80 万元。

2007 年 12 月 19 日下午，施工单位木工班长安排 2 名施工人员进行 8 楼阳台雨棚模板的制作，2 人按施工方案制作现浇模板，模板下面的支撑立柱共有 6 根，分两排，每排 3 根支撑在 8 楼阳台的预制板上，制作模板时未在预制板上采取任何分散载荷的保护措施，支撑立柱杆直接落在预制板上。20 日上午制作安装完毕，由木工班长负责检查认可。

2007 年 12 月 21 日 13 时左右，6 名混凝土工进行 8 楼阳台雨棚混凝土浇筑作业，现浇作业面积为 3.6m×1.8m。14 时左右，当第 8 车混凝土料倒入现浇板中间时，8 楼阳台的预制板忽然断裂，现浇板支撑垮塌，作业面上的 4 人来不及撤离与斗车、现浇板、8 楼阳台预制板一同坠落，并砸断 7 楼至 2 楼的所有阳台预制板，被压在落下的预制板废墟下。

根据事故调查和责任认定，对有关责任方作出以下处理：木工班长移交司法机关依法追究刑事责任；施工单位主要负责人、现场监理工程师、预制板制造单位法人等 9 名责任人分别受到罚款、吊销执业资格等行政处罚；施工、监理等单位分别受到相应经济处罚；责成有关责任部门向当地政府作出书面检查。

2. 问题

(1) 试分析该模板坍塌事故的原因。

(2) 从该事故中我们可以得到哪些警示。

3. 分析

(1) 事故原因。

1) 直接原因。由木工班长制定的 8 楼阳台雨棚模板施工方案为：模板由 6 根立柱支撑，立柱底部未设置木垫板，直接作用在 8 楼阳台预制板上。该方案不是由专业技术人员编制的施工方案，没有经过设计计算，也没有经过审批。经专家验算，施工时立柱作用到预制板上产生的弯矩值达到了 12.93kN·m，而省标预制板允许的弯矩值为 3.99kN·m，超载 3.3 倍，致使预制板发生断裂，引起作业面垮塌。

2) 间接原因。

a. 建设单位在项目建设中擅自加层，埋下安全隐患。

b. 施工单位安全生产管理制度不落实；工程项目经理人与证不符；施工管理混乱，对现场安全监管缺失，未对施工人员进行有效的三级安全教育培训，未能及时消除安全生产隐患，理应负有相应的责任。

c. 该项目的主要负责人未取得安全生产考核合格证书。工程分包给不具备安全生产能力的个人，致使施工现场作业秩序混乱，施工人员违章作业、冒险施工，最终导致了事故的发生。

d. 事发 8 楼阳台预制板系某预制板厂提供的产品，事故发生后，对预制板进行了检测，实测钢筋直径 4.5mm，钢筋抗拉强度平均为 520MPa，而省标构件的钢筋直径应为 5mm，钢筋抗拉强度应为 650MPa，配筋总面积只达到标准要求的 79%，抗拉强度只达到标准的 82%，均不符合标准要求。

e. 监理单位没有履行监理职责。工程监理人员在实施监理过程中，未履行监理职责，没有对模板的施工方案进行审核，没有对工地 8 楼阳台雨棚浇筑混凝土实行旁站监理，未发现、消除施工现场存在的安全隐患。

f. 该县城市规划局有关责任人对建设项目违规加层没有及时制止,致使建设单位将原规划 7 层楼房建成 8 层。

(2) 事故警示。

1) 安全监管不到位,建设、施工、监理单位等各方责任主体没有认真按照《建设工程安全生产管理条例》履行其安全生产责任。

2) 技术管理方面存在着明显的漏洞。模板施工方案没有经过计算,没有经过审批,没有采取任何分散载荷的措施,没有对模板工程进行验收和混凝土浇筑过程的监理。没有对预制板等材料进行进场验收检查。

8 爆炸典型工程事故案例

8.1 某煤矿瓦斯爆炸事故安全技术、管理问题分析

1. 背景

某煤矿生产任务繁重,产量超过核准指标,构成掘进工作面通风系统的巷道尚未贯通。虽然矿井安装了瓦斯监控系统,但瓦斯传感器存在故障,信号传输不畅。某月某日,135 工作面发生了冲击地压,工人在未断电情况下检修照明信号综合保护装置时发生了瓦斯爆炸事故,造成 4 人死亡,22 人受伤,直接经济损失 1968.23 万元。经查,事故发生时找不到生产值班负责人,死亡和受伤人员未佩戴自救器和瓦斯检测仪,致使事故损失严重。

2. 问题

(1) 分析与该事故有关的安全技术问题。

(2) 分析与该事故有关的安全管理问题。

3. 分析

(1) 与该事故有关的安全技术问题,掘进工作面未形成独立通风系统;工人检修电器设备时违章带电作业;因冲击地压造成瓦斯异常涌出,又没有独立通风系统,导致瓦斯超限达到爆炸界限;瓦斯监测系统传感器故障,信号传输不畅。

(2) 与该事故有关的安全管理问题,超能力生产,导致采掘接替紧张;生产安全值班负责人脱岗;机电设备管理混乱;未能教育工人自觉使用自救设备;下井人员未佩戴自救器和瓦斯检测仪。

8.2 山东某公司尿素项目试车爆炸事故案例

1. 背景

2007 年 7 月 11 日 23:50,山东某公司一分厂 16 万 t/年氨醇、25 万 t/年尿素改扩建项目试车过程中发生爆炸事故,造成 9 人死亡、1 人受伤。事故发生在一分厂 16 万 t/年氨醇改扩建生产线试车过程中,该生产线由造气、脱硫、脱碳、净化、压缩、合成等工艺单元组成,发生爆炸的是压缩工序 2 号压缩机七段出口管线。该公司一分厂 16 万 t/年氨醇、25 万 t/年尿素生产线,于 2007 年 6 月开始单机试车,7 月 5 日单机调试完毕,由企业内部组织项目验收。7 月 10 日 2 号压缩机单机调试、空气试压(试压至 18MPa)、二氧

化碳置换完毕。7月11日15：30，开始正式投料试车，先开2号压缩机组，引入工艺气体（N2、H2混合气体），逐级向2号压缩机七段（工作压力24MPa）送气试车。23：50，2号压缩机七段出口管线突然发生爆炸，气体泄漏引发大火，造成8人当场死亡，一人因大面积烧伤抢救无效于14日凌晨0：10死亡，一人轻伤。事故还造成部分厂房顶棚坍塌和仪表盘烧毁。经调查，事故发生时先后发生两次爆炸。经对事故现场进行勘查和分析，一处爆炸点是在2号压缩机七段出口油水分离器之后、第一角阀前1m处的管线，另一处爆炸点是在2号压缩机七段出口两个角阀之间的管线（第一角阀处于关闭状态，第二角阀处于开启状态）。

2．问题

（1）发生该爆炸事故的原因有哪些？

（2）对于此类事故应该采取哪些防范措施？

（3）对此类事故我们应吸取哪些教训？

3．分析

（1）爆炸事故的原因。

1）经初步分析判断，排除了化学爆炸和压缩机出口超压的可能，爆炸为物理爆炸。事故发生的直接原因是2号压缩机七段出口管线存在强度不够、焊接质量差、管线使用前没有试压等严重问题，导致事故的发生。

2）管理上存在的主要问题。

a．建设项目未经设立安全审查。该公司将16万t/年氨醇、25万t/年尿素改扩建项目（总投资9724万元），拆分为"化肥一厂造气、压缩工序技术改造项目（投资4868万元）"和"化肥一厂合成氨及尿素生产技术改造项目（投资4856万元）"两个项目，分别于2006年4月26日和5月30日向山东省德州市经济委员会备案后即开工建设，未向当地安全监管部门申请建设项目设立安全审查，属违规建设项目。

b．建设项目工程管理混乱。该项目无统一设计，仅根据可行性研究报告就组织项目建设，有的单元采取设计、制造、安装整体招标，有的单元采取企业自行设计、市场采购、委托施工方式，有的直接按旧图纸组织施工。与事故有关的2号压缩机由沈阳金博气体压缩机制造有限公司制造，并负责压缩机出口阀前的辅助管线设计。项目没有按照《建设工程质量管理条例》有关规定选择具有资质的施工、安装单位进行施工和安装。试车前没有制定周密的试车方案，高压管线投用前没有经过水压试验。

c．拒不执行安全监管部门停止施工和停止试车的监管指令。2007年1月，德州市和平原县安全监管部门发现该公司未经建设项目安全设立许可后，责令其停止项目建设，该公司才开始补办危险化学品建设项目安全许可手续，但没有停止项目建设。7月7日，由德州市安全监管局组织专家组对该项目进行了安全设立许可审查，明确提出该项目的平面布置和部分装置之间距离不符合要求，责令企业抓紧整改，但企业在未进行整改、未经允许的情况下，擅自进行试车，试车过程中发生了爆炸。

（2）防范措施。

1）汲取事故教训，建立和健全工程管理、物资供应、材料出入库、特种设备管理、工艺管理等各项管理制度。

2）基础建设要按程序进行，接受国家监督，杜绝无证设计、无证施工。

3）对本次事故所在的改扩建项目中的压力管道，要由有资质的设计单位对其重新进行复核；对所有焊口进行射线探伤检查，对不合格焊口由具备相应资质的施工单位进行返修；对所有使用旧管线的部位拆除更换；要查清管线、弯头的来源，对来源不清的管线、弯头应更换；对所有钢管、弯头进行硬度检验，发现硬度异常的管件应更换；分段进行水压试验以校验其强度。

4）新建、改建、扩建危险化学品生产、储存装置和设施等建设项目，其安全设施应严格执行"三同时"的规定，依法向发改、经贸、环保、建设、消防、安监、质监等部门申报有关情况，办理有关手续，手续不全或环评、安评中提出的隐患、问题没整改的，不得开工建设。

5）新的生产装置建成后，要制定周密细致的开车试生产方案，开车试生产方案要报安监部门备案。同时，制定应急救援预案，采取有效救援措施，尽量减少现场无关作业人员，一旦发生意外，最大限度地降低各种损失。

（3）事故教训。

1）必须树立"以人为本、安全第一"的思想，真正把安全放在首要位置。违章指挥就是害人，违章作业就是害人害己，无论是谁，都必须深刻认识安全就是生命、安全就是效益、安全就是和谐的深刻内涵，切实增强安全意识和自我保护意识，以保证人的生命安全和身体健康为根本，真正把安全工作当作头等大事，做到以人为本，在任何时候、任何情况下，都绷紧安全生产这根弦，绝不能放松，绝不能麻痹。

2）必须以严格管理贯穿全过程、落实到全方位，保证安全监督管理执行有效。事故虽然发生在基层，但是根源在领导、责任在领导。作为领导干部，在安全工作上只能加强，不能疏忽；只有补位，没有越位；宁听严格管理招来的骂声，不听事故发生带来的哭声，一定要认真落实陈总"安全思想要严肃、安全管理要严格、安全制度要严谨、安全组织要严密、安全纪律要严明"的"五严"要求，真正把安全工作做严、做实、做细、做好。

3）必须在细节上夯实"三基（基层建设、基础工作和基本功训练）"工作，为本质安全打牢坚实的基础。细节决定成败，安全工作更是如此，安全生产工作的出发点在基层，落脚点在现场，必须从细微之处入手，把"强三基、反三违（反违章指挥、反违章操作、反违反劳动纪律）"落实到实际行动中。必须强化基本素质培训，解决不知不会、无知无畏的问题；必须在基层的细节和小事上严格监督管理，解决心存侥幸、习惯违章的问题；必须严格规范工艺技术规程和操作规程，解决粗心大意、操作失误的问题。

4）必须把具体安全措施落实到每一个环节，实现安全工作的全过程受控。

9 中毒典型工程事故案例

9.1 某市"7.2"中毒事故分析

1. 背景

2005年7月2日，内蒙古某市某污水合流排洪应急工程，自留排水管道的观察井中发生一起硫化氢气体中毒事故，造成4人死亡、1人轻伤，直接经济损失70万元。

该工程铺设自流管道全长 3600m，加压流排水管网全长 6322m。该工程由于资金少，没有投标单位，当地政府于 2005 年 5 月 14 日委派排污管理站负责该工程管网、泵站工程的实施，由水务局负责污水蓄滞池的实施。该排污管理站将承接的 3600m 自流管道工程分成两段，分别发包给两个从事排污管道输送维护的承包人。

7 月 2 日上午，3 名施工人员在事故观察井北段 800 余米处修整渠背和路面，工作即将结束时，1 人来到该观察井边查看，吸入浓烈的毒气窒息昏迷，头向下栽入井中，随后跟来的两人为了救援，1 人先下井，另一人用手机向承包人报告后也随后下井。接到通知后，承包人和另外 3 人赶到现场，又有两人先后下去救援，都陷入昏迷，最终除 1 人经抢救脱离危险之外，其余人员均中毒死亡。

根据事故调查和责任认定，对有关责任方作出以下处理：现场监理、排污管理站业务股长等 4 名责任人分别受到暂停执业资格、记过、警告等行政处罚；监理单位被判承担伤亡人员经济补偿部分费用。

2. 问题

(1) 试分析该中毒事故的直接原因。

(2) 试分析该中毒事故的间接原因。

3. 分析

(1) 直接原因。

1) 该工程的管道封闭注水试漏取用了大量的工业废水，污水在管道中封闭滞留的时间较长，事发时正处于高温季节，经过化学反应产生了大量的硫化氢，由于硫化氢比空气比重大，滞留在管道与观察井内。

2) 承包人未对其施工人员进行基本的安全培训教育，对已经发现的隐患也没有及时向施工人员传达，致使其违反操作规程，在没有任何防护的情况下查看观察井下情况，瞬间吸入大量高浓度的气体而造成急性中毒后坠入井中死亡。

3) 在事故发生之后，其余 4 人在不具备安全救援知识的情况下，又先后下井进行救援，导致事故扩大。

(2) 间接原因。

1) 建设单位对于工程建设，没有严格按照法定程序确定施工单位，办理施工许可手续，将工程发包给无相应资质、条件的排污管理站实施建设。加上管理站对外转包，导致安全管理缺失。

2) 监理单位未按《施工组织设计方案》中的安全保护措施监督各道工序的进展情况，对拆除管道阶段发现的安全问题一无所知，更谈不上发现隐患并采取纠正措施。

3) 该旗排污管理站承担了污水自流管道工程的任务之后，对具体的危险隐患监管控制不力，未按照规定采取警示、教育和必要的防护措施。

9.2　某石化公司"5.11"硫化氢中毒事故

1. 背景

2007 年 5 月 11 日，某石化公司炼油厂加氢精制联合车间，柴油加氢精制装置在停工过程中发生一起硫化氢中毒事故，造成 5 人中毒，其中 2 人在中毒后从高处坠落。

5 月 11 日，某石化公司炼油厂加氢精制联合车间对柴油加氢装置进行停工检修。

14：50，停反应系统新氢压缩机，切断新氢进装置新氢罐边界阀，准备在阀后加装盲板（该阀位于管廊上，距地面 4.3m）。15：30，对新氢罐进行泄压。18：30，新氢罐压力上升，再次对新氢罐进行泄压。18：50，检修施工作业班长带领四名施工人员来到现场，检修施工作业班长和车间一名岗位人员在地面监护。19：15，作业人员在松开全部八颗螺栓后拆下上部两颗螺栓，突然有气流喷出，在下风侧的一名作业人员随即昏倒在管廊上，其他作业人员立即进行施救。一名作业人员在摘除安全带施救过程中，昏倒后从管廊缝隙中坠落。两名监护人员立刻前往车间呼救，车间一名工艺技术员和两名操作工立刻赶到现场施救，工艺技术员在施救过程中中毒从脚手架坠地，两名操作工也先后中毒。其他赶来的施救人员佩戴空气呼吸器爬上管廊将中毒人员抢救到地面，送往某石化职工医院抢救。

2. 问题

（1）分析这起事故的原因。

（2）提出防范措施。

3. 分析

（1）事故原因。当拆开新氢罐边界阀法兰和大气相通后，与低压瓦斯放空分液罐相连的新氢罐底部排液阀门没有关严或阀门内漏，造成高含硫化氢的低压瓦斯进入新氢罐，从断开的法兰处排出，造成作业人员和施救人员中毒。

（2）防范措施。

1）认真排查存在有毒物质的环节，做好现场标识标志和检测工作，对查出的可能有中毒的隐患，要认真落实整改防范隐患，必须消除隐患于萌芽状态。

2）加强生产受控管理。要进一步加强对检维修作业的危险分析，作业方案要将作业活动细化到具体的操作步骤，认真分析每个操作步骤存在的危险，制定相应的预防措施，作业方案要经现场核实审查批准后方可实施；如果实施过程中出现异常，必须停止作业，查明异常原因，重新修改作业方案，审查批准才能继续实施，必须采取有效措施，坚决杜绝重特大事故的发生。

3）进一步加强和完善事故应急救援，特别是对中毒窒息事故的应急救援，要增强防范中毒事故的安全意识，配备配齐有毒物质检测仪器和相应的防护措施，开展教育培训，使作业人员和救助人员能够熟练使用并掌握简单的急救方法，不断提高基层员工防范和处置突发事件的能力。

10 车辆伤害典型工程事故案例

10.1 违章搭乘工程车辆酿车祸

1. 背景

某日早班，某项目部汽车队开完班前会后，司机陈某开着 89 号排矸车拉煤，在 1 号落煤点把车装满煤后，掘进队夜班职工胡某等 4 人正好下班，要跟车上井，当时，王某、甄某坐在驾驶室后卧铺上，胡某坐在驾驶室副座中间，华某坐在胡某右边。司机陈某在下放车辆时挡位挂的是二挡，在下到第二条上山离变坡点约 200m 时，车速加快，陈某想换挡，发现挡位已乱，踩刹车也不起作用，陈某就准备把车向巷道帮部靠，利用车蹭帮部的办法降低车速，这时车已到变坡点拐弯处，车头撞到巷道拐弯处的右帮上，车的前轮撞掉，向前滑行 6m 左右，靠右帮停住，车门撞坏，车门玻璃和挡风玻璃撞碎，造成坐在副驾驶座位上的华某右胳膊和右腿骨折，胸骨 2、3、4、5 断裂，肝部大面积损伤，经某医院全力抢救无效死亡；造成胡某脸部破皮伤，颧骨骨裂；陈某某脸部擦伤。

2. 问题

(1) 试分析该事故原因。

(2) 针对该事故提出防范措施。

3. 分析

(1) 事故原因。

1) 车辆运行中车速过快导致滑挡（摘挡后无法进挡），刹车失灵，是造成事故发生的直接原因。

2) 司机陈某违章操作，超员违章载人，车辆出现问题时惊慌失措，采取措施不当，是造成事故发生的主要原因。

3) 车辆长时间运转，自身存在潜在的问题发现不及时，检修不到位，是造成事故的另一主要原因。

4) 项目部安全管理不到位，职工安全教育培训不到位，队级管理平时对司机要求不严，是造成事故的重要原因。

(2) 防范措施。

1) 增加减速带，严格控制车辆速度。

2) 认真排查项目部所有排矸车辆，发现安全隐患的必须及时排除，车况太差的进行报废处理。对正常使用的车辆加强检修维护，每一台车都要建档，严禁带病车辆入井。

3) 加强驾驶员的安全教育培训，严格要求车辆司机必须按章操作，严禁驾驶员疲劳驾驶。

4) 认真吸取事故教训，举一反三，对项目部其他生产环节进行彻底隐患排查，严防安全事故的发生。

10.2 某作业车辆侧翻酿车祸

1. 背景

2008 年 6 月 4 日，在某高速公路进行整幅罩面施工时，车辆采用借道通行的交通管制。下午 1 时 37 分，硬路肩一侧的工程运料车在升斗卸料过程中发生侧翻，压到超车道处正在作业的摊铺机，造成摊铺机很大程度的损坏，同时造成 1 名技术员、1 名监理和 1 名摊铺机操作工共 3 人受轻伤，直接经济损失达 40 余万。

2. 问题

(1) 分析该事故发生的原因。

(2) 分析该事故的性质和相关人员的责任。

(3) 提出相应的预防措施。

3. 分析

(1) 事故原因。

1) 客观原因为此施工路段属超高路段，横坡度达到 4%，随着车斗的不断上升，车厢内沥青料下滑速度不同，重心发生明显的偏移，导致车辆侧翻。

2）针对此类事故项目部在思想上、组织上、管理上、措施上未引起高度重视和现场未采取相对应的预防措施。

3）该运料车实际装料 51.62t，核载 23t，属严重超载现象。

4）因运料车半路发生爆胎，到施工现场时间较晚，因此料车在升斗过程中由于沥青料表面结皮使车头一侧的沥青料未能顺延滑下，当车斗继续上升时，导致车辆重心不稳。

5）根据施工规范要求，两辆摊铺机并排前进且相距 10～20m，因两辆摊铺机前后错开间距较短，车辆倒翻时导致前面摊铺机受损。

6）摊铺机操作工、车辆指挥人员以及料车驾驶员未形成密切配合，安全警觉性还不够高。

7）料车车斗上升速度较快，操作上有不当之处。

（2）事故的性质和相关人员的责任。这是一起主要因料车驾驶员在卸料过程中操作不当引起的安全生产责任事故，该料车驾驶员负此次事故的主要责任，同时针对以上原因相关人员均有一定程度的责任。

（3）预防措施。

1）专项工程开工前，要求运输队伍加强车况检查，确保有良好的车况才能上路作业。

2）专项工程开工前，召开运料车驾驶员会议，有效落实沥青运输车安全注意事项，包括超载、超限、行驶安全、卸料操作要求、车辆进出施工现场规范以及作业区内车辆行驶安全等事项。

3）在路面超高路段等特殊路段，现场加强管理，指定专人进行观察车辆卸料情况（若在超高路段，则指挥人员必须站在偏高侧），针对特殊路段制定预案，采取有效措施预防卸料过程中发生车辆侧翻。

4）要求内场装料时与外场及时沟通施工情况，遇到超高路段施工时，装料时控制左右两边沥青料数量，防止在卸料过程中发生单侧下料的现象。

11 工程危险源分析案例

11.1 某水利工程危险源及事故类别分析

1. 背景

某大型水利工程项目跨多个省、市，建设周期超过 10 年，建筑形式主要包括渡槽、暗渠、隧道、涵洞等，工程包括河渠交叉建筑物多座，主体工程建设需完成大量土石方开挖钢筋混凝土构筑。目前正在施工的工程任务主要包括黄河水下穿越工程、三座桥梁、一条 500m 长的石质山体隧道和一段长 15km、宽 100m、深 50m 的明渠开挖工程。

2. 问题

（1）根据《生产过程危险和有害因素分类与代码》（GB/T 13861 — 1992）分析该施工阶段存在哪些主要物理性和化学性危险和有害因素及部位。

（2）简述隧道施工工程中主要的伤亡事故类别及职业病类别。

3. 分析

（1）有害因素分析。

1）物理性危险有害因素：①各种施工机械由于运动、防护失效导致的各种伤害；②设备漏电，接地、接零失效等造成的电危害；③振动危害，机械振动，振动棒振动等；④噪声，施工机械，振动棒等。

2）化学性危险有害因素：①有毒、有害气体伤害；②隧道施工，明渠施工中的易燃易爆性物质伤害。

（2）主要的事故类别及职业病类别。

1）主要的事故类别：冒顶片帮；机械伤害；放炮；触电；瓦斯爆炸；车辆伤害；高处坠落。

2）主要的职业病类别：矽肺，手臂振动病，噪声耳聋。

11.2　某市地铁 1 号线建设工程危险源辨识

1. 背景

J 市地铁 1 号线由该市轨道交通公司负责投资建设及运营。该市 K 建筑公司作为总承包单位承揽了第 3 标段的施工任务。该标段包括：采用明挖法施工的 304 地铁车站 1 座，采用盾构法施工，长 4.5km 的 401 隧道一条。

J 市位于暖温带，夏季潮湿多雨，极端最高气温 42℃。工程地质勘查结果显示第 3 标段的地质条件和水文地质条件复杂，401 隧道工程需穿越耕土层、砂质黏土层及含水的砂砾岩层，共穿越 1 条宽 50m 的季节性河流。304 地铁车站开挖工程周边为居民区，人口密集。明挖法施工需特别注意边坡稳定、噪声和粉尘飞扬，并监控周边建筑物的位移和沉降。为了确保工程施工安全，K 建筑公司对第 3 标段施工开展了安全评价。

J 市轨道交通公司与 K 建筑公司于 2017 年 5 月 1 日签订了施工总承包合同，合同工期 2 年，K 建筑公司将第 3 标段进行了分包，其中 304 地铁车站由 L 公司中标，L 公司组建了由甲担任项目经理的项目部，项目部管理人员共 25 人，于 6 月 2 日进行了进场开工仪式。

304 地铁车站基坑深度 35m，开挖至坑底设计标高后，进行车站底板垫层、防水层的施工，车站主体结构施工期间，模板支架最大高度为 7m。施工现场设置了两个钢筋加工区和一个木材加工区。在基坑土方开挖、支护及车站主体结构施工阶段，施工现场使用的大型机械设备包括：门式起重机 1 台、混凝土泵 2 台、塔式起重机 2 台、履带式挖掘机 2 台、排土运输车辆 6 辆。施工用混凝土由 J 市 M 商品混凝土搅拌站供应。

2. 问题

（1）根据《企业职工伤亡事故分类》（GB 6441—86），辨识 304 地铁车站土方开挖及基础施工阶段的主要危险有害因素。

（2）简述 K 建筑公司对 L 公司进行安全生产管理的主要内容。

（3）简述第 3 标段的安全评价报告中应提出的安全对策措施。

（4）简述 304 地铁车站施工期间 L 公司项目经理甲应履行的安全生产责任。

（5）根据《危险性较大的分部分项工程安全管理办法》（建质〔2009〕87号），指出304地铁车站工程中需要编制安全专项施工方案的分项工程。

3. 分析

（1）主要危险有害因素：高处坠落，物体打击，机械伤害，火灾，起重伤害，车辆伤害，触电，坍塌，淹溺，有害因素：噪声，振动，粉尘，高温。

（2）安全生产管理的主要内容：①签订安全管理协议；②审查资质；③统一协调管理；④发包给有资质的施工企业。

（3）第3标段的安全评价报告中应提出的安全对策措施。

1）施工过程中工人应该佩戴好安全帽防止物体打击和重物坠落；作业过程中工人涉及登高作业的应该系好安全带，高挂抵用，安全带完好无破损。

2）采用的金属切削工具和木工机械防护罩完好，接地良好。

3）木工作业现场划分防火区域，采用吸尘设备，并在现场根据《建筑灭火器配置设计规范》（GB 50140—2005）配备灭火器。

4）使用起重机械，挖掘机和运输车辆人员应取得特种设备操作许可证持证上岗，使用的特种设备应状况良好，经过定期检验合格后方可进入现场使用。

5）固定和临时电器线路及用电设备接线规范，接地良好，根据使用用途及场所使用特地电压，并在直接上级加装漏电保护器。

6）作业过程中水下穿越工程时有坍塌、淹溺的危险，开凿隧道时要固定好支撑顶网和锚杆，防止冒顶片帮和坍塌。对隧道和河道采取监控手段并进行连锁声光报警，当发生隧道顶端出现裂纹、渗水等危险情况，立即撤离。

7）振动设备应进行降噪处理，设备固定螺栓加装垫片，工作人员配发耳塞。

8）可能情况下采用湿式作业，降低粉尘，并配发防尘口罩/面罩。

9）开凿隧道时要对隧道内进行含氧量和有毒气体，易燃易爆气体进行检测。各项指标合格后，在专人监护的情况下，方可作业。进行机械通风。

10）照明设施良好，不影响作业人员作业，根据危险有害因素分析评价结果制定专项应急预案，配备应急器材和应急人员。

（4）安全生产责任：

1）建立、健全L公司安全生产责任制。

2）组织经理部制定304地铁站施工安全生产规章制度、施工方案、安全技术措施方案和各项作业活动设备操作规程。

3）保证安全生产投入的有效实施。

4）督促、检查施工过程的安全生产工作，及时消除生产安全事故隐患。

5）组织制定并实施地铁站施工过程的生产安全事故应急救援预案。

6）发生事故及时、如实报告。

（5）工程中需要编制安全专项施工方案的分项工程：①基坑支护、降水工程；②土方开挖工程；③模板工程及支撑体系；④起重吊装及安装拆卸工程；⑤脚手架工程；⑥拆除、爆破工程；⑦其他。

11.3　某家具生产公司新厂选址危险源辨识

1. 背景

A 家具生产公司，随着市场份额的不断增大，原有生产规模不能满足目前市场的需要。为填补市场家具供应的不足，公司决定选择新址建造新的家具加工基地。考虑到城市规划、企业生产、销售及成本方面的需要，公司决定选择既方便运输又方便物料存放的一开阔地作为新厂址。公司的具体论证方案如下：

（1）公司地址。A 公司地处某市开发区，与某精细涂料有限公司相邻，A 公司以东 10km 的地方有一家生产甲醇的化工公司，该公司生产的甲醇主要通过 A 公司西侧相邻码头外运，之间通过铁路专线运输。为节省资金，A 公司与精细涂料有限公司共同租赁了 M 公司的仓库，A 公司租用 3000m²，用于储存材料和产品，精细涂料有限公司租用 500m²，租赁仓库归使用方管理。A 公司生产的家具远销全国各地，全部通过汽车运输，由公司选定的通过 OSHMS 认证的运输商承运。

（2）公司的主要机械包括电刨、电钻、电锯、小型轮式起重机、叉车、运输车辆等。

（3）主要的生产过程包括材料运输和装卸、木材烘干、型材加工、组装、喷漆等。

2. 问题

（1）如果让你对该论证方案进行危险有害因素辨识，按照《企业职工伤亡事故分类标准》（GB 6441—1986）的事故分类，指出主要的危险因素及产生部位。

（2）按照《企业职工伤亡事故分类标准》（GB 6441—1986）的事故分类，指出喷漆车间可能发生的主要事故。为避免这些事故的发生，请列举主要的防范措施有哪些。

3. 分析

（1）机械伤害，木材加工过程中使用电刨、电钻、电锯等的刨刃、锯齿及旋转部位的伤害，机械检修过程的各种伤害，加工件造成的伤害等；触电，电刨、电钻、电锯的漏电触电，电动机械维修时误操作触电等；物体打击，加工件飞出造成的打击伤害等；起重伤害，起重过程中由于起重机故障、人员操作造成的起重伤害；火灾，木材、油漆等造成的火灾伤害，甲醇铁路运输事故引发火灾；中毒和窒息。油漆、黏合剂等的挥发；车辆伤害。叉车、运输车辆等造成的车辆伤害；其他爆炸。油漆等遇火源爆炸，甲醇铁路运输事故引发爆炸。

（2）主要事故包括触电、火灾、其他爆炸、中毒和窒息等。

主要防范措施包括：加强电气检修，预防漏电，保证接地良好；控制火源，禁止出现明火、电器设备电路破损老化漏电打火、使用非防爆电器，完善消除静电的各项措施，防止静电火花；降低作业空间油漆和其他可燃物质浓度，保证通风措施完好并正常使用；保证个体防护设施、用品完备，具有各项完备的安全操作规程及管理制度。

参 考 文 献

[1] 全国一级建造师执业资格考试用书编写委员会.建设工程项目管理 [M].北京：中国建筑工业出版社，2022.

[2] 全国一级建造师执业资格考试用书编写委员会.水利水电工程管理与实务 [M].北京：中国建筑工业出版社，2022.

[3] 全国一级建造师执业资格考试用书编写委员会.建筑工程管理与实务 [M].北京：中国建筑工业出版社，2022.

[4] 阚咏梅.建设工程安全生产管理 [M].2 版.北京：中国建筑工业出版社，2020.

[5] 胡戈，王贵宝，杨晶.建筑工程安全管理 [M].北京：北京理工大学出版社，2017.

[6] 李林，郝会娟.建筑工程安全技术与管理 [M].3 版.北京：机械工业出版社，2021.

[7] 高向阳.建筑施工安全管理与技术 [M].2 版.北京：化学工业出版社，2016.

[8] 孙世梅，张智超.安全评价 [M].北京：中国建筑工业出版社，2016.

[9] 刘辉.安全系统工程 [M].北京：中国建筑工业出版社，2016.

[10] 钟汉华，斯庆.建筑工程安全管理 [M].2 版.北京：中国水利水电出版社，2014.

[11] 住房和城乡建设部工程质量安全监管司.建设工程安全生产管理 [M].北京：中国城市出版社，2014.

[12] 中华人民共和国住房和城乡建设部.建设工程施工现场环境与卫生标准：JGJ 146—2013 [S].北京：中国建筑工业出版社，2013.

[13] 田水承，景国勋.安全管理学 [M].2 版.北京：机械工业出版社，2021.

[14] 中国安全生产协会注册安全工程师工作委员会.安全生产技术 [M].北京：中国大百科全书出版社，2011.

[15] 孙建平.建筑施工安全事故警示录 [M].北京：中国建筑工业出版社，2003.

参 考 文 献